全国高等院校新农科建设新形态规划教材·动物类　▶总主编　陈焕春

生物统计
附试验设计

李 辉 杨 游 ◎ 主编

西南大学出版社

国家一级出版社　全国百佳图书出版单位

图书在版编目(CIP)数据

生物统计附试验设计 / 李辉, 杨游主编. -- 重庆：
西南大学出版社, 2024.6
全国高等院校新农科建设新形态规划教材. 动物类
ISBN 978-7-5697-2390-8

Ⅰ.①生… Ⅱ.①李… ②杨… Ⅲ.①生物统计－高
等学校－教材 Ⅳ.①Q-332

中国国家版本馆CIP数据核字(2024)第098599号

生物统计附试验设计

李 辉 杨 游◎主编

出 版 人 | 张发钧
总 策 划 | 杨 毅 周 松

选题策划 | 杨光明　伯古娟
责任编辑 | 伯古娟
责任校对 | 刘欣鑫
装帧设计 | 闰江文化
排　　版 | 江礼群
出版发行 | 西南大学出版社(原西南师范大学出版社)
网上书店 | https://xnsfdxcbs.tmall.com
地　　址 | 重庆市北碚区天生路2号
邮　　编 | 400715
电　　话 | 023-68868624
印　　刷 | 重庆亘鑫印务有限公司
成品尺寸 | 210 mm×285 mm
印　　张 | 20
字　　数 | 510千字
版　　次 | 2024年6月　第1版
印　　次 | 2024年6月　第1次印刷
书　　号 | ISBN 978-7-5697-2390-8
定　　价 | 68.00元

总 主 编

陈焕春

（教育部动物生产类专业教学指导委员会主任委员、

中国工程院院士、华中农业大学教授）

副总主编

王志坚（西南大学副校长）

滚双宝（甘肃农业大学副校长）

郑晓峰（湖南农业大学副校长）

编 委

（按姓氏笔画为序）

马 跃（西南大学）	马 曦（中国农业大学）
马友记（甘肃农业大学）	王 亨（扬州大学）
王月影（河南农业大学）	王志祥（河南农业大学）
卞建春（扬州大学）	邓俊良（四川农业大学）
甘 玲（西南大学）	左建军（华南农业大学）
石火英（扬州大学）	石达友（华南农业大学）
龙 淼（沈阳农业大学）	毕师诚（西南大学）
吕世明（贵州大学）	朱 砺（四川农业大学）
刘 娟（西南大学）	刘 斐（南京农业大学）
刘长程（内蒙古农业大学）	刘永红（内蒙古农业大学）

刘安芳(西南大学)　　　　　刘国文(吉林大学)

刘国华(湖南农业大学)　　　齐德生(华中农业大学)

汤德元(贵州大学)　　　　　孙桂荣(河南农业大学)

牟春燕(西南大学)　　　　　李　华(佛山大学)

李　辉(贵州大学)　　　　　李金龙(东北农业大学)

李显耀(山东农业大学)　　　杨　游(西南大学)

肖定福(湖南农业大学)　　　吴建云(西南大学)

邹丰才(云南农业大学)　　　冷　静(云南农业大学)

宋振辉(西南大学)　　　　　张妮娅(华中农业大学)

张龚炜(西南大学)　　　　　陈树林(西北农林科技大学)

林鹏飞(西北农林科技大学)　罗献梅(西南大学)

周光斌(四川农业大学)　　　封海波(西南民族大学)

赵小玲(四川农业大学)　　　赵永聚(西南大学)

赵红琼(新疆农业大学)　　　赵阿勇(浙江农林大学)

段智变(山西农林大学)　　　徐义刚(浙江农林大学)

卿素珠(西北农林科技大学)　高　洪(云南农业大学)

郭庆勇(新疆农业大学)　　　唐　辉(山东农业大学)

唐志如(西南大学)　　　　　涂　健(安徽农业大学)

剧世强(南京农业大学)　　　黄文明(西南大学)

曹立亭(西南大学)　　　　　崔　旻(华中农业大学)

商营利(山东农业大学)　　　董玉兰(中国农业大学)

蒋思文(华中农业大学)　　　曾长军(四川农业大学)

赖松家(四川农业大学)　　　魏战勇(河南农业大学)

本书编委会

主 编

李　辉（贵州大学）

杨　游（西南大学）

副主编

崔志富（西南大学）

何　俊（湖南农业大学）

吕　琦（内蒙古农业大学）

玉　荣（内蒙古农业大学）

编　委（按姓氏笔画为序）

王春梅（贵州大学）

方立超（中国人民解放军陆军军医大学）

方绍明（福建农林大学）

玉　荣（内蒙古农业大学）

田兴舟（贵州大学）

吕　琦（内蒙古农业大学）

刘安芳（西南大学）

李　辉（贵州大学）

李　聪（西北农林科技大学）

李文婷（河南农业大学）

杨　游（西南大学）

何　俊（湖南农业大学）

张　帅（中国农业大学）

林瑞意（福建农林大学）

赵　华（四川农业大学）

袁晓龙（华南农业大学）

崔志富（西南大学）

总序

　　农稳社稷,粮安天下。改革开放40多年来,我国农业科技取得了举世瞩目的成就,但与发达国家相比还存在较大差距,我国农业生产力仍然有限,农业业态水平、农业劳动生产率不高,农产品国际竞争力弱。比如随着经济全球化和远途贸易的发展,动物疫病在全球范围内的暴发和蔓延呈增加趋势,给养殖业带来巨大的经济损失,并严重威胁人类健康,成为制约动物生产现代化发展的瓶颈。解决农业和农村现代化水平过低的问题,出路在科技,关键在人才,基础在教育。科技创新是实现动物疾病有效防控、推进养殖业高质量发展的关键因素。在动物生产专业人才培养方面,既要关注农业科技和农业教育发展前沿,推动高等农业教育改革创新,培养具有国际视野的动物专业科技人才,又要落实立德树人根本任务,结合我国推进乡村振兴战略实际需求,培养具有扎实基本理论、基础知识和基本能力,兼有深厚"三农"情怀、立志投身农业一线工作的新型农业人才,这是教育部动物生产类专业教学指导委员会一直在积极呼吁并努力推动的事业。

　　欣喜的是,高等农业教育改革创新已成为当下我国下至广大农业院校、上至党和国家领导人的强烈共识。2019年6月28日,全国涉农高校的百余位书记校长和农业教育专家齐聚浙江安吉余村,共同发布了"安吉共识——中国新农科建设宣言",提出新时代新使命要求高等农业教育必须创新发展,新农业新乡村新农民新生态建设必须发展新农科。2019年9月5日,习近平总书记给全国涉农高校的书记校长和专家代表回信,对涉农高校办学方向提出要求,对广大师生予以勉励和期望。希望农业院校"继续以立德树人为根本,以强农兴农为己任,拿出更多科技成果,培养更多知农爱农新型人才"。2021年4月19日,习近平总书记考察清华大学时强调指出,高等教育体系是一个有机整体,其内部各部分具有内在的相互依存关系。要用好学科交叉融合的"催化剂",加强基础学科培养能力,打破学科专业壁垒,对现有学科专业体系进行调整升级,瞄准科技前沿和关键领域,推进新工科、新医科、新农科、新文科建设,加快培养紧缺人才。

党和国家高度重视并擘画设计,广大农业院校以高度的文化自觉和使命担当推动着新农科建设从观念转变、理念落地到行动落实,编写一套新农科教材的时机也较为成熟。本套新农科教材以打造培根铸魂、启智增慧的精品教材为目标,拟着力贯彻以下三个核心理念。

一是新农科建设理念。新农科首先体现新时代特征和创新发展理念,农学要与其他学科专业交叉与融合,用生物技术、信息技术、大数据、人工智能改造目前传统农科专业,建设适应性、引领性的新农科专业,打造具有科学性、前沿性和实用性的教材。新农科教材要具有国际学术视野,对接国家重大战略需求,服务农业农村现代化进程中的新产业新业态,融入新技术、新方法,实现农科教融汇、产学研协作;要立足基本国情,以国家粮食安全、农业绿色生产、乡村产业发展、生态环境保护为重要使命,培养适应农业农村现代化建设的农林专业高层次人才,着力提升学生的科学探究和实践创新能力。

二是课程思政理念。课程思政是落实高校立德树人根本任务的本质要求,是培养知农爱农新型人才的根本保证。打造教材的思想性,坚持立德树人,坚持价值引领,将习近平新时代中国特色社会主义思想、中华优秀传统文化、社会主义核心价值观、"三农"情怀等内容融入教材。将课程思政融入教材,既是创新又是难点,应着重挖掘专业课程内容本身蕴含的科技前沿、人文精神、使命担当等思政元素。

三是数字化建设理念。教材的数字化资源建设是为了适应移动互联网数字化、智能化潮流、满足教学数字化的时代要求。本套教材将纸质教材和精品课程建设、数字化资源建设进行一体化融合设计,力争打造更优质的新形态一体化教材。

为更好地落实上述理念要求,打造教材鲜明特色,提升教材编写质量,我们对本套新农科教材进行了前瞻性、整体性、创新性的规划设计。

一是坚持守正创新,整体规划新农科教材建设。在前期开展了大量深入调研工作、摸清了目前高等农业教材面临的机遇和挑战的基础上,我们充分遵循教材建设需要久久为功、守正创新的基本规律,分批次逐步推进新农科教材建设。需要特别说明的是,2022年8月,教育部组织全国新农科建设中心制定了《新农科人才培养引导性专业指南》,面向粮食安全、生态文明、智慧农业、营养与健康、乡村发展等五大领域,设置生物育种科学、智慧农业等12个新农科人才培养引导性专业,由于新的专业教材奇缺,目前很多高校正在积极布局规划编写这些专业的新农科教材,有的教材已陆续出版。但是,当前新农科建设在很多高校管理者和教师中还存在认识的误区,认为新农科就只是12个引导性专业,这从目前扎堆开展这些专业教材建设的高校数量和火热程度可见一斑。我们认为，传统农科和新农科是一脉相承的，在关注和发力新设置农科专业的同时，我们更应思考如何改造提升传统农科专业，赋予所谓的"旧"课程新的内容和活力，使传统农科专业及课程焕发新的生机，这正是我们目前编写本套新农科规划教材的出发点和着力点。因此，本套新农科教材，拟先从动物科学、动物医学、水产三个传统动物类专业的传统课程入手，以现有各高校专业人才培养方案为准，按照先传统农科专业再到新型引导性专业、先理论课程再到实验实践课程、先必修课程再到选修课程的先后逻辑顺序做整体规划，分批逐步推进相关教材建设。

二是以教学方式转变促进新农科教材编排方式创新。教材的编排方式是为教材内容服务的，以体现教材的特色和创新性。2022年11月23日，教育部办公厅、农业农村部办公厅、国家林业和草原局办公室、国家乡村振兴局综合司等四部门发布《关于加快新农科建设推进高等农林教育创新发展的意见》（简称《意见》）指出，"构建数字化农林教育新模式，大力推进农林教育教学与现代信息技术的深度融合，深入开展线上线下混合式教学，实施研讨式、探究式、参与式等多种教学方法，促进学生自主学习，着力提升学生发现问题和解决问题的能力"。这些以学生为中心的多样化、个性化教学需求，推动教育教学模式的创新变革，也必然促进教材的功能创新。现代教材既是教师组织教学的基本素材，也是供学生自主学习的读本，还是师生开展互动教学的基本材料。现代教材功能的多样化发展需要创新设计教材的编排体例。因此，新农科规划教材在优化完善基本理论、基础知识、基本能力的同时，更要注重以栏目体例为主的教材编排方式创新，满足教育教学

多样化和灵活性需求。按照统一性与灵活性相结合的原则，本套新农科规划教材精心设计了章前、章（节）中、章后三大类栏目。如章前有"本章导读""教学目标""本章引言"（概述），以问题和案例开启本章内容的学习，并明确提出知识、技能、情感态度价值观的三维学习目标；章中有拓展教学方式类栏目、拓展教学资源类栏目，编者在写作中根据需求可灵活自由、不拘一格创设栏目版块，具有极大的创作空间；章后有"知识网络图""复习思考题""拓展阅读"等栏目形式，同样为编者提供了广阔的创新空间。不同册次教材的栏目根据实际情况做了调整。尽管教材栏目形式多样，但都是紧紧围绕三维教学目标来设计和规定的，每个栏目都有其明确的目的要义。

三是以有组织的科研方式组建高水平教材编写团队。高水平的编者具有较高的学术水平和丰富的教学经验，能深刻领悟并落实教材理念要求、创新性地开展编写工作，最终确保编写出高质量的精品教材。按照教育部2019年12月16日发布的《普通高等学校教材管理办法》中"发挥高校学科专业教学指导委员会在跨校、跨区域联合编写教材中的作用"以及"支持全国知名专家、学术领军人物、学术水平高且教学经验丰富的学科带头人、教学名师、优秀教师参加教材编写工作"的要求，西南大学出版社作为国家一级出版社和全国百佳图书出版单位，在教育部动物生产类专业教学指导委员会的指导下，邀请全国主要农业院校相关专家担任本套教材的主编。主编都是具有丰富教学经验、造诣深厚的教学名师、学科专家、青年才俊，其中有相当数量的学校（副）校长、学院（副）院长、职能部门领导。通过召开各层级新农科教学研讨会和教材编写会，各方积极建言献策、

充分交流碰撞,对新农科教材建设理念和实施方案达成共识,形成本套新农科教材建设的强大合力。这是近年来全国农业教育领域教材建设的大手笔,为高质量推进教材的编写出版提供了坚实的人才基础。

新农科建设是事关新时代我国农业科技创新发展、高等农业教育改革创新、农林人才培养质量提升的重大基础性工程,高质量新农科规划教材的编写出版作为新农科建设的重要一环,功在当代,利在千秋!当然,当前新农科建设还在不断深化推进中,教材的科学化、规范化、数字化都是有待深入研究才能达成共识的重大理论问题,很多科学性的规律需要不断地总结才能指导新的实践。因此,这些教材也仅是抛砖引玉之作,欢迎农业教育战线的同仁们在教学使用过程中提出宝贵的批评意见以便我们不断地修订完善本套教材,我们也希望有更多的优秀农业教材面市,共同推动新农科建设和高等农林教育人才培养工作更上一层楼。

教育部动物生产类专业教学指导委员会主任委员

中国工程院院士、华中农业大学教授　陈焕春

前言

　　生物统计学是运用数理统计的原理和方法来分析和解释生物界各种现象和试验调查资料的一门学科，是生物学领域进行科学研究不可或缺的工具，目前大多数高校已把生物统计学列为生物学相关专业的必修课，旨在培养学生正确分析试验数据的能力，对于学生专业课程的学习和科学研究都有着非常重要的作用。

　　本教材系统地介绍了生物统计和试验设计的基本知识、基本原理和统计方法。在简要叙述生物统计学的概念和发展历程的基础上，着重介绍了生物学研究中试验资料的整理、特征数的计算、随机变量与概率分布、假设检验、参数估计、方差分析、定性变量的假设检验、一元线性相关与回归分析、多元线性回归与相关分析、非参数检验等内容，同时对常用试验设计方法进行了详细描述。与其他版本的生物统计学教材相比，本教材将试验设计的概述放在了第一章，让学生在绪论部分就能更全面地领会生物统计的常用术语和基本原则；同时本教材更加注重前后知识的衔接性，强化了概率分布的内容，有助于学生更好地理解假设检验的基本原理。

　　在大力推进新农科建设的背景下，本教材坚持以满足动物科学及其相关专业类本科生学习要求为原则，按照强化基础、由浅入深、循序渐进的思路进行章节安排，案例丰富，注重理论与实践的结合。本教材也可作为生命科学、畜牧兽医、水产科学等学科的科研工作者和相关专业农技人员的参考书。同时，本教材为新形态一体化教材，在纸质教材中融入相关数字资源（微视频、文档、课件、习题等），实现了教材内容的延展性、丰富性和灵活性，弥补了传统纸质教材篇幅受限、知识容量小、更新速度慢的局限性，满足了学生深度学习的需要。

　　本教材的编写团队由10多所高校的近20位具有丰富教学经验的教师和科研工作者组成，他们根据各自的特长进行分工，共同完成教材的编写工作。教材在编写过程中参考了有关生物统计学教材、相关的中外文文献，在此，对这些教材、文献的作者表示衷心的感谢。

　　限于编者的知识水平和编写能力，书中错误、缺点在所难免，敬请生物统计学专家和广大读者批评指正。

编者

目录

第一章

绪论

本章导读

　　生物统计学是数理统计的原理和方法在生物科学研究中的应用，是现代动物科研和生产上必不可少的工具学科。它的任务是为试验的进行提供预见性的条件，为试验结果的分析提供可靠的方法。在畜牧学这个学科体系中，生物统计学是学习一些专业课程的基础，也是将来进行各项生产和科学研究工作的工具，其理论方法及应用已广泛渗透到科研和生产的各个环节中。

学习目标

　　掌握统计学和生物统计学的概念，了解统计学的发展历史，理解统计学的功用，掌握常用的统计学术语和试验设计的三要素、三原则，培养学生敏感的数据意识，提高科学素养。

统计学是通过收集、整理、分析和解释数据，以推断所研究对象的本质，甚至预测研究对象未来的一门综合性学科。其涉及大量的数学及其他学科的专业知识，它的使用范围几乎覆盖了社会科学和自然科学的各个领域。生物统计学是统计学的一个分支方向，是用数理统计的原理和方法来分析和解释生物界的各种数量资料变化规律和生物界各种现象，以求把握其本质和规律性。

第一节 | 统计学的概念和发展历史

一、统计学的概念

统计学是对研究对象的数据资料进行收集、整理、分析和解释的学科。收集数据是通过抽样调查或科学试验等方法取得数据资料。整理资料则是对数据资料进行初步归纳分析，找出数据资料的基本特征，并以适当的形式展示这些数据资料，以便对数据的基本特征有清晰、直观的了解。分析资料是利用描述统计和推断统计等统计方法对数据进行深入分析，从数据资料中获取有关信息的过程，是统计学的核心。解释资料是指针对所研究的目的或问题，对统计分析结果做出统计推断。综上，统计学是与数据密切相关的学科，可将统计学看成是应用数学的一个分支。

人类可以通过生物体复杂多样的特征性状来认识生物现象。对生物个体而言，这些特征性状表现为可测量的具体数据，但对于生物群体来说，这些收集而来的具体数据存在很大的随机性、变异性和复杂性。显然，基于这些特点，科研工作者们通过描述性的定性科学或者决定性的数量科学来解决生物学领域中的许多问题有些力不从心。因此，为了推动生物科学技术的发展，科研工作者们需要进行大量的科学试验，例如，对动物生长发育影响因素的研究，比较多种饲料对动物增重影响的研究，药物的疗效研究，某地品种资源的研究，新品种选育研究等。如何处理分析这些庞大杂乱的试验数据，并从中得到启发并找出内在规律呢？我们将统计学的原理和方法运用在生物科学的研究中，并将之称为生物统计学（biostatistics，biometry）。总之，生物统计学是一门应用学科，是数理统计学在生物科学中的应用，它是用数理统计的原理和方法来分析和解释生物界的各种数量资料变化规律和生物界各种现象的一门学科。

目前生物统计学已广泛应用于生物学科的各个领域，在实际中为了提高生产效益和研究水平，科研工作者们会使用生物统计学的知识来合理地设计试验或调查,进而科学地处理和分析收集到的试验数据或调查结果,最终得到合理、正确、客观的结论。

二、统计学的发展历史

由于人类的统计实践是随着计数活动而产生的,因此,统计的发展史可以追溯到远古的原始社会,也就是说距今足有五千多年。但是,能使人类的统计实践上升到理论上予以概括总结的程度,即其开始成为一门系统的学科,却是近代的事情,距今只有三百余年的短暂历史。统计学发展的概貌,大致可划分为古典记录统计学、近代描述统计学和现代推断统计学三种形态。

(一)古典记录统计学

古典记录统计学的形成时间大致在17世纪中叶至19世纪中叶。在这个兴起阶段,统计学还是一门意义和范围不太明确的学问,在用文字或数字如实记录与分析国家社会经济状况的过程中,统计研究的方法和规则初步建立。到概率论被引进之后,其才逐渐成为一个较成熟的方法。最初卓有成效地把古典概率论引进统计学的是法国天文学家、数学家、统计学家拉普拉斯(P.S.Laplace,1749—1827)。

(二)近代描述统计学

近代描述统计学的形成时间大致在19世纪中叶至20世纪上半叶。由于这种"描述"特色由一批原是研究生物进化的学者们提炼而成,因此历史上称他们为生物统计学派。生物统计学派的创始人是英国科学家高尔顿(F.Galton,1822—1911),主要推动者是高尔顿的学生,现代统计学奠基人之一皮尔逊(K.Pearson,1857—1936)。

(三)现代推断统计学

现代推断统计学的形成时间大致是20世纪初叶至20世纪中叶。人类历史进入20世纪后,无论社会领域还是自然领域都向统计学提出更多的要求。各种事物与现象之间繁杂的数量关系以及一系列未知的数量变化,单靠记录或描述的统计方法已难以奏效。因此,开始利用"推断"的方法来掌握事物总体的真正联系以及预测未来的发展。从描述统计学到推断统计学,这是统计学发展过程中的一个大飞跃。统计学发展中的这场深刻变革是在农业田间试验领域中完成的,由此产生了农业试验学派。对建立现代推断统计贡献最大的是英国统计学家戈塞特(W.S.Gosset,1876—1937)和费希尔(R.Fisher,1890—1962)。

第二节 | 生物统计学的主要作用

一、合理科学地进行试验或调查设计

在实际科学试验或调查研究中，经常会遇到因为设计不合理，导致收集到的数据无代表性、试验误差大，以至于造成大量人力、物力和时间的浪费。所以，在开展任何一项试验之前，都须进行科学的试验设计，包括样本含量的确定、抽样方法的选择、处理水平的设置、重复数的确定以及试验的安排等，且须遵循试验设计原则，以保证试验的合理性、科学性、公正性、客观性。总之，合理的试验设计能控制和降低试验误差，提高试验的准确性，为统计分析无偏估计试验处理效应和试验误差提供必要且有代表性的资料。

二、整理和描述数据资料的特征

科研工作者经常会获得大量的试验数据资料，但试验数据资料具有变异性，若不整理则数据资料庞杂凌乱，不能说明任何问题。生物统计学提供了整理资料、化繁为简的科学程序，可以从众多的数据资料中，归纳出几个特征数或绘制出一定形式的图表，使研究者从少数的特征数或一些简单的图表中获取其背后所蕴藏的信息或规律。

三、通过样本推断总体

了解所研究总体的参数，认识事物的总体特征和规律，是生物统计学的一个重要任务。但由于总体中的个体数庞大，即便是有限总体，通常亦难以得到其参数。这就需要从总体中抽取部分个体组成样本进行试验，再利用从样本中所获得的信息来估计和推断总体的特征，这称为统计推断。统计推断是统计研究的基本内容。生物统计学阐明了样本与总体间数量关系的规律，从某种意义上说，它是研究生物科学中以部分个体的特征特性推断或描述全部个体的特征特性的一门学科。

四、正确评价试验结果的可靠性

为了排除试验误差，一般在试验中要求除试验因素以外，其他条件都应控制一致，但在实践中无论试验条件控制得如何严格，其试验结果总是受试验因素和其他偶然因素的影响，偶然因素的影响是造成试验误差的重要原因。要正确判断从试验所得的数据结果是由试验处理效应造成的还是由试验误差造成的，就必须运用统计分析的方法。

五、分析试验数据变量间的关系

事物之间总是相互作用、相互影响的,反映在数量上就是变量之间的关系。例如牛的胸围和体重之间,家畜的胴体重与屠宰率之间,药物的剂量与治愈率之间等,均有一定程度的相关性。在统计学中对变量之间平行关系的研究称作相关分析。

回归是指两个或两个以上的变量存在着从属关系,即一个变量变化时,引起另一个变量产生相应的变化。这种两个或两个以上变量之间的从属关系可以用回归分析进行研究,最后建立回归方程,在实际中可以用回归方程对一些难以度量的性状用相关性状进行间接预测。例如利用牛的胸围和体长来估计其体重,利用子代某性状与亲代某性状间相关,用亲代推断子代,达到早期选育的目的等,均是回归在生产上的应用。

六、培养统计学思维

通过生物统计学的学习,我们可以培养用统计学思维方式去思考有关生物研究中的问题,对观察到的现象用统计学方法分析,并做出统计推断。生物科学工作者必须学习和掌握生物统计学,作为一种有效的工具,它可以帮助工作者正确认识客观事物存在的规律性,大大提高工作效率。此外,在论文的撰写中,统计学知识可帮助我们更好地阅读相关文献,并可为生物学术论文提供强力的支持。生物统计学还是学习一些专业课程的基础,比如数量遗传学。数量遗传学是应用生物统计方法研究数量性状遗传与变异规律的学科,如果没有生物统计的知识就无法掌握此学科。

总之,生物统计提供试验或调查设计方法,提供对试验或调查获得的资料进行整理的分析方法。而近年来,生物统计学发展迅速,从中又分支出群体遗传学、生态统计学、生物分类统计学、毒理统计学等。可以说随着生命科学领域的研究不断深入,生物统计学在现代生物学研究中起着越来越重要的作用,它是每位从事生物科学研究的科研工作者都必须掌握的基本工具。

第三节 | 统计学的常用术语

生物统计学是一门应用数学,具有一定难度,需要具备扎实的数学基础,在学习过程中还要面对统计推断、试验设计和专业应用等多个难点和挑战。因此,为了方便读者的阅读和学习,本章介绍数理统计和试验设计的基本概念。本节先介绍几个重要的生物统计基本术语。

一、总体、个体与样本

总体(population)：指基于研究问题和研究目的，具有相同性质的全部研究对象所组成的集合，例如研究秦川牛的日增重，总体就是秦川牛日增重观测值的全体。

个体(individual)：总体中的每一个研究对象称为个体。

总体根据所含个体的数目分为有限总体和无限总体，有时也将个体数相当多的有限总体视为无限总体。对于无限总体的研究是抽取部分个体作为研究对象，以部分来推断全体。

样本(sample)：从总体中按一定的方法抽取一部分具有代表性的个体，所构成的集合称为样本。样本中所含个体数量叫作样本含量(sample size)，通常用 n 表示。例如，观测100头秦川牛的日增重所得到的100个观测值，这100个观测值就是从总体中获取的一个样本。在实际研究中，根据样本含量大小将样本分为大样本和小样本，当 $n \leqslant 30$ 时为小样本，当 $n > 30$ 时为大样本。在研究总体的特征特性时，因为总体常常是无限总体，为此通常情况下是以样本的特征特性来推断总体的特征特性，在一定可信度上对总体作出描述，这是统计分析的核心。为了能通过样本正确地推断总体，要求样本必须具有一定的代表性和样本含量。为保证样本的代表性，统计学中一般采用随机抽样的方法。所谓随机抽样(random sampling)是指总体中每个个体均有相等的机会被抽作样本的抽样方法。随机抽样可以避免主观和偏见，是实际研究中常用的抽样方法。

二、参数与统计量

参数(parameter)：是指由总体中全部个体计算的特征数，常用希腊字母表示参数，例如用 μ 表示总体平均数，用 σ 表示总体标准差，用 ρ 表示总体相关系数。

统计量(statistic)：是指由样本中全部个体计算的特征数，常用拉丁字母表示统计量，例如用 $\bar{x}$ 表示样本平均数，用 S 表示样本标准差，用 r 表示样本相关系数。

由于总体常常是无限总体，所以参数常常是未知的，为此统计学上用统计量估计参数，例如用样本平均数 $\bar{x}$ 估计总体平均数 μ，用样本标准差 S 估计总体标准差 σ 等。

三、准确性与精确性

准确性(accuracy)：也称准确度，是指观测值或估计值与其真值的接近程度。例如，已知某一试验的观测值和总体平均值，两者相差的绝对值越小，则观测值的准确性越高；反之，若两者相差的绝对值越大，则观测值的准确性越低。

精确性(precision)：也称精确度，是指对同一事物的重复观测值或估计值间的接近程度。例如，同一试验指标的任意两个观测值相差的绝对值越小，则观测值精确度越高；反之，两观测值相差的绝对值越大，则观测值精确度越低。

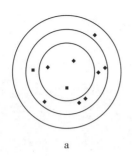 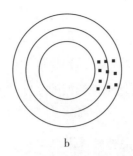 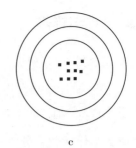

a   b   c

图1-1 准确性与精确性示意图

在这里可以用打靶图(图1-1)来说明准确性与精确性的关系。将观测值比作弹点,观测值的总体平均数比作靶心,准确性是弹点与靶心的接近程度,精确性是不同弹点间的接近程度。图a所有弹点稀疏分布且远离靶心,说明准确性和精确性都很差;图b虽然各弹点偏离靶心,但是彼此间分布密集,说明准确性差但精确性高;图c所有弹点间分布密集且都分布在靶心,说明准确性高精确性也高。

四、试验误差

在动物试验中,试验处理常常受各种非处理因素的影响,这使得试验效应不能真实地反映出来,以致试验观测值与总体平均数有差异,这种差异在数值上的表现称为试验误差。试验误差分为两类——随机误差与系统误差。

随机误差(random error):也叫抽样误差,是指试验过程中由许多无法控制的内在和外在的随机因素所造成的误差。随机误差带有偶然性,会影响试验的精确性,且难以消除,不可避免。例如,进行一个饲养试验,选择同品种、同性别、体重相近的断奶仔猪20头,在相同的饲养管理条件下饲喂同一种饲料,结果20头试验猪的增重不尽相同,这种差异就叫作随机误差。可见,随机误差是客观存在的,是试验过程中不可避免的,只能降低它,力求控制它为最小。

系统误差(systematic error):也叫片面误差。系统误差影响试验的准确性,但是只要试验工作做得精细,系统误差就容易消除和避免。例如,度量工具不精确或者未经过校正;进行动物试验过程中,动物的年龄、初生重相差较大;饲料种类、品质及饲养条件的不同;试验人员观测及操作习惯的差异;动物分组时的偏差等。

在统计上试验误差一般指随机误差,在试验中应力求降到最小,而在试验设计中要力求消除系统误差。

第四节 | 试验设计概述

一、试验设计的概念

试验设计(experimental design),是指在研究工作开始之前,根据研究目标制定试验方案,对各种试验要素(如试验处理因素的设置、试验单位的选取、重复数的确定和试验单位的分组等)进行合理的安排并周密计划,以便用较少的人力、物力和时间,最大限度获得足够且可靠的试验数据资料,在此基础上对试验获得的数据资料进行科学的统计分析,得到正确的结论,明确回答研究课题提出的科学问题。试验设计是应用数理统计手段解决科学问题的方法,从20世纪20年代英国学者费希尔在农业生产中使用试验设计方法以来,试验设计方法已经得到广泛发展,并在动物科研和生产中得到了广泛的应用。一个好的试验设计,既可减少试验动物数量、试验次数,缩短试验时间和避免盲目性,又能快速得到可靠的结果。如果试验设计不合理,即使做了大量的试验,也未必能达到预期目标,甚至可能导致整个试验的失败。费希尔在他的著作中强调,科学研究者与统计学家的合作,应该是在试验设计阶段,而不是在需要处理数据的时候。因此,掌控科学的试验设计方法,对于动物科学试验研究工作具有十分重要的意义。

二、试验设计的三要素

试验设计的三要素包括试验单位、试验因素和试验效应。

(一)试验单位(experimental unit)

又称为试验单元,动物科学试验研究通常以动物为试验对象,则试验单位就是根据研究目的而确定的用于试验的相互独立的动物,如一头牛、一头猪、一只羊,即一个动物作为一个试验单位;或几只鸡、几尾鱼,即一组动物作为一个试验单位。试验单位也是获得试验观察值的基本单位,也就是说从一个试验单位可以获得一个观察值(数据)。

(二)试验因素(experimental factor)

根据试验目的确定的可能影响试验结果的原因或要素都称为试验因素,也称为试验因子。由于客观条件的限制,一次试验中不可能将每个因素都考虑进去。我们把试验中所研究的影响试验效应的因素称为试验因素,通常用大写字母 A,B,C 等来表示。试验因素所处的各种状态称为因素水平,简称水平(level)。通常在表示因素的大写字母下用脚标1,2,3等来表示,如A因素的第一、第二水平依次用A_1、A_2表示,B因素的第一、第二、第三水平依次用B_1、B_2、B_3表示。拟定试验方案时,要根据试验目的和试验条件挑选合适的试验因素。要抓住关键、突出重点,挑选对试验指标影响较大的因素、尚未完全掌握其规律的因素和未曾考查过的因素。试验因素一般不宜过多,应该抓住一两个或少数几个主要因素。如果涉及试验因素多、一时难以取舍,或者对各因素最佳水平的可能范围难以做出估计时,可将试验分阶段进行,即先做单一因素的预试验,通过拉大水平幅度,多选几个水平点进行初步观测,然后根据预试验结果精选因素和水平进行正式试验。此外,各因素水平的设置要合理,水平数目要适当,水平间的差异要合理,一般可采用等差法(即等间距法)、等比法、优选法(0.618法)、随机法等设置水平间隔。原则上,凡是能用简单方案的试验,就不用复杂方案。

根据试验因素的多少,试验方案可以分为单因素试验(single-factor experiment)和多因素试验(multiple-factor or factorial experiment)。单因素试验是指整个试验中只比较一个试验因素的不同水平的试验。单因素试验方案由该试验因素的所有水平构成,是最基本、最简单的试验方案。多因素试验是指在同一试验中同时研究两个或两个以上试验因素的试验。多因素试验方案由试验因素的水平组合构成,又可以分为全面试验(overall experiment)和部分实施试验(fractional enforcement)。全面试验(或完全方案)是指对所选取的试验因素的所有水平组合全部实施一次以上的试验,其水平组合数等于各个因素水平数的乘积,也称为全面析因试验。全面试验的优点是既能考查各个试验因素对试验指标的影响,也能考查试验因素间的交互作用,从而选出最优水平组合,充分揭示事物的内部规律。多因素全面试验的效率高于多个单因素试验的效率。部分实施试验(或不完全方案)是指从全面试验处理中选取部分有代表性的处理进行试验,对试验因素的某些水平组合进行试验,探讨这些水平组合的综合作用,从而缩小试验规模,节省某些全面试验实施花费的人力、物力、财力。常见的试验设计方法有正交试验(orthogonal experiment)设计和均匀试验(uniform experiment)设计等。

试验处理(treatment)指事先设计好的在试验单位上实施的一种具体措施。在单因素试验中,试验的一个水平就是一个处理。在多因素试验中,每个水平组合就是一个处理。例如,两因素三水平试验设计有9个处理,三因素三水平试验设计有27个处理。在科学的动物试验中,为了鉴别处理效应的好坏,一般要设置比较标准的对照处理组,对照形式主要有空白对照、标准对照、自身对照等。可以根据试验目的与内容,合理选择不同的对照形式。在拟定试验方案时,试验处理间应遵循唯一差异原则,即除了试验处理不同外,其他所有条件应当相同,以保证试验处理具有可比性。

(三)试验效应(experimental effect)

试验效应是在试验因素的作用下,试验对象的反应或结局,它必须通过试验中具体测定的性状或观测的项目即试验指标来体现。在试验设计中,可以根据试验目的的不同,选用一个试验指标或两个及两个以上的试验指标,分别称为单指标试验和多指标试验。根据试验指标所对应数据类型的不同,试验指标又可以分为定量指标和定性指标。

在确定试验指标时应考虑以下因素:第一,选择的指标应和研究目的有本质联系,能确切反映出试验因素的效应;第二,应选用客观性较强的指标,最好选用易于量化,即经过仪器测量和检验而获得的指标;第三,要考虑指标的灵敏性与准确性;第四,选择指标的数目要适当。

三、试验设计的基本原则

动物试验设计的目的在于通过合理选取试验单位,对试验单位进行分组,确定合理的重复数目,设置处理因素和制定拟观察的试验效应,控制降低试验误差。对试验获得的观察指标进行科学统计分析,再对样本所属总体做出正确可靠的统计判断。进行动物试验设计应遵循费希尔三原则,即重复、随机化和局部控制。

(一)重复(replication)

重复是指在一个处理中设置两个或两个以上的试验单位。一个处理实施在几个试验单位上,就说该处理重复了几次。试验设置重复的主要作用在于估计试验误差和降低试验误差。如果一个处理只实施在一个试验单位上,则只能得到试验指标的一个观测值,无法估计试验误差。只有在同一处理内设置两个以上的重复,才能得到两个以上的试验数据,同一处理内这些数据间的差异,就可认为是试验单位间的差异和其他偶然误差所造成,用统计方法可将这些误差从处理差值中分离出去,并计算出误差的大小,使试验得出可靠结论。同时,由标准误的计算公式 $S_{\bar{x}} = S/\sqrt{n}$ 可看出,误差的大小与重复数(样本含量)的平方根成反比,同一试验若重复数越多,则误差越小,样本对总体的代表性越强。但是,在实际应用时,重复次数太多会导致试验动物的初始条件不能控制一致,也不一定能降低误差。另外,随着重复次数的增加,试验所花费的人力、物力、财力和占用的时间、空间也会相应增加,因而试验材料、环境、仪器设备、操作等试验条件产生的差异也会随之加大,导致试验误差的增大。为了避免这一问题,要在同时遵循"局部控制"原则的前提下增加重复数。

(二)随机化(random)

随机化是指将试验处理随机分配给各试验单位,使各试验单位接受各试验处理的机会平等,以避免分组时研究人员主观倾向的影响。随机化可以防止将系统误差引入试验,以确保对试验误差的无偏估计。

(三)局部控制(local control)

实际试验过程中,无论怎样努力也无法使所有试验条件完全一致,尤其是动物试验,因此试验时常采用局部控制。局部控制是指当干扰因子不能从试验中排除时,通过试验设计对它们进行控制,从而降低非试验因素对试验结果的影响,提高统计推断的可靠性。在试验中,当试验环境或试验单位差异较大时,可将整个试验环境或试验单位分成若干个单位组(或区组),在单位组(或区组)内使非处理因素尽量一致。这样设计可使每个区组内的试验误差减小,此外单位组之间的差异可在方差分析时从试验误差中分离出来,所以局部控制能较好地降低试验误差。

上述试验设计的三个基本原则,按重复、随机化、局部控制的顺序,分别称为第一、第二和第三原则。它们之间的关系是:重复和随机化共同作用可无偏地估计误差,进行正确的统计推断;重复和局部控制共同作用可降低试验误差,进而提高试验精确度。

拓展阅读

扫码进行本章内容相关的PPT课件、知识图谱、章节测验、相关拓展资料等数字资源的获取和学习。

思考与练习题

(1)什么是统计学和生物统计学?

(2)统计学的发展分为哪几个阶段? 各个阶段的代表人物有哪些?

(3)生物统计学的主要作用是什么?

(4)什么是准确性和精确性?

(5)什么是总体和个体?

(6)什么是随机误差和系统误差? 两者的区别是什么?

(7)试验设计的基本原则是什么? 它们各有何作用?

第二章

资料的整理

本章导读

　　资料整理是指根据统计研究的任务,对试验或调查中收集的资料进行科学的汇总和处理,使资料系统化、条理化,以反映研究总体的特征、规律和趋势。资料的整理通常包括检查与核对、分类或分组、汇总、制作统计表或统计图等步骤。本章对资料的分类、资料的整理方法、常见统计表和统计图的概念及使用条件进行介绍,为后续章节的学习奠定基础。

学习目标

　　掌握资料的分类、频数分布表的制作、常见统计表和统计图的概念、各种统计图的制作方法;感受统计的实际价值,培养学生的数据意识,养成"用数据说话、用事实说话"的统计思维和实事求是的科研态度。

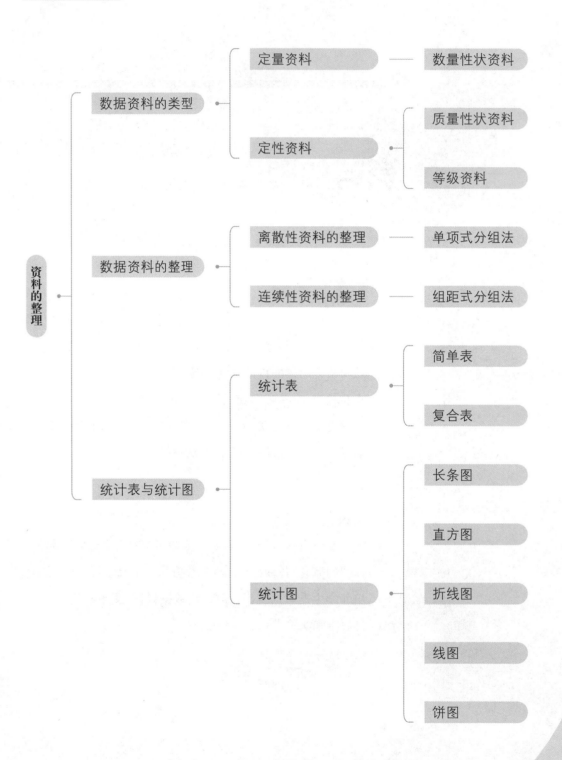

在生物学试验或抽样调查中获得大量的原始数据,这是在一定条件下对某种具体事物或现象观察的结果,称之为资料。这些资料在未整理之前,往往是分散的、零乱的,是一堆无序的数字。只有对资料进行整理才能了解其分布特征,为进一步对资料进行统计分析提供基础。本章主要介绍资料的分类、不同类型资料的整理方法、统计表和统计图的概念及其制作方法等内容。

第一节 | 数据资料的类型

不同类型的数据资料需用不同的统计分析方法,所以正确地进行资料的分类是统计分析的前提。根据所研究的生物性状的特征不同,将试验或调查所获得的数据资料分为数量性状资料、质量性状资料、等级资料。

一、数量性状资料(data of quantitative trait)

又称为数值数据(numerical data),指由计数或测量得到的数据资料,这类资料的特点是直接可以用数量来表示,例如体重、身高、血压、产蛋量、产仔数等。数量性状资料又可以根据数据是否连续的特点分为两类,即连续性资料和离散性资料。

(一)连续性资料(continuous data)

这类资料是直接用度、量、衡等工具测定的,数据是以长度、容积、重量等来表示,例如家畜的体高、体重、血糖等性状属于这类资料。这类资料的另一个特点是所测得的数据不一定是整数,可带小数。小数位数的多少依据试验或调查的要求和测量仪器或工具的精度而确定,且随小数位数的增加,可以出现无限个变量值。

(二)离散性资料(discrete data)

这类资料是用计数的方式得到的数据,例如猪的产仔数,鸡的产蛋量,寄生虫的虫卵数等。在这类资料中,每一个变数必须以整数表示,在两个相邻的变数间不允许有带小数的数值存在。因此这类资料是以个数来表示的,并且在一定的范围内,变数的个数是一定的,变数间是间断的非连续的变量。

二、质量性状资料(data of qualitative trait)

又称为定类数据(categorical data)、名义数据(nominal data)。质量性状是一种只能观察而不能度量的性状,例如猪的毛色有黑、白、花、红,牛的有角和无角,性别的公、母,人血型的A、B、AB、O型等。可见,这类性状不能直接用数值表示。在科研试验或调查研究中,要求将这类资料进行数量化才能进行后续的统计分析。数量化的方法最常用的就是统计次数法,即将观察单位按性质或类别分组,然后统计各组出现的观察单位次数。例如,白猪与黑猪杂交,统计子二代中白猪与黑猪的头数。再如统计某85只绵羊群不同油汗色泽的头数,结果如表2-1所示。

表2-1 85只绵羊油汗色泽统计表

油汗色泽	次数	频率/%
深黄	5	5.88
黄	8	9.41
浅黄	16	18.82
乳白	21	24.71
白	35	41.18
合计	85	100

三、等级资料(ranked data)

又称为定序数据(ordinal data),这类资料的性质与质量性状资料相似,也属于性状类数据,但是与质量性状资料的不同之处在于其类别之间或属性之间存在层次之分。例如测定某种药物的疗效,根据病畜对该药物的反应,可分为治愈、有效、无效3个等级,然后统计各个等级出现的供试病畜数量而得到的资料。

总之,质量性状资料和等级资料反映的是生物性状的品质特征,其结果表现为类别,所以这两类资料可统称为定性资料(qualitative data)。数量性状资料反映的是生物性状的数量特征,其结果通常表现为量化的具体数字,所以又称为定量数据(quantitative data)。不同类型的数据资料必须采用不同的统计方法来进行处理和分析,表2-2归纳了不同数据类型的表现形式、对应变量和主要的统计方法。

表2-2 数据资料的类型

数据类型	定性资料		定量资料
	质量性状资料	等级资料	数量性状资料
表现形式	类别(无序)	类别(有序)	数值
对应变量	定类变量	定序变量	数值变量(连续性、离散性)
主要统计方法	计算各组的频数,进行列联表分析、x^2检验等非参数统计方法		计算各种统计量、进行参数估计和假设检验、相关回归分析、方差分析等

第二节 | 数据资料的整理

在试验或调查中会获得大量的原始数据,这些原始数据为研究提供了有价值的信息,可以帮助科研者发现存在的问题,认识其内在规律。但是,原始数据的特点就是"量大"和"杂乱无章"。因此,从原始数据的表面看不出规律性,仅仅是数据的堆积。而科研者所需要的信息恰好蕴藏在这大量的数据之中,要从中找出它们的内在联系和规律性,就必须对原始数据进行整理和分析。

数据整理是数据资料处理的首要环节,是统计分析的前提。数据整理就是把大量复杂的数据,按一定的标志进行整理归类,使其系统化、条理化、一目了然,便于后续的统计分析,从而得出正确的科学结论。

一、原始资料的检查核对

通过试验或调查取得原始资料后,要对全部数据进行检查与核对,才能进行数据的整理。对原始资料进行检查与核对应从数据本身是否有错误、取样是否有差错和对不合理数据的订正三个方面进行。主要核对原始资料的测量和记载有无差错、检查原始资料有无遗失、重复的归并是否合理,以及是否有特大、特小等异常值的出现。对个别缺失的数据,可以进行缺失数据估计,对重复、错误和异常值应予以删除或订正,但不能随意改动,必要时要进行复查或重新试验。数据的检查与核对在统计处理工作中是非常重要的。只有经过检查和核对的数据资料,保证数据资料的完整、真实和可靠,才能通过统计分析真实地反映试验或调查的客观情况。

二、数据资料的整理

对经过检查与核对后的数据资料的类型进行整理,其中,对定性数据(质量性状资料和等级资料)主要进行分类整理,对定量数据(数量性状资料)主要进行分组整理。数据经过整理后,可以制成有规则的频数(次数)分布表,作出频数(次数)分布图。频数是指落在各类别或各组上的数据个数。频率指各类别或各组数据个数占数据总个数的比例值。频数分布表指将各类别或各组的频数、频率、累积频率等用表格形式列出。由于定性数据的实质就是对生物性状品质特征的一种分类或类别排序,所以对定性数据的整理只需按数据的不同类别进行分组,统计每组的频数、频率等,列出频数分布表,作出频数分布图。但是,对于定量资料而言,根据资料的类型不同分为单项式分组法和组距式分组法两种。此外,一般样本含量在30以下的小样本不必分组,可直接进行统计分析。样本含量在30以上时才需将数据分成若干组,以便后续的统计分析。下面重点介绍大样本定量资料的两种整理方法。

(一)离散性资料的频数分布

采用单项式分组法进行整理,这种方法的特点是用样本变量自然值进行分组,每组均用一个或几个变量值来表示。分组时,可将数据资料中每个变量值分别归入相应的组内,然后制成频数分布表。

【例2.1】在某鸡场调查100只来航鸡每月的产蛋数,数据见表2-3。

表2-3　100只来航鸡每月的产蛋数　　　　　　　　　　　　　　（单位:枚）

15	17	12	14	13	14	12	11	14	13
16	14	14	13	17	15	14	14	16	14
14	15	15	14	14	14	11	13	12	14
13	14	13	15	14	13	15	14	13	14
15	16	16	14	13	14	15	13	15	13
16	14	16	15	13	14	14	14	14	16
12	13	12	14	12	15	16	15	16	14
13	14	16	15	15	15	13	13	14	14
13	15	17	14	13	14	12	17	14	15
15	15	15	14	14	16	14	15	17	13

每月产蛋数为11~17枚范围内,有7个不同的观测值,用7个不同观测值将100只来航鸡每月的产蛋数加以归类,共分7组,将各组所属数据进行统计,得出各组频数,计算出各组的频率和累积频率,这样经整理后可得出每月产蛋数的频数分布表,见表2-4。从该表可以看出,一堆杂乱无章的原始数据资料,经初步整理后可了解这些资料的大概情况,可见来航鸡每月产蛋数主要集中为14枚。

表2-4　100只来航鸡月产蛋数的频数分布表

每月产蛋数/枚	频数	频率	累积频率
11	2	0.02	0.02
12	7	0.07	0.09
13	19	0.19	0.28
14	35	0.35	0.63
15	21	0.21	0.84
16	11	0.11	0.95
17	5	0.05	1.00

有些离散性资料观测值多,变异范围大,若以变异范围内每一个可能的不同观测值为一组,则分组数太多且每组所包含的观测值太少,甚至个别组包含的观测值个数为0,资料集中与分散的情况显示不出来。对于这种资料,可扩大为几个相邻的不同观测值为一组,适当减少分组数,将观测值分组后,整理成的频数分布表就能较明显地显示出资料集中与分散的情况。例如,研究5个不同小麦品种的300个麦穗的每穗的穗粒数,观察其穗粒数为18~62粒。如果按一个变量值分为一组,需要分45组,数据仍显得较分散。为了使频数分布表呈现出规律性,可以按5个变量值分为一组,分18~22、23~27、28~32、33~37、

38~42、43~47、48~52、53~57、58~62共9个组,将300个麦穗的资料进行归组,计算出各组的频数、频率和累积频率(表2-5)。表2-5可明显表示数据分布情况,即大部分麦穗的穗粒数为28~52。

表2-5 不同小麦品种300个麦穗穗粒数的频数分布表

穗粒数/粒	频数	频率	累积频率
18~22	3	0.010 0	0.010 0
23~27	18	0.060 0	0.070 0
28~32	38	0.126 7	0.196 7
33~37	51	0.170 0	0.366 7
38~42	68	0.226 7	0.593 4
43~47	53	0.176 6	0.770 0
48~52	41	0.136 7	0.906 7
53~57	22	0.073 3	0.980 0
58~62	6	0.020 0	1.000 0

(二)连续性资料的频数分布

一般采用组距式分组法,分组时需先确定全距、组数、组距、组中值、各组上下限,将全部观测值一一归组划线计数,列出频数分布表。下面结合实际例子说明将连续性计量资料整理成频数分布表的方法与步骤。

【例2.2】调查了150尾鲢鱼的体长(cm)资料,其结果列于表2-6。

表2-6 150尾鲢鱼的体长资料 (单位:cm)

56	49	62	78	41	47	65	45	58	55
52	52	60	51	62	78	66	45	58	58
43	46	58	70	72	76	77	56	66	58
63	57	65	85	59	58	54	62	48	63
58	52	54	55	66	52	48	56	75	55
63	75	65	48	52	55	54	62	61	62
54	53	65	42	83	66	48	53	58	57
60	54	58	49	52	56	82	63	61	48
70	69	40	56	58	61	54	53	52	43
58	52	56	61	59	54	59	64	68	51
55	47	56	58	64	67	72	58	54	52
44	57	38	39	64	68	63	67	65	52
59	60	58	46	53	57	37	62	52	59
65	62	57	51	50	48	46	58	64	68
69	73	52	48	65	72	76	56	58	63

1.计算全距

全距也称为极差,记为R,是样本数据资料中最大观测值与最小观测值的差值,它反映整个样本的变异幅度。

$$R = x_{max} - x_{min}$$

由表2-6可以看出,鲢鱼体长最大值为85 cm,最小值为37 cm,因此全距R为:

$$R = x_{max} - x_{min} = 85 - 37 = 48(cm)$$

2.确定组数

组数记为k,是根据样本观测值的多少及组距的大小来确定的,同时也考虑到对资料要求的精确度以及进一步计算是否方便。组数与组距有密切的关系,组数越多,组距就相应变小,所求得的统计数就越精确,但不便于计算;组数太少,组距就相应增大,虽然计算方便,但所计算的统计数的精确度较差。为了使两方面都能够协调,组数不宜太多或太少。在确定组数时,应考虑样本含量的大小、全距的大小、便于计算、能反映资料的分布特征等因素。通常划分组数可参照表2-7样本含量与分组数的关系来确定。

表2-7 常用样本含量与分组数

样本含量	分组数
30 ~ 60	6 ~ 8
60 ~ 100	8 ~ 10
100 ~ 200	10 ~ 12
200 ~ 500	12 ~ 17
500 以上	17 ~ 30

3.计算组距

组距是指每组内的上下限范围,记为i。分组时要求各组的组距相同。组距的大小是由全距和组数所确定的,即:

$$组距 i = \frac{全距R}{组数k}$$

表2-6鲢鱼体长资料的样本含量为150,查表2-7,可分为10 ~ 12组,这里取10组,则组距i为:

$$i = \frac{R}{k} = \frac{48}{10} = 4.8 \approx 5.0(cm)$$

为计算方便,以5.0 cm为本例的组距。

4.确定组中值

组中值是每组两个组限(下限和上限)的中间值。在资料分组时,组距确定之后,先选定第一组的组中值。由于相邻两组的组中值之差等于组距,所以当第一组的组中值确定之后,加上组距就是第二组的组中值,第二组的组中值加上组距就是第三组的组中值,以此类推。为了避免第一组中观测值过多,一般第一组的组中值最好接近或等于资料中的最小值。

表2-6中,最小观测值为37,最大值为85,数据变异较大,组距长,因此将第一组的组中值取为38.5,加上组距第二组的组中值为43.5,第三组的组中值为48.5,其余类推。

5.求组限

组限是指每个组变量值的起止界限,每个组有两个组限,一个下限和一个上限。确定组限时,要注意第一组的下限不能大于资料中的最小值,末一组的上限不能小于资料中的最大值。在组中值确定的情况下,组限可用下述公式求得:

$$组下限=组中值-\frac{组距}{2}$$

$$组上限=组中值+\frac{组距}{2}$$

本例中,已确定组距为5.0和第一组的组中值为38.5,所以第一组的下限=38.5-5.0/2=36.0;第一组的上限也就是第二组的下限=36.0+5.0=41.0;第二组的上限也就是第三组的下限=41.0+5.0=46.0。于是本例分组为:36.0~41.0,41.0~46.0,…,81.0~86.0。等于前一组上限和后一组下限的观测值,约定将其归入后一组,通常将上限略去不写,即第一组记为36.0~,第二组记为41.0~,…,最后一组记为81.0~。

6.分组

确定好组数和各组上下限后,可按原始资料中各观测值的次序,用"正"字或划线计数法将资料中的每个观测值归于各组。全部观测值归组后,即可求出各组的频数、频率和累积频率,制成一个频数分布表(表2-8)。频数分布表不仅便于分析数据的分布特征,而且可根据它绘制成频数分布图,计算平均数和标准差等特征数。

表2-8 150尾鲢鱼体长的频数分布表

组限/cm	组中值/cm	频数	频率	累积频率
36.0~	38.5	4	0.026 7	0.026 7
41.0~	43.5	7	0.046 7	0.073 4
46.0~	48.5	15	0.100 0	0.173 4
51.0~	53.5	32	0.213 3	0.386 7
56.0~	58.5	37	0.246 7	0.633 4
61.0~	63.5	28	0.186 7	0.820 1
66.0~	68.5	13	0.086 7	0.906 8
71.0~	73.5	6	0.040 0	0.946 8
76.0~	78.5	5	0.033 3	0.980 1
81.0~	83.5	3	0.020 0	1.000 0
合计		150	1.000 0	

第三节 | 常用的统计表与统计图

统计表以表格的形式列出试验或调查获得的资料的特征、内部构成、相互关系,用于统计结果的精确表达和对比分析。统计图利用点、线、面等各种直观和形象的几何图形将复杂的统计数据表现出来。合理采用统计表或统计图对统计资料进行描述,可以使统计结果简明、形象地表示出来,使人一目了然,容易理解,更便于对数据资料进行对比、分析。

一、统计表

(一)统计表的结构和要求

统计表由标题、标目、线条、数字构成,其基本格式如下表:

表号　标题

总横标目(或空白)	纵标目	合计
横标目	数字资料	
合计		

编制统计表的总原则:结构简单、层次分明、内容安排合理、重点突出、数据准确,便于理解和比较分析。具体要求如下。

1.标题

标题要简明扼要、准确地说明表的内容,有时须注明时间、地点。标题位于表的上方。

2.标目

标目分为横标目和纵标目,横标目列于表的左侧,用以表示被说明事物的主要标志;纵标目列于表的上端,说明横标目各统计指标的内容,并注明计算单位,例如百分数(%)、千克(kg)、厘米(cm)等。

3.数字

一律用阿拉伯数字,同一指标数字的小数点要对齐且小数的位数要一致,无数字的用"—"表示,暂缺或无记录的用"…"表示。

4.线条

不宜过多,一般包括顶线、底线、标目线与合计上面的分隔线,其余的线条一般均省略。

(二)统计表的种类

统计表可根据纵、横标目是否分组分为简单表和复合表两类。

1.简单表

由一组横标目和一组纵标目组成,纵、横标目都未分组。此类统计表适用于简单资料的统计,例如根据死亡原因(冻死、发育不良、肺炎、白痢、寄生虫),统计78头死亡仔猪的频数并整理成统计表,见表2-9。

表2-9 仔猪死亡原因的构成情况

死亡原因	死亡数/头	频率/%
冻死	15	19.23
发育不良	20	25.64
肺炎	13	16.67
白痢	10	12.82
寄生虫	20	25.64
合计	78	100

2.复合表

由两组或两组以上的横标目与一组纵标目组成,或由一组横标目与两组或两组以上的纵标目组成,或由两组或两组以上的横、纵标目组成。复合表适用于复杂资料的统计。例如表2-10为由一组横标目与四组纵标目组成的复合表。

表2-10 4个猪场仔猪发病情况

猪场	发病数			
	黄白痢	肠炎	寄生虫病	水肿病
甲	351	438	524	126
乙	130	217	262	84
丙	238	144	253	113
丁	120	236	177	212
合计	839	1 035	1 216	535

二、统计图

常用的统计图有长条图、饼图、直方图、折线图和线图等,应用统计软件可以制作各种统计图。图形的选择取决于研究资料的类型,一般情况下,定量资料的频数分布常采用直方图和折线图表示,定性资料的频数分布常采用长条图或饼图表示,此外,还常采用线图表示定量资料随另一个变量变化而变化的情况。

(一)统计图绘制的基本要求

在绘制统计图时,应注意以下几点。

(1)标题简明扼要,列于图的下方。

(2)纵、横两轴应有刻度,注明单位。

(3)横轴由左至右,纵轴由下而上,数值由小到大。

(4)图形宽和高的比例约为5:4或6:5。

(5)图中需用不同颜色或线条代表不同事物时,应有图例说明。

(二)常用统计图及其绘制方法

1.长条图

用等宽长条的长短或高低表示按某一研究指标划分为各类别或各等级的频数或频率分布,例如表示奶牛几种疾病的发病率,几种家畜对某一寄生虫感染的情况。如果只涉及一项研究指标,则采用单式长条图;如果涉及两个或两个以上的研究指标,则采用复式长条图。

在绘制长条图时,应注意以下几点。

(1)纵坐标轴从"0"开始,间隔相等,标明所表示的是频数或频率。

(2)横坐标轴是长条图的共同基线。对于质量性状资料、等级资料,在横坐标轴上标明各长条表示的类别或等级;纵坐标轴上的数值表示长条的长度,其等于该类别或等级的频数或频率;长条的宽度相等,相邻长条要隔出一定距离,且相邻长条间隔的宽度可与长条宽度相同或者是其一半。

(3)在绘制复式长条图时,将同一类别或等级的两项或两项以上研究指标的长条绘制在一起;各长条所表示的研究指标用图例说明;同一类别或等级的各长条间不留间隔。

例如,根据表2-9绘制的长条图是单式长条图,如图2-1;根据表2-10绘制的长条图是复式的,如图2-2。

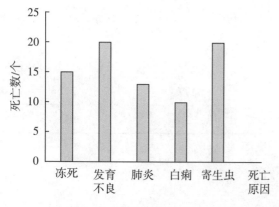

图2-1 某猪场仔猪死亡情况分布图

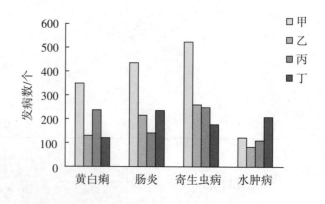

图2-2 不同猪场仔猪发病情况分布图

2.直方图

也称为柱形图、矩形图,对连续性资料可根据频数分布表作出直方图以表示资料的分布情况。其做法是:以横坐标表示组限,以纵坐标表示频数,在各组的组限上作出其高等于频数的矩形即得频数分布直方图。例如,根据【例2.2】资料整理的频数分布表(表2-8)绘制的频数分布直方图,见图2-3。

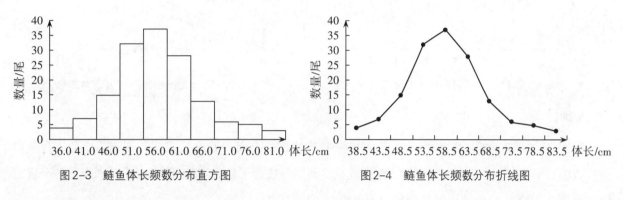

图2-3 鲢鱼体长频数分布直方图   图2-4 鲢鱼体长频数分布折线图

3.折线图

对于计量资料,还可根据频数分布表绘制频数分布折线图。绘制方法是:以横坐标轴表示组中值,以纵坐标轴表示频数,根据各组组中值和频数描点,用线段依次连接各点,即得频数分布折线图。例如,根据【例2.2】资料整理的频数分布表(表2-8)绘制的频数分布折线图,绘制于图2-4。

4.线图

线图用来表示事物或现象随时间而变化发展的情况,线图有单式和复式两种。单式线图表示某一事物或现象的动态。例如,某猪场长白猪从出生到6月龄出栏平均体重的变化情况列于表2-11,根据表2-11绘制单式线图,见图2-5。复式线图在同一图上表示两种或两种以上事物或现象的动态。例如,长白猪、大约克夏猪、荣昌猪3个品种猪从出生到6月龄出栏平均体重的变化情况列于表2-12,根据表2-12绘制复式线图,绘制于图2-6。

表2-11 长白猪0—6月龄体重变化   单位:kg

月龄	0(出生)	1	2	3	4	5	6
体重	2.0	13.5	27.5	43.0	61.2	83.8	118.5

表2-12 3个品种猪0—6月龄体重变化情况   单位:kg

月龄	0(出生)	1	2	3	4	5	6
长白猪	2.0	13.5	27.5	43.0	61.2	83.8	118.5
大约克夏猪	1.8	12.0	24.5	38.0	53.6	72.3	104.5
荣昌猪	1.6	10.0	21.0	32.0	45.0	60.3	85.7

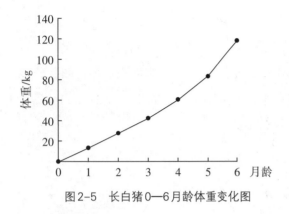

图2-5　长白猪0—6月龄体重变化图

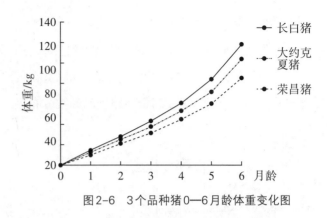

图2-6　3个品种猪0—6月龄体重变化图

5.饼图

饼图适合于表示定性数据的构成比。作图时,把饼图的全面积看成1,求出各观测值次数占观测值总次数的百分比,即构成比(或频率)。按构成比将圆饼分成若干份,以扇形面积大小分别表示各个观测值的比例。如将表2-10的甲猪场资料绘制成饼图,见图2-7。

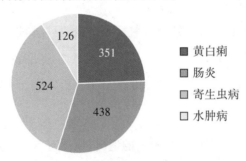

图2-7　甲猪场仔猪发病情况分布图

拓展阅读

扫码进行本章内容相关的PPT课件、知识图谱、章节测验、相关拓展资料等数字资源的获取和学习。

思考与练习题

(1)资料分为哪几类？它们有何区别？

(2)为什么要对资料进行整理？

(3)什么是频数分布表？怎样将连续性资料整理成频数分布表？

(4)制作统计表和统计图的基本要求有哪些？

(5)将下列100尾小黄鱼的体长数据编制成频数分布表,并绘制直方图。

表2-13 100尾小黄鱼的体长数据   单位:mm

175	177	182	231	199	214	210	234	235	254
189	186	189	185	203	212	224	231	238	248
199	204	202	187	198	207	221	226	240	252
206	208	210	186	195	209	219	229	249	258
217	219	214	194	200	208	220	232	250	255
230	233	221	192	204	211	215	227	253	264
254	249	246	193	197	213	216	237	248	273
284	224	247	192	196	212	218	242	253	270
176	176	250	187	203	212	225	214	249	274
254	267	250	234	190	201	214	220	229	251

(6)将1~9周龄两个不同品种肉鸭的料肉比列于下表,根据列出的资料绘制线图。

表2-14 两个不同品种肉鸭的料肉比

周龄	1	2	3	4	5	6	7	8	9
品种A	1.42	1.56	1.66	1.84	2.13	2.48	2.83	3.11	3.48
品种B	1.47	1.71	1.8	1.97	2.31	2.91	3.02	3.29	3.57

(7)将某年四川省5个县乳牛的增长率列于下表,根据列出的资料绘制长条图。

表2-15 某年四川省5个县乳牛的增长率   单位:%

县名	仁寿县	大竹县	宣汉县	青川县	泸定县
增长率	22.6	13.8	18.2	31.3	9.5

(8)将某肉品化学成分的百分比列于下表,根据列出的资料绘制饼图。

表2-16 某肉品化学成分的百分比   单位:%

化学成分	水分	蛋白质	脂肪	无机盐	其他
百分比	62.0	15.3	17.2	1.8	3.7

第三章

资料的描述统计

本章导读

　　仅用统计表、统计图表示试验或调查获得的资料的特征、内部构成、相互关系是比较粗略的。为了对资料进行统计分析，还须定量地对资料的特征作统计描述。因此本章将介绍描述统计学常用的特征数，为后续章节的学习奠定基础。

学习目标

　　掌握算术平均数、中位数、众数、几何平均数和调和平均数的概念、特点和计算方法；掌握极差、方差、标准差、变异系数的概念和计算方法；理解这些概念之间的区别和联系；培养学生全面看待事物的逻辑思维能力。

从数据整理得到的频数分布表或直方图等可以大致反映数据资料的分布特征和形状,但是这种描述是比较粗略的,定性而不能定量。因此,为了对资料进行下一步的统计分析,须定量地对资料的特征进行统计描述,主要是定量描述资料的集中趋势和离散趋势。

第一节 | 资料集中趋势的特征数

在统计分析中,我们首先希望了解的是一组数据的集中趋势,即变量分布的中心位置。反映变量集中性的特征数是平均数。平均数是一个常用的统计数,用它来指出资料中各变数集中较多的中心位置,它是反映数据资料集中性的代表值。在畜牧生产和科研中,广泛应用平均数来反映畜禽生产性能的特点和某种技术措施的效果,并用它与其他资料进行比较,以衡量不同资料之间的差异程度。

在统计学中平均数主要有算术平均数、几何平均数、调和平均数、中位数和众数,其中以算术平均数的应用最为广泛。

一、算术平均数

(一)算术平均数的定义

一组资料中,所有观测值的总和除以观测值的个数所得的商数,称为算术平均数(arithmetic mean),简称平均数或均数,记为 $\bar{x}$。它是最常用的一种集中趋势的度量指标,适用于对称分布或者近似对称分布的数据资料。

(二)算术平均数的计算

算术平均数根据样本大小以及大样本资料是否分组而采用直接法或加权法计算。

1.直接法

主要用于小样本或未分组的大样本资料算术平均数的计算。

由 n 个变数 $x_1, x_2, \cdots, x_n$ 组成的样本,其算术平均数的计算公式为:

$$\bar{x} = \frac{x_1 + x_2 + \cdots + x_n}{n} = \frac{1}{n}\sum_{i=1}^{n}x_i \tag{3-1}$$

式中:n为观测值个数;$x_1, x_2, \cdots, x_n$为各个观测值;Σ为总和符号;$\sum_{i=1}^{n} x_i$表示从第一个观测值x_1累加到第n个观测值x_n,若$\sum_{i=1}^{n} x_i$意义已明确,也可将其简写为$\sum x$,则式(3-1)可表示为:

$$\bar{x} = \frac{1}{n} \sum x$$

【例3.1】随机抽取某养猪场10头大白猪仔猪初生重资料如下(kg):1.25,1.30,1.35,1.34,1.21,1.65,1.35,1.15,1.40,1.60,求10头大白猪仔猪的平均初生重。

解:

$$\bar{x} = \frac{1}{n} \sum_{i=1}^{n} x_i = \frac{1.25 + 1.30 + \cdots + 1.60}{10} = 1.36 (\text{kg})$$

则10头大白猪仔猪的平均初生重为1.36 kg。

2.加权法

对于已列出频数分布表的大样本资料或分类资料,利用频数分布表,采用加权法计算平均数。计算公式为:

$$\bar{x} = \frac{f_1 x_1 + f_2 x_2 + \cdots + f_k x_k}{f_1 + f_2 + \cdots + f_k} = \frac{\sum_{i=1}^{k} f_i x_i}{\sum_{i=1}^{k} f_i} = \frac{\sum fx}{\sum f} \tag{3-2}$$

其中,x_i为第i组的组中值,f_i为第i组的频数,k为分组数。

第i组的频数f_i是权衡第i组组中值x_i在资料中所占比重大小的数量,因此将频数f_i称为组中值x_i的"权",加权法也因此而命名。

【例3.2】根据【例2.2】150尾鲢鱼的体长(cm)资料的频数分布表(表2-8),计算鲢鱼的平均体长。

解:根据表2-8,计算每组的fx,结果列于表3-1。

表3-1 150尾鲢鱼体长的频数分布表

组限/cm	组中值x/cm	频数f	fx
36.0 ~	38.5	4	154.0
41.0 ~	43.5	7	304.5
46.0 ~	48.5	15	727.5
51.0 ~	53.5	32	1 712.0
56.0 ~	58.5	37	2 164.5
61.0 ~	63.5	28	1 778.0
66.0 ~	68.5	13	890.5
71.0 ~	73.5	6	441.0
76.0 ~	78.5	5	392.5
81.0 ~	83.5	3	250.5
合计		150	8 815.0

将 $\sum fx=8\,815.0$ 和 $\sum f=150$ 代入式(3-2)计算 $\bar{x}$，结果为：

$$\bar{x}=\frac{\sum fx}{\sum f}=\frac{8\,815.0}{150}=58.77(\text{cm})$$

即150尾鲢鱼的平均体长为58.77 cm。

需要注意的是，对于连续性资料，用其频数分布表计算的平均数与用式(3-1)计算的平均数会有微小的差别，因而它是一个近似值。

此外，经常采用加权法计算合并平均数等统计量。

【例3.3】为研究某品种母猪的产仔数这一繁殖性状，在三个饲养管理条件基本一致的种猪场收集试验资料并计算各猪场的平均产仔数，结果为：第一个猪场30头母猪的平均产仔数为11头，第二个猪场50头母猪的平均产仔数为11.8头，第三个猪场60头母猪的平均产仔数为12头，则该品种母猪的平均产仔数为多少？

解：

$$\bar{x}=\frac{\sum fx}{\sum f}=\frac{30\times11+50\times11.8+60\times12}{30+50+60}=11.7(\text{头})$$

即该品种母猪的平均产仔数为11.7头。

(三)算术平均数的性质

1.离均差之和为零

一个样本中各个观察值与算术平均数之差的和为零，即：

$$\sum_{i=1}^{n}(x_i-\bar{x})=0 \text{ 或简写为} \sum(x-\bar{x})=0$$

2.离均差平方和最小

一个样本中各个观察值与算术平均数之差的平方之和比各个观察值与任意其他数之差的平方之和小，即：

$$\sum(x-\bar{x})^2<\sum(x-a)^2$$

式中：a 为不等于 $\bar{x}$ 的任意实数，即 $a\neq\bar{x}$。

上述算术平均数的两个性质可以利用代数方法予以证明，这里仅予以叙述，不予以证明。

对于总体而言，通常用希腊字母 μ 表示总体平均数，包含 N 个个体的有限总体平均数的计算公式为：

$$\mu=\frac{1}{N}\sum x \qquad\qquad (3-3)$$

由于总体平均数 μ 常常不知道，通常用样本平均数 $\bar{x}$ 估计总体平均数 μ。一个统计数的数学期望等于所估计的总体参数，此统计数称为该总体参数的无偏估计值。统计学已证明样本平均数 $\bar{x}$ 是总体平均数 μ 的无偏估计值。

二、中位数

(一)中位数的定义

将资料中所有观测值从小到大依次排列后位于中间位置的那个观测值即为中位数(median),记为 M_d。中位数的值不受资料中极大值和极小值的影响,所以当资料呈偏态分布时,中位数的代表性优于算术平均数。

(二)中位数的计算方法

中位数的计算方法因资料是否分组有所不同。

1.未分组资料

设一组数据 $x_1, x_2, \cdots, x_n$,按从小到大的顺序排列后为 $x_{(1)}, x_{(2)}, \cdots, x_{(n)}$,则中位数 M_d 为:

$$M_d = \begin{cases} x_{\left(\frac{n+1}{2}\right)}, & \text{当} n \text{为奇数} \\ \dfrac{x_{\left(\frac{n}{2}\right)} + x_{\left(\frac{n}{2}+1\right)}}{2}, & \text{当} n \text{为偶数} \end{cases} \tag{3-4}$$

【例3.4】9只西农萨能奶山羊的妊娠天数从小到大依次排列为144,145,147,149,150,151,153,156,157(d)。求9只西农萨能奶山羊妊娠天数的中位数。

解:此例 $n=9$,为奇数,则中位数为:

$$M_d = x_{\left(\frac{n+1}{2}\right)} = x_5 = 150(\text{d})$$

即9只西农萨能奶山羊妊娠天数的中位数为150 d。

2.已分组资料

若资料已分组,整理成频数分布表,可利用频数分布表计算中位数,计算公式为:

$$M_d = L + \frac{i}{f}\left(\frac{n}{2} - c\right) \tag{3-5}$$

其中,L 为中位数所在组的组下限,i 为组距,f 为中位数所在组的频数,n 为样本含量,c 为小于中位数所在组的累积频数。

【例3.5】下表是某地200名正常成人血铅含量的频数分布表,计算中位数。

表3-2　某地200名正常成人血铅含量的频数分布表

血铅含量/mol·L⁻¹	频数	累积频数
0.00~	7	7
0.24~	49	56
0.48~	45	101
0.72~	32	133
0.96~	28	161
1.20~	13	174

血铅含量/mol·L^{-1}	频数	累积频数
1.44~	14	188
1.68~	4	192
1.92~	4	196
2.16~	1	197
2.40~	2	199
2.64~	1	200

解：此例属于偏态分布资料，应用中位数表示资料的集中趋势。其中，$i=0.24$，$n=200$，中位数 M_d 位于"0.48~"这一组，因此 $L=0.48$，$f=45$，$c=56$，将以上数据代入式(3-5)，则 M_d 为：

$$M_d = L + \frac{i}{f}\left(\frac{n}{2} - c\right) = 0.48 + \frac{0.24}{45} \times \left(\frac{200}{2} - 56\right) = 0.71 \,(\text{mol/L})$$

即该地200名正常成人血铅含量的中位数为0.71 mol/L。

三、几何平均数

(一)几何平均数的定义

资料中 n 个观测值相乘之积的 n 次方根称为几何平均数(geometric mean)，记为 G。几何平均数主要用于以百分率、比例表示的数据资料，例如增长率、抗体滴度、药物效价、疾病潜伏期等。对于这类资料，几何平均数能削弱资料中个别过分极大值的影响，其对资料代表性比算术平均数强。

(二)几何平均数的计算方法

几何平均数的计算方法也因资料是否分组有所不同。

1.未分组资料

设一组数据 $x_1, x_2, \cdots, x_n$，几何平均数 G 的计算公式为：

$$G = \sqrt[n]{x_1 x_2 \cdots x_n} = (x_1 x_2 \cdots x_n)^{\frac{1}{n}} \tag{3-6}$$

【例3.6】某奶牛场在2000—2003年各年度的存栏数和增长率列于表3-3。求该奶牛场的2000—2003年平均年增长率。

表3-3 某奶牛场2000—2003年各年度的存栏数和增长率

年度	存栏数	增长率/%
2000	140	—
2001	200	42.86
2002	280	40.00
2003	350	25.00

解：根据式(3-6)求该奶牛场2000—2003年各年度存栏数的平均年增长率，得：

$$G=\sqrt[n]{x_1 x_2 \cdots x_n}=\sqrt[3]{42.86\times 40.00\times 25.00}=35.00$$

即奶牛场2000—2003年度存栏数的平均年增长率为35%。

当变数个数超过3个时，为计算方便，可利用对数运算来简化计算，即先求 G 的对数 $\lg G$，再求 $\lg G$ 的反对数：

$$G=\lg^{-1}\left[\frac{1}{n}(\lg x_1+\lg x_2+\cdots+\lg x_n)\right]=\lg^{-1}\left(\frac{1}{n}\sum\lg x\right) \tag{3-7}$$

此外，若某一计量资料的各个观测值之间呈倍数关系（即等比关系），须用几何平均数表示其平均水平。

【例3.7】有5个动物的血清抗体效价分别为1:1，1:10，1:100，1:1 000，1:10 000，求血清的平均抗体效价。

解：$G=\lg^{-1}\left[\frac{1}{n}(\lg x_1+\lg x_2+\cdots+\lg x_n)\right]=\lg^{-1}\left[\frac{1}{5}(\lg 1+\lg 10+\cdots+\lg 10\,000)\right]=\lg^{-1}(2)=100$

所以血清的平均抗体效价为1:100。

注意，本例若采用算术平均数计算，其 $\bar{x}$ 为2 222，该结果用来反映该资料的集中性，显然是错误的。

2. 已分组资料

对于分组资料，同样也可以采用加权法计算几何平均数，计算公式为：

$$G=\lg^{-1}\left[\frac{1}{n}\left(\sum_{i=1}^{k}f_i\times\lg x_i\right)\right] \tag{3-8}$$

式中：k 为组数，f_i 为第 i 组的频数，x_i 为第 i 组个体的取值（或组中值），n 为样本含量。

【例3.8】40名麻疹易感儿接种麻疹疫苗后一个月，血凝抑制抗体滴度见表3-4，求平均抗体滴度。

表3-4　40名儿童接种麻疹疫苗后一个月血凝抑制抗体滴度频数分布表

抗体滴度	人数 f	滴度倒数 x	$\lg x$	$f\lg x$
1:4	1	4	0.602 1	0.602 1
1:8	5	8	0.903 1	4.515 5
1:16	6	16	1.204 1	7.224 6
1:32	2	32	1.505 2	3.010 4
1:64	7	64	1.806 2	12.643 4
1:128	10	128	2.107 2	21.072 0
1:256	4	256	2.408 2	9.632 8
1:512	5	512	2.709 3	13.546 5
合计	40			72.247 3

解：

$$G=\lg^{-1}\left[\frac{1}{n}\left(\sum_{i=1}^{k}f_i\times\lg x_i\right)\right]=\lg^{-1}\left(\frac{1}{40}\times 72.247\,3\right)=64.00$$

即血凝抑制抗体滴度为1:64。

四、众数

资料中出现次数最多的观测值或频数最多一组的组中值称为众数(mode),记为 M_o。例如,列于表2-4的100只来航鸡每月的产蛋数频数分布,观测值14出现的频数最多,该资料的众数 M_o 为14枚。需要注意的是,有的资料可出现多个众数,也就是有多个数具有相同的最高频数;而有的资料又没有众数,即所有数出现的频数都相同,例如60,72,80,85,89,92这6个观察值就没有众数。所以众数的特点是简单,且不受极端值的影响,但是其灵敏度、计算功能和稳定性差,具有不唯一性,所以当数据集中趋势不明显或有两个以上分布中心时不宜使用。

五、调和平均数

(一)调和平均数的定义

资料中各个观测值倒数的算术平均数的倒数称为调和平均数,记为 H。

(二)调和平均数的计算方法

设一组数据 $x_1,x_2,\cdots,x_n$,调和平均数 H 的计算公式为:

$$H=\cfrac{1}{\cfrac{1}{n}\left(\cfrac{1}{x_1}+\cfrac{1}{x_2}+\cdots+\cfrac{1}{x_n}\right)}=\cfrac{1}{\cfrac{1}{n}\displaystyle\sum_{i=1}^{n}x_i} \tag{3-9}$$

调和平均数主要用于极端右偏态数据或关于速度一类的资料,反映畜群不同阶段的平均增长率或畜群不同规模的平均规模。

【例3.9】已知仔猪初生重为1 360 g,其胚胎在发育前1/3阶段的生长速度为5.32 g/d,中1/3阶段的生长速度为35.16 g/d,后1/3阶段的生长速度为28.52 g/d,试求胚胎的平均生长速度。

解: $$H=\cfrac{1}{\cfrac{1}{n}\left(\cfrac{1}{x_1}+\cfrac{1}{x_2}+\cdots+\cfrac{1}{x_n}\right)}=\cfrac{1}{\cfrac{1}{3}\times\left(\cfrac{1}{5.32}+\cfrac{1}{35.16}+\cfrac{1}{28.52}\right)}=\cfrac{1}{0.083\,8}=11.933\,2$$

即仔猪胚胎的平均生长速度为11.933 2 g/d,基于该计算结果,则胚胎生长发育时间为1 360÷11.933 2=114 d。说明用调和平均数计算的平均生长速度与实际相符。

【例3.10】用某药物救治12只中毒的小鼠,它们的存活天数记录如下:8,8,8,10,10,7,13,10,9,14,另有两只一直未死亡,求其平均存活天数。

解:由于数据极端右偏态,用调和平均数较为合理。

$$H=\cfrac{12}{\left(\cfrac{1}{8}+\cfrac{1}{8}+\cdots+\cfrac{1}{14}+\cfrac{1}{\infty}+\cfrac{1}{\infty}\right)}=11.14(\mathrm{d})$$

即12只中毒小鼠的平均存活天数为11.14 d。

第二节 | 资料离散趋势的特征数

平均数作为资料集中性的代表值，其代表的程度如何，取决于资料中各个观测值之间的变异程度。若观测值间变异程度小，则平均数代表性强；反之，若观测值间变异程度较大，则平均数代表性就差。例如测得甲、乙两个品种母猪的窝产仔数资料如表3-5所示。

表3-5 两个品种母猪的窝产仔数

品种	产仔数/头										总和	$\bar{x}$
甲	14	8	11	9	11	12	10	14	13	8	110	11
乙	8	4	16	12	22	17	6	14	6	5	110	11

从表3-5可见，这两组数据的平均数相等，两个品种母猪的窝产仔数似乎没有差异。但是，甲品种母猪的最低窝产仔数为8头，最高为14头，全距R为6头；乙品种母猪的最低窝产仔数为4头，最高为22头，全距R为18头。可见，乙品种母猪窝产仔数的变异程度大于甲品种，因而这组资料的平均数的代表性较差。所以，对数据资料的统计描述仅仅只有数据的集中趋势是不够的，还需要用离散趋势（也称变异程度）来反映集中趋势对数据的代表程度。

常用的描述数据离散趋势的统计量有极差、方差、标准差、变异系数等。

一、极差

又称全距，是样本中最大值与最小值之差，是最简单的离散性度量指标，用R表示。

$$R = x_{max} - x_{min} \tag{3-10}$$

R值越大，资料中各个观测值变异程度越大，平均数的代表性越差，反之则相反。极差计算简单方便，但是其只利用了资料中的最大值和最小值，没有充分利用全部数据资料，并不能准确描述资料中各观测值的变异程度，且受极端值的影响较大。所以，极差只能比较粗略地反映数据的离散趋势。当资料很多而又要迅速对资料的变异程度作出判断时，可以利用极差。

二、方差

为了准确表示资料中各个观测值的变异程度，基于平均数是资料集中性的反映，因此可用每一个观测值与平均数之差$x-\bar{x}$（简称离均差）来度量每一个变数的变异程度。然而，因为离均差之和等于零，即

$\sum(x-\bar{x})=0$，所以不能用离均差之和$\sum(x-\bar{x})$来表示资料中所有观测值的总偏离程度。为了消除正、负离均差致离均差之和等于零的问题，可将每一个离均差平方，使其成为正值后再相加，离均差平方相加所得的总和称为离均差平方和$\sum(x-\bar{x})^2$，简称平方和（sum of square），记为SS。为了消除样本大小n的影响，用平方和除以样本大小n求出离均差平方和的平均数，即$\sum(x-\bar{x})^2/n$。统计学证明，为了使样本统计量是相应总体参数的无偏估计量，在求离均差平方和的平均数时，分母不用样本含量n，而用$n-1$，在这里$n-1$称为自由度，记为df（degrees of freedom）。因此，将离均差平方和除以$n-1$，就得到表示样本变异程度的特征数，称为样本方差（sample variance），记为S^2，也称为均方（mean square，记为MS），即：

$$S^2=\frac{\sum(x-\bar{x})^2}{n-1} \tag{3-11}$$

相应地，将离均差平方和除以N，就得到表示总体变异程度的特征数，称为总体方差（population variance），记为σ^2，即：

$$\sigma^2=\frac{\sum(x-\mu)^2}{N} \tag{3-12}$$

样本方差S^2是统计量，总体方差σ^2是参数，样本方差S^2是总体方差σ^2的估计值。根据算术平均数特性，离均差平方和为最小，$\sum(x-\bar{x})^2<\sum(x-a)^2$，所以计算样本方差时，若式（3-11）分母为样本含量n，则样本方差往往比总体方差低，即样本方差S^2是总体方差σ^2的偏小估计，若用自由度$n-1$代替样本含量n，可避免偏小估计的弊端，提高样本估计总体变异的准确性。

自由度为消除限制性因素后，样本中所剩余的独立变数的个数。从理论上讲，一个样本中n个变数与$\bar{x}$相减有n个离均差。但其中只有$n-1$个可以自由变动，最后一个离均差受到$\sum(x-\bar{x})=0$这个条件的限制，不能自由变动。所以，这时的自由度就是$n-1$。

三、标准差

（一）标准差的定义

在计算方差时，由于对每个离均差都取了平方，结果夸大（当离均差绝对值大于1）或缩小（当离均差绝对值小于1）了实际的离散程度，而方差的单位也是原数据单位的平方，为此，将方差开根所得到的量称为标准差，也就是说方差的平方根值就是标准差。样本标准差S为：

$$S=\sqrt{\frac{\sum(x-\bar{x})^2}{n-1}} \tag{3-13}$$

样本标准差S相应的总体参数称为总体标准差，记为σ。包含N个个体的有限总体，总体标准差σ的计算公式为：

$$\sigma=\sqrt{\frac{\sum(x-\mu)^2}{N}} \tag{3-14}$$

由于总体标准差σ常常未知，通常用样本标准差S估计总体标准差σ。但是，样本标准差S并不是总

体标准差 σ 的无偏估计值。

(二)标准差的计算

为简便运算,在实际计算方差和标准差时一般将平方和 $\sum(x-\bar{x})^2$ 进行简化运算:

$$\sum(x-\bar{x})^2 = \sum(x^2 - 2x\bar{x} + \bar{x}^2)$$
$$= \sum x^2 - 2\bar{x}\sum x + n\bar{x}^2$$
$$= \sum x^2 - 2\frac{\left(\sum x\right)^2}{n} + n\left(\frac{\sum x}{n}\right)^2$$
$$= \sum x^2 - \frac{\left(\sum x\right)^2}{n}$$

因此式(3-13)可以改写为:

$$S = \sqrt{\frac{\sum x^2 - \frac{1}{n}\left(\sum x\right)^2}{n-1}} \tag{3-15}$$

1.直接法

采用式(3-13)或式(3-15)计算,主要用于小样本或未分组的大样本资料。

【例3.11】已知10只大白猪仔猪初生重(kg)的资料为 1.15,1.21,1.25,1.30,1.34,1.35,1.35,1.40,1.60,1.65,计算标准差。

解:已知 $n=10$, $\sum x = 13.60$, $\sum x^2 = 18.722\ 2$,代入式(3-15)计算标准差 S。

$$S = \sqrt{\frac{\sum x^2 - \frac{\left(\sum x\right)^2}{n}}{n-1}} = \sqrt{\frac{18.722\ 2 - \frac{13.60^2}{10}}{10-1}} = \sqrt{0.025\ 1} = 0.16(\text{kg})$$

即10只大白猪仔猪初生重的标准差为 0.16 kg。

2.加权法

用加权法计算分类资料或已构建频数分布表的计数和连续性资料的标准差,其计算公式如下:

$$S = \sqrt{\frac{\sum_{i=1}^{k} f_i(x_i-\bar{x})^2}{\sum_{i=1}^{k} f_i - 1}} = \sqrt{\frac{\sum_{i=1}^{k} f_i x_i^2 - \frac{1}{\sum_{i=1}^{k} f_i}\left(\sum_{i=1}^{k} f_i x_i\right)^2}{\sum_{i=1}^{k} f_i - 1}} \tag{3-16}$$

式中:k 为分类数或组数;f_i 为第 i 类(组)的频数;x_i 为第 i 类(组)的取值(组中值)。

【例3.12】根据表2-8的数据,计算150尾鲢鱼体长的标准差。

解:将表2-8数据整理如下表所示。

表3-6 150尾鲢鱼体长的频数分布及标准差计算表

组限/cm	组中值 x/cm	x^2/cm²	频数 f	fx	fx^2
36.0~	38.5	1 482.25	4	154.0	5 929.00
41.0~	43.5	1 892.25	7	304.5	13 245.75
46.0~	48.5	2 352.25	15	727.5	35 283.75
51.0~	53.5	2 862.25	32	1 712.0	91 592.00
56.0~	58.5	3 422.25	37	2 164.5	126 623.25
61.0~	63.5	4 032.25	28	1 778.0	112 903.00
66.0~	68.5	4 692.25	13	890.5	60 999.25
71.0~	73.5	5 402.25	6	441.0	32 413.50
76.0~	78.5	6 162.25	5	392.5	30 811.25
81.0~	83.5	6 972.25	3	250.5	20 916.75
合计			150	8 815.0	530 717.50

将 $\sum fx = 8\,815.0$，$\sum fx^2 = 530\,717.50$ 和 $\sum f = 150$ 代入式（3-16），则标准差 S 为：

$$S = \sqrt{\frac{\sum fx^2 - \dfrac{\left(\sum fx\right)^2}{n}}{n-1}}$$

$$= \sqrt{\frac{530\,717.50 - \dfrac{8\,815.0^2}{150}}{150-1}} = 9.23(\text{cm})$$

即150尾鲢鱼体长的标准差为9.23 cm。

（三）标准差的特性

标准差是衡量资料变异程度的最好指标，它具有以下几个特性。

（1）标准差的大小受资料内每个观测值的影响。

（2）在计算标准差时，如果将各观测值加上或减去一个常数 a，其标准差不变；如果将各观测值乘以或除以一个常数 a，则所得的标准差扩大或缩小了 a 倍。

（3）在正态分布情况下，样本内各变数的分布情况可作如下估计：在平均数 $\bar{x}$ 两侧的 $1S$ 范围内，即 $\bar{x} \pm S$ 内的观测值个数约为观测值总个数的68.26%；在平均数 $\bar{x}$ 两侧的 $2S$ 范围内，即 $\bar{x} \pm 2S$ 内的观测值个数约为观测值总个数的95.45%；在平均数 $\bar{x}$ 两侧的 $3S$ 范围内，即 $\bar{x} \pm 3S$ 内的观测值个数约为观测值总个数的99.73%。

（四）标准差的作用

根据标准差的性质，它可以起到以下几种作用。

（1）表示变量分布的离散程度和判定样本平均数的代表程度。标准差小，表明变量的分布比较集中于平均数附近,则平均数的代表性强;标准差大,表明变量的分布较离散,则平均数的代表性弱。

(2)利用标准差的大小,结合正态分布,可以概括地估计出变量的频数分布及各类观测值在总体中所占的比例。

(3)估计平均数的标准误。

(4)进行平均数的区间估计和变异系数计算。

四、变异系数

(一)变异系数的定义

当两个或多个样本单位相同、平均数彼此接近时,可以利用标准差比较两个或多个样本之间的变异程度大小。若单位不同或平均数差异较大时,就不能采用标准差来比较它们之间的变异程度,而须用标准差与平均数的比值来比较。这个比值称为变异系数(coefficient of variation),记为CV。变异系数也是衡量样本资料变异程度的一个统计量。变异系数是没有单位的。

(二)变异系数的计算方法

$$CV=\frac{S}{\bar{x}}\times100\% \tag{3-17}$$

【例3.13】已知鲁西黄牛胸围的平均数为185.00 cm,标准差为6.91 cm,同时体重的平均数为446.8 kg,标准差为39.37 kg。试计算它们的变异系数,并比较两个性状变异程度的大小。

解:此例两组数据资料是不同性状的数据,其度量衡单位不相同,因此只能用变异系数比较两个性状变异程度的大小。

胸围的变异系数$CV_1=\dfrac{6.91}{185.00}\times100\%=3.74\%$

体重的变异系数$CV_2=\dfrac{39.37}{446.8}\times100\%=8.81\%$

所以鲁西黄牛体重的变异程度大于胸围的变异程度。

注意,变异系数是样本标准差S与样本平均数的比值,利用变异系数CV表示资料中各个观测值变异程度大小,须将样本平均数$\bar{x}$和样本标准差S也列出。

拓展阅读

扫码进行本章内容相关的PPT课件、知识图谱、章节测验、相关拓展资料等数字资源的获取和学习。

思考与练习题

(1)反映数据集中趋势的特征数有哪些？各在什么情况下使用为宜？

(2)平均数与标准差在统计分析中有什么用处？它们各有哪些特性？

(3)什么是变异系数？变异系数与标准差有什么不同之处？

(4)抽样调查某品种猪产仔数与断奶窝重的资料如下表。

表3-7　某品种猪的产仔数与断奶窝重

产仔数/头	12	10	10	12	11	12	10	9	10
断奶窝重/kg	95.2	82.7	78.2	96.9	85.8	88.7	81.2	78.6	82.6
产仔数/头	12	12	9	10	9	12	10	11	11
断奶窝重/kg	92.6	98.2	69.8	79.7	72.5	91.7	81.9	89.6	86.7

试分别计算产仔数与断奶窝重的平均数、中位数、标准差、方差和变异系数，并比较两个性状变异程度的大小。

(5)根据饲养标准饲养艾维茵肉鸡，得到表3-8的体重资料，试求其平均增重率。

表3-8　饲养艾维茵肉鸡体重资料

周龄	体重/kg	相对增重率(x)
0	0.052	—
1	0.160	3.076 9
2	0.423	2.643 8
3	0.723	1.709 2
4	1.086	1.502 1
5	1.544	1.421 7
6	2.035	1.318 0
7	2.513	1.234 9
8	3.005	1.195 8
9	3.504	1.166 1

第四章

随机变量与概率分布

本章导读

科学研究不仅要描述一组资料的特征数,而且需要根据这组资料去推断总体,而概率就是描述这种推断的可能性大小的数量指标。概率分布是假设检验的基础。本章首先介绍随机事件、概率、随机变量、概率函数、概率密度函数、概率分布函数的概念,然后介绍统计学常见的正态分布、二项分布和泊松分布的概率分布及其概率计算。在此基础上介绍统计量的抽样分布以及常见的 t 分布、χ^2 分布和 F 分布。

学习目标

在深刻理解随机事件、概率、随机变量及其概率分布等概念的基础上,掌握离散型和连续型随机变量各自的特点,了解几种常见概率分布的概念和特征,熟练掌握二项分布、泊松分布和正态分布的概率计算,了解几种常见统计量的抽样分布。

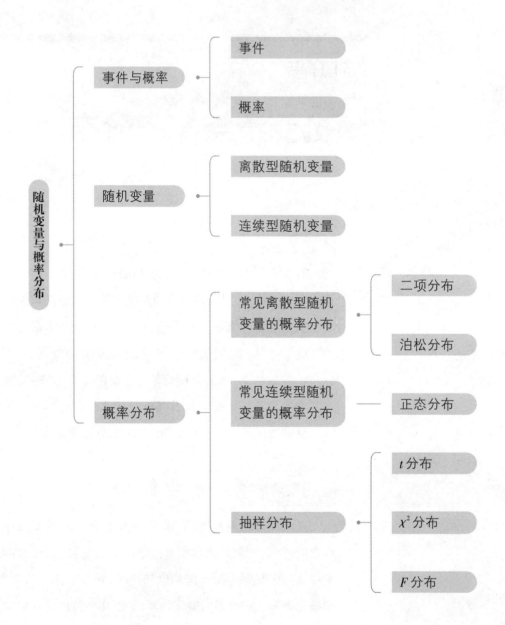

随机变量及其概率分布是概率论和统计学的重要基础内容,有助于理解后续章节中统计分析的一般原理和正确应用常见的统计方法。本章简要介绍了概率与事件的定义、随机变量与概率分布的定义,离散型随机变量和连续型随机变量的概率分布定义和特征,重点介绍了常见的概率分布(正态分布、二项分布、泊松分布)及统计学中常用的t分布、χ^2分布和F分布。

第一节 | 事件与概率

一、事件

(一)统计规律性

1.确定性现象

在自然界和人们的社会生活中,可以看到形形色色、千姿百态的现象。其中,在一定条件下必然发生或必然不发生的现象称为确定性现象(definite phenomena),其结果是确定的且可预言的。例如:水在1个标准大气压下加热到100 ℃必然沸腾;猪的子代必然为猪;牛的子代必然为牛等。另一类是在一定条件下可能发生这样的结果,也可能发生那样的结果,称为随机现象(random phenomena),其结果呈偶然性且事前不可预言。例如:向空中抛掷一枚硬币,落地时可能是国徽一面向上,也可能是币值一面向上;家畜产仔的性别,可能为雄性,也可能为雌性;家畜每窝的产仔数等。

虽然随机现象在个别试验或观察中其结果具有随机性,似无规律可循,但是,多次重复试验或观察后会发现随机现象的发生也具有规律性。例如:多次重复抛掷一枚硬币,我们会发现币值一面向上的次数约为试验次数的一半,即抛掷一枚硬币,结果币值一面向上或者国徽一面向上的可能性都接近0.5。这种随机现象在多次重复试验或观察中所出现的规律性称为统计规律性(statistical law)。概率论和数理统计就是研究和揭示随机现象统计规律性的一门数学学科。

(二)随机试验

根据某一研究目的,在一定条件下对自然现象进行的试验或观察,其中,将具有以下三个特性的试验或观察称为随机试验(random experiment),简称为试验(experiment)。

（1）试验在相同条件下可以重复进行。

（2）每次试验的可能结果不止一种，并且事先知道会有哪些可能的结果。

（3）每次试验结果恰好是其中之一，但试验前无法预知会出现哪一种结果。

例如掷骰子、抛掷硬币等都具有以上三个特性，都是随机试验。

（三）随机事件

在随机试验中所发生的结果称为事件（event）。在试验的结果中，可能发生，也可能不发生的事件称为随机事件（random event），常用英文大写字母 A、B、C 等来表示。而将每个不可再分的随机事件称为基本事件（elemental event），也称为样本点（sample point）。由几个基本事件组合而成的随机事件称为复合事件（compound event）。例如，一次掷骰子的结果有6种不同的可能，每一个点子就是一个基本事件，有6个基本事件。一次掷骰子的结果是3的倍数就是一个复合事件，由3点和6点两种基本事件组成。在一定条件下必然发生的事件称为必然事件（certain event），用大写希腊字母 Ω 表示。相反，在一定条件下不可能发生的事件称为不可能事件（impossible event），用大写希腊字母 Φ 表示。

二、概率

（一）概率的统计定义

对于随机试验的可能结果即随机事件，仅指出其发生的随机性是不够的，重要的是应指出随机事件发生的可能性的大小，也就是对随机事件发生的可能性进行数量化。统计中用来描述这种可能性大小的数值即为概率（probability）。事件 A 发生的概率是事件 A 在试验中出现的可能性大小的数值度量，用 $P(A)$ 表示。基于对概率的不同情形的应用和不同解释，概率的定义有所不同，主要有统计概率、古典概率和主观概率等。下面重点介绍概率的统计定义。

我们以小麦种子发芽率的试验数据介绍概率的统计定义。例如，为了调查一批小麦种子的发芽率，分别抽取10粒、50粒、100粒以至500粒进行发芽试验，现以 n 代表抽样粒数，以 m 代表发芽粒数，列出发芽频率于表4-1。

表4-1 小麦种子发芽频率试验数据表

抽样粒数 n	发芽粒数 m	发芽频率 f
10	8	0.800
50	44	0.880
100	92	0.920
200	182	0.910
300	272	0.907
400	359	0.898
500	451	0.902

从表4-1可以看出,虽然每次观察中种子发芽的数目m是随机的,但随着被试验种子粒数n的增加,发芽频率$\frac{m}{n}$愈来愈趋于0.90,各次试验结果都围绕这一值左右摆动,因此,用0.90表示这批种子的发芽率比较合适。由此可以概括出概率的统计定义:假定在相似的条件下重复进行同一类试验,事件A发生的次数m与总试验次数n的比值$\frac{m}{n}$称为频率。在试验次数n逐渐增大时,事件A的频率愈来愈稳定地接近定值,于是定义稳定的频率值为事件A的概率。

总之,一般情况下随机事件A的概率P是不可能准确地获得的,因此,便以n在充分大时事件A的频率$\frac{m}{n}$作为该事件概率P的近似值,以上定义称为统计概率,即:

$$P(A) \approx \frac{m}{n} (n充分大) \tag{4-1}$$

(二)概率的性质

由概率的定义可知,随机事件的概率不可能大于1,因为表示概率的频率分数m不可能大于n,它也不可能小于零,在数量上它是介于0和1之间的, 即$0 \leqslant P(A) \leqslant 1$。

$P(A)$愈大,事件A就愈容易发生,如$P(A)$接近于1,表示在多数情况下该事件总是发生;如$P(A)=1$,该事件是必然事件。相反,$P(A)$愈小,表示事件A愈不容易发生,如$P(A)$接近零,说明事件A很难发生,或者说发生的机会非常小,以至实际上可以认为它是不可能发生的;如果是不可能的事件,则$P(A)=0$。

三、小概率事件实际不可能性原理

某随机事件发生的概率很小,例如小于0.05,0.01,0.001,将这样的随机事件称为小概率事件。根据概率的性质,可以认为小概率事件在一次试验中实际不可能发生,称为"小概率事件实际不可能性原理"。小概率事件实际不可能性原理是统计中进行假设检验的基本依据。如果假设了一些条件,在这个假设下正确地计算出随机事件A出现的概率很小,但在实际的一次试验中随机事件A竟然出现了,那么,我们就可以认为这个假设是不正确的,从而否定这个假设。例如,假设某工厂生产一批新型兽药,根据某种理由认为该新型药对家畜某种疾病的治愈率为99%,现做一试验,随机取一定量的新型药对一病畜进行治疗,结果未能治愈而死亡。由于1%的死亡率通常可认为是小概率,在一次抽样试验中不会发生,而现在竟然发生了,于是我们对该新型药99%的治愈率产生怀疑。

小概率事件实际不可能性原理是统计假设检验的理论基础,在下一章将重点介绍。

第二节 | 随机变量及其概率分布

个别随机事件的概率反映了随机试验某一种可能结果发生的可能性的大小,而研究随机试验所有可能结果发生的可能性的大小,就是随机试验的概率分布。分析随机试验的概率分布,可以先把随机试验的结果加以数量化,即用数字表示每一个随机事件,因此,用一个变量就可以表示随机试验的所有结果,这个变量称为随机变量(random variable)。例如,"抛硬币"的试验有两种可能的结果,用"1"表示币值一面朝上,用"0"表示国徽一面朝上,因此用随机变量 x 表示"抛硬币",则 x 的取值为 0,1。家畜产仔性别试验也有两种可能的结果,用"1"表示雄性,用"0"表示雌性,因此如果用随机变量 x 表示家畜产仔性别,则 x 的取值为 0,1。家畜每窝产仔数的试验有多个可能的结果,用"1"表示产仔一头,"2"表示产仔 2 头,"n"表示产仔 n 头,因此用随机变量 x 表示家畜每窝产仔数,则 x 的取值为 $1,2,\cdots,n$。总之,随机事件数量化后,随机变量取某一个值或在某一个范围内取值都有一个相应的概率。研究随机变量主要是研究它的取值的概率。随机变量的取值与取这些值的概率之间的对应关系就是随机变量的概率分布(probability distribution of random variable)。根据数据资料的类型,随机变量可以分为离散型随机变量和连续型随机变量。

一、离散型随机变量及其概率分布

(一)离散型随机变量的定义

如果随机变量 x 的取值仅是有限个或者可列无穷多个数值,即可以一一列举出来,则称随机变量 x 为离散型随机变量(discrete random variable),例如猪的产仔数、种蛋的出雏数、鱼苗的成活数等。

(二)离散型随机变量的概率分布

1.概率分布

设 x 是一个离散型随机变量,x 所有可能的取值为 $x=x_i(i=1,2,\cdots,n)$,对于任意一个 x_i 都有一个相应的概率为 $p_i(i=1,2,\cdots,n)$,则其分布律(distribution law)表示为:

$$P(x=x_i)=p_i(i=1,2,\cdots,n) \tag{4-2}$$

其中 x_i 是 x 的某个可能的取值,$P(x=x_i)$ 表示 x 取值为 x_i 的概率。

式(4-2)表示了离散性随机变量 x 的概率分布。该分布律还可表示为表 4-2 的形式,该表称为 x 的分布列。

表4-2 离散型随机变量的分布列

变量 x_i	x_1	x_2	$\cdots$	x_i	$\cdots$	x_n
概率 p_i	p_1	p_2	$\cdots$	p_i	$\cdots$	p_n

2.概率分布的基本性质

（1）$p_i \geq 0(i=1,2,\cdots,n)$；

（2）$\sum p_i = 1$

【例4.1】投掷一枚质地均匀的骰子，向上一面所得点数 x 是一个离散型随机变量，求其出现点数的概率分布。

解：投掷一次骰子所得向上一面的点数有6种可能，即点数1,2,3,4,5,6。由于骰子是均质的，每种结果是等概率出现的，都为1/6，因此该随机变量的概率函数为：

$$P(x=x_i)=1/6(i=1,2,3,4,5,6)$$

掷骰子的概率分布列见表4-3。

表4-3 掷骰子的概率分布列

变量 x_i	1	2	3	4	5	6
概率 p_i	1/6	1/6	1/6	1/6	1/6	1/6

二、连续型随机变量及其概率分布

(一)连续型随机变量的定义

连续型随机变量（continuous random variable）是可以在一个区间内取所有值的随机变量。与离散型随机变量不同，连续型随机变量的取值不能一一列举，在数轴上它的所有取值充满一个区间或者说在一个区间内它有无穷多种可能的取值，例如体重、产奶量、身高等。因此，对于连续性随机变量而言，研究其一一列举的取值及其对应的概率是没有意义的，主要是分析变量 x 在其取值区间内的任一区间 (a,b) 内取值的概率，即确定 $P(a \leq x \leq b)$ 的值。

(二)连续型随机变量的概率分布

前面用概率分布律来全面描述了离散型随机变量的统计规律性，但对于连续型随机变量来说，由于在理论上它可以有无穷多种可能的取值，所以定义它取某值的概率是没有意义的，只能定义它在某区间内取值的概率，这个概率可以通过概率密度函数和概率分布函数来描述。概率密度函数（probability density function）是描述连续型随机变量取某值的概率密度的函数。概率分布函数（probability distribution function）是描述随机变量的取值不大于某值的累积概率，也称为累积分布函数（cumulative distribution function）。

1.概率分布

设一连续型随机变量x在$(-\infty, +\infty)$内取值,如果存在一个非负可积函数$f(x)$,对于任意实数a、$b(a<b)$都有:

$$P(a \leqslant x \leqslant b) = \int_a^b f(x)\mathrm{d}x \tag{4-3}$$

则称$f(x)$为连续型随机变量x的概率密度函数。

根据式(4-3)和定积分的几何意义可见,连续型随机变量x在a与b之间的概率等于概率密度函数$f(x)$对应的密度曲线在(a,b)内的曲边梯形面积(图4-1)。

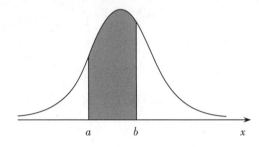

图4-1 连续型随机变量x在(a,b)内取值的概率图示

2.概率分布的性质

(1)连续型随机变量x的概率密度函数$f(x)$大于或等于0,即:

$$f(x) \geqslant 0$$

(2)连续型随机变量x取某一任意实数c的概率等于0,即:

$$P(x=c) = \int_c^c f(x)\mathrm{d}x = 0$$

(3)连续型随机变量x在$(-\infty, +\infty)$内取值的概率等于1,即:

$$P(-\infty \leqslant x \leqslant +\infty) = \int_{-\infty}^{+\infty} f(x)\mathrm{d}x = 1$$

第三节 | 正态分布

正态分布(normal distribution)是最重要的连续型随机变量的概率分布,许多统计分析方法都是以正态分布理论为基础,而且许多生物学领域的随机变量都服从正态分布或者通过某种转换后服从正态分布。此外,许多其他的分布如二项分布等在一定条件下以正态分布为其极限分布。正态分布在生物统计学中有着极为重要的地位。

一、正态分布的定义及其特性

(一)正态分布的定义

连续型随机变量x的概率密度函数$f(x)$为：

$$f(x)=\frac{1}{\sigma\sqrt{2\pi}}e^{-\frac{(x-\mu)^2}{2\sigma^2}}, -\infty<x<+\infty \tag{4-4}$$

式中，μ为总体平均数，σ^2为总体方差，则称连续型随机变量x服从正态分布，记为$x\sim N(\mu,\sigma^2)$。可见，只要给定总体平均数μ和总体标准差σ，正态分布就被唯一确定下来。

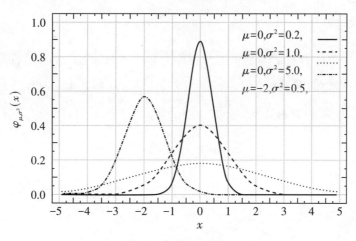

图4-2　正态分布图

(二)正态分布曲线的特性

正态分布概率密度曲线形似"钟形"，如图4-2，具有如下性质。

(1)$f(x)$为非负函数，且当$x\rightarrow\pm\infty$时，$f(x)\rightarrow0$。所以正态分布曲线以x轴为渐近线，分布从$-\infty$到$+\infty$。

(2)正态分布曲线是以直线$x=\mu$为对称轴，并在$x=\mu$处取最大值，此时，$f(x)=\frac{1}{\sigma\sqrt{2\pi}}$。所以，正态分布曲线是一条呈单峰的对称曲线。

(3)正态分布曲线在$x=\mu\pm\sigma$处各有一个拐点，即曲线在$(-\infty,\mu-\sigma)$和$(\mu+\sigma,+\infty)$区域是下凸的，在$(\mu-\sigma,\mu+\sigma)$区域是上凸的。

(4)随机变量x的取值主要集中于$x=\mu$的附近。

(5)正态分布曲线下的总面积等于1，即$\int_{-\infty}^{+\infty}\frac{1}{\sigma\sqrt{2\pi}}e^{-\frac{(x-\mu)^2}{2\sigma^2}}\mathrm{d}x=1$。

(6)正态分布曲线的形状完全取决于μ和σ两个参数。其中，μ为位置参数，确定了正态分布在x轴上的中心位置；σ为变异度参数，确定了正态分布的变异度，即σ的大小决定了曲线的形状。σ越大，曲线又矮又宽；σ越小，曲线又高又窄(图4-3和图4-4)。

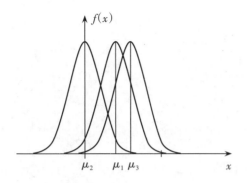

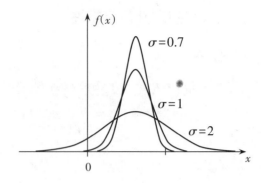

图4-3　σ相同μ不同的三条正态分布曲线　　　　图4-4　μ相同σ不同的三条正态分布曲线

二、标准正态分布

当总体平均数$\mu=0$，总体方差$\sigma^2=1$的正态分布称为标准正态分布（standard normal distribution），服从标准正态分布的变量，称为标准正态变量，一般用z表示，记为$z\sim N(0,1)$。对标准正态分布，通常用$\varphi(z)$表示其概率密度函数，用$\Phi(z)$表示其概率分布函数，即：

$$\varphi(z)=\frac{1}{\sqrt{2\pi}}\mathrm{e}^{-\frac{z^2}{2}}, -\infty<z<+\infty \tag{4-5}$$

$$\Phi(z)=\int_{-\infty}^{z}\frac{1}{\sqrt{2\pi}}\mathrm{e}^{-\frac{z^2}{2}}\mathrm{d}z, -\infty<z<+\infty \tag{4-6}$$

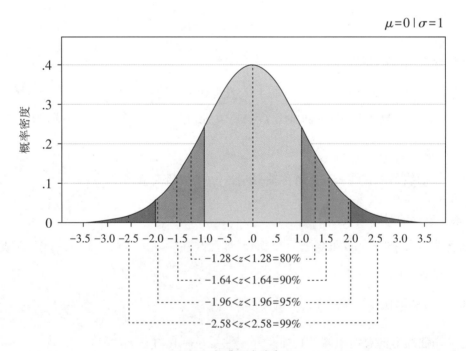

图4-5　标准正态分布图

正态分布概率密度曲线随μ和σ两个参数的变化而变化，而标准正态分布的μ和σ是固定值，其概率密度曲线就是一条固定的曲线（图4-5）。

对于任意一个服从正态分布的随机变量$x\sim N(\mu,\sigma^2)$，都可以通过公式（4-7）进行标准化转换，得：

$$z = \frac{x - \mu}{\sigma} \tag{4-7}$$

所得随机变量z服从标准正态分布。

三、正态分布的概率计算

连续型随机变量在某个区间内取值的概率(密度曲线下某个区域的面积)需要在这个区间上对该随机变量的概率密度函数求积分而得,由于正态分布的概率密度函数比较复杂,为了计算方便,人们编制了标准正态分布表(附表1),通过附表1可查到随机变量z在任一区间内取值的概率。

(一)标准正态分布的概率计算

随机变量$z \sim N(0, 1)$,z在区间$(-\infty, z]$内取值的概率,也就是z的分布函数值$\Phi(z)$(见式4-6),可利用附表1直接查$\Phi(z)$。若求z在区间$[z_1, z_2]$内取值的概率为:

$$
\begin{aligned}
P(z_1 \leqslant z \leqslant z_2) &= \frac{1}{\sqrt{2\pi}} \int_{z_1}^{z_2} e^{-\frac{1}{2}z^2} dz \\
&= \frac{1}{\sqrt{2\pi}} \int_{-\infty}^{z_2} e^{-\frac{1}{2}z^2} dz - \frac{1}{\sqrt{2\pi}} \int_{-\infty}^{z_1} e^{-\frac{1}{2}z^2} dz \\
&= \Phi(z_2) - \Phi(z_1)
\end{aligned}
\tag{4-8}
$$

同理,$\Phi(z_1)$和$\Phi(z_2)$可利用附表1直接查出。

【例4.2】设随机变量$z \sim N(0, 1)$,求:

(1)$P(z < -1.5)$;

(2)$P(z \geqslant 1.64)$;

(3)$P(|z| \geqslant 1.56)$;

(4)$P(0.3 \leqslant z \leqslant 1.3)$。

解:根据式(4-8)以及查附表1得:

(1)$P(z < -1.5) = \Phi(-1.5) = 0.066\,81$

(2)$P(z \geqslant 1.64) = \Phi(-1.64) = 0.050\,5$

(3)$P(|z| \geqslant 1.56) = P(z \leqslant -1.56) + P(z \geqslant 1.56)$
$$= 2\Phi(-1.56) = 2 \times 0.059\,38 = 0.118\,76$$

(4)$P(0.3 \leqslant z \leqslant 1.3) = P(z \leqslant 1.3) - P(z \leqslant 0.3)$
$$= \Phi(1.3) - \Phi(0.3) = 0.903\,2 - 0.617\,9 = 0.285\,3$$

以下是几个常用的标准正态分布的概率值:

$$P(-1 \leqslant z \leqslant 1) = 68.26\%$$

$$P(-2 \leqslant z \leqslant 2) = 95.45\%$$

$$P(-3 \leqslant z \leqslant 3) = 99.73\%$$

$$P(-1.96 \leqslant z \leqslant 1.96) = 95\%$$

$$P(-2.58 \leqslant z \leqslant 2.58) = 99\%$$

(二)正态分布的概率计算

若随机变量 x 服从正态分布 $x \sim N(\mu, \sigma^2)$, x 落入任意区间 $[x_1, x_2)$ 的概率, 记作 $P(x_1 \leqslant x < x_2)$, 等于由直线 $x = x_1$、$x = x_2$、x 轴和正态分布曲线所围成曲边梯形的面积, 即:

$$P(x_1 \leqslant x < x_2) = \int_{x_1}^{x_2} \frac{1}{\sigma\sqrt{2\pi}} e^{-\frac{(x-\mu)^2}{2\sigma^2}} dx \tag{4-9}$$

由于不同的总体具有不同的 μ 和 σ, 为了便于计算, 通常采用标准化公式 (4-7) 将正态随机变量 x 转换为标准正态随机变量 z, 然后查表计算即可。

【例 4.3】一项调查研究发现, 大学生兼职平均每周工作 25 小时, 标准差为 11 小时。随机挑选一名大学生, 请计算其每周工作时间少于 5 小时的概率。

解:假设大学生的工作时长 x 服从正态分布 $N(25, 11^2)$, 计算可得:

$$P(x < 5) = P\left(z < \frac{5-25}{11}\right) = P(z < -1.82) = \Phi(-1.82) = 0.034\ 38$$

因此, 大学生兼职每周工作时间少于 5 小时的概率为 0.034 38。

【例 4.4】假设 6 月龄牛犊体重服从正态分布 $x \sim N(200, 20^2)$, 计算体重大于 230 kg、体重小于 230 kg 以及体重在 170~210 kg 之间的 6 月龄牛犊数量比例。

解:由于 6 月龄牛犊体重 x 服从正态分布 $N(200, 20^2)$, 所以计算体重大于 230 kg、小于 230 kg 以及在 170~210 kg 之间的 6 月龄牛犊数量比例就是求 $P(x > 230)$、$P(x < 230)$ 以及 $P(170 < x < 210)$。

$$P(x > 230) = P(z > \frac{230-200}{20}) = P(z > 1.5) = \Phi(-1.5) = 0.066\ 81$$

$$P(x < 230) = 1 - P(x > 230) = 1 - 0.066\ 81 = 0.933\ 19$$

$$P(170 < x < 210) = P(\frac{170-200}{20} < z < \frac{210-200}{20}) = P(-1.5 < z < 0.5)$$
$$= \Phi(0.5) - \Phi(-1.5) = 0.691\ 5 - 0.066\ 81 = 0.624\ 69$$

(三)标准正态分布的双侧分位数表

标准正态分布随机变量 $z \sim N(0,1)$ 的双侧分位数表(附表2), 列出了当两尾概率之和为 α(单尾概率为 $\alpha/2$)时, 标准正态分布的临界值 z_α, 即:

$$P(|z| > z_\alpha) = \alpha \tag{4-10}$$

所以, 对于给定的两尾概率之和 α 的值, 由该表可以查到对应的标准正态分布临界值 z_α。

【例 4.5】已知随机变量 $z \sim N(0,1)$, 求:

(1) $P(z < -z_\alpha) + P(z \geqslant z_\alpha) = 0.01$, z_α 等于多少?

(2) $P(-z_\alpha \leqslant z < z_\alpha) = 0.90$, z_α 等于多少?

解:(1) $P(z < -z_\alpha) + P(z \geqslant z_\alpha) = 0.01$ 表示两尾概率之和 α 为 0.01, 查附表 2 得, $z_{0.01} = 2.575\ 829 \approx 2.58$

(2) 因为 $P(-z_\alpha \leqslant z < z_\alpha) = 0.90$, 得:

$P(z < -z_\alpha) + P(z \geqslant z_\alpha) = 1 - P(-z_\alpha \leqslant z < z_\alpha) = 0.10$, 表示两尾概率之和 α 为 0.10, 查附表 2 得, $z_{0.10} = 1.644\ 854$ ≈ 1.64

同理,对于一般正态分布 $x \sim N(\mu, \sigma^2)$,要计算其对于给定双尾概率 α 或者一尾概率 $\alpha/2$ 的临界值 x_0,可先由附表 2 查出给定双尾概率 α 或者一尾概率 $\alpha/2$ 的临界值 z_α,再由标准化公式 $z_\alpha = \dfrac{x_0 - \mu}{\sigma}$,即可求出临界值 $x_0 = \mu + z_\alpha \sigma$。

【例 4.6】根据【例 4.4】已知条件,计算 6 月龄牛犊体重处于上限 21% 的临界体重是多少?

解:已知 $P(z_\alpha \leqslant z < +\infty) = 0.21$,所以两尾概率之和 α 为 0.42,查附表 2 得,$z_{0.42} = 0.806\,421 \approx 0.81$,代入公式(4-7),

$$z_{0.42} = \frac{x_0 - \mu}{\sigma} = 0.81$$

所以

$$x_0 = \mu + z_\alpha \sigma = 200 + 0.81 \times 20 = 216.2\,(\text{kg})$$

即 6 月龄牛犊体重大于 216.2 kg 的比例为 21%。

第四节 | 二项分布

一、二项分布的定义

二项分布(binomial distribution)是最常见的离散型随机变量的概率分布。其定义是:假设在相同的条件下进行了 n 次独立试验,每次试验出现且只出现两个对立结果之一,将两种对立结果分别记为 0 和 1,其中,结果为 1 的概率记为 p,为 0 的概率记为 $q = 1 - p$,则在 n 次试验中,结果为 1 的发生次数 $x(x = 0, 1, 2, \cdots, n)$ 是个随机变量,其概率分布称为二项分布。

二、二项分布的概率

二项分布的概率为:

$$P(x) = C_n^x p^x q^{n-x} = \frac{n!}{x!(n-x)!} p^x q^{n-x} \quad (x = 0, 1, 2, \cdots, n) \tag{4-11}$$

由公式可以看出,二项分布的概率由两个参数决定,即 n 和 p,二项分布表示为 $x \sim B(n, p)$。

三、二项分布的特征

二项分布有两个参数:n 和 p,n 称为离散参数,它只能取正整数 $1, 2, \cdots$;p 为连续参数,它能取 0 与 1 之间的任何数值。二项分布由 n、p 完全确定。二项分布具有如下特征(图 4-6)。

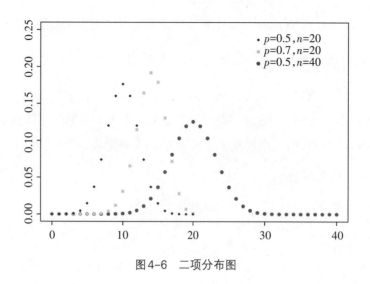

图4-6　二项分布图

（1）若p较小且n不大时，二项分布是偏倚的。但随着n的增大，分布逐渐趋于对称。

（2）当$p=0.5$时，只需$n=10$，二项分布就与正态分布非常接近。

（3）若n较大时，np、nq较接近，二项分布接近正态分布；当$n\to\infty$时，二项分布的极限分布是正态分布。

四、二项分布概率的计算

【例4.7】假设一位兽医师治疗家畜某种疾病的治愈率为0.75，让他每次治疗5头，试计算治愈头数的概率分布。

解：根据题意，已知治愈率$p=0.75$，治疗头数$n=5$，$q=1-p=0.25$，则每次治疗5头病畜治愈头数x服从二项分布$B(5,0.75)$。

5头全未治愈的概率：$P(x=0)=C_5^0(0.75)^0(0.25)^{5-0}=0.0010$

1头治愈的概率：$P(x=1)=C_5^1(0.75)^1(0.25)^{5-1}=0.0146$

2头治愈的概率：$P(x=2)=C_5^2(0.75)^2(0.25)^{5-2}=0.0879$

3头治愈的概率：$P(x=3)=C_5^3(0.75)^3(0.25)^{5-3}=0.2637$

4头治愈的概率：$P(x=4)=C_5^4(0.75)^4(0.25)^{5-4}=0.3955$

5头治愈的概率：$P(x=5)=C_5^5(0.75)^5(0.25)^{5-5}=0.2373$

【例4.8】一头母猪一窝产了10头仔猪，分别求其中有2头公猪和6头公猪的概率。设任何一头仔猪为公猪的概率是0.5。

解：我们将每产一头仔猪看成一次试验，每次试验有两种结果：公猪或者母猪，每次试验彼此之间是独立的（每头仔猪的性别与其他仔猪的性别无关），于是10头仔猪中公猪的头数x服从二项分布$B(10,0.5)$。

$$P(x=2)=C_{10}^2(0.5)^2(0.5)^{10-2}=0.0439$$

$$P(x=6)=C_{10}^6(0.5)^6(0.5)^{10-6}=0.2051$$

五、二项分布的平均数、方差和标准差

二项分布 $x \sim B(n,p)$，二项分布的两个参数 n、p 与 x 的总体平均数 μ、总体方差 σ^2 和总体标准差 σ 有如下关系。

当 x 以事件 A 发生的次数 k 表示时，n、p 与 μ、σ^2、σ 的关系为：

$$\mu = np \qquad \sigma^2 = npq \qquad \sigma = \sqrt{npq} \tag{4-12}$$

当 x 以事件 A 发生的百分数 k/n 表示时，n、p 与 μ、σ^2、σ 的关系为：

$$\mu = p \qquad \sigma^2 = pq/n \qquad \sigma = \sqrt{pq/n} \tag{4-13}$$

第五节 | 泊松分布

一、泊松分布的定义

泊松分布（poisson distribution）是一种常见的离散型随机变量的概率分布，主要用来描述在单位时间或者空间范围内稀有事件（小概率事件）发生次数的概率分布，例如在一定时期内畜群中某种稀有疾病的发病个体数，一个显微镜视野内观察到的细菌数等。要分析这类事件，样本含量 n 必须很大。当样本含量 n 很大时，用上一节介绍的二项分布计算其概率较为烦琐，因此，法国数学家泊松（S.D.Poisson）提出了泊松定理，即：

对于二项分布 $B(n,p)$，如果 n 很大，而 p 很小，则可以证明：

$$\lim_{n \to +\infty} C_n^x p^x (1-p)^{n-x} = \frac{\lambda^x}{x!} e^{-\lambda}$$

可见，当 n 很大，p 较小时（一般只要 $n \geq 20$、$p \leq 0.1$ 时），对任一确定的 x，有下列泊松近似公式：

$$C_n^x p^x (1-p)^{n-x} \approx \frac{\lambda^x}{x!} e^{-\lambda} \ (其中 \lambda = np) \tag{4-14}$$

因此，若随机变量 x 的概率计算公式为：

$$P(x) = \frac{\lambda^x}{x!} e^{-\lambda} (x = 0, 1, 2, \cdots, n) \tag{4-15}$$

式中，$\lambda = np$，是一个常数，e 为自然对数的底，$e = 2.71828\cdots\cdots$，则称随机变量 x 服从参数 λ 的泊松分布，记为 $x \sim P(\lambda)$。

二、泊松分布的特征

泊松分布的一个重要特征就是 x 的总体平均数 μ、总体方差 σ^2 和常数 λ 相等,即 $\mu=\sigma^2=\lambda$,利用这一特征可以初步判断离散型随机变量是否服从泊松分布。

【例4.9】某地区100年中洪水发生次数如下表所示,判断该地区洪水发生次数是否服从泊松分布。

表4-4 某地区100年中洪水发生的次数分布

	洪水发生次数 x						合计
	0	1	2	3	4	5	
年数	24	35	24	12	4	1	100

解:采用加权法计算该地区发生洪水的平均次数 $\bar{x}$ 和方差 S^2,结果如下:

$$\bar{x}=\frac{\sum fx}{\sum f}=\frac{24\times0+35\times1+\cdots+1\times5}{100}=\frac{140}{100}=1.40$$

$$S^2=\frac{\sum fx^2-\dfrac{\left(\sum fx\right)^2}{\sum f}}{\sum f-1}=\frac{(24\times0^2+35\times1^2+\cdots+1\times5^2)-\dfrac{140^2}{100}}{99}=1.33$$

因为 $\bar{x}=1.40$ 与 $S^2=1.33$ 非常接近,可以初步判断该地区发生洪水的次数服从泊松分布。

泊松分布只有一个参数 λ。λ 越小,泊松分布越偏倚,随着 λ 的增大,泊松分布趋于对称。$\lambda=20$,泊松分布接近于正态分布;$\lambda=50$,可以认为泊松分布呈正态分布。所以实际工作中,$\lambda\geq20$ 就可以用正态分布近似处理泊松分布的问题(图4-7)。

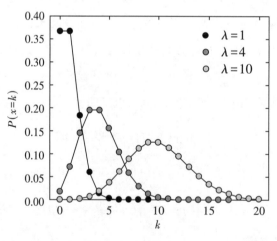

图4-7 泊松分布图

三、泊松分布的概率计算

【例4.10】考虑在一段时间(例如1年)内某猪场因为某种疾病而死亡的猪头数,在这段时间内任何一天内因这种疾病而造成猪的死亡是很少发生的,而在不同时间中这种事件发生是独立的,因而在这段时间(1年)内该猪场因这种疾病而死亡的猪的数量服从泊松分布。假设根据过去多年资料统计,该猪场平均每年因这种疾病而死亡的猪的头数为9.5,请计算在新的一年中该场中因该病造成的死亡猪的头数为15的概率是多少?

解:根据题意,已知每年因这种疾病平均死亡9.5头猪,且泊松分布的参数$\lambda=\mu$,所以每年死亡的猪头数x服从泊松分布$P(9.5)$,计算可得:

$$P(x=15)=\frac{\lambda^x}{x!}\,e^{-\lambda}=\frac{9.5^{15}}{15!}\,e^{-9.5}=0.026\,5$$

即在新的一年中该场中因该病造成的死亡猪的头数为15的概率是0.026 5。

第六节｜抽样分布

假设从总体中进行无数次随机抽样,得到无穷个样本含量相同的样本,每一个样本可以计算其统计量,例如样本平均数,样本方差等。但是,由于抽样的随机性,导致每一个样本的统计量取值不同,可见统计量也是随机变量,统计量也有其概率分布,统计量的概率分布称为抽样分布。抽样分布是统计推断的基础。本节主要讨论与常用统计量样本平均数与样本方差相关的抽样分布,以此为基础,介绍统计中常用的抽样分布:t分布、F分布、χ^2分布。

一、样本平均数的抽样分布

(一)样本平均数的抽样分布的定义

设有一个总体,平均数为μ,方差为σ^2,总体的各个个体为x,将此总体称为原总体或x总体。现从该总体中分别随机抽取k个样本含量为n的样本,这样可得到k个样本平均数$\bar{x}_1,\bar{x}_2,\cdots,\bar{x}_k$。这$k$个样本平均数之间不完全相同,且与原总体平均数$\mu$间也有一定程度的差异。以上这些差异都是由于随机抽样产生的,统计上把这种差异称为抽样误差(sampling error)。样本平均数$\bar{x}$也是随机变量,其概率分布称为样本平均数的抽样分布。此外,若把这k个样本平均数$\bar{x}_1,\bar{x}_2,\cdots,\bar{x}_k$构成另外一个总体,称为样本平均数的抽样总体或$\bar{x}$总体。样本平均数的抽样总体同样也有其总体平均数和总体标准差,分别记为$\mu_{\bar{x}}$和$\sigma_{\bar{x}}$。

(二)样本平均数的抽样分布的特性

统计学已证明样本平均数抽样总体的两个参数$\mu_{\bar{x}}$和$\sigma_{\bar{x}}$与原总体的两个参数μ、σ有如下关系:

$$\mu_{\bar{x}}=\mu,\ \sigma_{\bar{x}}=\frac{\sigma}{\sqrt{n}} \tag{4-16}$$

现举例以证明式(4-16)。

设有一个有限总体,由四个个体组成:$x_1=12, x_2=14, x_3=16, x_4=18$。现采用复置抽样法从该总体中每次随机抽取两个个体($n=2$)组成一个样本,共有 $4^2=16$ 个样本,其每个样本变数组成如下表所示。

表4-5 各个样本的组成

	12	14	16	18
12	12,12 ($\bar{x}_1=12$)	12,14 ($\bar{x}_2=13$)	12,16 ($\bar{x}_3=14$)	12,18 ($\bar{x}_4=15$)
14	14,12 ($\bar{x}_5=13$)	14,14 ($\bar{x}_6=14$)	14,16 ($\bar{x}_7=15$)	14,18 ($\bar{x}_8=16$)
16	16,12 ($\bar{x}_9=14$)	16,14 ($\bar{x}_{10}=15$)	16,16 ($\bar{x}_{11}=16$)	16,18 ($\bar{x}_{12}=17$)
18	18,12 ($\bar{x}_{13}=15$)	18,14 ($\bar{x}_{14}=16$)	18,16 ($\bar{x}_{15}=17$)	18,18 ($\bar{x}_{16}=18$)

对于 x 总体,其总体平均数 μ、总体方差 σ^2 和总体标准差 σ 的计算结果如下:

$$\mu = \frac{\sum x}{N} = \frac{12+14+16+18}{4} = 15$$

$$\sigma^2 = \frac{\sum(x-\mu)^2}{N}$$

$$= \frac{(12-15)^2+(14-15)^2+(16-15)^2+(18-15)^2}{4}$$

$$= 5$$

$$\sigma = \sqrt{\sigma^2} = \sqrt{5}$$

对于 $\bar{x}$ 总体,其总体平均数 $\mu_{\bar{x}}$、总体方差 $\sigma_{\bar{x}}^2$ 和总体标准差 $\sigma_{\bar{x}}$ 的计算结果如下:

$$\mu_{\bar{x}} = \frac{\sum \bar{x}}{N} = \frac{12+13+\cdots+18}{16} = \frac{240}{16} = 15 = \mu$$

$$\sigma_{\bar{x}}^2 = \frac{\sum(\bar{x}-\mu_{\bar{x}})^2}{N} = \frac{\sum \bar{x}^2 - \frac{\left(\sum \bar{x}\right)^2}{N}}{N}$$

$$\sigma_{\bar{x}}^2 = \frac{\sum(\bar{x}-\mu_{\bar{x}})^2}{N} = \frac{\sum \bar{x}^2 - \frac{\left(\sum \bar{x}\right)^2}{N}}{N}$$

$$= \frac{3\,640 - \frac{240^2}{16}}{16}$$

$$= 2.5$$

$$= \frac{\sigma^2}{n}$$

$$\sigma_{\bar{x}} = \sqrt{\sigma_{\bar{x}}^2} = \sqrt{2.5} = \frac{\sqrt{5}}{\sqrt{2}} = \frac{\sigma}{\sqrt{n}}$$

所以,$\mu_{\bar{x}}=\mu$,$\sigma_{\bar{x}}=\dfrac{\sigma}{\sqrt{n}}$。

定理1 设总体 x 服从正态分布 $N(\mu, \sigma^2)$，$x_1, x_2, \cdots, x_n$ 是来自总体 x 的样本，则其样本平均数 $\bar{x}$ 服从正态分布 $N(\mu_{\bar{x}}, \sigma_{\bar{x}}^2)$，因为 $\mu_{\bar{x}} = \mu$，$\sigma_{\bar{x}} = \dfrac{\sigma}{\sqrt{n}}$，所以 $\bar{x} \sim N\left(\mu, \dfrac{\sigma^2}{n}\right)$，即：

$$\bar{x} \sim N\left(\mu, \frac{\sigma^2}{n}\right) \tag{4-17}$$

当 $x \sim N(\mu, \sigma^2)$，则 $\bar{x} \sim N\left(\mu, \dfrac{\sigma^2}{n}\right)$，所以这两条正态分布密度曲线具有相同的对称轴，但是样本平均数 $\bar{x}$ 的抽样分布曲线比原总体分布曲线的形状更瘦更高。

同理，将样本平均数 $\bar{x}$ 标准化得 $z = \dfrac{\bar{x} - \mu}{\sigma/\sqrt{n}}$，则统计量 z 服从标准正态分布 $N(0, 1)$，即：

$$z = \frac{\bar{x} - \mu}{\sigma/\sqrt{n}} \sim N(0, 1) \tag{4-18}$$

定理2（中心极限定理） 随机变量 x 不服从正态分布，$x_1, x_2, \cdots, x_n$ 是来自总体 x 的样本，则当样本含量 n 足够大时，其样本平均数 $\bar{x}$ 的概率分布仍逼近或近似服从正态分布 $N\left(\mu, \dfrac{\sigma^2}{n}\right)$。

中心极限定理除应用于样本平均数的抽样分布外，还可应用于其他分布，甚至是离散型随机变量。总之，无论原总体是什么分布，只要样本足够大，一般 $n > 30$，就可认为样本平均数 $\bar{x}$ 的抽样分布是正态分布。中心极限定理对于统计学具有重要意义，因为很多统计推断方法都是以正态分布为基础的，所以该定理保证了这些统计推断方法的广泛适用性。

（三）标准误（standard error）

1.定义

样本平均数抽样总体的标准差 $\sigma_{\bar{x}}$ 称为标准误，它表示了样本平均数抽样误差的大小。$\sigma_{\bar{x}}$ 为总体标准误，是参数，在实际工作中由于总体标准差 σ 未知，所以总体标准误 $\sigma_{\bar{x}}$ 一般也是未知。通常用样本标准差 S 估计总体标准差 σ，总体标准误相应地用 $S/\sqrt{n}$ 估计，将 $S/\sqrt{n}$ 记为 $S_{\bar{x}}$，称为样本标准误（sample standard error）。

2.计算方法

$$S_{\bar{x}} = \frac{S}{\sqrt{n}} \tag{4-19}$$

样本标准差与样本标准误都是衡量离散趋势的统计量，一定要区分二者的联系和区别。其中，式 (4-19) 反映了样本标准差与样本标准误的联系。样本标准差与样本标准误的区别是：样本标准差反映了样本中各观测值的变异程度和样本平均数的代表程度；而样本标准误是样本平均数的标准差，它是样本平均数抽样误差的估计，其大小表示了样本平均数精确性的高低。

二、t分布

(一)t分布的定义

根据样本平均数的抽样分布已知,若当$x \sim N(\mu, \sigma^2)$,则$\bar{x} \sim N\left(\mu, \dfrac{\sigma^2}{n}\right)$。将样本平均数$\bar{x}$标准化则统计量$z$服从标准正态分布$N(0,1)$。由于总体标准差一般是未知的,常用样本标准差$S$估计总体标准差$\sigma$,并代入式(4-18),则所得到的统计量不再等于$z$,而为$t$,即:

$$t = \frac{\bar{x} - \mu}{S_{\bar{x}}} = \frac{\bar{x} - \mu}{S / \sqrt{n}} \tag{4-20}$$

统计量t不再服从标准正态分布,而是服从自由度$df = n-1$的t分布(t-distribution)。

t分布的概率密度函数如下:

$$f(t) = \frac{1}{\sqrt{\pi df}} \frac{\Gamma\left[(df+1)/2\right]}{\Gamma(df/2)} \left(1 + \frac{t^2}{df}\right)^{-\frac{df+1}{2}} \tag{4-21}$$

(二)t分布的性质

t分布的概率密度曲线如图4-8所示。

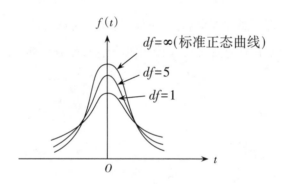

图4-8　t分布的概率密度曲线

(1)t分布受自由度的制约,每一个自由度都有一条t分布密度曲线。

(2)t值的取值范围为$(-\infty, +\infty)$,t分布密度曲线以纵轴为对称轴,左右对称,且在$t=0$时,分布密度函数取最大值。

(3)与标准正态分布曲线相比,t分布曲线顶部略低,两尾部稍高而平。df越小,这种趋势越明显。随着df的增大,t分布越趋近于标准正态分布。$n \to \infty$时,t分布与标准正态分布完全一致。

(三)t分布的概率计算

本书附表3汇总了t分布表,该表为不同自由度df下t分布的两尾概率p所对应的临界t值,即$P\left\{|t| > t_{\alpha(n-1)}\right\} = \alpha$。该表第一列为自由度$df$,表头为两尾概率值$p$,表中数字即为临界$t$值。已知自由度$df$和两尾概率$p$,通过附表3可查到其对应的临界$t$值。

例如,对于$df=15$,查附表3得两尾概率p为0.05的临界t值为$t_{0.05(15)} = 2.131$,表明:

$$P(-\infty < t < -2.131) + P(2.131 < t < +\infty) = 0.05$$

或者左尾概率$P(-\infty<t<-2.131)$等于右尾概率$P(2.131<t<+\infty)=0.025$。

再如,对于$df=10$,查附表3得两尾概率p为0.01的临界t值为$t_{0.01(10)}=3.169$,表明:

$$P(-\infty<t<-3.169)+P(3.169<t<+\infty)=0.01$$

或者左尾概率$P(-\infty<t<-3.169)$=右尾概率$P(3.169<t<+\infty)=0.005$。

在统计学中,t分布经常应用在对呈正态分布的总体的均值进行估计。它是对单个总体平均数或者两个总体平均数差异进行假设t检验的基础。t检验改进了z检验,不论样本数量大或小皆可应用。在样本数量大时,可以应用z检验,但z检验用在小的样本上会产生很大的误差,因此样本很小的情况下用t检验。

三、χ^2分布

(一)χ^2分布的定义

从平均数为μ、方差为σ^2的正态总体中独立地随机抽取一个样本$x_1,x_2,\cdots,x_n$,将样本中每一个变数进行标准化转换,得:

$$z_1=\frac{x_1-\mu}{\sigma},z_2=\frac{x_2-\mu}{\sigma},\cdots,z_n=\frac{x_n-\mu}{\sigma}$$

统计学把这n个标准正态离差的平方和称为χ^2,即:

$$\chi^2=z_1^2+z_2^2+\cdots+z_n^2=\sum_{i=1}^{n}z_i^2=\sum_{i=1}^{n}\left(\frac{x_i-\mu}{\sigma}\right)^2=\frac{1}{\sigma^2}\sum_{i=1}^{n}(x_i-\mu)^2 \qquad (4-22)$$

χ^2服从自由度为n的χ^2分布,记为$\chi^2=\frac{1}{\sigma^2}\sum_{i=1}^{n}(x_i-\mu)^2\sim\chi_{(n)}^2$。根据本书第三章中介绍的自由度的定义,自由度$df$表示统计量中独立变量的个数。由于$\chi^2=z_1^2+z_2^2+\cdots+z_n^2=\sum_{i=1}^{n}z_i^2$中无约束条件,所以$\chi^2$分布的自由度$df$为$n$。

χ^2分布是由正态总体随机抽样得来的一种连续型随机变量的概率分布,具有概率密度函数。$\chi_{(n)}^2$分布的概率密度函数为:

$$f(\chi^2)=\begin{cases}\dfrac{1}{2^{\frac{n}{2}}\Gamma\left(\dfrac{n}{2}\right)}(\chi^2)^{\frac{n}{2}-1}e^{-\frac{\chi^2}{2}} & \chi^2\geq0 \\ 0 & \chi^2<0\end{cases} \qquad (4-23)$$

若用样本平均数$\bar{x}$代替总体平均数μ,则式(4-22)可转化为:

$$\frac{1}{\sigma^2}\sum_{i=1}^{n}(x_i-\bar{x})^2=\frac{1}{\sigma^2}(n-1)S^2 \qquad (4-24)$$

由于计算样本方差S^2时受$\sum_{i=1}^{n}(x_i-\bar{x})=0$(离均差之和为0)这一条件约束,所以此时$\chi^2$分布服从自由度$df=n-1$的$\chi^2$分布,记为$\frac{1}{\sigma^2}(n-1)S^2\sim\chi_{(n-1)}^2$。

(二)χ^2分布的特性

图4-9给出了几个自由度的χ^2分布密度曲线,可见χ^2分布具有如下特点。

(1)χ^2分布密度曲线是随自由度不同而改变的一组曲线。

(2)χ^2无负值,其取值范围为$[0,+\infty)$之间,且呈偏态分布。其偏斜度随自由度的减少而加剧,当$df=1$时,χ^2分布曲线以纵轴呈渐近线。

(3)自由度逐渐加大,曲线渐趋对称,当$df>30$时,χ^2分布趋近于正态分布。

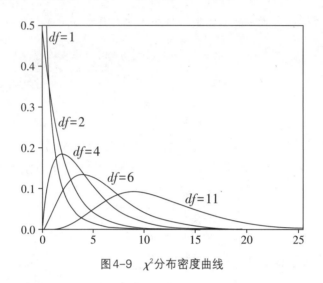

图4-9　χ^2分布密度曲线

(三)χ^2分布的概率计算

本书附表4给出了χ^2分布表,该表为不同自由度df下χ^2分布的右尾概率p所对应的临界χ^2值,即$P\left\{\chi^2\geqslant\chi^2_{\alpha(n-1)}\right\}=\alpha$。该表第一列为自由度$df$,表头为右尾概率值$p$,表中数字即为临界$\chi^2$值。已知自由度$df$和右尾概率$p$,通过附表4可查到其对应的临界$\chi^2$值。

例如,对于$df=5$,查附表4得右尾概率p为0.05的临界χ^2值为$\chi^2_{0.05(5)}=11.07$,表明:

$$P(\chi^2\geqslant11.07)=0.05$$

再如,对于$df=3$,查附表4得右尾概率p为0.01的临界χ^2值为$\chi^2_{0.01(3)}=11.34$,表明:

$$P(\chi^2\geqslant11.34)=0.01$$

四、F分布

(一)F分布的定义

设总体x_1服从正态分布$N(\mu_1,\sigma_1^2)$,总体x_2服从正态分布$N(\mu_2,\sigma_2^2)$,且x_1与x_2相互独立,则随机变量

$$F=\frac{\sum\limits_{i=1}^{n_1}\left(x_i-\mu_1\right)^2\Big/\sigma_1^2 n_1}{\sum\limits_{j=1}^{n_2}\left(x_j-\mu_2\right)^2\Big/\sigma_2^2 n_2}=\frac{\chi_1^2/n_1}{\chi_2^2/n_2} \tag{4-25}$$

服从自由度为(n_1, n_2)的F分布,记为$F \sim F(n_1, n_2)$。其中,n_1、n_2分别称为F分布的分子自由度和分母自由度。

F分布的概率密度函数为:

$$f(F) = \begin{cases} \dfrac{\Gamma(\frac{n_1+n_2}{2})(\frac{n_1}{n_2})^{\frac{n_1}{2}}}{\Gamma(\frac{n_1}{2})\Gamma(\frac{n_2}{2})} F^{(\frac{n_1}{2}-1)}(1+\frac{n_1}{n_2}F)^{-\frac{n_1+n_2}{2}}, & F > 0 \\ 0, & F \leq 0 \end{cases} \tag{4-26}$$

在实际应用中,需要考虑分别来自正态总体的两个样本方差比的分布,因此,设一正态总体$x_1 \sim N(\mu_1, \sigma_1^2)$,另一个正态总体$x_2 \sim N(\mu_2, \sigma_2^2)$,且分别从两总体中随机抽取两个样本,$S_1^2$和$S_2^2$分别是两个样本的方差,则随机变量

$$F = \frac{S_1^2/\sigma_1^2}{S_2^2/\sigma_2^2} \tag{4-27}$$

服从自由度为(n_1-1, n_2-1)的F分布。

假设$\sigma_1 = \sigma_2 = \sigma$,则上式(4-27)简化为:

$$F = \frac{S_1^2}{S_2^2} \sim F(n_1-1, n_2-1) \tag{4-28}$$

(二)F分布的特性

如图4-10,F分布是非对称分布(右偏态),其取值范围为$(0, +\infty)$,概率分布密度曲线受两个自由度df_1和df_2的影响,随两个自由度df_1、df_2的取值不同而对应不同的曲线,且形态随着df_1、df_2的增大逐渐趋于对称。

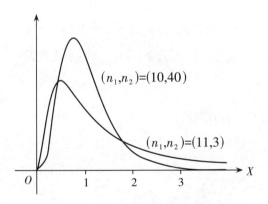

$(n_1, n_2) = (10, 40)$

$(n_1, n_2) = (11, 3)$

图4-10 F分布的概率密度曲线

(三)F分布的概率计算

本书附表5给出了F分布表,附表5列出不同自由度df_1和df_2下右尾概率p分别为0.10、0.05、0.025、0.01所对应的临界F值,即$P\{F \geq F_{(df_1, df_2)}\} = \alpha$。该表第一行为分子自由度$df_1$,第一列为分母自由度$df_2$,表中数字即为临界$F$值。已知自由度$df_1$、$df_2$和右尾概率$p$,通过附表5可查到其对应的临界$F$值。

例如,对于右尾概率 p 为 0.05,已知 $df_1=2$ 和 $df_2=12$,查附表 5 得临界 F 值为 $F_{0.05(2,12)}=3.89$,表明:

$$P(F \geqslant 3.89)=0.05$$

再如,对于右尾概率 p 为 0.025,已知 $df_1=9$ 和 $df_2=9$,查附表 5 得临界 F 值为 $F_{0.025(9,9)}=4.03$,表明:

$$P(F \geqslant 4.03)=0.025$$

五、样本平均数差数的分布

从平均数为 μ_1、方差为 σ_1^2 的总体中随机抽取一个样本,表示为 $x_{11}, x_{12}, \cdots, x_{1n_1}$,样本含量为 n_1;从平均数为 μ_2、方差为 σ_2^2 的总体中随机抽取另一个样本,表示为 $x_{21}, x_{22}, \cdots, x_{2n_2}$,样本含量为 n_2。假设所有的抽样都是相互独立的,由此得到的样本 $x_{1i}(i=1, 2, \cdots, n_1)$ 与 $x_{2j}(j=1, 2, \cdots, n_2)$ 都是相互独立的随机变量。把取自两个总体的样本平均数分别记作:

$$\bar{x}_1=\frac{1}{n_1}\sum_{i=1}^{n_1}x_{1i}, \bar{x}_2=\frac{1}{n_2}\sum_{j=1}^{n_2}x_{2j}$$

样本方差分别记作:

$$S_1^2=\frac{1}{n_1-1}\sum_{i=1}^{n_1}\left(x_{1i}-\bar{x}_1\right)^2, S_2^2=\frac{1}{n_2-1}\sum_{j=1}^{n_2}\left(x_{2j}-\bar{x}_2\right)^2$$

用 $\mu_{\bar{x}_1-\bar{x}_2}$ 表示两样本平均数差数的总体平均数,$\sigma_{\bar{x}_1-\bar{x}_2}^2$ 表示两样本平均数差数的总体方差。由于两个样本相互独立,则无论两个总体的分布形式如何,都有:

$$\mu_{\bar{x}_1-\bar{x}_2}=\mu_1-\mu_2 \tag{4-29}$$

$$\sigma_{\bar{x}_1-\bar{x}_2}^2=\frac{\sigma_1^2}{n_1}+\frac{\sigma_2^2}{n_2} \tag{4-30}$$

下面分两种情况讨论两样本平均数差数 $\bar{x}_1-\bar{x}_2$ 的概率分布形式。

设 x_1 服从正态分布 $N(\mu_1, \sigma_1^2)$,x_2 服从正态分布 $N(\mu_2, \sigma_2^2)$,则统计量:

$$\bar{x}_1-\bar{x}_2 \sim N\left(\mu_1-\mu_2, \sigma_{\bar{x}_1-\bar{x}_2}^2\right) \tag{4-31}$$

同理,将随机变量 $\bar{x}_1-\bar{x}_2$ 进行标准化转化:

$$z=\frac{(\bar{x}_1-\bar{x}_2)-(\mu_1-\mu_2)}{\sqrt{\dfrac{\sigma_1^2}{n_1}+\dfrac{\sigma_2^2}{n_2}}} \tag{4-32}$$

则 z 服从标准正态分布 $N(0,1)$,即:

$$z=\frac{(\bar{x}_1-\bar{x}_2)-(\mu_1-\mu_2)}{\sqrt{\dfrac{\sigma_1^2}{n_1}+\dfrac{\sigma_2^2}{n_2}}} \sim N(0,1) \tag{4-33}$$

当 $\sigma_1=\sigma_2=\sigma$ 时,则:

$$z=\frac{(\bar{x}_1-\bar{x}_2)-(\mu_1-\mu_2)}{\sigma\sqrt{\dfrac{1}{n_1}+\dfrac{1}{n_2}}}\sim N(0,1) \tag{4-34}$$

若两个总体的分布未知,但$n_1\geqslant30,n_2\geqslant30$,根据中心极限定理,$\bar{x}_1$和$\bar{x}_2$都近似服从正态分布,因此$\bar{x}_1-\bar{x}_2$也近似服从正态分布,即$\bar{x}_1-\bar{x}_2\sim N(\mu_1-\mu_2,\sigma^2_{\bar{x}_1-\bar{x}_2})$,同理将随机变量$\bar{x}_1-\bar{x}_2$进行标准化转化后$z$也服从标准正态分布$N(0,1)$。

实际情况下,σ^2_1和σ^2_2常常未知,此时用两个样本的方差S^2_1和S^2_2进行估计,则统计量$\bar{x}_1-\bar{x}_2$服从t分布,即:

$$t=\frac{(\bar{x}_1-\bar{x}_2)-(\mu_1-\mu_2)}{S_{\bar{x}_1-\bar{x}_2}}\sim t(n_1+n_2-2) \tag{4-35}$$

其中$S_{\bar{x}_1-\bar{x}_2}$称为均数差数标准误,计算公式为:

$$S_{\bar{x}_1-\bar{x}_2}=\sqrt{\frac{(n_1-1)S^2_1+(n_2-1)S^2_2}{(n_1-1)+(n_2-1)}\times\left(\frac{1}{n_1}+\frac{1}{n_2}\right)} \tag{4-36}$$

当$n_1=n_2=n$时,式(4-36)可简化为:

$$S_{\bar{x}_1-\bar{x}_2}=\sqrt{\frac{S^2_1+S^2_2}{n}} \tag{4-37}$$

🔖 拓展阅读

　　扫码进行本章内容相关的PPT课件、知识图谱、章节测验、相关拓展资料等数字资源的获取和学习。

📖 思考与练习题

(1)什么是统计的规律性?

(2)什么是随机试验?它具有哪些特性?

(3)什么是随机事件?随机事件与随机试验有什么联系?

(4)什么是概率的统计定义?随机事件的概率有哪些性质?

(5)什么是小概率事件实际不可能性原理?

(6)举例说明什么是离散型随机变量,什么是连续型随机变量?这两种变量的概率分布有什么特性?

(7)概率分布的含义是什么?

(8)正态分布曲线有什么特性?正态分布与标准正态分布有什么异同点?正态分布向标准正态分布转化有什么意义?

(9)请推导二项分布、泊松分布和正态分布之间的关系。

(10)一头母猪一胎产仔10头,设任何一头仔猪为公猪的概率为0.5,那么其中有3头公猪7头母猪的概率是多少?

(11)现假设某种传染病的自然痊愈率为10%,目前有16人感染了该疾病,请计算下列各题。

①16人中可期望有几人会自然痊愈?

②5人或者5人以下自然痊愈的概率是多少?

③至少有5人自然痊愈的概率是多少?

④正好有5人自然痊愈的概率是多少?

(12)某种猪疾病的死亡率是0.005,在某地区发现了360头患有该病的猪,请计算下列各题。

①恰有5头猪病死的概率是多少?

②有3头或者3头以上猪病死的概率是多少?

(13)已知随机变量$z \sim N(0,1)$,请计算随机变量z在下列区间取值的概率:

①$P(-1.61 \leqslant z \leqslant 0.42)$;

②$P(|z| \geqslant 1.05)$;

③$P(z \leqslant 1.17)$;

④$P(z \geqslant 0.58)$。

(14)已知随机变量$z \sim N(0,1)$,请计算:

①当两尾概率为0.25时的临界值;

②当左尾概率为0.20时的临界值;

③当右尾概率为0.15时的临界值。

(15)某奶牛群体有2 000头成年母牛,其年产奶量(kg)的分布近似服从正态分布$x \sim N(8\,000, 1\,000^2)$,请计算下列各题。

①大约有多少头牛的年产奶量在10 000 kg以上?

②大约有多少头牛的年产奶量在7 000~9 000 kg之间?

③大约有多少头牛的年产奶量在6 500 kg以下?

(16)什么是样本平均数的抽样总体? 其总体平均数、总体标准差与原总体的总体平均数、总体标准差之间有什么关系?

(17)什么是样本标准误? 样本标准误与样本标准差之间有什么联系与区别?

(18)t分布、χ^2分布、F分布的概率密度曲线各有什么特点?

第五章

假设检验

本章导读

描述性统计是利用概括性特征数对资料进行梳理,也可以对数据进行频数分析,用图表来展示,它可以让我们了解资料的基本情况。在科学研究中,我们往往需要了解的总体很大,有时甚至是无限的,但是由于各种原因,在客观上只能观察部分个体,根据部分的结果来推断总体。这就是接下来我们要学习的内容。

学习目标

理解假设检验的概念,掌握假设检验的方法、步骤和原理,掌握单个总体平均数的假设检验、两个总体平均数的假设检验、两个总体方差齐性检验的统计分析方法,能够根据统计结果作出合理的判断和推测;让学生领会假设检验的基本思想,养成辩证逻辑思维的习惯,学会全面地、辩证地认识事物。

假设检验概述

总体方差已知时单个正态
总体平均数的z检验

单个总体平均数的
假设检验

总体方差未知时单个正态
总体平均数的t检验

单个非正态总体平均数的
z检验

假设检验

两总体方差已知的
假设检验

非配对设计的假设检验

两总体方差未知的
假设检验

两个总体平均数的
假设检验

配对设计的假设检验

两个总体方差的齐
性检验

统计推断是通过分析误差产生的原因、确定差异的性质、排除误差干扰,从而对总体的特征做出正确的判断,主要包括假设检验和参数估计两个方面。假设检验也称为显著性检验,是统计推断的一类重要方法。本章主要介绍假设检验的基本原理和方法、单个正态或非正态总体平均数的z检验、单个正态总体平均数的t检验、两独立样本均值差异的假设检验、两配对样本均值差异的假设检验和两个总体方差的齐性检验。

第一节 | 假设检验的概述

统计推断(statistical inference)是根据抽样分布理论和概率理论,由样本结果(统计量)来推断总体特征(参数)。统计推断包括假设检验(hypothesis testing)和参数估计(parameter estimation)。假设检验,亦称为显著性检验(significant testing),是统计学的核心内容,就是运用抽样分布等概率原理,利用样本资料推断样本所在总体(即处理)的参数有无差异,并对推断的可靠程度做出度量的过程。假设检验又分为参数检验(parameter testing)和非参数检验(non-parameter testing)。一类是已知总体的分布类型,对其未知的总体参数进行假设检验,称为参数检验;另一类是对分布类型未知的总体进行假设检验,称为非参数检验。此外,根据数据资料的类型和模式的不同,假设检验的方法也不同,常用的方法有t检验、z检验、方差分析和χ^2检验,其中,t检验、z检验、方差分析属于参数检验,χ^2检验属于非参数检验。虽然这些方法的应用条件有所不同,但是检验的基本原理和步骤相同。本章将结合实际例子,详细介绍假设检验的基本概述和t检验。

一、假设检验的意义

假设检验的实质就是判断试验或观察到样本"差异"是由抽样误差引起的,还是总体不同所造成的,目的是比较总体参数之间有无差别。下面通过一个实例介绍其内涵。

【例5.1】某养殖场欲比较甲、乙两种饲料的饲喂效果,用甲、乙两种饲料饲喂肉鸡各10只,试验动物初始条件一致,且饲养管理条件完全一致,在2月龄时测肉鸡体重(单位:kg),试验结果如表5-1所示。根据试验数据,试比较两种饲料的饲喂效果有无真正差异。

表 5-1　两种饲料饲喂肉鸡后 2 月龄体重　　　　　　　　　　　　　　　单位:kg

处理	体重									
甲饲料	1.6	1.8	1.5	1.5	1.5	1.5	1.7	1.6	1.5	1.5
乙饲料	1.3	1.4	1.2	1.3	1.4	1.2	1.4	1.4	1.4	1.3

在这个例子中,甲饲料饲喂肉鸡的样本平均体重 $\bar{x}_1 = 1.57$ kg,设甲饲料饲喂肉鸡的总体平均体重为 μ_1;乙饲料饲喂肉鸡的样本平均体重 $\bar{x}_2 = 1.33$ kg,设乙饲料饲喂肉鸡的总体平均体重为 μ_2。试验研究的目的在于对总体平均数 μ_1 和 μ_2 是否相同做出推断。但由于两个总体平均数 μ_1 和 μ_2 未知,只能用样本平均数 $\bar{x}_1$ 和 $\bar{x}_2$ 进行计算,从而推断这两个样本所属总体平均数 μ_1 和 μ_2 是否相同。

通过试验数据已知甲、乙两种饲料的样本平均体重相差 0.24 kg($\bar{x}_1 - \bar{x}_2 = 0.24$),那么我们是否可以仅凭样本平均数的差值 0.24 kg 就对这两个样本所在的总体下结论"两种饲料的饲喂效果存在差异",即 $\mu_1 \neq \mu_2$ 呢?统计学认为,这样得出的结论是不可靠的。因为如果再重新做一次试验,两个样本平均数的差值可能不是 0.24 kg,而是别的数值,甚至可能出现相反的结果。

试验研究以及统计分析的目的不在于了解样本的结果,而在于通过样本推断总体,针对总体做出全面的结论。因此,需要研究本例中 0.24 kg 的差值,究竟是由于甲、乙两组来自两个不同的总体,还是由于抽样时随机误差所致?这就是假设检验所要解决的问题。

一次试验得到观测值 x_i 由所属总体的特征决定,同时也受到无法控制的随机因素的影响,因此设有一个样本 $x_1, x_2, \cdots, x_n$ 是某一试验处理的 n 次重复观察值,假定该试验处理的理论值为 μ,第 i 次重复的观察值中所包含的试验误差为 ε_i,则第 i 次重复的观察值 x_i 可表示为:

$$x_i = \mu + \varepsilon_i \ (i = 1, 2, \cdots, n)$$

该样本的平均数为:

$$\bar{x} = \frac{1}{n} \sum_{i=1}^{n} x_i = \frac{1}{n} \sum_{i=1}^{n} (\mu + \varepsilon_i) = \mu + \frac{1}{n} \sum_{i=1}^{n} \varepsilon_i = \mu + \bar{\varepsilon}$$

上式表明,样本平均数 $\bar{x}$ 并不等于总体平均数 μ,还包含试验误差 $\bar{\varepsilon}$。

对于两个样本而言,因为 $\bar{x}_1 = \mu_1 + \bar{\varepsilon}_1$,$\bar{x}_2 = \mu_2 + \bar{\varepsilon}_2$,所以两个样本平均数的差值 $\bar{x}_1 - \bar{x}_2$ 为:

$$\bar{x}_1 - \bar{x}_2 = (\mu_1 + \bar{\varepsilon}_1) - (\mu_2 + \bar{\varepsilon}_2) = (\mu_1 - \mu_2) + (\bar{\varepsilon}_1 - \bar{\varepsilon}_2)$$

上式表明,两个样本平均数的差数 $\bar{x}_1 - \bar{x}_2$ 包含了两部分:一部分是两个总体平均数的差数 $\mu_1 - \mu_2$,称为试验的处理效应或者真实差异;另一部分是试验误差 $\bar{\varepsilon}_1 - \bar{\varepsilon}_2$。可见,两个样本平均数的差数 $\bar{x}_1 - \bar{x}_2$ 同样也受到试验误差的干扰,把 $\bar{x}_1 - \bar{x}_2$ 称为试验的表面效应或表面差异。统计的目的是判断 μ_1 与 μ_2 是否相同,即对试验的真实差异 $\mu_1 - \mu_2$ 是否存在作出推断。然而,μ_1 和 μ_2 常常不知道,但试验的表面差异 $\bar{x}_1 - \bar{x}_2$ 已知,且试验误差 $\bar{\varepsilon}_1 - \bar{\varepsilon}_2$ 可以借助数理统计进行估计,因此可以通过比较试验的表面差异与试验误差,来推断试验的真实差异,这就是假设检验的基本思想。总之,假设检验的目的是判断试验的表面差异 $(\bar{x}_1 - \bar{x}_2)$ 除包含试验误差 $(\bar{\varepsilon}_1 - \bar{\varepsilon}_2)$ 以外,是否还包含试验的真实差异 $(\mu_1 - \mu_2)$,从而判断总体平均数 μ_1 和 μ_2 是否相同。

二、假设检验的基本原理

下面结合一个简单的例子来介绍假设检验的基本原理。

【例5.2】某地方品种猪2月龄断奶重为8.9 kg，为了提高仔猪断奶重，引进长白猪进行杂交改良，在其杂交后代中随机抽取100头断奶猪进行体重测定，测得平均体重$\bar{x}=11.24$ kg，标准差$S=1.5$ kg，杂交前后2月龄仔猪断奶重有无差异？

根据题意，已知历年来地方品种猪2月龄断奶重为8.9 kg，即杂交前2月龄断奶重的总体平均数为8.9 kg，记为$\mu_0=8.9$。杂交后2月龄断奶重的总体平均数未知，记为μ。此外，我们已知杂交后的一个样本的平均断奶重$\bar{x}=11.24$ kg。可见，杂交前后2月龄仔猪断奶重的表面差异为$\bar{x}-\mu_0=11.24-8.9=2.34$ kg，假设检验的目的在于推断这一表面差异究竟是抽样误差，还是真实差异$\mu\neq\mu_0$，即杂交前后2月龄仔猪断奶重存在真实差异。

如何进行假设检验呢？首先，对试验样本所在的总体做一个假设，假设杂交对断奶重没有影响，即$\bar{x}$与μ_0的差异属于抽样误差。如果该假设成立，则表明杂交前后2月龄仔猪断奶重没有差异，即$\mu=\mu_0$，这也表示试验样本同样来自杂交前的总体。于是，根据中心极限定理，则$\bar{x}\sim N(\mu,\sigma^2/n)$。结合正态分布曲线特性可知，$\bar{x}$落在下面区间$(\mu-1.96S_{\bar{x}},\mu+1.96S_{\bar{x}})$内的概率为95%，相反，落在上述区间外的概率为5%。已知，$S_{\bar{x}}=S/\sqrt{n}=1.5/\sqrt{100}=0.15$，则$\bar{x}$落在区间(8.606, 9.194)内的概率为95%，相反，落在上述区间外的概率为5%。现在$\bar{x}=11.24$ kg，并没有落在该区间内，而是落在这个区间外。而落在这个区间外的概率只有5%，这是个小概率事件。根据小概率事件实际不可能性原理，在一次试验中小概率事件通常是不会发生的，现在竟然出现了，于是，不能相信首先提出的杂交对断奶重没有影响这个假设，因而应该推翻这个假设，即应认定$\bar{x}$与μ_0的差异并非抽样误差所致，而是由于杂交优势的影响。这时，我们推断杂交对仔猪断奶重的改进是显著的，即$\mu\neq\mu_0$。

假设检验的基本思路是根据总体的理论分布和小概率事件实际不可能性原理，对所研究的总体(一个或多个)提出某个假设，通过样本对假设进行检验，最后做出接受或拒绝该假设的决定。如果抽样结果使小概率发生，则拒绝假设；如抽样结果没有使小概率发生，则接受假设。通过假设检验，可以正确分析处理效应和随机误差，得出可靠的结论。

三、假设检验的步骤

(一)提出假设

假设检验首先要对样本所属总体参数提出两个彼此对立的假设，一个是无效假设或零假设(null hypothesis)，用H_0表示，其意味着所比较的两个总体平均数没有差异，即试验真实差异为0。在【例5.1】中，无效假设为$H_0:\mu_1=\mu_2$或$\mu_1-\mu_2=0$，即假设甲饲料饲喂肉鸡的总体平均体重μ_1与乙饲料饲喂肉鸡的总体平均体重μ_2相等，表明试验的真实差异$\mu_1-\mu_2=0$，试验的表面差异$(\bar{x}_1-\bar{x}_2)$只包含试验误差$(\bar{\varepsilon}_1-\bar{\varepsilon}_2)$。无效假设$H_0$是待检验的假设，该假设有可能被接受，也有可能被否定。因此，在提出无效假设H_0的同时，相应地还应提出一对应假设,称为备择假设(alternative hypothesis),用 H_A 表示。备择假设 H_A 是无效假设 H_0 被否定时,准备接受的假设。在【例5.1】中,备择假设为 $H_A:\mu_1\neq\mu_2$ 或 $\mu_1-\mu_2\neq0$,即甲饲料饲喂肉鸡的总体平均体重 μ_1 与乙饲料饲喂肉鸡的总体平均体重 μ_2 不相等,表明试验存在真实差异,意味着试验的表面差异 $(\bar{x}_1-\bar{x}_2)$ 除包含试验误差 $(\bar{\varepsilon}_1-\bar{\varepsilon}_2)$ 外,还包含试验的真实差异。

(二)确定显著水平

假设检验的基本原理是小概率事件实际不可能性原理,因此在提出无效假设 H_0 和备择假设 H_A 后,要确定一个否定无效假设 H_0 的概率,这个概率称为显著水平(significance level),记作 α。生物学试验研究进行假设检验常用 $\alpha=0.05$ 和 $\alpha=0.01$,其中 $\alpha=0.05$ 称为5%显著水平或显著水平,$\alpha=0.01$ 称为1%显著水平或极显著水平。$\alpha=0.05$ 或 $\alpha=0.01$ 表明,当作出接受无效假设 H_0 的决定时,其正确的可能性(概率)为95%或99%。除了 $\alpha=0.05$ 和 $\alpha=0.01$ 两个常用的显著水平,也可以根据试验的要求或试验结论的重要性选择合适的显著水平,例如选用 $\alpha=0.10$ 或 $\alpha=0.001$。当试验中难以控制的因素较多,试验误差较大,显著水平可适当调低,即调大 α 的取值;当试验耗费较大、对精确度要求较高或试验结论非常重要时,显著水平应适当调高,即调小 α 的取值。显著水平影响假设检验的结论,因此在假设检验前需要提前确定。【例5.1】对精确度要求较高,因此可确定显著水平 $\alpha=0.01$。

(三)计算概率

在无效假设 $H_0:\mu_1=\mu_2$ 或 $\mu_1-\mu_2=0$ 正确的前提下,确定检验的统计量及其抽样分布,计算无效假设正确的概率。

对于【例5.1】,在 $H_0:\mu_1=\mu_2$ 或 $\mu_1-\mu_2=0$ 正确的前提下,根据上一章介绍的样本平均数差数的分布,将 $\bar{x}_1=1.57$、$\bar{x}_2=1.33$ 和 $S_1^2=0.011$、$S_2^2=0.007$ 代入式(4-35)和式(4-37),可以计算统计量 t,结果为:

$$S_{\bar{x}_1-\bar{x}_2}=\sqrt{\frac{S_1^2+S_2^2}{n}}=\sqrt{\frac{0.011+0.007}{10}}=0.042$$

$$t=\frac{(\bar{x}_1-\bar{x}_2)-(\mu_1-\mu_2)}{S_{\bar{x}_1-\bar{x}_2}}=\frac{1.57-1.33}{0.042}=5.71$$

在该例子中,$df=(n_1-1)+(n_2-1)=(10-1)+(10-1)=18$,查附表3($t$ 值表),两尾概率为0.01的临界 t 值 $t_{0.01(18)}=2.878$。由于计算的统计量 $t=5.71$,大于临界 t 值 $t_{0.01(18)}$,所以 $|t|\geq5.71$ 的概率 p 小于0.01,即 $P(|t|\geq5.71)<0.01$,说明无效假设正确的概率 p(即试验的表面差异只包含试验误差的概率 p)小于0.01。

(四)推断是否接受假设

在此基础上,可以根据小概率事件实际不可能性原理,对是否接受无效假设 H_0 进行统计推断。若无效假设 H_0 正确的概率为 $p>0.05$,根据小概率原理,可认为试验的表面差异只包含试验误差的可能性大,不能否定无效假设 $H_0:\mu_1=\mu_2$ 或 $\mu_1-\mu_2=0$,统计推断的结论为两个总体平均数 μ_1 和 μ_2 差异不显著,表明两个总体平均数 μ_1 和 μ_2 相同。

相反,若无效假设 H_0 正确的概率为 $0.01<p\leq0.05$,根据小概率原理,可认为试验的表面差异只包含试验误差的概率 p 介于0.05和0.01之间,则认为在这次试验中,试验的表面差异只包含试验误差的可能性

小,因此否定无效假设 $H_0: \mu_1 = \mu_2$ 或 $\mu_1 - \mu_2 = 0$,接受备择假设 $H_A: \mu_1 \neq \mu_2$ 或 $\mu_1 - \mu_2 \neq 0$,统计推断的结论为两个总体平均数 μ_1 和 μ_2 差异显著,表明两个总体平均数 μ_1 和 μ_2 不相同,且统计推断的可靠程度不低于95%。

若无效假设 H_0 正确的概率为 $p \leqslant 0.01$,同理,可以认为试验的表面差异只包含试验误差的概率 p 不超过0.01,则认为在这次试验中试验的表面差异只包含试验误差的概率更小,因此也否定无效假设 H_0: $\mu_1 = \mu_2$ 或 $\mu_1 - \mu_2 = 0$,接受备择假设 $H_A: \mu_1 \neq \mu_2$ 或 $\mu_1 - \mu_2 \neq 0$,统计推断的结论为两个总体平均数 μ_1 和 μ_2 差异极显著,表明总体平均数 μ_1 和 μ_2 具有极显著差异,且推断的可靠程度不低于99%。

对于【例5.1】,由于甲、乙两种饲料饲喂肉鸡试验的表面差异只包含试验误差的概率 p 小于0.01,因此否定无效假设 $H_0: \mu_1 = \mu_2$ 或 $\mu_1 - \mu_2 = 0$,接受备择假设 $H_A: \mu_1 \neq \mu_2$ 或 $\mu_1 - \mu_2 \neq 0$,表明甲饲料饲喂肉鸡体重总体平均数 μ_1 和乙饲料饲喂肉鸡体重总体平均数 μ_2 不相同,两种饲料的饲喂效果存在真实差异。

综上所述,假设检验的步骤可概括为:对样品所属总体提出无效假设 H_0 和备择假设 H_A;确定检验的显著水平 α;在无效假设 H_0 正确的前提下,构造合适的统计量,并根据统计量的抽样分布,计算无效假设 H_0 正确的概率;根据小概率事件实际不可能性原理,对无效假设 H_0 做出是否被否定的推断。特别需要注意,假设检验只能判断无效假设能否被否定,不能证明无效假设是正确的。因此,假设检验实质上是通过概率性质的反证法,对总体参数提出的无效假设做出统计推断。

四、假设检验的两类错误

在假设检验时,无效假设 H_0 的接受或否定,不可能绝对正确,可能会出现一些错误的推断。因为假设检验的推断依据是小概率事件实际不可能性原理,小概率事件并不是不可能事件,毕竟还有出现的可能性。因此假设检验有可能犯两类错误(表5-2):若无效假设 H_0 是正确的,但假设检验的结果却否定了它,就犯了一个否定正确假设的错误,这类错误称为 I 型错误(type I error),又称为弃真错误或 α 错误。反之,如果无效假设 H_0 是错误的,但假设检验的结果却接受了它,即犯了一个接受不正确假设的错误,这类错误称为 II 型错误(type II error),又称为纳伪错误或 β 错误。

表5-2 假设检验的两类错误

真实情况	检验结果	
	否定无效假设 H_0	未否定无效假设 H_0
无效假设 H_0 正确	I 型错误(α)	推断正确($1-\alpha$)
无效假设 H_0 不正确	推断正确($1-\beta$)	II 型错误(β)

犯 I 型错误的概率不超过显著水平 α。若显著水平 $\alpha = 0.05$,则犯 I 型错误的概率不超过5%;若显著水平 $\alpha = 0.01$,则犯 I 型错误的概率不超过1%。犯 II 型错误的概率常用 β 表示,这里对 β 不作详细讨论。 I 型错误和 II 型错误既有区别又有联系。区别在于, I 型错误只有在否定无效假设 H_0 时才会发生, II 型错误只有在接受无效假设 H_0 时才会发生,二者不会同时发生。当样本含量确定时,若 α 减少,则 β 增大;反之,β 减少,α 就增大。为了降低犯两类错误的概率,在选择合适的显著水平 α 的同时,应增大试验

的样本含量和减少试验误差。

考虑统计推断时可能犯两类错误,因此通过假设检验下结论时不要绝对化。若假设检验的结论是"差异显著"或"差异极显著",至少有95%或99%的可靠程度认为μ_1和μ_2不相同;若假设检验的结论是"差异不显著",只能认为在本次试验条件下,无效假设$H_0:\mu_1=\mu_2$没有被否定,此时存在两种可能,一是无真实差异;二是有真实差异,但是由于试验误差很大,差异被试验误差所掩盖,若减小试验误差或增大样本含量,则能表现出差异的显著性。

五、一尾检验与两尾检验

对于【例5.1】,进行了两个样本平均数的假设检验,无效假设为$H_0:\mu_1=\mu_2$或$\mu_1-\mu_2=0$,备择假设为$H_A:\mu_1\neq\mu_2$或$\mu_1-\mu_2\neq0$。在该情况下,备择假设H_A同时包含$\mu_1>\mu_2$或$\mu_1<\mu_2$两种情况。假设检验旨在评价μ_1和μ_2是否相同,而不考虑两者的大小,因此,在检验过程中,在显著水平α通过计算统计量t进行推断,其否定区为$(-\infty, -t_\alpha)$和$[t_\alpha, +\infty)$,$-t_\alpha$和t_α处于t分布的对称位置,分别位于横坐标轴的左、右两侧尾部,左、右两侧尾部的概率为$\frac{\alpha}{2}$,即$P(-\infty, -t_\alpha]=P[t_\alpha, +\infty)=\frac{\alpha}{2}$,如图5-1所示。上述假设检验,包含两个否定区,分别位于t分布的两尾,利用两侧尾部概率进行的假设检验称为两尾检验(two-tailed test)或双侧检验(two-sided test)。在这种情况下,否定$H_0:\mu_1=\mu_2$或$\mu_1-\mu_2=0$时,统计量t有可能落入左尾否定区,也有可能落入右尾否定区。例如【例5.1】,检验甲、乙两种饲料饲喂肉鸡体重是否有差别,其中包含甲饲料饲喂肉鸡体重高于乙饲料,也包含乙饲料饲喂肉鸡体重高于甲饲料,两种可能性都存在,相应的假设检验就应该用两尾检验。在生物学研究中,两尾检验的应用非常广泛。

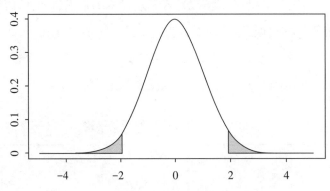

图5-1　两尾t检验的否定区域(阴影)

在某些情况下,双尾检验不一定符合实际。在进行平均数的假设检验时,有时假设检验的目的与两尾检验的目的不同,例如,开展某添加剂和标准饲料对乌骨鸡开产日龄影响的试验,以研究某种添加剂是否可以缩短乌骨鸡的开产日龄。设饲喂某添加剂饲料的乌骨鸡开产日龄为μ_1,饲喂标准饲料的乌骨鸡开产日龄为μ_2,无效假设$H_0:\mu_1=\mu_2$,备择假设$H_A:\mu_1<\mu_2$。H_0的否定区在对称轴的左侧,在显著水平α条件下,H_0的否定区为$(-\infty, -t_\alpha]$,左侧尾部的概率为α,即$P(-\infty, -t_\alpha]=\alpha$,如图5-2所示。

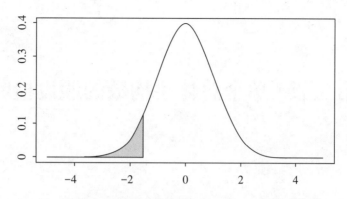

图5-2 无效假设 $H_0:\mu_1=\mu_2$，备择假设 $H_A:\mu_1<\mu_2$ 的否定区域（阴影）

同理，如果无效假设 $H_0:\mu_1=\mu_2$，备择假设 $H_A:\mu_1>\mu_2$，H_0 的否定区在对称轴的右侧，在显著水平 α 条件下，H_0 的否定区为 $[t_\alpha, +\infty)$，右侧尾部的概率为 α，即 $P[t_\alpha, +\infty)=\alpha$，如图5-3所示。

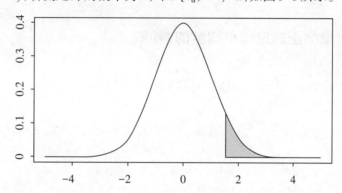

图5-3 无效假设 $H_0:\mu_1=\mu_2$，备择假设 $H_A:\mu_1>\mu_2$ 的否定区域（阴影）

上述两种利用一侧尾部概率进行假设检验统称为一尾检验（one-tailed test）或单侧检验（one-sided test）。此时 t_α 为一尾 t 检验的临界 t 值，一尾 t 检验 $t_\alpha=$ 两尾 t 检验 $t_{2\alpha}$。例如，一尾 t 检验 $t_{0.01}=$ 两尾 t 检验 $t_{0.02}$，一尾 t 检验 $t_{0.05}=$ 两尾 t 检验 $t_{0.10}$。对两个样本平均数进行两尾检验与一尾检验所得的结论不一定相同，两尾 t 检验显著，一尾 t 检验一定显著；一尾 t 检验显著，两尾 t 检验不一定显著。相比两尾检验，一尾检验可以提高假设检验的灵敏度。需要注意的是，一尾检验比两尾检验更容易否定 H_0，因此，在采用单尾检验时，应有足够的依据。

在实际的假设检验应用中，应根据专业知识和问题的要求，选择究竟做两尾检验，还是做一尾检验。如果事先不知道所比较的两个处理总体平均数 μ_1 和 μ_2 的大小，检验的目的在于推断两个处理总体平均数是否相同，采用两尾 t 检验。如果根据理论知识或实践经验，检验的目的在于推断第一个处理的总体平均数 μ_1 是否比第二个处理的总体平均数 μ_2 大（或小），则选用一尾检验。

第二节 | 单个总体平均数的假设检验

单个总体平均数假设检验的目的在于检验一个样本平均数 $\bar{x}$ 所属的总体平均数 μ 与一个已知总体平均数 μ_0 之间是否存在真实差异。包括方差已知时单个正态总体平均数的 z 检验，方差未知时单个正态总体平均数的 t 检验和单个非正态总体平均数的 z 检验几类。下面分别阐述每种方法的具体步骤和应用条件。

一、方差已知时单个正态总体平均数的 z 检验

根据第四章样本平均数的抽样分布已知，当 $x \sim N(\mu, \sigma^2)$，则 $\bar{x} \sim N\left(\mu, \dfrac{\sigma^2}{n}\right)$，对该正态分布进行标准化则服从标准正态分布，即 z 分布，$z = \dfrac{\bar{x} - \mu}{\sigma / \sqrt{n}}$。因此，若当总体方差 σ^2 已知时，无论样本是大样本（$n > 30$），还是小样本（$n \leqslant 30$），都可采用 z 检验。以两尾检验为例，基本步骤如下。

1. 提出无效假设与备择假设

$$H_0 : \mu = \mu_0; \quad H_A : \mu \neq \mu_0$$

2. 确定显著水平 α

3. 计算 z 值

z 值的计算公式为：

$$z = \frac{\bar{x} - \mu}{\sigma / \sqrt{n}} = \frac{\bar{x} - \mu_0}{\sigma / \sqrt{n}} \tag{5-1}$$

μ_0 为已知总体平均数，σ 为总体标准差，n 为样本含量，$\bar{x}$ 为样本平均数。

4. 统计推断

对于给定的显著水平 α，查附表2（标准正态分布的双侧分位数 z_α 值表），得到临界 z_α 值。当统计量 $|z| \geqslant z_\alpha$ 时，$p \leqslant \alpha$，否定 $H_0 : \mu = \mu_0$，接受 $H_A : \mu \neq \mu_0$，表明样本所属总体平均数 μ 与已知总体平均数 μ_0 差异显著。当统计量 $|z| < z_\alpha$ 时，$p > \alpha$，不能否定 $H_0 : \mu = \mu_0$，表明样本所属总体平均数 μ 与已知总体平均数 μ_0 差异不显著。

【例5.3】背膘厚度是评估猪肉质量的一个变量，已知标准养殖条件下，猪的背膘厚度为3.15 cm，标准差为0.40 cm。对某养殖场的10头猪进行试验测得其平均背膘厚度为3.49 cm。设背膘厚度服从正态分布，试检验该养殖场的平均背膘厚度是否不同于标准养殖条件下的背膘厚度。

解：已知标准养殖条件下猪的背膘厚度的总体参数，即总体平均数为 $\mu_0 = 3.15$ cm，总体标准差为 $\sigma =$

0.40 cm。现随机抽取某养殖场的一个样本($n=10$),测定其背膘厚度,结果样本平均数为$\bar{x}=3.49$ cm。依题意,检验目的是判断该养殖场的平均背膘厚度μ与标准养殖条件下的背膘厚度μ_0有无差异,属于总体方差已知时单个正态总体平均数的假设检验,且应进行两尾检验。

1.提出无效假设与备择假设

$$H_0:\mu=\mu_0;H_A:\mu\neq\mu_0$$

2.确定显著水平$\alpha=0.01$

3.计算z值

总体平均数为$\mu_0=3.15$ cm,总体标准差为$\sigma=0.40$ cm,样本含量为$n=10$,样本平均数为$\bar{x}=3.49$ cm,代入z值的计算公式(5-1)中,计算z值,得:

$$z=\frac{\bar{x}-\mu}{\sigma/\sqrt{n}}=\frac{\bar{x}-\mu_0}{\sigma/\sqrt{n}}=\frac{3.49-3.15}{0.40/\sqrt{10}}=2.688$$

4.统计推断

查附表2(标准正态分布的双侧分位数z_α值表),得两尾概率$\alpha=0.01$的临界值$z_{0.01}=2.576$。因为$|z|>z_{0.01}$,$p<0.01$,否定$H_0:\mu=\mu_0$,接受$H_A:\mu\neq\mu_0$,表明样本所属总体平均数μ与已知总体平均数μ_0差异极显著,故认为该养殖场的平均背膘厚度与标准养殖条件下的背膘厚度具有极显著差异。

二、方差未知时单个正态总体平均数的t检验

实际应用中,正态总体方差σ^2通常是未知的,此时统计量$z=\frac{\bar{x}-\mu}{\sigma/\sqrt{n}}$无法计算,因此不能采用$z$检验。实际中,常用样本方差$S^2$估计总体方差$\sigma^2$,根据第四章介绍的$t$分布,此时,检验的方法采用$t$检验。以两尾检验为例,检验的基本步骤如下。

1.提出无效假设与备择假设

$$H_0:\mu=\mu_0;H_A:\mu\neq\mu_0$$

2.确定显著水平α

3.计算t值

t值的计算公式为:

$$t=\frac{\bar{x}-\mu}{S_{\bar{x}}}=\frac{\bar{x}-\mu_0}{S/\sqrt{n}},df=n-1 \tag{5-2}$$

μ_0为已知总体平均数,n为样本容量,$\bar{x}$为样本平均数,S为样本标准差,$S_{\bar{x}}$为样本标准误,df为自由度。

4.统计推断

查附表3(t值表),得两尾检验临界t值$t_{\alpha(df)}$,将计算所得的t值的绝对值$|t|$与临界t值$t_{\alpha(df)}$比较,做出

推断。若 $|t| < t_{\alpha(df)}$，$p > \alpha$，不能否定 $H_0: \mu = \mu_0$，表明样本所属总体平均数 μ 与已知总体平均数 μ_0 差异不显著。若 $|t| \geqslant t_{\alpha(df)}$，$p \leqslant \alpha$，否定 $H_0: \mu = \mu_0$，接受 $H_A: \mu \neq \mu_0$，表明样本所属总体平均数 μ 与已知总体平均数 μ_0 差异显著。

【例5.4】 已知正常发育14天的鸡胸腺的平均质量为31.72 mg。某养鸡场抽取 $n=5$ 的样本，测得发育14天的鸡胸腺平均质量为29.22 mg，标准差为7.19 mg。假设鸡胸腺质量服从正态分布，问该养鸡场的鸡胸腺发育是否正常。

解： 依题意，检验该养鸡场的鸡胸腺平均质量 μ 与正常发育14天的鸡胸腺的平均质量 μ_0 有无差异，属于总体方差未知时单个正态总体平均数的假设检验，且应进行两尾检验。

1. 提出无效假设与备择假设

$$H_0: \mu = \mu_0; \quad H_A: \mu \neq \mu_0$$

2. 确定显著水平 $\alpha = 0.05$

3. 计算 t 值

总体平均数为 $\mu_0 = 31.72$ mg，样本含量为 $n = 5$，样本平均数为 $\bar{x} = 29.22$ mg，样本标准差为 $S = 7.19$ mg，代入 t 值的计算公式（5-2），计算 t 值，得：

$$t = \frac{\bar{x} - \mu}{S_{\bar{x}}} = \frac{\bar{x} - \mu_0}{S / \sqrt{n}} = \frac{29.22 - 31.72}{7.19 / \sqrt{5}} = -0.777$$

自由度 df 为：

$$df = n - 1 = 5 - 1 = 4$$

4. 统计推断

查附表3（t 值表），得两尾检验临界 t 值 $t_{0.05(4)} = 2.776$。因为 $|t| < t_{0.05(4)}$，$p > 0.05$，不能否定 $H_0: \mu = \mu_0$，表明样本所属总体平均数 μ 与已知总体平均数 μ_0 差异不显著，故认为该养鸡场的鸡胸腺发育正常。

注意：t 检验适用于小样本情形总体方差未知时单个正态总体平均数的假设检验。当样本含量 n 增大时，t 分布趋近于标准正态分布，所以对于大样本（$n > 30$），近似的有：

$$z = \frac{\bar{x} - \mu}{S_{\bar{x}}} = \frac{\bar{x} - \mu_0}{S / \sqrt{n}} \sim N(0, 1) \tag{5-3}$$

因此总体方差未知时单个正态总体平均数的假设检验（$n > 30$）一般可近似地采用 z 检验。

三、单个非正态总体平均数的 z 检验

对于非正态总体，当样本含量足够大（$n > 30$）时，根据中心极限定理，其样本平均数的抽样分布近似服从正态分布，因此标准化后近似服从标准正态分布，同理可采用 z 检验。若总体方差 σ^2 已知时，统计量 z 的计算公式为：

$$z = \frac{\bar{x} - \mu}{\sigma / \sqrt{n}} = \frac{\bar{x} - \mu_0}{\sigma / \sqrt{n}}$$

当总体方差 σ^2 未知时,常用样本方差 S^2 估计总体方差 σ^2,此时近似有:

$$z=\frac{\bar{x}-\mu}{S/\sqrt{n}}=\frac{\bar{x}-\mu_0}{S/\sqrt{n}}$$

总之,大样本的单个非正态总体平均数的假设检验也可采用 z 检验。以一尾检验为例,基本步骤如下。

1.提出无效假设与备择假设

$$H_0:\mu=\mu_0;H_A:\mu<\mu_0$$

$$\text{或 } H_0:\mu=\mu_0;H_A:\mu>\mu_0$$

2.确定显著水平 α

3.计算 z 值

若总体方差已知,z 值的计算公式为:

$$z=\frac{\bar{x}-\mu}{\sigma/\sqrt{n}}=\frac{\bar{x}-\mu_0}{\sigma/\sqrt{n}} \tag{5-4}$$

μ_0 为已知总体平均数,σ 为总体标准差,n 为样本含量,$\bar{x}$ 为样本平均数。

若总体方差未知,z 值的计算公式为:

$$z=\frac{\bar{x}-\mu}{S/\sqrt{n}}=\frac{\bar{x}-\mu_0}{S/\sqrt{n}} \tag{5-5}$$

μ_0 为已知总体平均数,n 为样本含量,$\bar{x}$ 为样本平均数,S 为样本标准差。

4.统计推断

一尾检验临界值 z_α=两尾检验临界值 $z_{2\alpha}$,查附表2(标准正态分布的双侧分位数 z_α 值表)得两尾检验临界 $z_{2\alpha}$ 值。将计算所得统计量 z 值的绝对值 $|z|$ 与临界值 $z_{2\alpha}$ 比较,做出统计推断。

【例5.5】已知蟋蟀鸣叫时间的分布为非对称分布,平均值为2.05 min。在市区某居民区绿地随机选取40个蟋蟀进行鸣叫时间统计,发现平均数为1.86 min,标准差为0.24 min,试研究城市居民区蟋蟀的鸣叫时间是否低于正常鸣叫时间。

解:已知蟋蟀鸣叫时间的平均值为2.05 min,即总体平均数为 μ_0=2.05 min,且分布为非对称分布。现在市区某居民区绿地随机选取40个蟋蟀进行鸣叫时间统计,结果样本平均数为 $\bar{x}$=1.86 min,样本标准差为 S=0.24 min。依题意,这属于总体方差未知时单个非正态总体平均数的假设检验,由于样本含量 $n>30$,因此可采用 z 检验,且应进行左尾检验。

1.提出无效假设与备择假设

$$H_0:\mu=\mu_0;H_A:\mu<\mu_0$$

2.确定显著水平 α=0.05

3.计算 z 值

总体平均数为 μ_0=2.05 min,样本含量 n=40,样本平均数为 $\bar{x}$=1.86 min,样本标准差为 S=0.24 min,代

入 z 值的计算公式(5-5),计算 z 值,得:

$$z = \frac{\bar{x} - \mu}{S/\sqrt{n}} = \frac{\bar{x} - \mu_0}{S/\sqrt{n}} = \frac{1.86 - 2.05}{0.24/\sqrt{40}} = -5.007$$

4.统计推断

一尾检验临界 z 值 $z_{0.05}$=两尾检验临界 z 值 $z_{0.10}$,查附表2得两尾检验临界 z 值 $z_{0.10}$=1.645。因为若 $|z| > z_{0.10}$, $p < 0.05$,否定 $H_0: \mu = \mu_0$,接受 $H_A: \mu < \mu_0$,表明样本所属总体平均数 μ 与已知总体平均数 μ_0 差异显著,故认为城市居民区蟋蟀的鸣叫时间显著低于正常鸣叫时间。

第三节 | 两个总体平均数的假设检验

两个总体平均数的假设检验目的在于通过比较两个样本平均数($\bar{x}_1$ 和 $\bar{x}_2$),来检验两个样本所属总体平均数是否相同。两个总体平均数的假设检验因试验设计不同又分为非配对设计和配对设计两种。

一、非配对设计资料的假设检验

非配对设计(independent samples)也称为成组设计,指进行两个处理的试验时,将试验单位完全随机地分成两组,对两组试验单位各实施一个试验处理。非配对设计的特点是两个样本之间的变量没有任何关联、彼此独立,样本含量可以相等也可以不等。非配对设计试验资料的一般形式如表5-3所示。

表5-3 非配对设计试验资料的一般形式

处理	观测值 x_{ij}	样本含量 n_i	平均数 $\bar{x}_i$	总体平均数 μ_i
1	$x_{11}, x_{12}, \cdots, x_{1n_1}$	n_1	$\bar{x}_1 = \sum x_{1j}/n_1$	μ_1
2	$x_{21}, x_{22}, \cdots, x_{2n_2}$	n_2	$\bar{x}_2 = \sum x_{2j}/n_2$	μ_2

非配对设计试验资料的假设检验又根据两个样本所属总体方差 σ_1^2 和 σ_2^2 是否已知、是否相等而采用不同的统计方法,下面分别阐述每种方法的具体步骤和应用条件。

(一)两总体方差已知时的 z 检验

根据第四章样本平均数差数的抽样分布,可知 $\bar{x}_1 - \bar{x}_2 \sim N(\mu_1 - \mu_2, \sigma_{\bar{x}_1 - \bar{x}_2}^2)$,同理,将随机变量 $\bar{x}_1 - \bar{x}_2$ 进行标准化转化,得:

$$z = \frac{(\bar{x}_1 - \bar{x}_2) - (\mu_1 - \mu_2)}{\sigma_{\bar{x}_1 - \bar{x}_2}} = \frac{(\bar{x}_1 - \bar{x}_2) - (\mu_1 - \mu_2)}{\sqrt{\dfrac{\sigma_1^2}{n_1} + \dfrac{\sigma_2^2}{n_2}}}$$

则 z 服从标准正态分布 $N(0,1)$。所以,当两个样本所属总体方差 σ_1^2 和 σ_2^2 已知时,可采用 z 检验。现以两尾检验为例,基本步骤如下:

1.提出无效假设与备择假设

$$H_0 : \mu_1 = \mu_2 ; \quad H_A : \mu_1 \neq \mu_2$$

2.确定显著水平 α

3.计算 z 值

两个样本所属总体方差 σ_1^2 和 σ_2^2 已知时,z 值的计算公式为:

$$z = \frac{\bar{x}_1 - \bar{x}_2}{\sigma_{\bar{x}_1 - \bar{x}_2}} = \frac{\bar{x}_1 - \bar{x}_2}{\sqrt{\dfrac{\sigma_1^2}{n_1} + \dfrac{\sigma_2^2}{n_2}}} \tag{5-6}$$

$\bar{x}_1$ 为样本1的样本平均数,n_1 为样本1的样本含量,σ_1^2 为样本1所属总体的总体方差;$\bar{x}_2$ 为样本2的样本平均数,n_2 为样本2的样本含量,σ_2^2 为样本2所属总体的总体方差;$\sigma_{\bar{x}_1 - \bar{x}_2}$ 为总体均数差异标准误。

4.统计推断

对于给定的显著水平 α,查附表2(标准正态分布的双侧分位数 z_α 值表),得到临界 z_α 值。当统计量 $|z| \geq z_\alpha$ 时,$p \leq \alpha$,否定 $H_0 : \mu_1 = \mu_2$,接受 $H_A : \mu_1 \neq \mu_2$,表明样本1所属总体平均数 μ_1 与样本2所属总体平均数 μ_2 差异显著。当统计量 $|z| < z_\alpha$ 时,$p > \alpha$,不能否定 $H_0 : \mu_1 = \mu_2$,表明样本1所属总体平均数 μ_1 与样本2所属总体平均数 μ_2 差异不显著。

【例5.6】某单位测定了31头犊牛和48头成年母牛100 mL血液中血糖的含量(mg),结果犊牛的平均血糖含量为81.23 mg,成年母牛的平均血糖含量为70.23 mg。设已知犊牛血糖含量的总体标准差为15.64 mg,成年母牛血糖含量的总体标准差为12.07 mg,那么犊牛和成年母牛的平均血糖含量有无差异?

解:依题意,本例中两个样本所属总体方差 σ_1^2 和 σ_2^2 已知,因此可采用 z 检验进行假设检验,且应进行两尾检验。

1.提出无效假设与备择假设

$$H_0 : \mu_1 = \mu_2 ; \quad H_A : \mu_1 \neq \mu_2$$

2.确定显著水平 $\alpha = 0.05$

3.计算 z 值

样本1的样本平均数为 $\bar{x}_1 = 81.23$,样本1的样本含量为 $n_1 = 31$,样本1所属总体方差为 $\sigma_1^2 = 15.64^2$;样本2的样本平均数为 $\bar{x}_2 = 70.23$,样本2的样本含量为 $n_2 = 48$,样本2所属总体方差为 $\sigma_2^2 = 12.07^2$。将以上数

据代入 z 值的计算公式(5-6),计算 z 值,得:

$$z=\frac{\bar{x}_1-\bar{x}_2}{\sigma_{\bar{x}_1-\bar{x}_2}}=\frac{\bar{x}_1-\bar{x}_2}{\sqrt{\dfrac{\sigma_1^2}{n_1}+\dfrac{\sigma_2^2}{n_2}}}=\frac{81.23-70.23}{\sqrt{\dfrac{15.64^2}{31}+\dfrac{12.07^2}{48}}}=3.3279$$

4.统计推断

查附表2(标准正态分布的双侧分位数 z_α 值表),得两尾概率 $\alpha=0.05$ 的临界值 $z_{0.05}=1.96$。因为 $|z|>z_{0.05}$,$p<0.05$,否定 $H_0:\mu_1=\mu_2$,接受 $H_A:\mu_1\neq\mu_2$,表明样本1所属总体平均数 μ_1 与样本2所属总体平均数 μ_2 差异极显著,故认为犊牛和成年母牛的平均血糖含量具有显著差异。

(二)两总体方差未知时的 z 检验(大样本)

实际情况下 σ_1^2 和 σ_2^2 常常未知,但如果两个样本较大,$n_1>30$ 和 $n_2>30$,此时用两个样本的方差 S_1^2 和 S_2^2 分别估计 σ_1^2 和 σ_2^2(即用 $S_{\bar{x}_1-\bar{x}_2}$ 估计 $\sigma_{\bar{x}_1-\bar{x}_2}$),则统计量 $\bar{x}_1-\bar{x}_2$ 仍近似服从标准正态分布,即:

$$z=\frac{(\bar{x}_1-\bar{x}_2)-(\mu_1-\mu_2)}{S_{\bar{x}_1-\bar{x}_2}}=\frac{(\bar{x}_1-\bar{x}_2)-(\mu_1-\mu_2)}{\sqrt{\dfrac{S_1^2}{n_1}+\dfrac{S_2^2}{n_2}}}$$

因此仍可采用 z 检验进行假设检验。现以两尾检验为例,基本步骤如下。

1.提出无效假设与备择假设

$$H_0:\mu_1=\mu_2;H_A:\mu_1\neq\mu_2$$

2.确定显著水平 α

3.计算 z 值

两个样本所属总体方差 σ_1^2 和 σ_2^2 未知时,z 值的计算公式为:

$$z=\frac{\bar{x}_1-\bar{x}_2}{S_{\bar{x}_1-\bar{x}_2}}=\frac{\bar{x}_1-\bar{x}_2}{\sqrt{\dfrac{S_1^2}{n_1}+\dfrac{S_2^2}{n_2}}} \tag{5-7}$$

$\bar{x}_1$ 为样本1的样本平均数,n_1 为样本1的样本含量,S_1^2 为样本1的方差;$\bar{x}_2$ 为样本2的样本平均数,n_2 为样本2的样本含量,S_2^2 为样本2的方差;$S_{\bar{x}_1-\bar{x}_2}$ 为样本均数差异标准误。

4.统计推断

对于给定的显著水平 α,查附表2(标准正态分布的双侧分位数 z_α 值表),得到临界 z_α 值。当统计量 $|z|\geq z_\alpha$ 时,$p\leq\alpha$,否定 $H_0:\mu_1=\mu_2$,接受 $H_A:\mu_1\neq\mu_2$,表明样本1所属总体平均数 μ_1 与样本2所属总体平均数 μ_2 差异显著。当统计量 $|z|<z_\alpha$ 时,$p>\alpha$,不能否定 $H_0:\mu_1=\mu_2$,表明样本1所属总体平均数 μ_1 与样本2所属总体平均数 μ_2 差异不显著。

【例5.7】为确定甲、乙两种饲粮对奶牛泌乳量的影响,选用泌乳期和产奶量接近的80头奶牛,随机分为两组,每组40头奶牛,分别饲喂甲、乙两种饲粮。试验期结束后,测定两组奶牛的泌乳量,结果为甲饲粮饲喂后奶牛的平均产奶量为5.20 kg,方差为0.25 kg;乙饲粮饲喂后奶牛的平均产奶量为6.50 kg,方差为0.36 kg,试检验两种饲粮饲喂后奶牛的泌乳量有无差异。

解: 依题意,本例中两个样本所属总体方差σ_1^2和σ_2^2未知,但$n_1=n_2=40$属于大样本,因此可采用z检验进行假设检验,且应进行两尾检验。

1.提出无效假设与备择假设

$$H_0:\mu_1=\mu_2;H_A:\mu_1\neq\mu_2$$

2.确定显著水平$\alpha=0.01$

3.计算z值

样本1的样本平均数为$\bar{x}_1=5.20$,样本1的样本含量为$n_1=40$,样本1的方差为$S_1^2=0.25$;样本2的样本平均数为$\bar{x}_2=6.50$,样本2的样本含量为$n_2=40$,样本2的方差为$S_2^2=0.36$;将以上数据代入z值的计算公式(5-7),计算z值,得:

$$z=\frac{\bar{x}_1-\bar{x}_2}{S_{\bar{x}_1-\bar{x}_2}}=\frac{\bar{x}_1-\bar{x}_2}{\sqrt{\frac{S_1^2}{n_1}+\frac{S_2^2}{n_2}}}=\frac{5.20-6.50}{\sqrt{\frac{0.25}{40}+\frac{0.36}{40}}}=-10.53$$

4.统计推断

查附表2(标准正态分布的双侧分位数z_α值表),得两尾概率$\alpha=0.01$的临界值$z_{0.01}=2.576$。因为$|z|>z_{0.01}$,$p<0.01$,否定$H_0:\mu_1=\mu_2$,接受$H_A:\mu_1\neq\mu_2$,表明样本1所属总体平均数μ_1与样本2所属总体平均数μ_2差异极显著,故认为两种饲粮饲喂后奶牛的泌乳量具有极显著性差异。

(三)两总体方差未知且相等时的t检验(小样本)

两个样本所属总体方差σ_1^2和σ_2^2未知,且如果两个样本为小样本,$n_1\leq30$和$n_2\leq30$时,在进行平均数差异的假设检验之前,需要对两个样本所属总体方差σ_1^2和σ_2^2进行齐性检验(统计方法见本章第四节)。根据总体方差σ_1^2和σ_2^2是否相等,t检验的方法有所不同,现先介绍两总体方差未知且相等($\sigma_1^2=\sigma_2^2=\sigma^2$)的$t$检验。

假设两个小样本独立地来自方差相等的两个正态总体$N(\mu_1,\sigma^2)$和$N(\mu_2,\sigma^2)$,将$\sigma_1^2=\sigma_2^2=\sigma^2$代入式(5-6)得:

$$z=\frac{\bar{x}_1-\bar{x}_2}{\sigma_{\bar{x}_1-\bar{x}_2}}=\frac{\bar{x}_1-\bar{x}_2}{\sqrt{\frac{\sigma_1^2}{n_1}+\frac{\sigma_2^2}{n_2}}}=\frac{\bar{x}_1-\bar{x}_2}{\sqrt{\sigma^2\left(\frac{1}{n_1}+\frac{1}{n_2}\right)}} \tag{5-8}$$

从上式可见,由于σ^2未知,需要用样本方差代替总体方差。但现在有两个样本,亦即有两个样本方差S_1^2和S_2^2,显然不能简单地用其中一个样本方差来代替总体方差。在无效假设$H_0:\mu_1=\mu_2$成立的前提下,由于两总体方差也相等,这就意味着这两个样本是来自同一总体,因而可以将两样本合并,用合并方差S^2来估计总体方差σ^2。合并方差S^2是以两个样本方差S_1^2和S_2^2以各自的自由度为权重的加权平均数,计算公式如下:

$$S^2 = \frac{(n_1-1)S_1^2 + (n_2-1)S_2^2}{(n_1-1) + (n_2-1)} \tag{5-9}$$

当$n_1 = n_2 = n$时,式(5-9)变为:

$$S^2 = \frac{S_1^2 + S_2^2}{2} \tag{5-10}$$

将合并方差S^2代入式(5-8)变为:

$$\frac{\bar{x}_1 - \bar{x}_2}{\sqrt{\sigma^2\left(\frac{1}{n_1} + \frac{1}{n_2}\right)}} = \frac{\bar{x}_1 - \bar{x}_2}{\sqrt{\frac{(n_1-1)S_1^2 + (n_2-1)S_2^2}{(n_1-1) + (n_2-1)} \times \left(\frac{1}{n_1} + \frac{1}{n_2}\right)}} = \frac{\bar{x}_1 - \bar{x}_2}{S_{\bar{x}_1 - \bar{x}_2}}$$

根据第四章抽样分布理论知,该变量服从自由度为(n_1+n_2-2)的t分布,因此两总体方差未知且相等$(\sigma_1^2 = \sigma_2^2 = \sigma^2)$的小样本资料,可采用$t$检验进行检验。以两尾检验为例,基本步骤如下。

1.提出无效假设与备择假设

$$H_0: \mu_1 = \mu_2; H_A: \mu_1 \neq \mu_2$$

2.确定显著水平α

3.计算t值

t值的计算公式为:

$$t = \frac{\bar{x}_1 - \bar{x}_2}{S_{\bar{x}_1 - \bar{x}_2}} \tag{5-11}$$

自由度df的计算公式为:

$$df = (n_1-1) + (n_2-1) = n_1 + n_2 - 2 \tag{5-12}$$

$\bar{x}_1$为样本1的样本平均数,$\bar{x}_2$为样本2的样本平均数,$S_{\bar{x}_1 - \bar{x}_2}$为样本均数差异标准误,其计算公式为:

$$S_{\bar{x}_1 - \bar{x}_2} = \sqrt{S^2 \times \left(\frac{1}{n_1} + \frac{1}{n_2}\right)} \tag{5-13}$$

4.统计推断

查附表3(t值表),得两尾检验临界t值$t_{\alpha(df)}$,将计算所得的t值的绝对值$|t|$与临界t值$t_{\alpha(df)}$进行比较,做出推断。若$|t| < t_{\alpha(df)}$,$p > \alpha$,不能否定$H_0: \mu_1 = \mu_2$,表明样本1所属总体平均数μ_1与样本2所属总体平均数μ_2差异不显著。若$|t| \geq t_{\alpha(df)}$,$p \leq \alpha$,否定$H_0: \mu_1 = \mu_2$,接受$H_A: \mu_1 \neq \mu_2$,表明样本1所属总体平均数μ_1与样本2所属总体平均数μ_2差异显著。

【例5.8】某研究人员分析不同精粗比饲粮对肉牛瘤胃液中丙酸含量的影响。将12头体况和体重接近的鲁西×夏洛莱杂交阉公牛随机分为2组,每组6头牛,分别饲喂精粗比40:60的低精料饲粮和精粗比60:40的高精料饲粮,试验期25 d,试验结束后通过瘤胃导管收集瘤胃液,并测定瘤胃液中丙酸含量,结果列于表5-4。设两个样本的总体方差相等,试检验两种饲粮饲喂后肉牛瘤胃液中丙酸含量是否有差异。

表5-4　不同精粗比饲粮饲喂肉牛后瘤胃液中丙酸含量

处理	n_i	丙酸含量（mmol/L）				
低精料	6	13.66	14.18	14.53	15.35	14.33	15.49
高精料	6	19.77	19.98	17.97	20.59	17.31	20.05

解：依题意，本例中两个样本所属总体方差 σ_1^2 和 σ_2^2 未知，但已知 $\sigma_1^2=\sigma_2^2$，且 $n_1=n_2=6$，因此可采用 t 检验进行假设检验，且应进行两尾检验。

1.提出无效假设与备择假设

$$H_0:\mu_1=\mu_2;H_A:\mu_1\neq\mu_2$$

2.确定显著水平 $\alpha=0.05$

3.计算 t 值

计算基本统计量，结果如下：

样本1：$\bar{x}_1=14.59,n_1=6,S_1^2=0.50$

样本2：$\bar{x}_2=19.28,n_2=6,S_2^2=1.73$

根据式（5-10）计算合并方差 S^2，结果为：

$$S^2=\frac{S_1^2+S_2^2}{2}=\frac{0.50+1.73}{2}=1.115$$

根据式（5-13）计算样本均数差异标准误 $S_{\bar{x}_1-\bar{x}_2}$，结果为：

$$S_{\bar{x}_1-\bar{x}_2}=\sqrt{S^2\times\left(\frac{1}{n_1}+\frac{1}{n_2}\right)}=\sqrt{1.115\times\left(\frac{1}{6}+\frac{1}{6}\right)}=0.609\,7$$

根据式（5-11）计算 t 值，结果为：

$$t=\frac{\bar{x}_1-\bar{x}_2}{S_{\bar{x}_1-\bar{x}_2}}=\frac{14.59-19.28}{0.609\,7}=-7.692\,3$$

根据式（5-12）计算自由度 df，结果为：

$$df=n_1+n_2-2=6+6-2=10$$

4.统计推断

查附表3（t 值表），得两尾检验临界 t 值 $t_{0.05(10)}=2.228$。因为 $|t|>t_{0.05(10)}$，$p<0.05$，否定 $H_0:\mu_1=\mu_2$，接受 H_A：$\mu_1\neq\mu_2$，表明样本1所属总体平均数 μ_1 与样本2所属总体平均数 μ_2 差异显著，故认为两种精粗比饲粮饲喂肉牛后瘤胃液中丙酸含量具有显著性差异。

（四）两总体方差未知且不等时的近似 t 检验（小样本）

在进行平均数差异的假设检验之前，如果方差齐性检验（统计方法见本章第四节）结果表明两个样本所属总体方差 σ_1^2 和 σ_2^2 不等（即 $\sigma_1^2\neq\sigma_2^2$），则不能用合并方差来估计总体方差，只能分别用两个样本方差 S_1^2 和 S_2^2 估计两个总体方差 σ_1^2 和 σ_2^2，此时，既不能用 t 检验，也不能用 z 检验，只能用近似 t 检验法。以两尾检验为例，基本步骤如下。

1.提出无效假设与备择假设

$$H_0: \mu_1 = \mu_2; H_A: \mu_1 \neq \mu_2$$

2.确定显著水平 α

3.计算 t 值

根据式(5-11)，t 值的计算公式为：

$$t = \frac{\bar{x}_1 - \bar{x}_2}{S_{\bar{x}_1 - \bar{x}_2}}$$

样本均数差异标准误 $S_{\bar{x}_1 - \bar{x}_2}$ 的计算公式为：

$$S_{\bar{x}_1 - \bar{x}_2} = \sqrt{\frac{S_1^2}{n_1} + \frac{S_2^2}{n_2}} \tag{5-14}$$

将样本均数差异标准误 $S_{\bar{x}_1 - \bar{x}_2}$ 代入式(5-11)计算统计量 t，但此时统计量 t 不再服从准确的 t 分布，而是近似服从自由度 df 为式(5-15)的 t 分布。

$$df = \frac{\left(S_1^2/n_1 + S_2^2/n_2\right)^2}{\dfrac{\left(S_1^2/n_1\right)^2}{n_1 - 1} + \dfrac{\left(S_2^2/n_2\right)^2}{n_2 - 1}} \tag{5-15}$$

当 $n_1 = n_2 = n$ 时，式(5-15)变为：

$$df = \frac{(n-1)\left(S_1^2 + S_2^2\right)^2}{S_1^4 + S_2^4} \tag{5-16}$$

注意：通过式(5-15)和式(5-16)计算自由度 df，计算结果要向下舍为整数。

4.统计推断

查附表3(t 值表)，得两尾检验临界 t 值 $t_{\alpha(df)}$，将计算所得的 t 值的绝对值 $|t|$ 与临界 t 值 $t_{\alpha(df)}$ 比较，做出推断。若 $|t| < t_{\alpha(df)}$，$p > \alpha$，不能否定 $H_0: \mu_1 = \mu_2$，表明样本1所属总体平均数 μ_1 与样本2所属总体平均数 μ_2 差异不显著。若 $|t| \geq t_{\alpha(df)}$，$p \leq \alpha$，否定 $H_0: \mu_1 = \mu_2$，接受 $H_A: \mu_1 \neq \mu_2$，表明样本1所属总体平均数 μ_1 与样本2所属总体平均数 μ_2 差异显著。

【例5.9】某研究人员进行两种饲料的对比试验，每种饲料各饲喂6头西门塔尔肉牛，其余饲养管理条件完全一致，试验时间为25 d，西门塔尔肉牛增重资料列于表5-5。方差齐性检验结果表明两个样本所属总体方差不等，试检验西门塔尔肉牛饲喂两种饲料的平均增重是否相同。

表5-5　两种饲料饲喂西门塔尔肉牛的对比增重试验

饲料	n_i	增重/kg					
A	6	37	73	56	58	40	33
B	6	41	49	39	35	40	45

解:依题意,本例中两个样本所属总体方差 σ_1^2 和 σ_2^2 未知,且已知 $\sigma_1^2 \neq \sigma_2^2$,因此可采用近似 t 检验进行假设检验,且应进行两尾检验。

1.提出无效假设与备择假设

$$H_0:\mu_1=\mu_2;H_A:\mu_1\neq\mu_2$$

2.确定显著水平 $\alpha=0.05$

3.计算 t 值

计算基本统计量,结果如下。

样本 1: $\bar{x}_1=49.50$,$n_1=6$,$S_1^2=237.1$

样本 2: $\bar{x}_2=41.50$,$n_2=6$,$S_2^2=23.9$

根据式(5-14)计算样本均数差异标准误 $S_{\bar{x}_1-\bar{x}_2}$,结果为:

$$S_{\bar{x}_1-\bar{x}_2}=\sqrt{\frac{S_1^2}{n_1}+\frac{S_2^2}{n_2}}=\sqrt{\frac{237.1}{6}+\frac{23.9}{6}}=6.595\,5$$

根据式(5-11)计算 t 值,结果为:

$$t=\frac{\bar{x}_1-\bar{x}_2}{S_{\bar{x}_1-\bar{x}_2}}=\frac{49.50-41.50}{6.595\,5}=1.212\,9$$

根据式(5-16)计算自由度 df,结果为:

$$df=\frac{(n-1)\left(S_1^2+S_2^2\right)^2}{S_1^4+S_2^4}=\frac{(6-1)(237.1+23.9)^2}{237.1^2+23.9^2}=5.997\,9\approx5$$

4.统计推断

查附表3(t 值表),得两尾检验临界 t 值 $t_{0.05(5)}=2.571$。因为 $|t|<t_{0.05(5)}$,$p>0.05$,不能否定 $H_0:\mu_1=\mu_2$,表明样本1所属总体平均数 μ_1 与样本2所属总体平均数 μ_2 差异不显著,故认为两种饲料饲喂西门塔尔肉牛后的平均增重无显著性差异。

二、配对设计资料的假设检验

非配对设计要求两个样本彼此独立,因此,为了突出试验的真实差异,在两个样本的试验单位除了实施不同的处理外,要求所有试验单位的其他试验条件必须尽可能一致,例如性别、品种、年龄、体重及饲养管理等。但是,在很多情况下,很难满足这样的试验条件。若试验单位的差异较大,采用配对设计(paired samples)可以消除试验单位不一致对试验结果的影响,降低试验误差,正确地估计处理间的真实差异,提高试验的精确性和准确性。

配对设计先根据配对的要求将试验单位两两配对,然后将配成对子的两个试验单位随机分配到两个处理组中。配对的要求是配成对子的两个试验单位的初始条件尽量一致,不同对子之间试验单位的初始条件允许有差异。每一个对子就是试验处理的一个重复。配对的方式有两种:自身配对和同源配对。

(一)自身配对

指同一试验单位在两个不同时间分别接受两个处理,或同一试验单位的两个对称部位分别接受两个处理,或对同一试验单位的试验指标用两种方法测定等。例如,病畜在服药前后的临床检查,同一份样品用两种不同方法测定等。

(二)同源配对

指把来源相同、初始条件接近的两个试验单位配成一对。例如,将品种、窝别、性别相同,体重接近的两头仔猪配成一对,从而消除这些因素对试验结果的影响。

配对设计试验资料的一般形式列于表5-6。

表5-6 配对设计试验资料的一般形式

处理	观测值 x_{ij}				样本含量	样本平均数 $\bar{x}_i$	总体平均数 μ_i
1	x_{11}	x_{12}	$\cdots$	x_{1n}	n	$\bar{x}_1=\sum x_{1j}/n$	μ_1
2	x_{21}	x_{22}	$\cdots$	x_{2n}	n	$\bar{x}_2=\sum x_{2j}/n$	μ_2
$d_j=x_{1j}-x_{2j}$	d_1	d_2	$\cdots$	d_n	n	$\bar{d}=\bar{x}_1-\bar{x}_2$	$\mu_d=\mu_1-\mu_2$

在配对设计下所得到的两个样本的试验数据不是相互独立的,不能看作两个独立样本的试验资料进行统计分析。在对配对设计进行假设检验时,由于两个样本所属的两个总体的平均数差值 $\mu_1-\mu_2$ 等于对子之差 d 所构成的新总体的平均数 μ_d,因此在配对设计下,检验两个样本所属的两个总体的差异是否有显著性,就相当于检验差值 d 的总体 μ_d 是否为0,即检验的无效假设 $H_0:\mu_1-\mu_2=0$ 转化为 $H_0:\mu_d=0$。此外,由于对子内差数 d 服从正态分布 $N(\mu_d,\sigma_d^2)$。所以,配对设计试验资料的统计分析可归结为当 σ_d^2 未知时各对子之差 d 的单个正态总体平均数的假设检验,这可用前面介绍的 t 检验。因此,配对设计的假设检验采用 t 检验,以两尾检验为例,基本步骤如下。

1.提出无效假设与备择假设

$$H_0:\mu_d=0;H_A:\mu_d\neq 0$$

2.确定显著水平 α

3.计算 t 值

t 值的计算公式为:

$$t=\frac{\bar{d}-\mu_d}{S_{\bar{d}}}=\frac{\bar{d}}{S_d/\sqrt{n}},df=n-1 \tag{5-17}$$

式中,n 为样本含量,$\bar{d}$ 为两个样本配对数据差值 d 的样本平均数,$S_{\bar{d}}$ 为差数标准误,$S_{\bar{d}}$ 的计算公式为:

$$S_{\bar{d}}=\frac{S_d}{\sqrt{n}}=\sqrt{\frac{\sum(d-\bar{d})^2}{n(n-1)}}=\sqrt{\frac{\sum d^2-\frac{(\sum d)^2}{n}}{n(n-1)}} \tag{5-18}$$

4.统计推断

查附表3(t值表),得两尾检验临界t值$t_{\alpha(df)}$,将计算所得的t值的绝对值$|t|$与临界t值$t_{\alpha(df)}$比较,做出推断。若$|t|<t_{\alpha(df)}$,$p>\alpha$,不能否定$H_0:\mu_1=\mu_2$,表明样本1所属总体平均数μ_1与样本2所属总体平均数μ_2差异不显著。若$|t|\geq t_{\alpha(df)}$,$p\leq\alpha$,否定$H_0:\mu_1=\mu_2$,接受$H_A:\mu_1\neq\mu_2$,表明样本1所属总体平均数μ_1与样本2所属总体平均数μ_2差异显著。

【例5.10】仔猪初生重直接影响猪场效益,某猪场统计15头长白母猪的初产及其经产的仔猪初生重资料如表5-7(单位:kg),试检验长白猪母猪初产与经产的仔猪初生重是否有显著差异。

表5-7 长白母猪的初产和经产的仔猪初生重 单位:kg

母猪编号	1	2	3	4	5	6	7	8	9	10	11	12	13	14	15
初产	0.97	1.08	0.96	1.17	1.27	1.13	1.3	1.07	1.04	1.43	1.37	1.24	0.95	1.06	1.22
经产	1.34	1.65	1.33	1.32	1.38	1.32	1.41	1.44	1.19	1.56	1.48	1.53	1.16	1.48	1.34
d	-0.37	-0.57	-0.37	-0.15	-0.11	-0.19	-0.11	-0.37	-0.15	-0.13	-0.11	-0.29	-0.21	-0.42	-0.12

解:依题意,本例是判断母猪初产与经产的仔猪初生重有无差异,两个样本来自同一头母猪初产的仔猪初生重与经产的仔猪初生重,可见该资料属于自身配对。

1.提出无效假设与备择假设

$$H_0:\mu_d=0;H_A:\mu_d\neq0$$

2.确定显著水平$\alpha=0.01$

3.计算t值

计算对子之差d(见表5-7),并计算其平均数$\bar{d}$和标准差S_d,结果如下:

$$\bar{d}=-0.244\,7,S_d=0.144\,2$$

根据式(5-18)计算差数标准误$S_{\bar{d}}$,结果为:

$$S_{\bar{d}}=\frac{S_d}{\sqrt{n}}=\frac{0.144\,2}{\sqrt{15}}=0.037\,2$$

根据式(5-17)计算统计量t值,结果为:

$$t=\frac{\bar{d}}{S_{\bar{d}}}=\frac{-0.244\,7}{0.037\,2}=-6.58$$

自由度df为:

$$df=n-1=15-1=14$$

4.统计推断

查附表3(t值表),得两尾检验临界t值$t_{0.01(14)}=2.977$。因为$|t|>t_{0.01(14)}$,$p<0.01$,否定$H_0:\mu_d=0$,接受$H_A:\mu_d\neq0$,表明样本1所属总体平均数μ_1与样本2所属总体平均数μ_2差异极显著,故认为长白猪经产母猪的仔猪初生重极显著高于其初产母猪的初生重。

第四节 两个总体方差的齐性检验

方差齐性指各个总体的方差是相等的。检验两个总体方差是否相等的假设检验称为方差的齐性检验（homogeneity test for variance）。假设两个样本的样本含量分别为 n_1 和 n_2，样本方差分别为 S_1^2 和 S_2^2，总体方差分别为 σ_1^2 和 σ_2^2，根据第四章式(4-27)和抽样分布理论，可知：

$$F = \frac{S_1^2/\sigma_1^2}{S_2^2/\sigma_2^2} \sim F(n_1-1, n_2-1)$$

因此，在无效假设 $H_0: \sigma_1^2 = \sigma_2^2$ 成立时，可得到检验统计量为：

$$F = \frac{S_1^2}{S_2^2} \sim F(n_1-1, n_2-1)$$

所以，两个总体方差的齐性检验采用 F 检验，以两尾检验为例，基本步骤如下。

1.提出无效假设与备择假设

$$H_0: \sigma_1^2 = \sigma_2^2; \quad H_A: \sigma_1^2 \neq \sigma_2^2$$

2.确定显著水平 α

3.计算 F 值

F 值的计算公式为：

$$F = \frac{S_1^2}{S_2^2}, \quad df_1 = n_1-1, \quad df_2 = n_2-1 \tag{5-19}$$

S_1^2 是样本1的样本方差，n_1 是样本1的样本含量；S_2^2 是样本2的样本方差，n_2 是样本2的样本含量。

4.统计推断

按备择假设 H_A，两个总体的方差齐性检验应该是双尾检验，即对于给定的显著水平 α，否定域应在 F 分布的左尾和右尾面积各为 $\alpha/2$ 的区域中。根据第四章介绍的 F 分布特性可知，F 分布是不对称分布，所以需要分别查找左尾和右尾的临界值。由于本书的附表5给出的是右尾概率为 α 的临界值，所以在计算统计数 F 值时，应将 S_1^2 和 S_2^2 中较大者作为分子，较小者作为分母，这样我们在进行假设检验时就可以仅用右尾临界值来确定否定域，即实得 $F > F_{\alpha/2}$ 时，则是在 α 水平上显著。

查附表5（F 值表）得右尾临界 F 值 $F_{\alpha/2(df_1, df_2)}$，将计算所得的 F 值与临界 F 值比较，做出推断。若 $F < F_{\alpha/2(df_1, df_2)}$，$p > \alpha$，不能否定 $H_0: \sigma_1^2 = \sigma_2^2$，表明样本1所属总体方差 σ_1^2 与样本2所属总体方差 σ_2^2 差异不显著。若 $F > F_{\alpha/2(df_1, df_2)}$，$p < \alpha$，否定 $H_0: \sigma_1^2 = \sigma_2^2$，接受 $H_A: \sigma_1^2 \neq \sigma_2^2$，表明样本1所属总体方差 σ_1^2 与样本2所属总体方差 σ_2^2 差异显著。

【例5.11】对【例5.8】的数据资料进行总体方差齐性检验。

解:根据题意,已知样本1的样本方差为$S_1^2=0.50$,样本含量$n_1=6$;样本2的样本方差为$S_2^2=1.73$,样本含量$n_2=6$。由于$S_2^2>S_1^2$,因此在计算统计数F时,将样本2的数据作为分子,将样本1的数据作为分母。

1.提出无效假设与备择假设

$$H_0:\sigma_1^2=\sigma_2^2;H_A:\sigma_1^2\neq\sigma_2^2$$

2.确定显著水平$\alpha=0.05$

3.计算F值

根据式(5-19)计算F值,结果为:

$$F=\frac{S_2^2}{S_1^2}=\frac{1.73}{0.50}=3.46$$

自由度的计算结果为:

$$df_1=n_2-1=6-1=5,df_2=n_1-1=6-1=5$$

4.统计推断

查附表5(F值表)得右尾临界F值$F_{0.05/2(5,5)}=7.15$,因为$F<F_{0.05/2(5,5)}$,所以$p>0.05$,不能否定$H_0:\sigma_1^2=\sigma_2^2$,表明样本1所属总体方差$\sigma_1^2$与样本2所属总体方差$\sigma_2^2$差异不显著。

拓展阅读

扫码进行本章内容相关的PPT课件、知识图谱、章节测验、相关拓展资料等数字资源的获取和学习。

思考与练习题

(1)假设检验的原理和意义是什么?

(2)什么是显著水平?

(3)Ⅰ型错误和Ⅱ型错误的定义分别是什么?两者有什么关系?

(4)假设检验的主要步骤分别是什么?有什么注意事项?

(5)单个总体平均数的假设检验有哪几类?分别适用于什么情况?

(6)什么是非配对设计?非配对设计的数据资料的统计方法有哪几类?分别适用于什么情况?

(7)什么是配对设计?配对设计的目的是什么?

(8)油菜因其生长周期快而被作为试验材料,常常用来研究环境对植物生长的影响。已知未处理的油菜在生长14 d后的平均株高为11.0 cm,对7株油菜用嘧啶醇进行处理,生长14 d后,测量植株的高度(cm)分别列于表5-8中,那么嘧啶醇处理的植株高度与未处理的油菜是否不同?

表5-8　嘧啶醇处理的油菜植株高度

油菜	n_i	高度/cm						
油菜	7	10.0	13.2	12.8	19.3	11.2	13.9	14.6

（9）已知一般羊绒的平均细度为15.2 μm，标准差为0.4 μm，选择某品种绒山羊15个个体，测得平均羊绒细度为13.2 μm，该品种绒山羊的平均羊绒细度是否与一般羊绒细度不同？

（10）已知小麦分蘖数是非正态分布的，均值为28.6，在某农场针对200个个体进行试验，测得均值为20.5，标准差为7.3，试分析该农场的小麦分蘖数是否在标准范围内。

（11）比较荷斯坦奶牛和挪威红牛两个品种奶牛的产奶量，各选择10头奶牛测量其日产奶量（kg），产奶量见表5-9，回答下面的问题：①两个品种产奶量的样本平均值、标准差是多少？②两组的方差是否相等？③两组的平均产奶量是否具有显著差异？

表5-9　荷斯坦奶牛和挪威红牛日产奶量

奶牛	n_i	日产奶量/kg								
荷斯坦奶牛	10	29.4	28.6	28.0	30.3	34.0	32.5	31.1	30.6	29.4	32.9
挪威红牛	10	25.8	27.9	28.2	28.3	24.6	26.6	25.9	22.5	28.4	29.1

（12）研究热应激对肥育猪骨骼肌乳酸含量的影响，选择9头三元杂交阉公猪测量热应激处理前后的每克蛋白质中的乳酸含量（mmol），结果见表5-10。试检验热应激处理前后的乳酸含量是否具有显著差异。

表5-10　热应激对肥育猪骨骼肌每克蛋白质中乳酸含量的影响

处理	n_i	乳酸含量/mmol							
前	9	1.43	1.05	1.06	0.94	1.30	0.99	0.98	1.50	1.20
后	9	1.62	1.56	1.45	1.52	1.56	1.33	1.86	1.54	1.16

第六章

参数估计

▣≣ 本章导读

　　在科学研究中,我们需要了解的总体往往很大,有时甚至是无限的,但是由于各种原因,在客观上只能观察部分个体,根据部分个体的特征去推断总体特征,这就是统计推断。参数估计是统计推断的重要内容之一,本章主要介绍参数估计的点估计和区间估计的统计方法。

☰ 学习目标

　　理解参数估计的概念,掌握点估计的方法和步骤,掌握一个正态总体均值和方差的区间估计、两个正态总体均值差的区间估计、两个正态总体方差比的区间估计、二项分布参数的区间估计、泊松分布参数的区间估计的方法。让学生领会用样本估计总体的思想,培养学生认识世界的辩证唯物观。

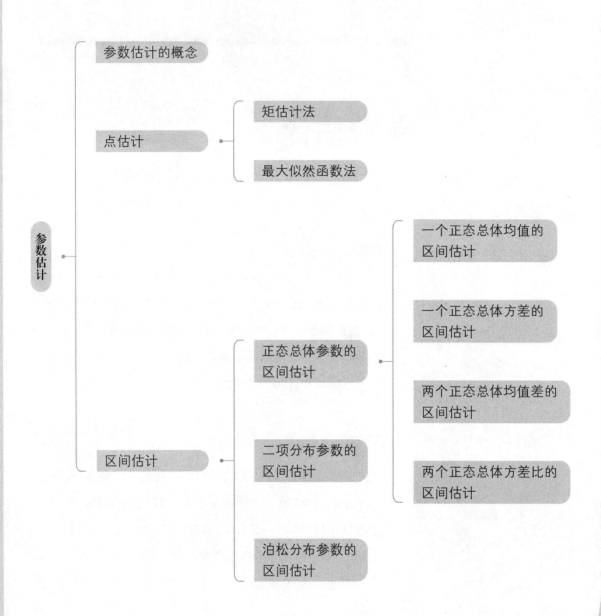

在畜牧生产中,我们经常要对一个群体的某些特征进行评估,例如奶牛的年产乳量、母鸡的产蛋数、小鸡的孵化率、母猪的年产仔数等,并根据这些指标选择优秀的个体留种。要对群体的每个个体进行测量,会消耗巨大的人力、财力和物力,所以我们通常采取随机抽样的方法,抽取部分个体进行测量,并根据部分个体的值去预估总体的情况,这就是参数估计。

第一节丨参数估计的概念

参数是用来概括总体特征的数值,例如总体均值、总体标准差等,这些数值反映出总体的某些特征,因而可用参数来对总体情况进行描述。但是通常情况下,总体的参数未知,因此需要运用相关的已知数据以及适当的运算方法对其进行估计。根据总体中抽取出的样本去估计总体中的未知参数,称为参数估计。

参数估计分为点估计和区间估计。所谓点估计,就是用样本统计量的取值作为总体参数的估计值,所得到的结果为一个确定的数。在多次重复抽样条件下,点估计的均值可以认为是总体的真值。但是由于样本是随机的,不可避免会出现某个样本的估计值与总体真值有偏差的情况,这说明点估计并非绝对可靠。如果以点估计值为基础,在一定的精确度要求下构造出一个总体参数的分布区间,这样的方法就叫作区间估计,给定的精确度称作置信度或置信水平,所求区间则称为置信区间。

第二节丨参数的点估计

在点估计中,常用的方法有矩估计法、最大似然函数法、数字特征法、顺序统计量法等。这里主要介绍矩估计法和最大似然函数法。

一、矩估计法

矩估计法的基本思想是利用可求的样本矩去估计总体矩中包含的未知参数。首先要清楚样本矩与总体矩的概念以及二者之间的关系。样本矩通常用 A_k 来表示，代表样本与原点(0)距离的均值，即 $A_k=\frac{1}{n}\sum_{i=1}^{n}(x_i^k-0)$，简记为 $A_k=\frac{1}{n}\sum_{i=1}^{n}x_i^k$。总体矩用 μ_k 去表示，代表总体期望，k 为阶数，即 $\mu_k=E(x^k)$，通常包含未知参数。根据变量的不同类型，可以得到

$$\begin{cases} \mu_k=E(x^k)=\int_{-\infty}^{\infty}x^k f(x,\theta_1,\theta_2,\cdots,\theta_k)\mathrm{d}x,连续型 \\ \mu_k=E(x^k)=\sum_{x\in R}x^k p(x,\theta_1,\theta_2,\cdots,\theta_k),离散型 \end{cases} \tag{6-1}$$

根据大数定律，即 $n\to\infty$ 时，有 A_k 依概率收敛于 μ_k，表示为 $A_k\xrightarrow{p}\mu_k$。根据这一理论，在样本足够多的时候，可以认为总体矩与样本矩相等。这样就可以得到多个关于总体矩和样本矩的等式，根据以上等式则可以对总体的参数进行求解。一般来说，有 n 个未知参数，就需要 n 个式子，下面举例来具体介绍。

【例6.1】假设一总体 $x\sim N(\mu,\sigma^2)$，其中 μ 和 σ^2 均为未知，x_1，x_2，$\cdots$，x_n 为来自该总体的一个随机样本，请利用矩估计法对 μ 和 σ^2 进行估计。

解：依题意，可知有两个未知参数，故应该列出两个式子：

$$\begin{cases} \mu_1=E(x)=\mu \\ \mu_2=E(x^2)=\sigma^2+\mu^2 \end{cases} \tag{6-2}$$

进行变形得：

$$\begin{cases} \mu=\mu_1 \\ \sigma^2=\mu_2-\mu_1^2 \end{cases}$$

根据 $A_k\xrightarrow{p}\mu_k$ 可以用 $\begin{cases} A_1=\frac{1}{n}\sum_{i=1}^{n}x_i \\ A_2=\frac{1}{n}\sum_{i=1}^{n}x_i^2 \end{cases}$ 分别替换上式中的 μ_1 和 μ_2，从而得到：

$$\begin{cases} \hat{\mu}=\frac{1}{n}\sum_{i=1}^{n}x_i=\bar{x} \\ \hat{\sigma}^2=\frac{1}{n}\sum_{i=1}^{n}x_i^2-(\bar{x})^2 \end{cases} \tag{6-3}$$

二、最大似然函数法

最大似然函数法的基本原理是在给定的数据下，选择使这些数据出现的概率最大的参数值作为估计值。最大似然函数法首先构建一个关于参数 θ 的最大似然函数 $L(\theta)$，这个函数等于所取样本出现的概率的乘积，即 $L(\theta)=\prod_{i=1}^{n}p(x_1,x_2,\cdots,x_n,\theta)$，由于样本相互独立，该函数为样本同时出现的概率，样本同时出现的概率最大即 $L(\theta)$ 最大时所对应的 θ 的值即为所求。具体方法如下。

第一步,根据所给的样本构建一个最大似然函数。不同类型的变量,有:

$$L(\theta)=\begin{cases}\prod\limits_{i=1}^{n}p(x_1,x_2,\cdots,x_n,\theta),\text{离散型}\\\prod\limits_{i=1}^{n}f(x_1,x_2,\cdots,x_n,\theta),\text{连续型}\end{cases}\tag{6-4}$$

第二步,取对数。一般可以通过求导计算最大值,但连积运算较为烦琐,因此可以先改写成对数形式,将连积转变为连加。

$$\ln L(\theta)=\begin{cases}\sum\limits_{i=1}^{n}\ln p(x_1,x_2,\cdots,x_n,\theta),\text{离散型}\\\sum\limits_{i=1}^{n}\ln f(x_1,x_2,\cdots,x_n,\theta),\text{连续型}\end{cases}\tag{6-5}$$

第三步,进行求导。

$$\frac{\mathrm{d}\ln L(\theta)}{\mathrm{d}\theta}=0\tag{6-6}$$

根据式(6-6),即可求出θ。

【例6.2】假设总体x服从以下分布,$\theta\in(0,1)$,现抽取样本$x_1=1$,$x_2=3$,$x_3=4$,求θ的最大似然估计值。

x	1	3	4
p_k	θ^2	$2\theta(1-\theta)$	θ

解:依题意可知,该总体服从离散型随机变量分布,根据式(6-4)可列出它的最大似然函数:

$$L(\theta)=\theta^2\cdot2\theta(1-\theta)\cdot\theta=2\theta^4(1-\theta)$$

取对数得:

$$\ln L(\theta)=\ln 2+4\ln\theta+\ln(1-\theta)$$

对该式子进行求导,结果为:

$$\frac{\mathrm{d}\ln L(\theta)}{\mathrm{d}\theta}=\frac{4}{\theta}-\frac{1}{1-\theta}$$

根据式(6-6),则:

$$\frac{4}{\theta}-\frac{1}{1-\theta}=0$$

解得:

$$\theta=\frac{4}{5}$$

第三节 | 正态总体参数的区间估计

区间估计又包含正态总体参数的区间估计和非正态总体参数的区间估计两种类型，不同类型中又存在不同的情况。本节将对正态总体参数不同情况下的区间估计方法进行介绍。

一、一个正态总体参数的区间估计

1.一个正态总体均值的区间估计

（1）σ^2 已知

已知该总体 $x \sim N(\mu, \sigma^2)$，其中总体方差 σ^2 已给出，求总体均值 μ，假设给定的置信水平为 $1-\alpha$，抽取的样本为 $x_1, x_2, \cdots, x_n$，通过计算可以得到样本的均值 $\bar{x}$ 和样本的方差 S^2。根据第四章的内容可知：

$$\bar{x} \sim N\left(\mu, \frac{\sigma^2}{n}\right)$$

将其进行标准化，可以得到：

$$z = \frac{\bar{x} - \mu}{\sigma / \sqrt{n}} \sim N(0, 1)$$

根据标准正态分布的性质可以得到：

$$P\{-z_\alpha < z < z_\alpha\} = 1 - \alpha \tag{6-7}$$

然后将 $z = \dfrac{\bar{x} - \mu}{\sigma / \sqrt{n}}$ 代入该等式中得：

$$P\left\{-z_\alpha < \frac{\bar{x} - \mu}{\sigma / \sqrt{n}} < z_\alpha\right\} = 1 - \alpha \tag{6-8}$$

将未知参数以外的数进行移项变形，从而分离出参数 μ，得到 μ 在 $1-\alpha$ 置信水平下的取值范围，即置信区间为：

$$\left(\bar{x} - z_\alpha \cdot \frac{\sigma}{\sqrt{n}}, \bar{x} + z_\alpha \cdot \frac{\sigma}{\sqrt{n}}\right)$$

简记为：

$$\bar{x} \pm z_\alpha \cdot \frac{\sigma}{\sqrt{n}}$$

该结果说明总体均值 μ 有 $1-\alpha$ 的概率会落在该区间内。

【例6.3】某牛场9头奶牛每月乳脂量为25,24,26,25,29,33,32,24,32(kg),已知该总体的方差$\sigma^2=16$,求该牛场奶牛每月乳脂量总体均值μ置信度为95%的置信区间。

解:首先根据题意,可知$n=9$,$\sigma=4$,$z_{0.05}=1.96$,然后计算出样本的均值$\bar{x}=27.78$,那么,该牛场奶牛每月乳脂量总体均值μ置信度为95%的置信区间为:

$$\bar{x}\pm z_\alpha \cdot \frac{\sigma}{\sqrt{n}}=27.78\pm 1.96\times\frac{4}{3}=27.78\pm 2.61$$

即:

$$(25.17,30.39)$$

也就是说,该牛场奶牛的每月乳脂量有95%的概率在25.17~30.39 kg这个区间内。

(2)σ^2未知

通常情况下总体方差σ^2是未知的,只有该总体$x\sim N(\mu,\sigma^2)$是已知的,这时求总体均值,可以假设给定的置信水平为$1-\alpha$,抽取的样本为$x_1,x_2,\cdots,x_n$,通过计算可以得到样本的均值$\bar{x}$和样本的方差S^2。根据点估计的结果可知,样本均值$\bar{x}$是总体均值μ的无偏估计值,样本方差S^2是总体方差σ^2的无偏估计值,根据第四章和第五章的内容可知:

$$t=\frac{\bar{x}-\mu}{S/\sqrt{n}}\sim t(n-1) \tag{6-9}$$

根据t分布的概率密度函数及其性质可以得到

$$P\{-t_\alpha<t<t_\alpha\}=1-\alpha \tag{6-10}$$

然后将$t=\frac{\bar{x}-\mu}{S/\sqrt{n}}$代入该式中得:

$$P\left\{-t_\alpha<\frac{\bar{x}-\mu}{S/\sqrt{n}}<t_\alpha\right\}=1-\alpha \tag{6-11}$$

将未知参数以外的数进行移项变形,从而分离出参数μ,得到μ在$1-\alpha$置信水平下的一个取值范围,即置信区间为:

$$\left(\bar{x}-t_\alpha\cdot\frac{S}{\sqrt{n}},\bar{x}+t_\alpha\cdot\frac{S}{\sqrt{n}}\right)$$

简记为:

$$\bar{x}\pm t_\alpha\cdot\frac{S}{\sqrt{n}}$$

【例6.4】某牛场9头奶牛每月乳脂量为25,24,26,25,29,33,32,24,32(kg)。若总体方差σ^2未知,求该牛场奶牛每月产乳量总体均值μ置信度为95%的置信区间。

解:首先可以计算出样本的均值$\bar{x}=27.78$,样本方差$S^2=13.94$,则$S=3.73$;样本的自由度$df=n-1=8$,查附表3(t值表),可知$t_{0.05(8)}=2.306$,

所以置信区间为:

$$\overline{x} \pm t_\alpha \cdot \frac{S}{\sqrt{n}} = 27.78 \pm 2.306 \times \frac{3.73}{\sqrt{9}} = 27.78 \pm 2.87$$

即：

$$(24.91, 30.65)$$

说明该牛场奶牛每月产乳量有95%的概率在24.91~30.65 kg的范围内。

2. 一个正态总体方差的区间估计

除了对总体均值进行估计以外，有时候会想了解该总体的稳定程度，这个时候就需要对总体方差进行估计。已知总体$x \sim N(\mu, \sigma^2)$，设给定的置信水平为$1-\alpha$，抽取的样本为$x_1, x_2, \cdots, x_n$，通过计算可以得到样本的方差S^2。根据点估计的结果可知，样本方差S^2是总体方差σ^2的无偏估计值，根据第四章的内容可知：

$$\frac{(n-1)S^2}{\sigma^2} \sim \chi^2(n-1)$$

因此，我们可以构建

$$\chi^2 = \frac{(n-1)S^2}{\sigma^2}$$

由于已知置信水平以及自由度df，可计算出$\chi^2_{1-\frac{\alpha}{2}}$和$\chi^2_{\frac{\alpha}{2}}$，

从而有：

$$P\left\{ \chi^2_{1-\frac{\alpha}{2}} < \frac{(n-1)S^2}{\sigma^2} < \chi^2_{\frac{\alpha}{2}} \right\} = 1-\alpha \tag{6-12}$$

将未知参数以外的数进行移项变形，从而分离出参数σ^2，得到σ^2在$1-\alpha$置信水平下的一个取值范围，即置信区间为：

$$\left(\frac{(n-1)S^2}{\chi^2_{\frac{\alpha}{2}}}, \frac{(n-1)S^2}{\chi^2_{1-\frac{\alpha}{2}}} \right)$$

【例6.5】某养鸡场随机抽取了10只母鸡，测定它们一个月的产蛋数，得到的数据如下：25, 26, 24, 27, 28, 27, 26, 27, 25, 25，试求该总体方差95%的置信区间。

解：依题意，可以计算出样本的平均产蛋数$\overline{x} = 26$，方差$S^2 = 1.56$，

$$df = n-1 = 9, \alpha = 0.05$$

查附表4（χ^2值表）可得$\chi^2_{0.975(9)} = 2.70, \chi^2_{0.025(9)} = 19.02$。

因此，该总体方差95%的置信区间为：

$$\left(\frac{9 \times 1.56}{19.02}, \frac{9 \times 1.56}{2.70} \right)$$

即：

$$(0.74, 5.20)$$

该总体方差有95%的概率在0.74~5.20之间。

二、两个正态总体参数的区间估计

在实际中,我们还经常会碰到对两个正态总体进行比较的情况,下面将针对不同情形进行介绍。

1.两个正态总体均值差的区间估计

(1)σ_1^2、σ_2^2已知

已知总体$x_1 \sim N(\mu_1, \sigma_1^2)$,总体$x_2 \sim N(\mu_2, \sigma_2^2)$,且两个总体的方差$\sigma_1^2$、$\sigma_2^2$已给出,假设给定的置信水平为$1-\alpha$,抽取的样本均值分别为$\bar{x}_1$和$\bar{x}_2$,根据第四章的公式(4-32)、(4-33)可知:

$$z = \frac{(\bar{x}_1 - \bar{x}_2) - (\mu_1 - \mu_2)}{\sqrt{\dfrac{\sigma_1^2}{n_1} + \dfrac{\sigma_2^2}{n_2}}} \sim N(0, 1) \tag{6-13}$$

结合上述结果可求出$\mu_1 - \mu_2$在$1-\alpha$置信水平下的区间估计为:

$$(\bar{x}_1 - \bar{x}_2) \pm z_\alpha \cdot \sqrt{\frac{\sigma_1^2}{n_1} + \frac{\sigma_2^2}{n_2}} \tag{6-14}$$

【例6.6】某鸡场使用了两种饲料,研究不同饲料对鸡增重的影响,饲养40 d后从各组中随机抽取了8只鸡进行称重,单位为g,测定结果如下:

A饲料:610,634,608,621,630,632,625,630

B饲料:605,608,615,627,622,617,619,623

已知$\sigma_A^2 = 45$, $\sigma_B^2 = 49$,试求出95%置信水平下这两种饲料对鸡增重影响的差异。

解:首先,根据题意可以求出两种饲料喂养下鸡的平均增重$\bar{x}_A = 623.75$, $\bar{x}_B = 617$,根据公式(6-14),可以直接求出95%置信水平下这两种饲料对鸡增重影响的差异为:

$$(623.75 - 617) \pm 1.96 \times \sqrt{\frac{45}{8} + \frac{49}{8}} = 6.75 \pm 6.72$$

即:

$$(0.03, 13.47)$$

(2)$\sigma_1^2 = \sigma_2^2$且未知

当$\sigma_1^2 = \sigma_2^2 = \sigma^2$且未知时,根据第四章的内容,则用两个样本的方差$S_1^2$和$S_2^2$估计$\sigma^2$,则统计量$\bar{x}_1 - \bar{x}_2$服从$t$分布,即:

$$t = \frac{(\bar{x}_1 - \bar{x}_2) - (\mu_1 - \mu_2)}{S_{\bar{x}_1 - \bar{x}_2}} \sim t(n_1 + n_2 - 2)$$

其中$S_{\bar{x}_1 - \bar{x}_2}$称为均数差数标准误,计算公式为:

$$S_{\bar{x}_1 - \bar{x}_2} = \sqrt{\frac{(n_1 - 1)S_1^2 + (n_2 - 1)S_2^2}{(n_1 - 1) + (n_2 - 1)} \times \left(\frac{1}{n_1} + \frac{1}{n_2}\right)}$$

结合上述结果可求出$\mu_1 - \mu_2$在$1-\alpha$置信水平下的区间估计为:

$$(\bar{x}_1-\bar{x}_2)\pm t_\alpha \cdot S_{\bar{x}_1-\bar{x}_2} \tag{6-15}$$

【例6.7】某鸡场使用了两种饲料,来研究不同饲料对鸡增重的影响,饲养40 d后从各组中随机抽取了8只鸡进行称重,测定结果为(g):

A饲料:610,634,608,621,630,632,625,630

B饲料:605,608,615,627,622,617,619,623

若两个总体方差 σ_A^2,σ_B^2 未知,且经方差齐性检验证明两个总体的方差相等,即 $\sigma_A^2=\sigma_B^2$,试求出95%置信水平下这两种饲料对鸡增重影响的差异。

解:首先,根据题意可以求出两种饲料喂养下鸡的平均增重 $\bar{x}_A=623.75$,$\bar{x}_B=617$,样本方差 $S_A^2=99.64$, $S_B^2=56.29$,查附表3(t值表)可得 $t_{0.05(14)}=2.145$。

根据式(6-15),95%置信水平下这两种饲料对鸡增重影响的差异为:

$$(\bar{x}_A-\bar{x}_B)\pm t_\alpha \cdot S_{\bar{x}_A-\bar{x}_B}$$

$$=(623.75-617)\pm 2.145\times \sqrt{\frac{7\times 99.64+7\times 56.29}{14}\times \left(\frac{1}{8}+\frac{1}{8}\right)}$$

$$=6.75\pm 9.47$$

即:

$$(-2.72, 16.22)$$

说明这两种饲料对鸡增重影响的差异有95%的概率在 $-2.72\sim 16.22$ g之间。

(3)$\sigma_1^2\neq\sigma_2^2$ 且未知

当 $\sigma_1^2\neq\sigma_2^2$ 且未知时,根据第五章的两总体方差未知且不等时的近似t检验,可知,

$$t=\frac{(\bar{x}_1-\bar{x}_2)-(\mu_1-\mu_2)}{S_{\bar{x}_1-\bar{x}_2}}\sim t(df)$$

其中

$$S_{\bar{x}_1-\bar{x}_2}=\sqrt{\frac{S_1^2}{n_1}+\frac{S_2^2}{n_2}}$$

$$df=\frac{\left(S_1^2/n_1+S_2^2/n_2\right)^2}{\dfrac{\left(S_1^2/n_1\right)^2}{n_1-1}+\dfrac{\left(S_2^2/n_2\right)^2}{n_2-1}}$$

求出 $\mu_1-\mu_2$ 在 $1-\alpha$ 置信水平下的区间估计为:

$$(\bar{x}_1-\bar{x}_2)\pm t_\alpha \cdot S_{\bar{x}_1-\bar{x}_2} \tag{6-16}$$

【例6.8】某研究人员随机将20只小鼠分配到甲、乙两个不同饲料组,每组10只,在喂养一段时间后,测得小鼠肝中铁含量($\mu g/g$)结果如下:

甲饲料:3.59,0.96,3.89,1.23,1.61,2.94,1.96,3.68,1.54,2.59;

乙饲料:2.23,1.14,2.63,1.00,1.35,2.01,1.64,1.13,1.01,1.70。

设小鼠肝中铁含量服从正态分布,两总体方差 σ_1^2 和 σ_2^2 未知,且经方差齐性检验证明两总体方差不等,即 $\sigma_1^2\neq\sigma_2^2(\alpha=0.1)$,试求小鼠采食甲、乙两种饲料后其肝中铁含量之差在95%置信水平下的置信区间。

解:依题意,可以计算出两个样本的平均数和方差,分别为:

$$\bar{x}_1 = 2.399, S_1^2 = 1.177$$

$$\bar{x}_2 = 1.584, S_2^2 = 0.316$$

根据式(5-14)计算均数差异标准误 $S_{\bar{x}_1-\bar{x}_2}$,结果为:

$$S_{\bar{x}_1-\bar{x}_2} = \sqrt{\frac{S_1^2}{n_1} + \frac{S_2^2}{n_2}} = \sqrt{\frac{1.177}{10} + \frac{0.316}{10}} = 0.386$$

根据式(5-16)计算自由度 df,结果为:

$$df = \frac{(n-1)(S_1^2 + S_2^2)^2}{S_1^4 + S_2^4} = \frac{(10-1) \times (1.177 + 0.316)^2}{1.177^2 + 0.316^2} \approx 13$$

当 df=13,查附表3(t 值表)可得 $t_{0.05(13)}$=2.160,将以上结果代入式(6-16),则小鼠采食甲、乙两种饲料后其肝中铁含量之差在95%置信水平下的置信区间为:

$$(\bar{x}_1 - \bar{x}_2) \pm t_\alpha S_{\bar{x}_1-\bar{x}_2} = (2.399 - 1.584) \pm 2.160 \times 0.386 = 0.815 \pm 0.834$$

即小鼠采食甲、乙两种饲料后其肝中铁含量之差有95%的概率在-0.019~1.649 μg/g这个区间。

2. 两个正态总体方差比的区间估计

已知总体 $x_1 \sim N(\mu_1, \sigma_1^2)$,总体 $x_2 \sim N(\mu_2, \sigma_2^2)$,根据点估计的结果可知样本方差 S_1^2、S_2^2 分别是总体方差 σ_1^2、σ_2^2 的无偏估计值,且

$$\frac{(n_1-1)S_1^2}{\sigma_1^2} \sim \chi^2(n_1-1), \quad \frac{(n_2-1)S_2^2}{\sigma_2^2} \sim \chi^2(n_2-1)$$

那么

$$\frac{S_1^2/\sigma_1^2}{S_2^2/\sigma_2^2} \sim F(n_1-1, n_2-1)$$

根据置信水平以及自由度 df 都已知,可计算出 $F_{1-\frac{\alpha}{2}}$ 和 $F_{\frac{\alpha}{2}}$,

则有:

$$P\left\{F_{1-\frac{\alpha}{2}} < \frac{S_1^2/\sigma_1^2}{S_2^2/\sigma_2^2} < F_{\frac{\alpha}{2}}\right\} = 1-\alpha \tag{6-17}$$

进行移项变形,得到

$$P\left\{\frac{1}{F_{\frac{\alpha}{2}}} \cdot \frac{S_1^2}{S_2^2} < \frac{\sigma_1^2}{\sigma_2^2} < \frac{1}{F_{1-\frac{\alpha}{2}}} \cdot \frac{S_1^2}{S_2^2}\right\} = 1-\alpha \tag{6-18}$$

可求出 $\frac{\sigma_1^2}{\sigma_2^2}$ 在 $1-\alpha$ 置信水平下的区间估计为:

$$\left(\frac{1}{F_{\frac{\alpha}{2}}} \cdot \frac{S_1^2}{S_2^2}, \frac{1}{F_{1-\frac{\alpha}{2}}} \cdot \frac{S_1^2}{S_2^2}\right) \tag{6-19}$$

第四节 | 二项分布和泊松分布参数的区间估计

除了上述的正态总体,还有非正态总体参数的区间估计问题,其中最为典型的就是离散型的二项分布和泊松分布,下面将对这两种类型参数的区间估计进行介绍。

一、二项分布参数的区间估计

某一事件发生只有两种结果,其中一种发生的概率为p,则另一种可能发生的概率为$1-p$,那么就称该事件服从二项分布。假设从总体随机抽取样本含量为n的样本,其中具有所需要的特征的个体个数为k,如果用$\hat{p}$表示具有该特征个体的样本率的话,则$\hat{p}=\dfrac{k}{n}$。通过样本的样本率可以对总体的总体率p进行估计。p与$\hat{p}$相对应,即如果总体的容量为N,含所需特征的个体个数为K,则$p=\dfrac{K}{N}$。对于二项分布总体来说,我们所需要做的就是对这个参数p进行估计,根据样本含量的大小不同,其估计的方法也不同,下面将进行具体介绍。

1.小样本

对于小样本$(n \leqslant 30)$二项分布总体率p的参数估计,可以通过精确计算其概率来确定置信水平为$1-\alpha$的置信区间。根据$\hat{p}=\dfrac{k}{n}$,我们可以在样本含量相同的条件下观察不同$\hat{p}$值的分布特点(图6-1),可见,n固定不变的情况下,$\hat{p}$越大,k则会越大,这意味着k取较小数值时概率$\hat{p}$就越小,当概率小到恰好等于$\alpha/2$时,可以求出左侧的概率和,此时为总体率p区间估计的最大值。

即假设从总体随机抽取样本含量为n的样本,其中具有所需要的特征的个体个数为k,则二项分布总体率p的区间估计的最大值为:

$$P\{x \leqslant k\} = \sum_{i=0}^{k} C_n^i p^i (1-p)^{n-i} = \frac{\alpha}{2} \qquad (6-20)$$

同理,当$\hat{p}$越小时,k也会越来越小,这意味着k取较大数值的概率$\hat{p}$就越小,当概率小到恰好等于$\alpha/2$时,可以求出右侧的概率和,此时为总体率p区间估计的最小值,即

$$P\{x \geqslant k\} = \sum_{i=k}^{n} C_n^i p^i (1-p)^{n-i} = \frac{\alpha}{2} \qquad (6-21)$$

将上述两个式子连接起来,进行求解,就可以求出p的最大值和最小值,则总体率p在$1-\alpha$的置信区间为:

$$(p_{\min}, p_{\max})$$

只要知道k, n, α的具体值,就可求出p在$1-\alpha$的置信区间。

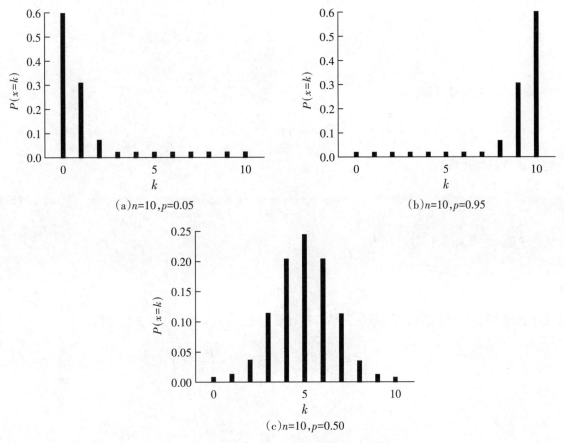

（a）$n=10, p=0.05$ （b）$n=10, p=0.95$

（c）$n=10, p=0.50$

图6-1　当$n=10$时,不同p值时的二项分布

【例6.9】某牛场随机抽取20头牛进行检查,发现其中有2头患有蹄肢病,求该牛场牛蹄肢病患病率置信度为95%的置信区间。

解:根据题意可知$k=2, n=20, \alpha=0.05$,

$$\begin{cases} P\{x \leqslant 2\} = \sum_{i=0}^{2} C_{20}^{i} p^{i}(1-p)^{20-i} = 0.025 \\ P\{x \geqslant 2\} = \sum_{i=2}^{20} C_{20}^{i} p^{i}(1-p)^{20-i} = 0.025 \end{cases}$$

可得到患病率p在95%的置信区间为:

$$(0.012, 0.316)$$

化成百分数形式,即该牛场牛蹄肢病患病率介于1.2%与31.6%之间。

2. 大样本

当样本数量足够大时,二项分布就趋近于正态分布。一般认为$n>30$的时候,就属于大样本,这时可以采用大样本正态近似法来对参数进行区间估计。具体方法如下。

根据第四章所述的二项分布的平均数、方差和标准差的内容可知,当二项分布以百分率表示时,则有:

$$E(\hat{p}) = P \tag{6-22}$$

$$D(\hat{p}) = \frac{pq}{n} = \frac{p(1-p)}{n} \tag{6-23}$$

总体标准差为:

$$\sigma = \sqrt{\frac{p(1-p)}{n}} \tag{6-24}$$

根据中心极限定理可知,

$$\hat{p} \sim N\left(p, \frac{p(1-p)}{n}\right) \tag{6-25}$$

将其进行标准化得到:

$$\frac{\hat{p}-p}{\sqrt{p(1-p)/n}} \sim N(0,1) \tag{6-26}$$

由于$\hat{p}$是p的无偏估计,故可化为:

$$\frac{\hat{p}-p}{\sqrt{\hat{p}(1-\hat{p})/n}} \sim N(0,1)$$

接下来就可以参照正态总体参数区间估计的计算方法,得到p在$1-\alpha$的置信区间:

$$\left(\hat{p} - z_\alpha \cdot \sqrt{\frac{\hat{p}(1-\hat{p})}{n}}, \ \hat{p} + z_\alpha \cdot \sqrt{\frac{\hat{p}(1-\hat{p})}{n}}\right) \tag{6-27}$$

即:

$$\hat{p} \pm z_\alpha \cdot \sqrt{\frac{\hat{p}(1-\hat{p})}{n}} \tag{6-28}$$

【例6.10】某猪场有350头母猪,其中有20头母猪患有乳腺炎,求该猪场母猪乳腺炎患病率置信度为95%的置信区间。

解:该样本数大于30,所以采用正态近似法来进行求解。

首先可以计算出样本的患病率为$\hat{p} = \dfrac{k}{n} = \dfrac{20}{350} = 0.057$,

然后就可以根据式(6-28)得到:

$$\hat{p} \pm z_\alpha \cdot \sqrt{\frac{\hat{p}(1-\hat{p})}{n}} = 0.057 \pm 1.96 \times \sqrt{\frac{0.057 \times (1-0.057)}{350}} = 0.057 \pm 0.024$$

即:

$$(0.033, 0.081)$$

化成百分数形式,就有95%的概率认为该猪场母猪乳腺炎患病率介于3.3%与8.1%之间。

二、泊松分布参数的区间估计

对于泊松分布的总体来说,对其参数λ的区间估计与二项分布类似,下面将进行具体说明。

1.小样本

对于小样本来说,也可以通过精确计算其概率来确定 $1-\alpha$ 的置信区间。首先也是对泊松分布的概率分布状态与参数 λ 的关系进行观察,可以看到,当样本 n 固定不变时,随着 λ 的增大,其概率分布的最高点也随之向右移动,这意味着左侧的概率之和在逐渐减小,当小到 $\alpha/2$ 时,有

$$P\{x \leqslant k\} = \sum_{i=0}^{k} \frac{\lambda^i}{i!} e^{-\lambda} = \frac{\alpha}{2} \tag{6-29}$$

此时可求出 λ 的最大值。同理,随着 λ 的减小,其概率分布的最高点也随之向左移动,这意味着右侧的概率之和在逐渐减小,当小到 $\alpha/2$ 时,有

$$P\{x \geqslant k\} = \sum_{i=k}^{\infty} \frac{\lambda^i}{i!} e^{-\lambda} = \frac{\alpha}{2} \tag{6-30}$$

此时可求出 λ 的最小值,故参数 λ 在 $1-\alpha$ 的置信区间为:

$$(\lambda_{\min}, \lambda_{\max})$$

只要知道 $k, 1-\alpha$ 的具体值,就可求出 λ 在 $1-\alpha$ 的置信区间。

【例6.11】某猪场随机抽取25头仔猪,调查其健康状况,发现有3头仔猪患白痢,已知其患病率服从泊松分布,试求 λ 在95%置信度下的置信区间。

解:根据题意可知 $k=3, 1-\alpha=0.95$,

$$\begin{cases} P\{x \leqslant 3\} = \sum_{i=0}^{3} \frac{\lambda^i}{i!} e^{-\lambda} = 0.025 \\ P\{x \geqslant 3\} = \sum_{i=3}^{\infty} \frac{\lambda^i}{i!} e^{-\lambda} = 0.025 \end{cases}$$

可以求得参数 λ 在95%的置信区间为:

$$(0.61, 8.76)$$

2.大样本

当样本数量足够大时,泊松分布就会趋近于正态分布。这时的求解方法与二项分布相似,假设总体 x 服从参数为 λ 的泊松分布,则根据泊松分布的性质可知,该总体的均值 $E(x)=\lambda$,方差 $D(x)=\lambda$。如果从该总体中抽取样本含量为 n 的样本,则根据样本的观测值 $x_1, x_2, \cdots, x_n$ 可以得出样本的均值:

$$\bar{x} = \frac{1}{n} \sum_{i=1}^{n} x_i$$

$$E(\bar{x}) = E\left(\frac{1}{n} \sum_{i=1}^{n} x_i\right) = \frac{1}{n} \sum_{i=1}^{n} E(x_i) = \frac{1}{n} \times n\lambda = \lambda \tag{6-31}$$

$$D(\bar{x}) = D\left(\frac{1}{n} \sum_{i=1}^{n} x_i\right) = \frac{1}{n^2} \sum_{i=1}^{n} D(x_i) = \frac{1}{n^2} \times n\lambda = \frac{\lambda}{n} \tag{6-32}$$

根据中心极限定理, $\bar{x} \sim N\left(\lambda, \dfrac{\lambda}{n}\right)$。

将其进行标准化得到:

$$\frac{\bar{x} - \lambda}{\sqrt{\lambda/n}} \sim N(0, 1) \tag{6-33}$$

因为 $E(\bar{x})=\lambda$，所以可以令：

$$\sqrt{\dfrac{\bar{x}}{n}}=\sqrt{\dfrac{\lambda}{n}} \qquad (6-34)$$

得到：

$$\dfrac{\bar{x}-\lambda}{\sqrt{\bar{x}/n}}\sim N(0,1) \qquad (6-35)$$

实际中为了便于计算，通常会使用到样本的总数 $x=\sum x_i$，来对样本均值和标准差进行一个变换，从而有 $\sigma_x=\sqrt{\dfrac{\bar{x}}{n}}=\sqrt{\dfrac{x/n}{n}}=\dfrac{\sqrt{x}}{n}$，

故有：

$$\dfrac{x/n-\lambda}{\sqrt{x}/n}\sim N(0,1) \qquad (6-36)$$

进而可以得出 $n\lambda$ 在 $1-\alpha$ 的置信区间：

$$\left(x-z_\alpha\cdot\sqrt{x},\ x+z_\alpha\cdot\sqrt{x}\right) \qquad (6-37)$$

即：

$$x\pm z_\alpha\cdot\sqrt{x}$$

【例6.12】在某散养鸡场随机抽取200窝孵育小鸡，调查其畸形率，得到的结果如下。

畸形数	0	1	2	≥3
批数	122	71	6	1

已知其畸形数服从泊松分布，试求 $n\lambda$ 在95%置信度下的置信区间。

解：根据题目可以求出总的畸形小鸡数：

$$x=122\times0+71\times1+6\times2+1\times3=86$$

则 $n\lambda$ 在95%置信度下的置信区间为：

$$x\pm z_\alpha\cdot\sqrt{x}=86\pm1.96\times\sqrt{86}=86\pm18.18$$

即：

$$(67.82,\ 104.18)$$

拓展阅读

扫码进行本章内容相关的PPT课件、知识图谱、章节测验、相关拓展资料等数字资源的获取和学习。

思考与练习题

（1）什么是参数估计？为什么要进行参数估计？

（2）参数估计包含哪两类估计方法？分别有何优缺点？

（3）什么是置信度？什么是置信区间？

（4）某猪场9头仔猪初生重为2.4，2.7，2.9，2.5，3.0，2.4，2.6，2.4，2.5（kg），已知该总体的方差$\sigma^2 = 1.9$，求该猪场仔猪初生重总体均值μ置信度为95%和99%的置信区间。

（5）某养鸡场10只肉鸡出栏体重为1.6，2.2，2.0，2.2，2.0，1.9，1.5，2.3，1.5，1.7（kg）。求该养鸡场肉鸡出栏体重总体均值μ置信度为95%的置信区间。

（6）某养猪场随机抽取了10头母猪，其产仔数分别为9，12，15，11，14，10，12，9，12，11，试求该总体方差95%的置信区间。

（7）某猪场使用了一种饲料饲喂两个品种的猪，研究饲料对不同猪种日增重的影响，饲养50 d后从各组中随机抽取了13头猪测定日增重，测定结果为（g）：

A品种：663，652，657，652，659，663，663，653，662，665，651，662，655

B品种：636，631，637，635，630，636，643，637，631，634，632，635，640

已知两个总体的方差相等，试求出95%置信水平下饲料对不同猪日增重影响的差异。

第七章

方差分析

本章导读

在科学研究中,经常遇到多个样本之间的比较,如果用 t 检验的方法会比较烦琐,且检验的误差会增大。因此对呈正态分布的数量性状资料进行多个样本之间的比较一般采用方差分析。本章主要介绍方差分析的原理和方法。

学习目标

理解方差分析的概念、原理和适用条件,了解多重比较的概念和方法;掌握单向分组资料方差分析的方法和统计步骤,双向分组资料方差分析的方法和统计步骤;学会根据资料类型选择方差分析的方法;培养学生分析问题和解决问题的能力。

方差分析

方差分析的基本原理
- 数学模型
- 平方和与自由度的分解
- F 检验
- 多重比较
  - 最小显著差数法
  - 最小显著极差法

单向分组资料的方差分析
- 重复数相等的资料
- 重复数不等的资料

双向分组资料的方差分析
- 双向交叉分组资料
  - 无重复观测值的资料
  - 有重复观测值的资料
- 双向嵌套分组资料

第五章介绍的 t 检验主要用于单个总体平均数的假设检验和两个总体平均数的假设检验。如果试验包含3个及以上处理,目的是对多个($\geqslant 3$)正态总体的平均数进行假设检验,应采用本章介绍的方差分析(analysis of variance,ANOVA)。本章结合单向分组资料介绍方差分析的基本原理、步骤和常用多重比较方法,在此基础上,具体介绍单向分组资料、双向交叉分组资料和双向嵌套分组资料的方差分析方法。

第一节｜方差分析的意义和基本原理

一、方差分析的意义

前面第五章介绍的 t 检验或 z 检验主要用于两个总体平均数的比较。如果所要比较的总体平均数是3个或3个以上,t 检验或 z 检验已不适合,其理由如下。

(一)假设检验的程序烦琐

如果试验有 k 个处理($k \geqslant 3$),则有 k 个样本平均数,如果用 t 检验对这 k 个样本平均数进行两两比较,则需要进行 $C_k^2 = \dfrac{k(k-1)}{2}$ 次。例如,如果处理数为3($k=3$),则需要进行3次 t 检验;如果处理数为5($k=5$),则需要进行10次 t 检验;如果处理数为8($k=8$),则需要进行28次 t 检验。可见,随着处理数 k 的增加,t 检验次数激增,统计程序相当烦琐,检验工作量大。

(二)误差估计不统一,且误差估计的精确度和检验的灵敏度降低

如上所述,如果试验有 k 个处理($k \geqslant 3$),则需要进行 $C_k^2 = \dfrac{k(k-1)}{2}$ 次 t 检验。每次 t 检验都只能利用两个样本的数据计算均数差异标准误 $S_{\bar{x}_i - \bar{x}_j}$,所以每次 t 检验的误差估计值不统一。此外,每次只能利用两个样本估计试验误差,导致误差自由度小。例如,某试验处理数为8($k=8$),重复数为6($n=6$),共48个试验数据,每次 t 检验的误差自由度为 $n_i + n_j - 2 = 10$,而利用整个试验所有48个试验数据计算误差自由度为 $k(n-1) = 40$。可见,随着处理数 k 的增加,t 检验对误差的估计不统一,且误差自由度小,导致误差估计的精确度受损,降低了假设检验的灵敏性。

(三)增大犯 I 型错误的概率

更重要的是,这种两两检验的方法会随处理数 k 的增加增大犯 I 型错误的概率。若每次 t 检验的显著水平为 α,则 C_k^2 次 t 检验犯 I 型错误的概率为 $\alpha'=1-(1-\alpha)^{C_k^2}$。例如,假设处理数为 5($k=5$),需要进行 10 次 t 检验,如果每一次 t 检验显著水平 $\alpha=0.05$,则每一次 t 检验获得正确结论的概率为 $1-0.05=0.95$,10 次 t 检验获得正确结论的总概率为 $0.95^{10}\approx0.60$,所以 10 次 t 检验犯 I 型错误的总概率为 $\alpha'=1-0.60=0.40$。

综上,当处理数 $k\geqslant3$ 时,仍采用 t 检验或 z 检验是不够恰当的,应使用方差分析对多个样本进行均数差异显著性检验。

方差分析是英国统计学家费希尔于 1923 年提出的,一直以来得到了广泛应用和发展,现已成为科学研究中重要的统计分析方法之一。本书第三章所述方差可以用来表示变数资料的变异程度。除此之外,还可以应用方差对试验或调查得到的数据进行变异原因的分解,以判断试验处理因素是否对考查指标(试验效应)存在影响。方差分析的基本特点是将多个处理的观测值作为一个整体看待,将观测值总变异的平方和及其自由度分解为不同变异来源的平方和及其自由度(例如处理间变异和误差变异),进而获得不同变异来源的总体方差估计值,然后通过方差分析确定不同来源的变异对总变异贡献的大小,从而确定处理因素对研究结果(试验效应)影响力的大小。

动物科学研究中,由于试验目的、试验设计和需要考查的处理因素多少不同,导致试验中所获得的数据资料可分为很多类型。其中,试验只考查一个控制变量的不同水平对观测变量是否产生显著影响,即仅研究单个因素不同水平对观测值的影响,称为单向分组资料的方差分析(或单因素方差分析)。当研究的观测变量同时受两个处理因素影响时,即研究两个因素不同水平组合对观测值的影响,称为双向分组资料的方差分析(或两因素方差分析)。不同类型的试验数据资料进行方差分析的基本原理和步骤是相同的,但具体的统计分析过程有所不同。本节将以单向分组资料模型为例介绍方差分析的基本原理。

二、数学模型

(一)数据模式

单向分组试验设计是动物科学研究中常用的试验设计方法,假设一个单因素试验设置 a 个处理(水平),即从 a 个正态总体中随机抽取 a 个样本,且每个处理设置 n 个重复,即每个处理有 n 个试验观测值,则试验共 an 个观测值,其数据模式如表 7-1 所示。

表 7-1 单向分组资料的数据模式(a 个处理,每个处理有 n 个观测值)

处理	试验数据 x_{ij}						合计 $x_i.$	平均 $\bar{x}_i.$
A_1	x_{11}	x_{12}	$\cdots$	x_{1j}	$\cdots$	x_{1n}	$x_1.$	$\bar{x}_1.$
A_2	x_{21}	x_{22}	$\cdots$	x_{2j}	$\cdots$	x_{2n}	$x_2.$	$\bar{x}_2.$
$\vdots$	$\vdots$	$\vdots$		$\vdots$		$\vdots$	$\vdots$	$\vdots$

续表

处理	试验数据 x_{ij}						合计 $x_i.$	平均 $\bar{x}_i.$
A_i	x_{i1}	x_{i2}	$\cdots$	x_{ij}	$\cdots$	x_{in}	$x_i.$	$\bar{x}_i.$
$\vdots$	$\vdots$	$\vdots$		$\vdots$		$\vdots$	$\vdots$	$\vdots$
A_a	x_{a1}	x_{a2}	$\cdots$	x_{aj}	$\cdots$	x_{an}	$x_a.$	$\bar{x}_a.$
合计							$x..$	$\bar{x}..$

其中，x_{ij} 代表试验第 i 个处理的第 j 个观测值（$i=1,2,\cdots,a$；$j=1,2,\cdots,n$）；$x_i.$ 代表第 i 个处理的 n 个观测值之和（$x_i.=\sum_{j=1}^{n} x_{ij}$）；$\bar{x}_i.$ 代表第 i 个处理的 n 个观测值的平均数（$\bar{x}_i.=\frac{1}{n}\sum_{j=1}^{n} x_{ij}$）；$x..$ 代表试验全部观测值的总和（$x..=\sum_{i=1}^{a}\sum_{j=1}^{n} x_{ij}$）；$\bar{x}..$ 代表试验全部观测值的总平均数（$\bar{x}..=\frac{1}{an}\sum_{i=1}^{a}\sum_{j=1}^{n} x_{ij}$）。

（二）数学模型（线性模型）

数学模型是一种线性模型，它将观测值表示为影响观测值大小的各个因素效应的线性组合。表7-1列出了 a 个处理，每个处理有 n 个观测值单向分组资料的数据模式，相对应的单向分组资料的数学模型（或线性模型）可表示为：

$$x_{ij}=\mu+\alpha_i+\varepsilon_{ij}(i=1,2,\cdots,a;j=1,2,\cdots,n) \tag{7-1}$$

其中，

x_{ij} 为试验第 i 个处理的第 j 个观测值；

μ 为试验全体观测值总体平均数；

α_i 为第 i 个处理的效应（即第 i 个处理所属总体的平均数 μ_i 与总体平均数 μ 的差值，即 $\alpha_i=\mu_i-\mu$）；

ε_{ij} 为试验随机误差，假设所有的 ε_{ij} 均相互独立并服从正态分布 $N(0,\sigma^2)$。

在这个单向分组资料数学模型中，将 x_{ij} 表示为试验全体观测值总体平均数 μ、处理效应 α_i 和试验误差 ε_{ij} 之和。可见，每个观测值 x_{ij} 都包含处理效应与试验误差两部分，所以 an 个观测值的总变异可以分解为处理间变异与试验误差两部分。

当各总体服从正态分布且方差相等时，各总体之间的差异就体现为它们各自平均数之间的差异，这就是方差分析的出发点。所以根据 ε_{ij} 均相互独立并服从正态分布 $N(0,\sigma^2)$，对于单向分组资料就要求各个处理 A_i（$i=1,2,\cdots,a$）的观测值须服从正态分布 $N(\mu_i,\sigma^2)$，即各个处理的总体平均数 μ_i 可以不同，但方差 σ^2 必须相同。总之，效应的可加性、分布的正态性和方差的一致性是方差分析的前提和基本假定。

三、平方和与自由度的分解

根据单向分组资料的数学模型，可将总变异分解为处理间变异与试验误差两部分。前面介绍到方差也称为均方（mean square），表示试验资料中各个观测值变异程度的大小，其等于离均差平方和除以自由度，因此，平方和与自由度的剖分是方差分析的第一步。在进行方差分析时，将所有观测值的总变异按总平方和与总自由度来进行剖分,即将总平方和分解为处理间平方和与误差平方和;将总自由度分解为处理间自由度与误差自由度。

(一)总平方和的剖分

单向分组资料有 a 个处理,每个处理 n 个重复,共 an 个观测值,则所有观测值构成的整个总变异的平方和称为总平方和,记为 SS_T,等于各个观测值 x_{ij} 与总平均数 $\bar{x}..$ 的离均差平方和,即:

$$SS_T=\sum_{i=1}^{a}\sum_{j=1}^{n}(x_{ij}-\bar{x}..)^2$$

因为:

$$\sum_{i=1}^{a}\sum_{j=1}^{n}(x_{ij}-\bar{x}..)^2=\sum_{i=1}^{a}\sum_{j=1}^{n}[(\bar{x}_i.-\bar{x}..)+(x_{ij}-\bar{x}_i.)]^2$$

$$=n\sum_{i=1}^{a}(\bar{x}_i.-\bar{x}..)^2+2\sum_{i=1}^{a}[(\bar{x}_i.-\bar{x}..)\sum_{j=1}^{n}(x_{ij}-\bar{x}_i.)]+\sum_{i=1}^{a}\sum_{j=1}^{n}(x_{ij}-\bar{x}_i.)^2$$

其中, $\sum_{j=1}^{n}(x_{ij}-\bar{x}_i.)=0$,所以

$$\sum_{i=1}^{a}\sum_{j=1}^{n}(x_{ij}-\bar{x}..)^2=n\sum_{i=1}^{a}(\bar{x}_i.-\bar{x}..)^2+\sum_{i=1}^{a}\sum_{j=1}^{n}(x_{ij}-\bar{x}_i.)^2 \qquad (7-2)$$

式(7-2)中, $n\sum_{i=1}^{a}(\bar{x}_i.-\bar{x}..)^2$ 为各个处理平均数 $\bar{x}_i.$ 与总平均数 $\bar{x}..$ 的离均差平方和与重复数 n 的乘积,反映重复 n 次的处理间变异,称为处理间平方和或组间平方和,记为 SS_A,即:

$$SS_A=n\sum_{i=1}^{a}(\bar{x}_i.-\bar{x}..)^2$$

式(7-2)中, $\sum_{i=1}^{a}\sum_{j=1}^{n}(x_{ij}-\bar{x}_i.)^2$ 为各个观测值离均差平方和之和,反映试验误差,称为误差平方和或组内平方和,记为 SS_e,即:

$$SS_e=\sum_{i=1}^{a}\sum_{j=1}^{n}(x_{ij}-\bar{x}_i.)^2$$

可知,单向分组资料总平方和 SS_T 可以剖分为处理间平方和 SS_A 和误差平方和 SS_e。

$$SS_T=SS_A+SS_e \qquad (7-3)$$

在实际计算中,常使用下列简便公式计算总平方和 SS_T、处理间平方和 SS_A 和误差平方和 SS_e:

$$\left.\begin{array}{l} SS_T=\sum_{i=1}^{a}\sum_{j=1}^{n}x_{ij}^2-C \\ SS_A=\dfrac{1}{n}\sum_{i=1}^{a}x_i.^2-C \\ SS_e=SS_T-SS_A \end{array}\right\} \qquad (7-4)$$

式(7-4)中, $C=\dfrac{x..^2}{an}$,称为矫正数。

(二)总自由度的剖分

在表7-1数据模式中,计算总平方和SS_T时,因为an个观测值受$\sum_{i=1}^{a}\sum_{j=1}^{n}(x_{ij}-\bar{x}..)=0$这一条件的约束,所以其对应的总自由度等于观测值的总数an减去1,总自由度记为df_T,即$df_T=an-1$。

计算处理间平方和SS_A时,a个处理平均数受条件$\sum_{i=1}^{a}(\bar{x}_{i.}-\bar{x}..)=0$的约束,所以其对应的处理间自由度等于处理数$a$减去1,处理间自由度记为$df_A$,即$df_A=a-1$。

计算误差平方和SS_e时,每个处理的n个观测值受到条件$\sum_{j=1}^{n}(x_{ij}-\bar{x}_{i.})=0$的约束,共有$a$个约束条件,所以其对应的误差自由度等于观测值的总数an减去a,误差自由度记为df_e,即$df_e=an-a=a(n-1)$。

因为:

$$an-1=(a-1)+(an-a)=(a-1)+a(n-1)$$

可知,表7-1单向分组资料的总自由度df_T可以分解为处理间自由度df_A和误差自由度df_e,即:

$$df_T=df_A+df_e \tag{7-5}$$

式(7-5)是单向分组资料总自由度df_T、处理间自由度df_A、误差自由度df_e的关系式,称为总自由度的分解式。

综上,单向分组资料总自由度df_T、处理间自由度df_A、误差自由度df_e的计算公式为:

$$\left.\begin{array}{l}df_T=an-1\\df_A=a-1\\df_e=df_T-df_A\end{array}\right\} \tag{7-6}$$

【例7.1】某奶牛场调查了4个品种奶牛的第一胎产奶量,结果列于表7-2。

表7-2   4个品种奶牛的第一胎产奶量   单位:t

品种	第一胎产奶量x_{ij}								合计$x_{i.}$	平均$\bar{x}_{i.}$
A	4.6	5.2	5.1	4.4	5.0	4.6	5.2	4.9	39.0	4.875 0
B	4.3	4.6	5.2	5.3	4.1	4.4	4.2	3.8	35.9	4.487 5
C	6.4	5.5	5.6	5.1	5.5	5.0	4.9	4.7	42.7	5.337 5
D	6.0	5.7	5.8	6.2	5.3	6.5	5.9	5.2	46.6	5.825 0
合计									$x..=164.2$	$\bar{x}..=5.131\ 3$

解:依题意,本例的试验因素为品种,共设置4个品种或水平,所以试验资料是一个单因素试验,处理数$a=4$,重复数$n=8$,共32个观测值。

矫正数:$C=\dfrac{x..^2}{an}=\dfrac{164.2^2}{4\times8}=842.551\ 3$

总平方和:$SS_T=\sum_{i=1}^{a}\sum_{j=1}^{n}x_{ij}^2-C=856.5-842.551\ 3=13.948\ 7$

总自由度:$df_T=an-1=4\times8-1=31$

处理间平方和：$SS_A = \dfrac{1}{n}\sum\limits_{i=1}^{a} x_{i\cdot}^2 - C$

$$= \dfrac{1}{8} \times (39^2 + 35.9^2 + 42.7^2 + 46.6^2) - 842.551\,3 = 8.031\,2$$

处理间自由度：$df_A = a - 1 = 4 - 1 = 3$

误差平方和：$SS_e = SS_T - SS_A = 13.948\,7 - 8.031\,2 = 5.917\,5$

误差自由度：$df_e = df_T - df_A = 31 - 3 = 28$

(三)均方及期望均方

通过式(7-4)和(7-6)计算总平方和、处理间平方和、误差平方和及其对应的自由度。将处理间平方和SS_A除以处理间自由度df_A得到处理间均方，记为MS_A；用误差平方和SS_e除以误差自由度df_e得到误差均方，记为MS_e，即：

$$\left.\begin{array}{l} MS_A = \dfrac{SS_A}{df_A} \\[2mm] MS_e = \dfrac{SS_e}{df_e} \end{array}\right\} \tag{7-7}$$

需要注意的是，虽然平方和具有可加性，但总均方一般不等于处理间均方与误差均方之和，即均方无可加性。此外，因为方差分析不涉及总均方，所以统计分析时一般不计算总均方。

对于【例7.1】，均方计算结果如下。

处理间均方：$MS_A = \dfrac{SS_A}{df_A} = \dfrac{8.031\,2}{3} = 2.677\,1$

误差均方：$MS_e = \dfrac{SS_e}{df_e} = \dfrac{5.917\,5}{28} = 0.211\,3$

方差分析的目的是在各总体方差一致的条件下检验各个总体平均数$\mu_i(i = 1, 2, \cdots, a)$是否相同。对于单向分组资料，其无效假设为$H_0: \mu_1 = \mu_2 = \cdots = \mu_a$，即多个样本的总体平均数相等(处理间无差异)。当检验$H_0: \mu_1 = \mu_2 = \cdots = \mu_a$时，也就意味着$\mu_1 = \mu_2 = \cdots = \mu_a = \mu$和$\sigma_1^2 = \sigma_2^2 = \cdots = \sigma_a^2 = \sigma^2$两个假定成立。第$i$个处理的误差平方和为$SS_{ei} = \sum\limits_{j=1}^{n} e_{ij}^2 = \sum\limits_{j=1}^{n}(x_{ij} - \bar{x}_{i\cdot})^2$，自由度为$df_{ei} = n - 1$，于是第$i$个处理的误差均方为$MS_{ei} = SS_{ei}/df_{ei}$。$MS_{ei}$是第$i$个处理的总体方差$\sigma_i^2$的无偏估计，由于$\sigma_1^2 = \sigma_2^2 = \cdots = \sigma_a^2 = \sigma^2$，所以$MS_{ei}$也是$\sigma^2$的无偏估计，因而

a个处理的合并均方$MS_e = \dfrac{SS_e}{df_e} = \dfrac{\sum\limits_{i=1}^{a} SS_{ei}}{\sum\limits_{i=1}^{a} df_{ei}} = \dfrac{\sum\limits_{i=1}^{a}\sum\limits_{j=1}^{n}(x_{ij} - \bar{x}_{i\cdot})^2}{a(n-1)}$ 也是σ^2的无偏估计值。

根据单向分组资料的数学模型$x_{ij} = \mu + \alpha_i + \varepsilon_{ij}$，可知$\dfrac{\sum\limits_{i=1}^{a}(\mu_i - \mu)^2}{a-1} = \dfrac{\sum\limits_{i=1}^{a}\alpha_i^2}{a-1}$，这称为处理效应方差，记为$\sigma_\alpha^2$，其表示各个处理观测值总体平均数$\mu_i(i = 1, 2, \cdots, a)$变异程度的大小。由于$\mu_i$未知，所以以$\alpha_i$无法求解，只能用样本$(\bar{x}_{i\cdot} - \bar{x}_{\cdot\cdot})$估计。因为$(\bar{x}_{i\cdot} - \bar{x}_{\cdot\cdot})$实际上包含两部分：一部分是处理效应$\alpha_i$，另一部分是抽样误差，

所以 $\dfrac{\sum\limits_{i=1}^{a}(\bar{x}_{i.}-\bar{x}_{..})^2}{a-1}$ 不是 σ_α^2 的无偏估计值。统计学已经证明 $\dfrac{\sum\limits_{i=1}^{a}(\bar{x}_{i.}-\bar{x}_{..})^2}{a-1}$ 是 $\sigma_\alpha^2+\dfrac{\sigma^2}{n}$ 的无偏估计值,因而处

理间均方 $MS_A=\dfrac{n\sum\limits_{i=1}^{a}(\bar{x}_{i.}-\bar{x}_{..})}{a-1}$ 是 $n\sigma_\alpha^2+\sigma^2$ 的无偏估计值。

均方的数学期望称为期望均方(expected mean square,EMS),其中,MS_e是σ^2的无偏估计值,所以σ^2是MS_e的数学期望(mathematical expectation),即$E(MS_e)=\sigma^2$;MS_A是$n\sigma_\alpha^2+\sigma^2$的无偏估计值,所以$n\sigma_\alpha^2+\sigma^2$是$MS_A$的数学期望,即$E(MS_A)=n\sigma_\alpha^2+\sigma^2$。

当无效假设$H_0:\mu_1=\mu_2=\cdots=\mu_a$成立时,即各个处理观测值总体平均数$\mu_i(i=1,2,\cdots,a)$相等时,则处理效应方差$\sigma_\alpha^2=0$,此时处理间均方$MS_A$与误差均方$MS_e$一样,都是误差方差$\sigma^2$的估计值。因此,$\dfrac{E(MS_A)}{E(MS_e)}=\dfrac{\sigma^2}{\sigma^2}=1$。反之,当无效假设$H_0$不成立时,则处理效应方差$\sigma_\alpha^2\neq0$,此时处理间均方$MS_A$的数学期望$E(MS_A)=n\sigma_\alpha^2+\sigma^2$必大于误差均方$MS_e$的数学期望$E(MS_e)=\sigma^2$,因此$\dfrac{E(MS_A)}{E(MS_e)}=\dfrac{n\sigma_\alpha^2+\sigma^2}{\sigma^2}>1$。综上,方差分析就是通过处理间均方$MS_A$与误差均方$MS_e$的比值来推断$\sigma_\alpha^2$是否为0,从而来确定$\mu_i(i=1,2,\cdots,a)$是否相等。

四、F检验(F-test)

根据第四章介绍的F分布和式(4-28)可知,F检验就是利用F分布进行统计假设检验,即用F值出现概率的大小推断一个总体方差是否大于另外一个总体方差的假设检验方法。对于单向分组资料,方差分析的目的是通过处理间均方MS_A与误差均方MS_e的比值来推断σ_α^2是否为0,从而来确定$\mu_i(i=1,2,\cdots,a)$是否相等,因此在计算F值时以处理间均方MS_A为分子,以误差均方MS_e为分母,即:

$$F=\frac{MS_A}{MS_e} \tag{7-8}$$

具体的检验步骤如下。

(一)提出假设

对于表7-1资料单向分组资料方差分析的F检验,其无效假设为$H_0:\mu_1=\mu_2=\cdots=\mu_a$,备择假设为$H_A$:各$\mu_i$不全相等。

(二)计算统计量F

在进行F检验时,对试验获得的数据资料按表7-1进行整理,按式(7-4)、式(7-6)和式(7-7)计算出不同变异来源的平方和SS,自由度df,均方MS,再按式(7-8)计算统计量F值。

注意,根据期望均方的介绍,如果无效假设H_0不成立,则检验统计量F值只落在F分布的右侧,所以F检验为单尾(右尾)检验。

(三)统计推断

由于是单侧检验,可直接由本书附表5(F值表,一尾)查到给定显著水平α对应的临界$F_{\alpha(df_A,df_e)}$值(df_A为分子自由度,即F值表中df_1;df_e为分母自由度,即F值表中df_2),将计算的F值与对应的临界值$F_{\alpha(df_A,df_e)}$比较,做出统计推断试验所考查的各处理间总体平均数$\mu_i(i=1,2,\cdots,a)$是否存在差异。以$\alpha=0.05$和$\alpha=0.01$两个常用显著水平为例,统计推断如下:

(1)若$F<F_{0.05(df_A,df_e)}$,则$p>0.05$,不能否定无效假设$H_0:\mu_1=\mu_2=\cdots=\mu_a$,表明各个处理观测值总体平均数差异不显著,简述为$F$值不显著;

(2)若$F_{0.05(df_A,df_e)}\leq F<F_{0.01(df_A,df_e)}$,则$0.01<p\leq0.05$,否定无效假设$H_0:\mu_1=\mu_2=\cdots=\mu_a$,接受备择假设$H_A$:各$\mu_i$不全相等,表明至少两个处理观测值的总体平均数差异显著,简述为F值显著,通常在F值右上方标记"*";

(3)若$F\geq F_{0.01(df_A,df_e)}$,则$p\leq0.01$,否定无效假设$H_0:\mu_1=\mu_2=\cdots=\mu_a$,接受备择假设$H_A$:各$\mu_i$不全相等,表明至少两个处理观测值总体平均数差异极显著,简述为F值极显著,通常在F值右上方标记"**"。

最后,以上F检验各统计步骤的结果一般以下列方差分析表的形式来表示,见表7-3。

表7-3　单向分组资料的方差分析表

变异来源	平方和SS	自由度df	均方MS	F值	临界F_α值
处理间	SS_A	$a-1$	MS_A	MS_A/MS_e	$F_{\alpha(df_A,df_e)}$
误差	SS_e	$a(n-1)$	MS_e		
总变异	SS_T	$an-1$			

对于【例7.1】,F值计算结果和统计推断如下:

$$F值:F=\frac{MS_A}{MS_e}=\frac{2.677\,1}{0.211\,3}=12.67$$

将以上统计结果建立方差分析表,见表7-4。

表7-4　【例7.1】资料的方差分析表

变异来源	平方和SS	自由度df	均方MS	F值	临界F_α值
处理间	8.031 2	3	2.677 1	12.67	$F_{0.01(3,28)}=4.57$
误差	5.917 5	28	0.211 3		
总变异	13.948 7	31			

根据$df_A=3$,$df_e=28$,查附表5(F值表)得到$F_{0.05(3,28)}=2.95$,$F_{0.01(3,28)}=4.57$。因为$F=12.67>F_{0.01(3,28)}=4.57$,则$p<0.01$,否定无效假设$H_0:\mu_1=\mu_2=\mu_3=\mu_4$,接受备择假设$H_A$:各$\mu_i$不全相等,表明至少两个处理观测值的总体平均数差异极显著,认为4个品种奶牛的第一胎产奶量差异极显著。

第二节 | 多重比较

多重比较(multiple comparisons)是指方差分析后对各处理总体平均数间是否有显著差异进行假设检验的统称。在对表7-1数据进行方差分析时,F检验只是一种整体性质的检验,其只能判断各处理组总体平均数间是否有差异,即若F检验显著或极显著,否定了无效假设H_0,接受了H_A,只是表明了各处理总体平均数间存在显著或极显著差异,但并未表明哪些处理的总体平均数间存在显著或极显著差异,哪些处理的总体平均数间无显著性差异。

动物科学研究通常还需要推断各处理总体平均数两两之间的差异显著性。因此,在对数据资料进行F检验之后,还需要进行多重比较来进一步确定哪两个总体平均数间有差异,哪两个总体平均数间没有差异。

多重比较有多种方法,动物科学研究中常用的有最小显著差数法(LSD法)和最小显著极差法(LSR法)。

一、最小显著差数(least significant difference, LSD)法

最小显著差数法由费希尔于1935年提出,以t检验为原理推导而来。在F检验显著或极显著前提下,计算出显著水平为α的最小显著差数,记为LSD_α,当两个样本平均数的差数的绝对值等于或大于LSD_α,即$\left| \bar{x}_{i.} - \bar{x}_{j.} \right| \geqslant LSD_\alpha$,则认为两处理的总体平均数$\mu_i$和$\mu_j$在$\alpha$水平上显著;反之,则认为在$\alpha$水平上不显著。

LSD法的具体统计步骤如下。

(一)计算出显著水平为α的最小显著差数LSD_α

最小显著差数LSD_α的计算公式为:

$$LSD_\alpha = t_{\alpha(df_e)} S_{\bar{x}_{i.} - \bar{x}_{j.}} \tag{7-9}$$

式中,$t_{\alpha(df_e)}$是自由度为F检验的误差自由度df_e、显著水平为α(通常取0.05或0.01)的临界t值;$S_{\bar{x}_{i.} - \bar{x}_{j.}}$是均数差异标准误,其计算公式为:

$$S_{\bar{x}_{i.} - \bar{x}_{j.}} = \sqrt{\frac{2MS_e}{n}} \tag{7-10}$$

(二)统计推断

将任意2个处理平均数差数的绝对值$\left| \bar{x}_{i.} - \bar{x}_{j.} \right|$与最小显著差数$LSD_\alpha$进行比较,若$\left| \bar{x}_{i.} - \bar{x}_{j.} \right| \geqslant LSD_\alpha$,表明

进行比较的2个处理观测值总体平均数之间在α(通常取0.05或0.01)水平上差异显著。

在进行多重比较时,为便于进行多个处理的两两之间的差异显著性检验,可列出平均数多重比较表。表中各处理平均数从大到小自上而下排列,计算并列出两两处理平均数的差数,然后与前面计算得到的$LSD_{0.05}$和$LSD_{0.01}$进行比较,若$|\bar{x}_{i\cdot}-\bar{x}_{j\cdot}|<LSD_{0.05}$,表明进行比较的2个处理观测值总体平均数之间差异不显著,则在该差数右上方标记"ns"或不作标记;若$LSD_{0.05}\leqslant|\bar{x}_{i\cdot}-\bar{x}_{j\cdot}|<LSD_{0.01}$,表明进行比较的2个处理观测值总体平均数之间差异显著,则在该差数右上方标记"*";若$|\bar{x}_{i\cdot}-\bar{x}_{j\cdot}|\geqslant LSD_{0.01}$,表明进行比较的2个处理观测值总体平均数之间差异极显著,则在该差数右上方标记"**"。

需要注意的是,LSD法进行多重比较,实质是对多个处理平均数进行两两之间平均数比较的t检验。与t检验相比,LSD法解决了t检验的程序烦琐、检验工作量大、无统一试验误差估计值的问题。但是,LSD法同样会增加犯I型错误的概率。所以,LSD法通常用于对a个处理平均数中的某一对或几对有特殊意义的平均数之间的比较。

对于【例7.1】,现采用LSD法对4个品种间奶牛的第一胎产奶量进行多重比较。

第一步,计算出显著水平为α的最小显著差数LSD_{α}。

本例误差均方MS_e=0.211 3,重复数n=8,根据式(7-10)计算均数差异标准误$S_{\bar{x}_{i\cdot}-\bar{x}_{j\cdot}}$,结果为:

$$S_{\bar{x}_{i\cdot}-\bar{x}_{j\cdot}}=\sqrt{\frac{2MS_e}{n}}=\sqrt{\frac{2\times0.211\,3}{8}}=0.229\,8$$

本例误差自由度df_e=28,查附表3(t值表)得到显著水平α=0.05和α=0.01的临界t值$t_{0.05(28)}$=2.048和$t_{0.01(28)}$=2.763,则按式(7-9)计算显著水平为α=0.05和α=0.01的最小显著差数$LSD_{0.05}$和$LSD_{0.01}$,即:

$$LSD_{0.05}=t_{0.05(28)}S_{\bar{x}_{i\cdot}-\bar{x}_{j\cdot}}=2.048\times0.229\,8=0.470\,6$$

$$LSD_{0.01}=t_{0.01(28)}S_{\bar{x}_{i\cdot}-\bar{x}_{j\cdot}}=2.763\times0.229\,8=0.634\,9$$

第二步,列多重比较表,将$|\bar{x}_{i\cdot}-\bar{x}_{j\cdot}|$与$LSD_{0.05}$、$LSD_{0.01}$进行比较(表7-5),作统计推断。

表7-5 【例7.1】资料的多重比较表(LSD法)

品种	平均数$\bar{x}_{i\cdot}$	$\bar{x}_{i\cdot}-4.487\,5$	$\bar{x}_{i\cdot}-4.875\,0$	$\bar{x}_{i\cdot}-5.337\,5$
D	5.825 0	1.337 5**	0.950 0**	0.487 5*
C	5.337 5	0.850 0**	0.462 5	
A	4.875 0	0.387 5		
B	4.487 5			

从表7-5可见,D品种奶牛的第一胎产奶量极显著高于B品种和A品种,显著高于C品种;C品种奶牛的第一胎产奶量极显著高于B品种,与A品种间无显著性差异;A品种与B品种奶牛的第一胎产奶量之间无显著性差异。

二、最小显著极差(least significant ranges, LSR)法

由于LSD法没有考虑相互比较的两个处理平均数依数值大小排列的秩次,因此增加犯I型错误的概率,导致统计推断的可靠性降低。为了弥补LSD法的不足,统计学家提出了最小显著极差法。最小显著极差法把两个平均数的差数看成两个处理平均数的极差,根据极差范围内所包含的处理数(秩次距)k的不同而采用不同的检验尺度。常用的LSR法有新复极差法(SSR法)和q法(SNK-q法)。

(一)新复极差(shortest significant ranges, SSR)法

SSR法是Duncan于1955年提出的,又称为Duncan法,亦称为新复极差法(new multiple method)。SSR法多重比较的基本步骤如下。

1.计算显著水平为α的最小显著极差$LSR_{\alpha,k}$

在F检验显著或极显著前提下,先计算出显著水平为α的最小显著极差$LSR_{\alpha,k}$,$LSR_{\alpha,k}$的计算公式如下:

$$LSR_{\alpha,k} = SSR_{\alpha(df_e,k)} S_{\bar{x}} \tag{7-11}$$

式中$SSR_{\alpha(df_e,k)}$是根据显著水平为α(通常取0.05或0.01)、误差自由度df_e、秩次距k,从附表7(SSR值表)查出的临界SSR值。$S_{\bar{x}}$为均数标准误,计算公式如下:

$$S_{\bar{x}} = \sqrt{\frac{MS_e}{n}} \tag{7-12}$$

2.统计推断

列多重比较表,计算并列出各处理样本平均数两两间的差数(极差),将各个极差分别与对应的$LSR_{\alpha,k}$进行比较,作出统计推断。

对于【例7.1】,现采用SSR法对4个品种间奶牛的第一胎产奶量进行多重比较。

1.计算显著水平为α的最小显著极差$LSR_{\alpha,k}$

本例误差均方$MS_e=0.2113$,重复数n=8,根据式(7-12)计算均数标准误$S_{\bar{x}}$,结果为:

$$S_{\bar{x}} = \sqrt{\frac{MS_e}{n}} = \sqrt{\frac{0.2113}{8}} = 0.1625$$

本例误差自由度$df_e=28$,秩次距k=2,3,4,查附表7(SSR值表)得到显著水平α=0.05和α=0.01的临界SSR值,然后按式(7-11)乘以$S_{\bar{x}}=0.1625$为各个最小显著极差LSR(表7-6)。

表7-6 【例7.1】资料的临界SSR值和LSR值

误差自由度df_e	秩次距k	$SSR_{0.05}$	$SSR_{0.01}$	$LSR_{0.05}$	$LSR_{0.01}$
	2	2.90	3.91	0.4713	0.6354
28	3	3.04	4.08	0.4940	0.6630
	4	3.13	4.18	0.5086	0.6793

2.统计推断

列多重比较表(表7-7),计算并列出各处理样本平均数两两间的差数(极差),将各个极差分别与对应秩次距k的$LSR_{0.05}$和$LSR_{0.01}$进行比较,作出统计推断。例如,品种D与品种B的极差为1.337 5,该极差范围内所包含的处理数,即秩次距k为4,由于1.337 5>$LSR_{0.01(28,4)}$=0.679 3,所以品种D与品种B之间差异极显著。品种D与品种A的极差为0.950 0,品种C与品种B的极差为0.850 0,这两个极差范围内所包含的秩次距k都为3,由于0.950 0>$LSR_{0.01(28,3)}$=0.663 0,0.850 0>$LSR_{0.01(28,3)}$=0.663 0,所以品种D与品种A之间差异极显著,品种C与品种B之间差异也极显著。品种D与品种C的极差为0.487 5,品种C与品种A的极差为0.462 5,品种A与品种B的极差为0.387 5,这三个极差范围内所包含的秩次距k都为2,由于0.487 5>$LSR_{0.05(28,2)}$=0.471 3,所以品种D与品种C之间差异显著;由于0.462 5<$LSR_{0.05(28,2)}$=0.471 3,0.387 5<$LSR_{0.05(28,2)}$=0.471 3,所以品种C与品种A之间,品种A与品种B之间差异均不显著。

表7-7 【例7.1】资料的多重比较表(SSR法)

品种	平均数$\bar{x}_{i\cdot}$	$\bar{x}_{i\cdot}-4.487\,5$	$\bar{x}_{i\cdot}-4.875\,0$	$\bar{x}_{i\cdot}-5.337\,5$
D	5.825 0	1.337 5**	0.950 0**	0.487 5*
C	5.337 5	0.850 0**	0.462 5	
A	4.875 0	0.387 5		
B	4.487 5			

从表7-7可见,D品种奶牛的第一胎产奶量极显著高于B品种和A品种,显著高于C品种;C品种奶牛的第一胎产奶量极显著高于B品种,与A品种间无显著性差异;A品种与B品种奶牛的第一胎产奶量之间无显著性差异。

(二)q法(SNK-q test)

基于极差的抽样分布理论,Student-Newman-Keuls提出了q检验,亦称SNK-q检验,其统计分析步骤与SSR法相同,唯一不同的是计算最小显著极差时查q值表(附表6)。最小显著极差的计算公式为:

$$LSR_{\alpha,k}=q_{\alpha(df_e,k)}S_{\bar{x}} \tag{7-13}$$

式中,$q_{\alpha(df_e,k)}$是根据显著水平为α(通常取0.05或0.01)、误差自由度df_e、秩次距k,从附表6(q值表)查出的临界q_α值。$S_{\bar{x}}$为均数标准误,其计算公式与式(7-12)相同。

对于【例7.1】,现采用q法对4个品种间奶牛的第一胎产奶量进行多重比较。

1.计算显著水平为α的最小显著极差$LSR_{\alpha,k}$

已知本例$S_{\bar{x}}$=0.162 5,根据误差自由度df_e=28,秩次距k=2,3,4,查附表6(q值表)得到显著水平α=0.05和α=0.01的临界q值,然后按式(7-13)乘以$S_{\bar{x}}$=0.162 5为各个最小显著极差LSR。但由于篇幅限制,附表6(q值表)未能列出所有误差自由度df_e对应的q值,此时,可取自由度较小的q值作为参考,本例取自由度为24的临界q值,临界q值和LSR值结果如表7-8所示。

表7-8 【例7.1】资料的临界q值和LSR值

误差自由度df_e	秩次距k	$q_{0.05}$	$q_{0.01}$	$LSR_{0.05}$	$LSR_{0.01}$
	2	2.92	3.96	0.474 5	0.643 5
24	3	3.53	4.55	0.573 6	0.739 4
	4	3.90	4.91	0.633 8	0.797 9

2.统计推断

列多重比较表,计算并列出各处理样本平均数两两间的极差,将各个极差分别与对应秩次距k的$LSR_{0.05}$和$LSR_{0.01}$进行比较,作出统计推断,结果列于表7-9。

表7-9 【例7.1】资料的多重比较表(q法)

品种	平均数$\bar{x}_i$.	$\bar{x}_i.-4.487\,5$	$\bar{x}_i.-4.875\,0$	$\bar{x}_i.-5.337\,5$
D	5.825 0	1.337 5**	0.950 0**	0.487 5*
C	5.337 5	0.850 0**	0.462 5	
A	4.875 0	0.387 5		
B	4.487 5			

从表7-9可见,D品种奶牛的第一胎产奶量极显著高于B品种和A品种,显著高于C品种;C品种奶牛的第一胎产奶量极显著高于B品种,与A品种间无显著性差异;A品种与B品种奶牛的第一胎产奶量之间无显著性差异。

本章介绍的三种多重比较方法的检验尺度不同。当秩次距$k=2$时,三种多重比较方法的检验尺度相等。当秩次距$k \geq 3$时,LSD法最低,SSR法次之,q法最高,也就是说,用LSD法进行多重比较结果显著的差数,用SSR法和q法进行比较不一定显著;反之,用q法比较结果显著的差数,用LSD法和SSR法进行多重比较必定显著。LSD法犯I型错误的概率最大,q法最小,SSR法介于两者之间,因此,对于试验结论事关重大或有严格要求的,宜用q法;一般试验可用SSR法。动物科学试验,由于试验误差较大,常采用SSR法;当然,如果F检验显著,也可采用LSD法。

三、多重比较结果的表示法

试验数据经F检验和多重比较后,应该以简明的形式将多重比较结果表示出来。常用的多重比较方法有三角形标记法和字母标记法。

(一)三角形标记法

三角形标记法也称为标记符号法,方法是在样本平均数差数的右上角标记符号,其中,标记"**"表示该差数极显著;标记"*"表示该差数显著;标记"ns"或不标记符号(常用不标记符号)表示该差数不显著。由于多重比较表中各个处理样本平均数差数构成三角形阵列,所以称其为三角形标记法,例如表7-5、7-7、7-9都是用该法标记。该法的优点是直观明了,信息细致;缺点是信息过细,占用篇幅过大。在科技文献中,一般不采用三角形标记法。

(二)字母标记法

以显著水平 $\alpha=0.05$ 为例,第一步,将所有处理的平均数由大到小排列,把最大的平均数标以字母 a,再用它与以下各平均数比较,凡差异不显著的平均数,在其后面标以相同字母 a,直至某个与之相差显著的平均数则标以字母 b;第二步,再以标 b 字母的平均数与每一个比它大的平均数比较,凡差异不显著的在字母 a 的右边继续加字母 b;第三步,再以标有字母 b 的最大均数为标准与以下未曾标有字母的平均数比较,差异不显著标字母 b,直至差异显著的平均数标字母 c,……,如此重复,直至把所有处理的平均数标记完为止。这样,各平均数间凡有一个相同字母则表示差异不显著,无一相同字母则表示差异显著。

此外,当显著水平 $\alpha=0.01$ 时,用大写字母 A、B、C 等进行标记,标记字母的方法同上。

对于【例7.1】,根据表7-9,用 q 法进行多重比较,结果用标记字母法表示,列于表7-10。

表7-10 【例7.1】资料 q 法多重比较结果的标记字母法

品种	平均数 $\bar{x}_{i\cdot}$	$\alpha=0.05$	$\alpha=0.01$
D	5.825 0	a	A
C	5.337 5	b	AB
A	4.875 0	bc	BC
B	4.487 5	c	C

第三节 | 单向分组资料的方差分析

如前所述,科学研究中如果只考查一个试验因素对试验指标的影响,则称该试验为单因素试验,获得的试验数据称为单向分组资料。单因素试验设计是在畜牧生产相关的动物试验中最为常见的一种试验设计。单向分组资料方差分析的目的是分析试验所考查的研究因素不同水平是否存在差异。单向分组资料根据各处理重复数是否相等又分为两类:各处理重复数相等的单向分组资料和各处理重复数不相等的单向分组资料。两种资料的方差分析方法和步骤大致相同,但稍有区别。

一、单向分组资料的方差分析步骤

单向分组资料的方差分析的基本步骤如下。

第一步:提出无效假设 H_0 和备择假设 H_A

$H_0:\mu_1=\mu_2=\cdots=\mu_a$,表示多个样本的总体平均数相等(处理间无差异);$H_A$:各 μ_i 不全相等,表示多个样本的总体平均数不相等或不全等(处理间有显著差异)。

在方差分析中,无效假设 H_0 和备择假设 H_A 通常可以省略。

第二步:计算统计量 F 值

计算各项平方和和自由度,列出方差分析表,进行 F 检验,确定 p 值并作出统计推断。

第三步:多重比较

若 F 检验结果差异显著或者极显著,还需进行多重比较(采用 LSD 法、SSR 法或 q 法)。采用三角形标记法或字母标记法对多重比较结果进行表示。

二、各处理重复数相等的单向分组资料的方差分析

各处理重复数相等的单向分组资料方差分析的原理与分析步骤在本章第一节和第二节已详细介绍,现结合实际研究中获得的资料再举一例,以便加深印象。

【例7.2】根据农业农村部第194号公告,自2020年7月1日起我国已全面禁止抗生素添加在饲料中。在无抗生素养殖条件下,考查饲粮中添加不同水平复合生物蛋白CBP对肉鸡日增重的影响,为新型功能性生物蛋白产品研发和应用提供理论参考。试验采用单因素试验设计,选取健康一日龄体重42 g左右的爱拔益加雄性肉鸡450只,随机分为5个处理,每个处理10个重复,每个重复9只鸡。各处理组在基础饲粮中分别添加0(CK组)、250(T1组)、500(T2组)、750(T3组)、1 000(T4组)mg/kg CBP。正式试验周期为6周,以重复为单位,于试验第1 d、42 d固定时间对每个重复的鸡只进行称重并记录,计算试验全期的日增重数据,结果列于表7-11。检验饲粮中添加不同水平的复合生物蛋白CBP是否对肉鸡日增重有影响。

表7-11　5个不同水平复合生物蛋白CBP对肉鸡日增重的影响　　　　单位:g

处理	日增重 x_{ij}										合计 $x_{i.}$	平均 $\bar{x}_{i.}$
CK	51.91	49.17	52.78	49.30	54.43	55.57	52.20	55.18	53.40	52.42	526.36	52.64
T1	54.03	57.59	55.48	55.88	51.25	53.24	53.60	55.67	53.59	55.25	545.58	54.56
T2	55.33	56.56	52.80	50.36	53.68	56.31	54.83	53.55	50.89	52.85	537.16	53.72
T3	55.29	58.52	55.50	53.46	58.00	53.38	54.39	56.53	52.35	54.96	552.38	55.24
T4	51.48	53.29	53.45	50.88	53.46	50.48	52.78	53.33	52.55	54.11	525.81	52.58
合计											$x..=2\ 687.29$	$\bar{x}..=53.75$

解:依题意,试验采用单因素完全随机试验,试验单位为一组一日龄肉鸡公雏(9只肉鸡/组),研究目的是分析添加不同水平生物复合蛋白CBP对肉鸡试验全期日增重是否有影响,处理效应为试验全期(6周)平均日增重,处理因素为复合生物蛋白CBP,共设置了5个水平,每个处理有10个重复。因此该试验处理数 $a=5$,各处理重复数 $n=10$,属于各处理重复数相等的单向分组资料,试验共 $an=5\times10=50$ 个观测值。

(一)建立假设

$$H_0: \mu_1 = \mu_2 = \mu_3 = \mu_4 = \mu_5$$

$$H_A: 各 \mu_i 不全相等$$

(二)计算各项平方和和自由度

矫正数: $C = \dfrac{x_{..}^2}{an} = \dfrac{2\ 687.29^2}{5 \times 10} = 144\ 430.550\ 9$

总平方和: $SS_T = \displaystyle\sum_{i=1}^{a} \sum_{j=1}^{n} x_{ij}^2 - C = (51.91^2 + 49.17^2 + \cdots + 54.11^2) - 144\ 430.550\ 9$

$$= 144\ 645.35 - 144\ 430.550\ 9 = 214.799\ 1$$

总自由度: $df_T = an - 1 = 5 \times 10 - 1 = 49$

处理间平方和: $SS_A = \dfrac{1}{n} \displaystyle\sum_{i=1}^{a} x_{i.}^2 - C$

$$= \dfrac{1}{10} \times (526.36^2 + 545.58^2 + \cdots + 525.81^2) - 144\ 430.550\ 9$$

$$= 144\ 485.307\ 2 - 144\ 430.550\ 9 = 54.756\ 3$$

处理间自由度: $df_A = a - 1 = 5 - 1 = 4$

误差平方和: $SS_e = SS_T - SS_A = 214.799\ 1 - 54.756\ 3 = 160.042\ 8$

误差自由度: $df_e = df_T - df_A = 49 - 4 = 45$

(三)计算均方和 F 值

处理间均方: $MS_A = \dfrac{SS_A}{df_A} = \dfrac{54.756\ 3}{4} = 13.689\ 1$

误差均方: $MS_e = \dfrac{SS_e}{df_e} = \dfrac{160.042\ 8}{45} = 3.556\ 5$

F 值: $F = \dfrac{MS_A}{MS_e} = \dfrac{13.689\ 1}{3.556\ 5} = 3.849\ 0$

(四)列出方差分析表,进行 F 检验,作统计推断

将以上统计分析结果列于方差分析表(表7-12),进行 F 检验。

表7-12 【例7.2】资料的方差分析表

变异来源	平方和 SS	自由度 df	均方 MS	F 值	临界 F 值
处理间	54.756 3	4	13.689 1	3.849 0 **	$F_{0.01(4,40)} = 3.83$
误差	160.042 8	45	3.556 5		
总变异	214.799 1	49			

查附表5(F 值表),由于篇幅限制,临界 F 值表未能列出所有 $F_{\alpha(df_1, df_2)}$ 值,此时可以取较小自由度的临界 F 值作为参考。本例 $df_e = 45$,可采用 $df_2 = 40$ 临界 F 值来进行 F 检验,$F_{0.05(4,40)} = 2.61$,$F_{0.01(4,40)} = 3.83$。因为

$F=3.849\ 0>F_{0.01(4,40)}=3.83$，$p<0.01$，表明复合生物蛋白不同添加水平对肉鸡试验全期日增重影响差异极显著，因此需要对5个不同水平复合生物蛋白日粮对肉鸡日增重作多重比较分析。

(五)多重比较(SSR法为例)

采用SSR法，首先计算$S_{\bar{x}}$值：

$$S_{\bar{x}}=\sqrt{\frac{MS_e}{n}}=\sqrt{\frac{3.556\ 5}{10}}=0.60$$

本例误差自由度$df_e=45$，同理，可采用$df_e=40$的临界SSR值进行多重比较。从SSR值表(附表7)查出显著水平α为0.05、0.01，秩次距$k=2$、3、4、5的临界SSR值，将其乘以$S_{\bar{x}}=0.60$，得到各个最小显著极差LSR，结果列于表7-13。

表7-13　【例7.2】资料多重比较的临界SSR值与LSR值

误差自由度df_e	秩次距k	$SSR_{0.05}$	$SSR_{0.01}$	$LSR_{0.05}$	$LSR_{0.01}$
	2	2.86	3.82	1.716	2.292
40	3	3.01	3.99	1.806	2.394
	4	3.10	4.10	1.860	2.460
	5	3.17	4.17	1.902	2.502

列多重比较表，计算并列出各个极差，将各个极差分别与对应秩次距k的$LSR_{0.05}$和$LSR_{0.01}$进行比较，作出统计推断(表7-14)。

表7-14　【例7.2】资料多重比较表(SSR法)

处理	平均数$\bar{x}_{i.}$			$\bar{x}_{i.}-52.58$	$\bar{x}_{i.}-52.64$	$\bar{x}_{i.}-53.72$	$\bar{x}_{i.}-54.56$
T3	55.24	a	A	2.66**	2.60**	1.52	0.68
T1	54.56	a	AB	1.98*	1.92*	0.84	
T2	53.72	ab	AB	1.14	1.08		
CK	52.64	b	B	0.06			
T4	52.58	b	B				

根据表7-14可以推断在该试验条件下，不同水平复合生物蛋白CBP对肉鸡日增重的影响达到极显著水平。其中，750 mg/kg添加组(T3)极显著高于1 000 mg/kg添加组(T4)和对照组(0 mg/kg,CK)；250 mg/kg添加组(T1)显著高于1 000 mg/kg添加组(T4)和对照组(0 mg/kg,CK)；其余组间差异不显著。

三、各处理重复数不相等的单向分组资料的方差分析

科学研究中，假设单因素试验设计有a个处理，但由于受到试验条件的限制，出现各处理的重复数不等(n值不等)的情况，现将各处理重复数分别记为$n_1,n_2,\cdots,n_a$，则试验观测值总个数为$N=\sum\limits_{i=1}^{a}n_i$。各处理

重复数不相等的单向分组资料方差分析与前面介绍的各处理重复数相等的单向分组资料的方差分析步骤基本相同,只是平方和、自由度的计算公式和多重比较中均数差异标准误$S_{\bar{x}_i-\bar{x}_j}$或均数标准误$S_{\bar{x}}$的计算公式略有区别,现简述如下:

$$
\left.
\begin{aligned}
\text{矫正数}: C&=\frac{x_{..}^2}{N}\\
\text{总平方和}: SS_T&=\sum_{i=1}^{a}\sum_{j=1}^{n_i}x_{ij}^2-C\\
\text{总自由度}: df_T&=N-1\\
\text{处理间平方和}: SS_A&=\sum_{i=1}^{a}\frac{x_{i.}^2}{n_i}-C\\
\text{处理间自由度}: df_A&=a-1\\
\text{误差平方和}: SS_e&=SS_T-SS_A\\
\text{误差自由度}: df_e&=df_T-df_A
\end{aligned}
\right\}
\tag{7-14}
$$

由于每个处理的重复数n_i不同,进行多重比较时,需要先计算各处理的平均重复数n_0,然后根据公式(7-10)计算均数差标准误$S_{\bar{x}_i-\bar{x}_j}$或公式(7-12)计算均数标准误$S_{\bar{x}}$。n_0的计算公式如下:

$$
n_0=\frac{1}{a-1}\left(N-\frac{1}{N}\sum_{i=1}^{a}n_i\right)
\tag{7-15}
$$

除此之外,方差分析的方法和步骤与前面介绍的重复数相等的单向分组资料分析方法相同,现结合实际研究中获得的资料进行具体的介绍。

【例7.3】考查西南地区5个地方品种猪肌内脂肪(IMF)含量的差异。采用单因素试验设计,选择5个西南地区地方品种猪进行屠宰,并采集左半胴体第12~13肋最长肌样品,按照国标法检测肌内脂肪含量。试验分别屠宰5个品种的猪6、6、6、5和4头,共屠宰27头猪,获得的详细数据列于表7-15,试检验西南地区5个地方品种猪肌内脂肪含量是否有差异。

表7-15 西南地区不同品种猪肌内脂肪含量差异

处理	肌内脂肪含量x_{ij}/(g·100 g^{-1})						n_i	合计$x_{i.}$	平均$\bar{x}_{i.}$
品种1	3.77	3.70	3.41	3.27	3.57	3.51	6	21.23	3.538
品种2	3.86	3.15	3.68	3.67	4.10	3.67	6	22.13	3.688
品种3	3.21	3.30	3.63	3.17	4.00	2.86	6	20.17	3.362
品种4	3.80	3.89	3.80	3.47	3.70		5	18.66	3.732
品种5	3.10	3.07	2.69	3.29			4	12.15	3.038
合计							$N=27$	$x_{..}=94.34$	$\bar{x}_{..}=3.494$

解:依题意,该研究采用单因素试验设计,考查西南地区5个地方品种猪肌内脂肪(IMF)含量的差异。处理效应为肌内脂肪含量,处理因素为西南地区不同品种猪,共考查5个品种,所以处理数$a=5$,其中,品种1的重复数$n_1=6$,品种2的重复数$n_2=6$,品种3的重复数$n_3=6$,品种4的重复数$n_4=5$,品种5的重复

数 $n_5=4$，属于各处理重复数不相等的单向分组资料，试验共 $N=\sum_{i=1}^{5}n_i=27$ 个观测值。方差分析如下。

(一) 计算各项平方和和自由度

矫正数：$C=\dfrac{x..^2}{N}=\dfrac{94.34^2}{27}=329.630\,9$

总平方和：$SS_T=\sum_{i=1}^{a}\sum_{j=1}^{n_i}x_{ij}^2-C=(3.77^2+3.70^2+\cdots+3.29^2)-329.630\,9$

$$=332.838\,8-329.630\,9=3.207\,9$$

总自由度：$df_T=N-1=27-1=26$

处理间平方和：$SS_A=\sum_{i=1}^{a}\dfrac{x_{i\cdot}^2}{n_i}-C=(\dfrac{21.23^2}{6}+\dfrac{22.13^2}{6}+\cdots+\dfrac{12.15^2}{4})-329.630\,9$

$$=331.091\,2-329.630\,9=1.460\,3$$

处理间自由度：$df_A=a-1=5-1=4$

误差平方和：$SS_e=SS_T-SS_A=3.207\,9-1.460\,3=1.747\,6$

误差自由度：$df_e=df_T-df_A=26-4=22$

(二) 计算均方和 F 值

处理间均方：$MS_A=\dfrac{SS_A}{df_A}=\dfrac{1.460\,3}{4}=0.365\,1$

误差均方：$MS_e=\dfrac{SS_e}{df_e}=\dfrac{1.747\,6}{22}=0.079\,4$

F 值：$F=\dfrac{MS_A}{MS_e}=\dfrac{0.365\,1}{0.079\,4}=4.598\,2$

(三) 列方差分析表，进行 F 检验，做统计推断

将以上统计分析结果列于方差分析表（表7-16），进行 F 检验。

表7-16 【例7.3】资料的方差分析表

变异来源	平方和 SS	自由度 df	均方 MS	F 值	临界 F 值
处理间	1.460 3	4	0.365 1	4.598 2**	$F_{0.01(4,22)}=4.31$
误差	1.747 6	22	0.079 4		
总变异	3.207 9	26			

查附表 5（F 值表），得到 $F_{0.05(4,22)}=2.82$，$F_{0.01(4,22)}=4.31$。由方差分析表 7-16 可知，因为 $F=4.598\,2>F_{0.01(4,22)}=4.31$，$p<0.01$，表明西南地区 5 个不同品种猪肌内脂肪含量差异极显著，因此需要对 5 个不同品种猪肌内脂肪含量作多重比较分析。

(四)多重比较(SSR法为例)

采用SSR法,先按式(7-15)计算各处理的平均重复数n_0,结果为:

$$n_0 = \frac{1}{a-1}\left(N - \frac{1}{N}\sum_{i=1}^{a}n_i\right) = \frac{1}{5-1}\left(27 - \frac{6^2 + 6^2 + \cdots + 4^2}{27}\right) = 5.370\,4$$

则$S_{\bar{x}}$结果为:

$$S_{\bar{x}} = \sqrt{\frac{MS_e}{n_0}} = \sqrt{\frac{0.079\,4}{5.370\,4}} = 0.121\,6$$

根据误差自由度$df_e=22$,秩次距$k=2$、3、4、5,从附表7(SSR值表)查出显著水平α为0.05、0.01的临界SSR值,将其乘以$S_{\bar{x}}$,得到各个最小显著极差LSR。结果列于表7-17。

表7-17 【例7.3】资料多重比较的临界SSR值与LSR值

误差自由度df_e	秩次距k	$SSR_{0.05}$	$SSR_{0.01}$	$LSR_{0.05}$	$LSR_{0.01}$
	2	2.93	3.99	0.356 3	0.485 2
	3	3.08	4.17	0.374 5	0.507 1
22	4	3.17	4.28	0.385 5	0.520 4
	5	3.24	4.36	0.394 0	0.530 2

列多重比较表,计算并列出各个极差,将各个极差分别与对应秩次距k的$LSR_{0.05}$和$LSR_{0.01}$进行比较,作出统计推断(表7-18)。

表7-18 【例7.3】资料的多重比较表(SSR法)

品种	平均数$\bar{x}_i.$			$\bar{x}_i.-3.038$	$\bar{x}_i.-3.362$	$\bar{x}_i.-3.538$	$\bar{x}_i.-3.688$
品种4	3.732	a	A	0.694**	0.370	0.194	0.044
品种2	3.688	a	A	0.650**	0.326	0.150	
品种1	3.538	a	AB	0.500*	0.176		
品种3	3.362	ab	AB	0.324			
品种5	3.038	b	B				

从表7-18可以推断西南地区5个不同品种猪肌内脂肪含量存在极显著差异,其中,品种4和品种2肌内脂肪含量极显著高于品种5,品种1显著高于品种5;其余品种之间肌内脂肪含量两两相比无显著差异。

第四节 | 双向交叉分组资料的方差分析

科学研究中当被研究的试验指标同时受到两个因素的影响,需要同时对这两个因素进行统计分析时,则可进行双向分组资料的方差分析。双向分组资料根据试验设计又可分为双向交叉分组资料和双向嵌套分组资料两种。本节主要介绍双向交叉分组资料的方差分析。所谓双向交叉分组资料是指A因素的每个水平与B因素的每个水平交叉组合,每个组合即为试验的一个处理。因此,若A因素有a个水平,B因素有b个水平,完全交叉共构成ab个组合或者ab个处理(表7-19)。可见,双向交叉分组资料中因素A与因素B在试验中处于完全平行的地位,并无主次之分。例如,某研究分析3种蛋白质饲料原料和2种能量水平对奶牛产奶量的影响。这个试验中因素A为不同类型的蛋白质饲料原料,其设置了3个水平,表示为A_1、A_2和A_3,因素B为饲粮能量水平,其设置了2个水平,表示为B_1和B_2,试验共有3×2=6个组合(或者处理)。

表7-19 双向交叉分组试验设计

A因素	B因素					
	B_1	B_2	⋯	B_j	⋯	B_b
A_1	A_1B_1	A_1B_2	⋯	A_1B_j	⋯	A_1B_b
A_2	A_2B_1	A_2B_2	⋯	A_2B_j	⋯	A_2B_b
⋮	⋮	⋮		⋮		⋮
A_i	A_iB_1	A_iB_2	⋯	A_iB_j	⋯	A_iB_b
⋮	⋮	⋮		⋮		⋮
A_a	A_aB_1	A_aB_2	⋯	A_aB_j	⋯	A_aB_b

双向交叉分组资料又根据每个组合(或者处理)是否有重复观测值分为无重复观测值和有重复观测值两种情况。

一、双向交叉分组无重复观测值资料的方差分析

(一)数据模式

A、B两因素分别有a、b个水平,交叉分组,共有ab个水平组合(或者处理),每个水平组合(或者处理)只有1个观测值,即无重复观测值,所以试验共有ab个观测值,其数据模式见表(7-20)。

表7-20　双向交叉分组无重复观测值资料的数据模式

A因素	B因素						合计 $x_i.$	平均 $\bar{x}_i.$
	B_1	B_2	$\cdots$	B_j	$\cdots$	B_b		
A_1	x_{11}	x_{12}	$\cdots$	x_{1j}	$\cdots$	x_{1b}	$x_1.$	$\bar{x}_1.$
A_2	x_{21}	x_{22}	$\cdots$	x_{2j}	$\cdots$	x_{2b}	$x_2.$	$\bar{x}_2.$
$\vdots$	$\vdots$	$\vdots$		$\vdots$		$\vdots$	$\vdots$	$\vdots$
A_i	x_{i1}	x_{i2}	$\cdots$	x_{ij}	$\cdots$	x_{ib}	$x_i.$	$\bar{x}_i.$
$\vdots$	$\vdots$	$\vdots$		$\vdots$		$\vdots$	$\vdots$	$\vdots$
A_a	x_{a1}	x_{a2}	$\cdots$	x_{aj}	$\cdots$	x_{ab}	$x_a.$	$\bar{x}_a.$
合计 $x._j$	$x._1$	$x._2$	$\cdots$	$x._j$	$\cdots$	$x._b$	$x..$	
平均 $\bar{x}._j$	$\bar{x}._1$	$\bar{x}._2$	$\cdots$	$\bar{x}._j$	$\cdots$	$\bar{x}._b$		$\bar{x}..$

其中，x_{ij}代表因素A的第i个水平和因素B的第j个水平交叉组合的观测值；$x_i.$代表因素A的第i个水平的所有观测值之和$(x_i.=\sum_{j=1}^{b} x_{ij})$，$\bar{x}_i.$代表因素A的第$i$个水平的所有观测值的平均数$(\bar{x}_i.=\frac{1}{b}\sum_{j=1}^{b} x_{ij})$；$x._j$代表因素B的第$j$个水平的所有观测值之和$(x._j=\sum_{i=1}^{a} x_{ij})$，$\bar{x}._j$代表因素B的第$j$个水平的所有观测值的平均数$(\bar{x}._j=\frac{1}{a}\sum_{i=1}^{a} x_{ij})$；$x..$代表试验所有$ab$个观测值的总和$(x..=\sum_{i=1}^{a}\sum_{j=1}^{b} x_{ij})$，$\bar{x}..$代表试验所有$ab$个观测值的平均数$(\bar{x}..=\frac{1}{ab}\sum_{i=1}^{a}\sum_{j=1}^{b} x_{ij})$。

(二)数学模型

双向交叉分组无重复观测值资料的数学模型可表示为：

$$x_{ij}=\mu+\alpha_i+\beta_j+\varepsilon_{ij}(i=1,2,\cdots,a;j=1,2,\cdots,b) \tag{7-16}$$

其中：

x_{ij}为因素A的第i个水平和因素B的第j个水平交叉组合的观测值；

μ为试验全体观测值总体平均数；

α_i为因素A的第i个水平的效应(即A因素第i个水平所属的总体平均数$\mu_i.$与总体平均数μ的差值，即$\alpha_i=\mu_i.-\mu$)；

β_j为因素B的第j个水平的效应(即B因素第j个水平所属的总体平均数$\mu._j$与总体平均数μ的差值，即$\beta_j=\mu._j-\mu$)；

ε_{ij}为试验随机误差，假设所有的ε_{ij}均相互独立且服从正态分布$N(0,\sigma^2)$。

(三)方差分析的方法与步骤

根据方差分析的基本原理，双向交叉分组无重复观测值资料共ab个数据构成整个数据模式的总变

异,其可剖分为 A 因素各水平间的组间变异、B 因素各水平间的组间变异和误差三部分,则总平方和和总自由度可剖分为:

$$SS_T = SS_A + SS_B + SS_e$$
$$df_T = df_A + df_B + df_e$$

(7-17)

1.计算各项平方和与自由度

$$矫正数:C = \frac{x..^2}{ab}$$

$$总平方和:SS_T = \sum_{i=1}^{a}\sum_{j=1}^{b}\left(x_{ij} - \bar{x}..\right)^2 = \sum_{i=1}^{a}\sum_{j=1}^{b}x_{ij}^2 - C$$

$$A因素平方和:SS_A = b\sum_{i=1}^{a}\left(\bar{x}_{i.} - \bar{x}..\right)^2 = \frac{1}{b}\sum_{i=1}^{a}x_{i.}^2 - C$$

$$B因素平方和:SS_B = a\sum_{j=1}^{b}\left(\bar{x}_{.j} - \bar{x}..\right)^2 = \frac{1}{a}\sum_{j=1}^{b}x_{.j}^2 - C \left.\vphantom{\sum_{j=1}^{b}}\right\}$$

(7-18)

$$误差平方和:SS_e = SS_T - SS_A - SS_B$$

$$总自由度:df_T = ab - 1$$

$$A因素自由度:df_A = a - 1$$

$$B因素自由度:df_B = b - 1$$

$$误差自由度:df_e = df_T - df_A - df_B = (a-1)(b-1)$$

2.计算均方与 F 值

$$A因素均方:MS_A = \frac{SS_A}{df_A}$$

$$B因素均方:MS_B = \frac{SS_B}{df_B} \left.\vphantom{\frac{SS}{df}}\right\}$$

(7-19)

$$误差均方:MS_e = \frac{SS_e}{df_e}$$

$$A因素F值:F_A = \frac{MS_A}{MS_e}$$

$$B因素F值:F_B = \frac{MS_B}{MS_e} \left.\vphantom{\frac{MS}{MS}}\right\}$$

(7-20)

3.列方差分析表,进行 F 检验,做统计推断

将以上统计分析结果总结,列于方差分析表 7-21 中,进行 F 检验。

表7-21 双向交叉分组无重复观测值资料的方差分析表

变异来源	平方和 SS	自由度 df	均方 MS	F 值	临界 F_α 值
因素 A	SS_A	$a-1$	MS_A	$F_A = \dfrac{MS_A}{MS_e}$	$F_{\alpha\left(df_A, df_e\right)}$
因素 B	SS_B	$b-1$	MS_B	$F_B = \dfrac{MS_B}{MS_e}$	$F_{\alpha\left(df_B, df_e\right)}$
误差	SS_e	$(a-1)(b-1)$	MS_e		
总变异	SS_T	$ab-1$			

对于给定的显著水平α，根据A因素的自由度df_A和误差自由度df_e，由附表5（F值表）查$F_{\alpha(df_A,df_e)}$，若$F_A < F_{\alpha(df_A,df_e)}$，则$p > \alpha$，表明A因素各水平间处理效应差异不显著；若$F_A \geq F_{\alpha(df_A,df_e)}$，则$p \leq \alpha$，表明A因素各水平间处理效应差异显著。同理，根据B因素的自由度df_B和误差自由度df_e，由附表5（F值表）查$F_{\alpha(df_B,df_e)}$，若$F_B < F_{\alpha(df_B,df_e)}$，则$p > \alpha$，表明B因素各水平间处理效应差异不显著；若$F_B \geq F_{\alpha(df_B,df_e)}$，则$p \leq \alpha$，表明B因素各水平间处理效应差异显著。若F检验结果差异显著，还需对因素A各水平差异性或因素B各水平差异性进行多重比较。

4.多重比较

A因素或B因素各水平间差异性多重比较的方法，可参考单向分组资料方差分析的多重比较方法（LSD法、SSR法和q法），但是在均数差异标准误或均数标准误的计算公式上略有区别。以SSR法为例，对于A因素各水平而言，每一水平的重复数为b，则$S_{\bar{x}} = \sqrt{\dfrac{MS_e}{b}}$；对于B因素各水平而言，每一水平的重复数为$a$，则$S_{\bar{x}} = \sqrt{\dfrac{MS_e}{a}}$。

【例7.4】选用3种不同的饲料和5个不同的品种进行肉牛育肥饲养试验，从每个品种中随机抽取3头体重相近的肉牛，分别随机饲喂不同的饲料。育肥结束后，得到每头肉牛的日增重如下表7-22所示，试分析不同饲料和不同品种对肉牛育肥效果有无差异。

表7-22　3种饲料和5个品种肉牛育肥试验结果（日增重）　　　　单位：g

品种	饲料			合计 $x_i.$	平均 $\bar{x}_i.$
	B_1	B_2	B_3		
A_1	820	826	817	2 463	821.00
A_2	809	824	811	2 444	814.67
A_3	841	846	835	2 522	840.67
A_4	825	829	820	2 474	824.67
A_5	810	826	810	2 446	815.33
合计 $x._j$	4 105	4 151	4 093	$x.. = 12\ 349$	
平均 $\bar{x}._j$	821.00	830.20	818.60		$\bar{x}.. = 823.27$

解： 依题意，本试验数据为双向交叉分组无重复观测值的资料，其中A因素为肉牛品种，有5个品种即5个水平（$a=5$）；B因素为饲料，有3种饲料即3个水平（$b=3$），整个试验共有$5 \times 3 = 15$个组合（或者处理），且每一个组合（或者处理）只有一个观测值。试验共15个数据构成整个数据模式的总变异，其可剖分为A因素各水平间的组间变异（品种间）、B因素各水平间的组间变异（饲料间）和误差三部分。具体统计步骤如下。

1.计算各项平方和与自由度

矫正数:$C = \dfrac{x_{..}^2}{ab} = \dfrac{12\,349^2}{5 \times 3} = 10\,166\,520.07$

总平方和:$SS_T = \displaystyle\sum_{i=1}^{a}\sum_{j=1}^{b} x_{ij}^2 - C = (820^2 + 826^2 + \cdots + 810^2) - 10\,166\,520.07 = 1\,786.93$

总自由度:$df_T = ab - 1 = 5 \times 3 - 1 = 15 - 1 = 14$

A因素平方和:$SS_A = \dfrac{1}{b}\displaystyle\sum_{i=1}^{a} x_{i.}^2 - C$

$\qquad\qquad = \dfrac{1}{3} \times (2\,463^2 + 2\,444^2 + \cdots + 2\,446^2) - 10\,166\,520.07 = 1\,340.26$

A因素自由度:$df_A = a - 1 = 5 - 1 = 4$

B因素平方和:$SS_B = \dfrac{1}{a}\displaystyle\sum_{j=1}^{b} x_{.j}^2 - C$

$\qquad\qquad = \dfrac{1}{5} \times (4\,105^2 + 4\,151^2 + 4\,093^2) - 10\,166\,520.07 = 374.93$

B因素自由度:$df_B = b - 1 = 3 - 1 = 2$

误差平方和:$SS_e = SS_T - SS_A - SS_B = 1\,786.93 - 1\,340.26 - 374.93 = 71.74$

误差自由度:$df_e = df_T - df_A - df_B = 14 - 4 - 2 = 8$

2.计算均方与F值

A因素均方:$MS_A = \dfrac{SS_A}{df_A} = \dfrac{1\,340.26}{4} = 335.07$

B因素均方:$MS_B = \dfrac{SS_B}{df_B} = \dfrac{374.93}{2} = 187.47$

误差均方:$MS_e = \dfrac{SS_e}{df_e} = \dfrac{71.74}{8} = 8.97$

A因素F值:$F_A = \dfrac{MS_A}{MS_e} = \dfrac{335.07}{8.97} = 37.35$

B因素F值:$F_B = \dfrac{MS_B}{MS_e} = \dfrac{187.47}{8.97} = 20.90$

3.列方差分析表(7-23),进行F检验,作统计推断

表7-23 【例7.4】资料的方差分析表

变异来源	平方和SS	自由度df	均方MS	F值	临界F_α值
品种	1 340.26	4	335.07	37.35	$F_{0.01(4,8)} = 7.01$
饲料	374.93	2	187.47	20.90	$F_{0.01(2,8)} = 8.65$
误差	71.74	8	8.97		
总变异	1 786.93	14			

因为品种间 $F_A=37.35>F_{0.01(4,8)}=7.01$，则 $p<0.01$，表明5个品种之间肉牛的日增重差异极显著；饲料间 $F_B=20.90>F_{0.01(2,8)}=8.65$，则 $p<0.01$，表明3种饲料间的育肥效果也存在极显著差异。现对5个品种和3种饲料的育肥效果进行多重比较。

4. 多重比较

采用 SSR 法对 A_1、A_2、A_3、A_4 和 A_5 五个品种间日增重的差异进行多重比较。

第一步，计算标准误 $S_{\bar{x}}$，由于品种因素（A因素）的重复数为 b，且 $b=3$，则标准误 $S_{\bar{x}}$ 的计算公式如下：

$$S_{\bar{x}}=\sqrt{\frac{MS_e}{b}}=\sqrt{\frac{8.97}{3}}=1.73$$

第二步，根据误差自由度 $df_e=8$，秩次距 $k=2$、3、4、5，从附表7（SSR表）查 $\alpha=0.05$ 和 $\alpha=0.01$ 的临界 SSR 值，然后乘以 $S_{\bar{x}}=1.73$，即为最小显著极差 LSR，结果列于表7-24。

表7-24 【例7.4】资料品种间日增重多重比较的临界 SSR 值和 LSR 值表

误差自由度 df_e	秩次距 k	$SSR_{0.05}$	$SSR_{0.01}$	$LSR_{0.05}$	$LSR_{0.01}$
8	2	3.26	4.74	5.64	8.20
	3	3.39	5.00	5.86	8.65
	4	3.47	5.14	6.00	8.89
	5	3.52	5.23	6.09	9.05

第三步，对五个品种间的日增重差异进行多重比较，结果列于表7-25。

表7-25 【例7.4】资料品种间日增重的多重比较表

品种	平均数 $\bar{x}_{i\cdot}$			$\bar{x}_{i\cdot}-814.67$	$\bar{x}_{i\cdot}-815.33$	$\bar{x}_{i\cdot}-821.00$	$\bar{x}_{i\cdot}-824.67$
A_3	840.67	a	A	26.00**	25.34**	19.67**	16.00**
A_4	824.67	b	B	10.00**	9.34**	3.67	
A_1	821.00	b	BC	6.33*	5.67*		
A_5	815.33	c	C	0.66			
A_2	814.67	c	C				

多重比较结果表明，品种 A_3 肉牛的日增重极显著高于其余四个品种；品种 A_4 肉牛的日增重极显著高于品种 A_2 和 A_5，与品种 A_1 之间差异不显著；品种 A_1 肉牛的日增重显著高于品种 A_2 和 A_5；最后，品种 A_2 和 A_5 之间日增重差异不显著。

采用 SSR 法对 B_1、B_2 和 B_3 三种饲料间日增重的差异进行多重比较。

第一步，计算标准误 $S_{\bar{x}}$，由于饲料因素（B因素）的重复数为 a，且 $a=5$，则标准误 $S_{\bar{x}}$ 的计算公式如下：

$$S_{\bar{x}}=\sqrt{\frac{MS_e}{a}}=\sqrt{\frac{8.97}{5}}=1.34$$

第二步，根据误差自由度 $df_e=8$，秩次距 $k=2$、3，从附表7（SSR表）查出 $\alpha=0.05$ 和 $\alpha=0.01$ 的临界 SSR 值，然后乘以 $S_{\bar{x}}=1.34$，即为最小显著极差 LSR，结果列于表7-26。

表7-26 【例7.4】资料饲料间日增重多重比较的临界SSR值和LSR值表

误差自由度df_e	秩次距k	$SSR_{0.05}$	$SSR_{0.01}$	$LSR_{0.05}$	$LSR_{0.01}$
8	2	3.26	4.74	4.37	6.35
	3	3.39	5.00	4.54	6.70

第三步,对三种饲料间日增重差异进行多重比较,结果列于表7-27。

表7-27 【例7.4】资料饲料间日增重的多重比较表

饲料	平均数$\bar{x}_{.j}$			$\bar{x}_{.j}-818.60$	$\bar{x}_{.j}-821.00$
B_2	830.20	a	A	11.60**	9.20**
B_1	821.00	b	B	2.40	
B_3	818.60	b	B		

多重比较结果表明,饲料B_2饲喂肉牛后日增重极显著高于其余两种饲料,且饲料B_1与B_3之间无显著性差异。综上,饲料B_2的育肥效果最佳。

【例7.5】为研究脂肪酸钙和烟酸铬对热应激状态下奶牛产奶量的影响,试验选择21头健康奶牛,根据奶牛年龄、胎次(2~3胎)、产乳量、泌乳期相近原则将其分为7个单位组,每单位组3头奶牛。每单位组3头奶牛各随机饲喂三种不同的日粮,其中,试验Ⅰ组基础日粮,试验Ⅱ组在基础日粮精料中每头添加250 g/d脂肪酸钙,试验Ⅲ组在基础日粮精料中添加10 mg/kg烟酸铬。将试验期间每头奶牛的平均产奶量列于表7-28,试分析3个试验组的平均产奶量有无差别。

表7-28 3种饲料对热应激状态的奶牛平均产奶量的影响　　　　　　　　　　　　　　单位:kg

饲料	单位组							合计$x_{i.}$	平均$\bar{x}_{i.}$
	1	2	3	4	5	6	7		
试验Ⅰ组	12.21	12.28	13.05	12.15	12.06	11.98	12.05	85.78	12.25
试验Ⅱ组	16.58	15.83	14.91	16.02	15.25	15.87	14.83	109.29	15.61
试验Ⅲ组	13.85	14.00	13.56	12.98	13.24	13.86	13.05	94.54	13.51
合计$x_{.j}$	42.64	42.11	41.52	41.15	40.55	41.71	39.93	$x_{..}=289.61$	
平均$\bar{x}_{.j}$	14.21	14.04	13.84	13.72	13.52	13.90	13.31		$\bar{x}_{..}=13.79$

解:依题意,本例是一个随机单位组设计的数据资料(试验设计内容见本书第十二章第三节)。试验设计时由于动物初始条件不一致,根据局部控制原则,将初始条件基本一致的3个动物组成一个单位组,不同单位组之间的动物允许有差异。因此统计分析时将单位组看成一个因素,与试验的研究因素一起构成一个二因素交叉分组无重复观测值资料的数据模式。现将试验研究因素饲料记为A因素,其包括3种饲料即3个水平($a=3$);将单位组记为B因素,其包括7个单位组即7个水平($b=7$),整个试验共有$3×7=21$个组合,且每一个组合只有一个观测值,试验共21个数据构成整个数据模式的总变异,其可剖分为

A因素各水平间的组间变异(饲料间)、B因素各水平间的组间变异(单位组间)和误差三部分。具体统计步骤如下。

1.计算各项平方和与自由度

矫正数：$C = \dfrac{x..^2}{ab} = \dfrac{289.61^2}{3 \times 7} = 3\,994.00$

总平方和：$SS_T = \sum\limits_{i=1}^{a}\sum\limits_{j=1}^{b} x_{ij}^2 - C = (12.21^2 + 12.28^2 + \cdots + 13.05^2) - 3\,994.00 = 44.63$

总自由度：$df_T = ab - 1 = 3 \times 7 - 1 = 21 - 1 = 20$

A因素平方和：$SS_A = \dfrac{1}{b}\sum\limits_{i=1}^{a} x_i.^2 - C$

$\qquad\qquad = \dfrac{1}{7} \times (85.78^2 + 109.29^2 + 94.54^2) - 3\,994.00 = 40.33$

A因素自由度：$df_A = a - 1 = 3 - 1 = 2$

B因素平方和：$SS_B = \dfrac{1}{a}\sum\limits_{j=1}^{b} x._j^2 - C$

$\qquad\qquad = \dfrac{1}{3} \times (42.64^2 + 42.11^2 + \cdots + 39.93^2) - 3\,994.00 = 1.70$

B因素自由度：$df_B = b - 1 = 7 - 1 = 6$

误差平方和：$SS_e = SS_T - SS_A - SS_B = 44.63 - 40.33 - 1.70 = 2.60$

误差自由度：$df_e = df_T - df_A - df_B = 20 - 2 - 6 = 12$

2.计算均方与F值

A因素均方：$MS_A = \dfrac{SS_A}{df_A} = \dfrac{40.33}{2} = 20.17$

B因素均方：$MS_B = \dfrac{SS_B}{df_B} = \dfrac{1.70}{6} = 0.28$

误差均方：$MS_e = \dfrac{SS_e}{df_e} = \dfrac{2.60}{12} = 0.22$

A因素F值：$F_A = \dfrac{MS_A}{MS_e} = \dfrac{20.17}{0.22} = 91.68$

B因素F值：$F_B = \dfrac{MS_B}{MS_e} = \dfrac{0.28}{0.22} = 1.27$

3.列方差分析表(表7-29),进行F检验,作统计推断

因为饲料间 $F_A = 91.68 > F_{0.01(2,12)} = 6.93$，则 $p < 0.01$，表明3种饲料饲喂奶牛后产奶量差异极显著；$F_B = 1.27 < F_{0.05(6,12)} = 3.00$，则 $p > 0.05$，表明不同单位组之间差异不显著。现对3种饲料的饲喂效果进行多重比较。

表7-29 【例7.5】资料的方差分析表

变异来源	平方和SS	自由度df	均方MS	F值	临界F_α值
饲料	40.33	2	20.17	91.68	$F_{0.01(2,12)}$=6.93
单位组	1.70	6	0.28	1.27	$F_{0.05(6,12)}$=3.00
误差	2.60	12	0.22		
总变异	44.63	20			

4.多重比较

采用SSR法对试验Ⅰ组、试验Ⅱ组、试验Ⅲ组3种饲料间的差异进行多重比较。

第一步,计算标准误$S_{\bar{x}}$,由于饲料因素(A因素)的重复数为b,则标准误$S_{\bar{x}}$的计算如下:

$$S_{\bar{x}}=\sqrt{\frac{MS_e}{b}}=\sqrt{\frac{0.22}{7}}=0.18$$

第二步,根据误差自由度df_e=12,秩次距k=2、3,从附表7(SSR表)查出α=0.05和α=0.01的临界SSR值,然后乘以$S_{\bar{x}}$=0.18,即为最小显著极差LSR,结果列于表7-30。

表7-30 【例7.5】资料多重比较的临界SSR值和LSR值表

误差自由度df_e	秩次距k	$SSR_{0.05}$	$SSR_{0.01}$	$LSR_{0.05}$	$LSR_{0.01}$
12	2	3.08	4.32	0.55	0.78
	3	3.23	4.55	0.58	0.82

第三步,对3种饲料间的差异进行多重比较,结果列于表7-31。

表7-31 【例7.5】资料饲料间平均产奶量的多重比较表

饲料	平均数$\bar{x}_{i\cdot}$			$\bar{x}_{i\cdot}$-12.25	$\bar{x}_{i\cdot}$-13.51
试验Ⅱ组	15.61	a	A	3.36**	2.10**
试验Ⅲ组	13.51	b	B	1.26**	
试验Ⅰ组	12.25	c	C		

多重比较结果表明,试验Ⅱ组(脂肪酸钙)的产奶量极显著高于试验Ⅲ组(烟酸铬)和试验Ⅰ组(基础日粮);试验Ⅲ组(烟酸铬)的产奶量极显著高于试验Ⅰ组(基础日粮)。

二、双向交叉分组有重复观测值资料的方差分析

在介绍双向交叉分组有重复观测值资料的方差分析方法之前,先介绍主效应、互作效应和简单效应的概念。主效应指因素A(或因素B)各水平之间对试验效应的影响,即因素A(或因素B)的相对独立的处理效应。交互作用指同时研究两个或两个以上试验因素时,其中一个因素的作用影响其他因素的作用。例如表7-32为某一试验数据资料,从表7-32可见,A因素有a_1、a_2两个水平,B因素有b_1、b_2两个水平。其中,a_2-a_1称为a_2与a_1比较的简单效应,b_2-b_1称为b_2与b_1比较的简单效应。结果a_2-a_1在b_1水平下

为2,在b_2水平下为6;同时,b_2-b_1在a_1水平下为4,在a_2水平下为8。以上结果说明因素A的简单效应随因素B的水平不同而不同,因素B的简单效应也随因素A的水平不同而不同,因此A、B两因素间存在相互作用。假设将表7-32中a_2b_2组合的数值18改为14,则因素A的简单效应在b_1、b_2两个水平下都是2,说明a_2-a_1的结果与B因素的水平变动无关,同时因素B的简单效应在a_1、a_2两个水平下都是4,说明b_2-b_1的结果与A因素的水平变动无关,这种情况称A、B两因素间无互作。

表7-32　互作效应示意表

因素B	因素A		a_2-a_1
	a_1	a_2	
b_1	8	10	2
b_2	12	18(14)	6(2)
b_2-b_1	4	8(4)	

根据以上三个定义可见,双向交叉分组无重复观测值资料的方差分析只能用于两因素间不存在互作或互作很小的情况,此时,方差分析着重分析的是A因素和B因素的主效应。但是,若A因素与B因素间存在交互作用,则每个水平组合应该设置重复,其原因为:首先,从理论上说,二因素数据资料的总变异应剖分为A因素的主效应、B因素的主效应、互作效应和误差四个部分。但是如前所述,二因素交叉无重复观测值资料的总变异剖分为A因素的主效应、B因素的主效应和误差。可见,如果二因素确实存在交互作用,则无重复观测值资料模式的误差部分还包含了互作效应部分,这样将导致方差分析中误差均方MS_e相对增大,进而导致统计量F_A和F_B降低,检验的灵敏度下降,最终有可能掩盖试验因素各水平均数差异的显著性,从而增大犯Ⅱ型错误的概率。其次,每个水平组合(处理)仅设置一个试验单位,所获得的无重复观测值资料将无法正确估计各处理的组内误差,进而不能进一步估计两因素间的交互作用。

综上,进行多因素试验一般应设置重复,每个水平组合(处理)应设置2个或2个以上重复观测值,才能正确估计试验误差和研究因素间的交互作用。

下面介绍二因素交叉分组有重复观测值资料的方差分析方法与步骤。

(一)数据模式

A、B两因素分别有a、b个水平,交叉分组,共有ab个水平组合(或者处理),每个水平组合(或者处理)有n个重复观测值,试验共有abn个观测值,其数据模式见表7-33。其中,x_{ijk}代表因素A的第i个水平和因素B的第j个水平交叉组合的第k个观测值;$x_{ij.}$代表因素A的第i个水平和因素B的第j个水平交叉组合的所有观测值之和$\left(x_{ij.}=\sum_{k=1}^{n}x_{ijk}\right)$,$\bar{x}_{ij.}$代表因素A的第$i$个水平和因素B的第$j$个水平交叉组合的所有观测值的平均数$\left(\bar{x}_{ij.}=\frac{1}{n}\sum_{k=1}^{n}x_{ijk}\right)$;$x_{i..}$代表因素A的第$i$个水平的所有观测值之和$\left(x_{i..}=\sum_{j=1}^{b}\sum_{k=1}^{n}x_{ijk}\right)$,$\bar{x}_{i..}$代表因素A的第$i$个水平的所有观测值的平均数$\left(\bar{x}_{i..}=\frac{1}{bn}\sum_{j=1}^{b}\sum_{k=1}^{n}x_{ijk}\right)$;$x_{.j.}$代表因素B的第$j$个水平的所有观测值之和$(x._{.j.}=\sum_{i=1}^{a}\sum_{k=1}^{n}x_{ijk})$，$\bar{x}._{.j.}$代表因素 B 的第$j$个水平的所有观测值的平均数$(\bar{x}._{.j.}=\frac{1}{an}\sum_{i=1}^{a}\sum_{k=1}^{n}x_{ijk})$；$x...$代表试验所

有 abn 个 观 测 值 的 总 和 $(x...=\sum_{i=1}^{a}\sum_{j=1}^{b}\sum_{k=1}^{n}x_{ijk})$，$\bar{x}...$ 代 表 试 验 所 有 abn 个 观 测 值 的 平 均 数

$(\bar{x}...=\frac{1}{abn}\sum_{i=1}^{a}\sum_{j=1}^{b}\sum_{k=1}^{n}x_{ijk})$。

表 7-33　双向交叉分组有重复观测值资料的数据模式

A因素		B因素				合计 $x_{i..}$	平均 $\bar{x}_{i..}$
		B_1	B_2	$\cdots$	B_b		
A₁	x_{1jk}	x_{111}	x_{121}	$\cdots$	x_{1b1}	$x_{1..}$	$\bar{x}_{1..}$
		x_{112}	x_{122}	$\cdots$	x_{1b2}		
		$\vdots$	$\vdots$		$\vdots$		
		x_{11n}	x_{12n}	$\cdots$	x_{1bn}		
	$x_{1j.}$	$x_{11.}$	$x_{12.}$	$\cdots$	$x_{1b.}$		
	$\bar{x}_{1j.}$	$\bar{x}_{11.}$	$\bar{x}_{12.}$	$\cdots$	$\bar{x}_{1b.}$		
A₂	x_{2jk}	x_{211}	x_{221}		x_{2b1}	$x_{2..}$	$\bar{x}_{2..}$
		x_{212}	x_{222}		x_{2b2}		
		$\vdots$	$\vdots$		$\vdots$		
		x_{21n}	x_{22n}		x_{2bn}		
	$x_{2j.}$	$x_{21.}$	$x_{22.}$	$\cdots$	$x_{2b.}$		
	$\bar{x}_{2j.}$	$\bar{x}_{21.}$	$\bar{x}_{22.}$	$\cdots$	$\bar{x}_{2b.}$		
$\vdots$	$\vdots$	$\vdots$	$\vdots$		$\vdots$	$\vdots$	$\vdots$
Aₐ	x_{ajk}	x_{a11}	x_{a21}	$\cdots$	x_{ab1}	$x_{a..}$	$\bar{x}_{a..}$
		x_{a12}	x_{a22}	$\cdots$	x_{ab2}		
		$\vdots$	$\vdots$		$\vdots$		
		x_{a1n}	x_{a2n}		x_{abn}		
	$x_{aj.}$	$x_{a1.}$	$x_{a2.}$		$x_{ab.}$		
	$\bar{x}_{aj.}$	$\bar{x}_{a1.}$	$\bar{x}_{a2.}$		$\bar{x}_{ab.}$		
合计 $x_{.j.}$		$x_{.1.}$	$x_{.2.}$	$\cdots$	$x_{.b.}$	$x...$	
平均 $\bar{x}_{.j.}$		$\bar{x}_{.1.}$	$\bar{x}_{.2.}$	$\cdots$	$\bar{x}_{.b.}$		$\bar{x}...$

(二)数学模型

双向交叉分组有重复观测值资料的数学模型可表示为：

$$x_{ijk}=\mu+\alpha_i+\beta_j+(\alpha\beta)_{ij}+\varepsilon_{ijk} \tag{7-21}$$

$$(i=1,2,\cdots,a;j=1,2,\cdots,b;k=1,2,\cdots,n)$$

其中：

x_{ijk}为因素 A 的第i个水平和因素 B 的第j个水平交叉组合中的第k个观测值；

μ为试验全体观测值总体平均数；

α_i为因素 A 的第 i 个水平的主效应(即 A 因素第 i 个水平所属的总体平均数 $\mu_{i.}$ 与总体平均数 μ 的差值,即 $\alpha_i = \mu_{i.} - \mu$);

β_j为因素 B 的第 j 个水平的主效应(即 B 因素第 j 个水平所属的总体平均数 $\mu_{.j}$ 与总体平均数 μ 的差值,即 $\beta_j = \mu_{.j} - \mu$);

$(\alpha\beta)_{ij}$为因素 A 的第 i 个水平和因素 B 的第 j 个水平的互作效应(即 A 因素第 i 个水平和 B 因素第 j 个水平交叉组合所属的总体平均数 μ_{ij} 与总体平均数 μ 的差值,再减去因素 A 的第 i 个水平的主效应 α_i 和因素 B 的第 j 个水平的主效应 β_j,即 $(\alpha\beta)_{ij} = \mu_{ij} - \mu_{i.} - \mu_{.j} + \mu$);

ε_{ijk}为试验随机误差,假设所有的 ε_{ijk} 均相互独立且服从正态分布 $N(0, \sigma^2)$。

(三)方差分析的方法与步骤

根据方差分析的基本原理,双向交叉分组有重复观测值资料的总变异可剖分为 ab 个处理间变异(或者水平组合间变异)和误差两部分,即:

$$\left. \begin{array}{l} SS_T = SS_{AB} + SS_e \\ df_T = df_{AB} + df_e \end{array} \right\} \tag{7-22}$$

由于处理间变异(或者水平组合间变异)可再剖分为 A 因素各水平间变异(A 因素主效应)、B 因素各水平间变异(B 因素主效应)和互作效应,即:

$$\left. \begin{array}{l} SS_{AB} = SS_A + SS_B + SS_{A\times B} \\ df_{AB} = df_A + df_B + df_{A\times B} \end{array} \right\} \tag{7-23}$$

综上,双向交叉分组有重复观测值资料总变异的平方和和自由度也可剖分为:

$$\left. \begin{array}{l} SS_T = SS_A + SS_B + SS_{A\times B} + SS_e \\ df_T = df_A + df_B + df_{A\times B} + df_e \end{array} \right\} \tag{7-24}$$

1.计算各项平方和与自由度

$$\left. \begin{array}{l} \text{矫正数:} C = \dfrac{x_{...}^2}{abn} \\[2mm] \text{总平方和:} SS_T = \sum_{i=1}^{a}\sum_{j=1}^{b}\sum_{k=1}^{n}\left(x_{ijk} - \bar{x}_{...}\right)^2 = \sum_{i=1}^{a}\sum_{j=1}^{b}\sum_{k=1}^{n} x_{ijk}^2 - C \\[2mm] \text{处理间平方和:} SS_{AB} = n\sum_{i=1}^{a}\sum_{j=1}^{b}\left(\bar{x}_{ij.} - \bar{x}_{...}\right)^2 = \dfrac{1}{n}\sum_{i=1}^{a}\sum_{j=1}^{b} x_{ij.}^2 - C \\[2mm] \text{误差平方和:} SS_e = SS_T - SS_{AB} \\[2mm] \text{A 因素平方和:} SS_A = bn\sum_{i=1}^{a}\left(\bar{x}_{i..} - \bar{x}_{...}\right)^2 = \dfrac{1}{bn}\sum_{i=1}^{a} x_{i..}^2 - C \\[2mm] \text{B 因素平方和:} SS_B = an\sum_{j=1}^{b}\left(\bar{x}_{.j.} - \bar{x}_{...}\right)^2 = \dfrac{1}{an}\sum_{j=1}^{b} x_{.j.}^2 - C \\[2mm] \text{互作平方和:} SS_{A\times B} = SS_{AB} - SS_A - SS_B \\[2mm] \text{总自由度:} df_T = abn - 1 \\[2mm] \text{处理间自由度:} df_{AB} = ab - 1 \\[2mm] \text{误差自由度:} df_e = df_T - df_{AB} = ab(n-1) \\[2mm] \text{A 因素自由度:} df_A = a - 1 \\[2mm] \text{B 因素自由度:} df_B = b - 1 \\[2mm] \text{互作自由度:} df_{A\times B} = df_{AB} - df_A - df_B = (a-1)(b-1) \end{array} \right\} \tag{7-25}$$

2.计算均方与F值

$$A因素均方: MS_A = \frac{SS_A}{df_A}$$
$$B因素均方: MS_B = \frac{SS_B}{df_B}$$
$$互作均方: MS_{A \times B} = \frac{SS_{A \times B}}{df_{A \times B}}$$
$$误差均方: MS_e = \frac{SS_e}{df_e}$$

$$(7-26)$$

$$A因素F值: F_A = \frac{MS_A}{MS_e}$$
$$B因素F值: F_B = \frac{MS_B}{MS_e}$$
$$互作F值: F_{A \times B} = \frac{MS_{A \times B}}{MS_e}$$

$$(7-27)$$

3.列方差分析表（表7-34），进行F检验，作统计推断

表7-34　双向交叉分组有重复观测值资料的方差分析表

变异来源	平方和SS	自由度df	均方MS	F值	临界F_α值
因素A	SS_A	$a-1$	MS_A	$F_A = \frac{MS_A}{MS_e}$	$F_{\alpha(df_A, df_e)}$
因素B	SS_B	$b-1$	MS_B	$F_B = \frac{MS_B}{MS_e}$	$F_{\alpha(df_B, df_e)}$
互作A×B	$SS_{A \times B}$	$(a-1)(b-1)$	$MS_{A \times B}$	$F_{A \times B} = \frac{MS_{A \times B}}{MS_e}$	$F_{\alpha(df_{A \times B}, df_e)}$
误差	SS_e	$ab(n-1)$	MS_e		
总变异	SS_T	$abn-1$			

对于给定的显著水平α，根据A因素的自由度df_A和误差自由度df_e，由附表5（F值表）查$F_{\alpha(df_A, df_e)}$，若$F_A < F_{\alpha(df_A, df_e)}$，则$p > \alpha$，表明A因素各水平间处理效应差异不显著；若$F_A \geq F_{\alpha(df_A, df_e)}$，则$p \leq \alpha$，表明A因素各水平间处理效应差异显著。若F检验结果差异显著，还需对因素A各水平间处理效应差异性进行多重比较。同理，根据B因素的自由度df_B和误差自由度df_e，由附表5（F值表）查$F_{\alpha(df_B, df_e)}$，若$F_B < F_{\alpha(df_B, df_e)}$，则$p > \alpha$，表明B因素各水平间处理效应差异不显著；若$F_B \geq F_{\alpha(df_B, df_e)}$，则$p \leq \alpha$，表明B因素各水平间处理效应差异显著。若F检验结果差异显著，还需对因素B各水平间处理效应差异性进行多重比较。最后，根据交互作用的自由度$df_{A \times B}$和误差自由度df_e，由附表5查（F值表）查$F_{\alpha(df_{A \times B}, df_e)}$，若$F_{A \times B} < F_{\alpha(df_{A \times B}, df_e)}$，则$p > \alpha$，表明因素A、因素B之间的交互作用不显著；若$F_{A \times B} \geq F_{\alpha(df_{A \times B}, df_e)}$，则$p \leq \alpha$，表明因素A、因素B之间的交互作用显著。若F检验结果差异显著，还需进一步对各水平组合间差异性进行多重比较。

4.多重比较

根据上一步统计推断的结果，对F检验结果显著的A、B两因素的主效应或互作效应，同样可参考单向分组资料方差分析的方法（LSD 法、SSR 法和 q 法）进行多重比较，但是在均数差异标准误或均数标准误的计算公式上重复数略有区别。以 q 法为例，对于 A 因素各水平而言，其每一水平的重复数为 bn，则 $S_{\bar{x}}=\sqrt{\dfrac{MS_e}{bn}}$；对于 B 因素各水平而言，其每一水平的重复数为 an，则 $S_{\bar{x}}=\sqrt{\dfrac{MS_e}{an}}$；对于各水平组合间而言，其每一水平组合的重复数为 n，则 $S_{\bar{x}}=\sqrt{\dfrac{MS_e}{n}}$。

但是，就双向交叉分组有重复观测值的资料而言，统计分析的最终目的是期望找到最优水平组合，具体统计方法如下：若互作不显著，由于各因素的效应可以累加，则可分别通过对 A 因素和 B 因素多重比较，分别选出 A 因素和 B 因素的最优水平，二者的组合即为最优的水平组合；若互作显著或者互作极显著，则各因素的效应不能直接累加，最优水平组合的选定应对各水平组合进行多重比较确定。此时，由于试验的水平组合数较多，若采用 LSR 法对各水平组合平均数进行多重比较，计算量大，因此建议采用 T 法或者 LSD 法检验。T 检验法是最大秩次距的 q 检验法，即用 q 检验法中最大秩次距的最小显著极差 LSR 与各水平组合的平均数差数作比较。

【例 7.6】选用 3 种不同的饲料和 3 个不同的品种进行猪的育肥试验，试验猪的增重如表 7-35，试检验不同饲料和不同品种在增重上有无差异。哪个品种饲喂何种饲料增重效果最好？

表 7-35　3 种饲料对 3 个品种猪的育肥试验资料　　　　　　　　　单位：kg

A 因素		B 因素			合计 $x_{i..}$	平均 $\bar{x}_{i..}$
		B_1	B_2	B_3		
A₁	x_{1jk}	42.6	36.2	43.4	359.9	40.0
		38.9	37.8	41.0		
		40.8	37.0	42.2		
	$x_{1j.}$	122.3	111.0	126.6		
	$\bar{x}_{1j.}$	40.8	37.0	42.2		
A₂	x_{2jk}	54.5	49.8	58.6	481.4	53.5
		50.5	51.5	56.0		
		52.5	50.7	57.3		
	$x_{2j.}$	157.5	152.0	171.9		
	$\bar{x}_{2j.}$	52.5	50.7	57.3		
A₃	x_{3jk}	41.6	47.6	52.8	417.8	46.4
		42.8	41.8	51.6		
		42.7	44.7	52.2		
	$x_{3j.}$	127.1	134.1	156.6		
	$\bar{x}_{3j.}$	42.4	44.7	52.2		
合计 $x_{.j.}$		406.9	397.1	455.1	$x_{...}=1\,259.1$	
平均 $\bar{x}_{.j.}$		45.2	44.1	50.6		$\bar{x}_{...}=46.6$

解：依题意，本例是一个二因素交叉有重复观测值的数据资料，其中，饲料记为A因素，包括3种饲料即为3个水平（$a=3$），品种记为B因素，包括3个品种即为3个水平（$b=3$），整个试验共$ab=9$个水平组合（处理），每个水平组合（处理）有3个重复（$n=3$）。

1.计算各项平方和与自由度

矫正数：$C=\dfrac{x_{...}^2}{abn}=\dfrac{1\ 259.1^2}{3\times3\times3}=58\ 716.03$

总平方和：$SS_T=\sum\limits_{i=1}^{a}\sum\limits_{j=1}^{b}\sum\limits_{k=1}^{n}x_{ijk}^2-C$

$\qquad\qquad =(42.6^2+38.9^2+\cdots+52.2^2)-58\ 716.03=1\ 135.06$

总自由度：$df_T=abn-1=3\times3\times3-1=26$

处理间平方和：$SS_{AB}=\dfrac{1}{n}\sum\limits_{i=1}^{a}\sum\limits_{j=1}^{b}x_{ij.}^2-C$

$\qquad\qquad\quad =\dfrac{1}{3}(122.3^2+111.0^2+\cdots+156.6^2)-58\ 716.03=1\ 092.80$

处理间自由度：$df_{AB}=ab-1=3\times3-1=8$

误差平方和：$SS_e=SS_T-SS_{AB}=1\ 135.06-1\ 092.80=42.26$

误差自由度：$df_e=df_T-df_{AB}=ab(n-1)=3\times3\times(3-1)=18$

A因素平方和：$SS_A=\dfrac{1}{bn}\sum\limits_{i=1}^{a}x_{i..}^2-C$

$\qquad\qquad\quad =\dfrac{1}{3\times3}\times(359.9^2+481.4^2+417.8^2)-58\ 716.03=820.73$

A因素自由度：$df_A=a-1=3-1=2$

B因素平方和：$SS_B=\dfrac{1}{an}\sum\limits_{j=1}^{b}x_{.j.}^2-C$

$\qquad\qquad\quad =\dfrac{1}{3\times3}\times(406.9^2+397.1^2+455.1^2)-58\ 716.03=214.20$

B因素自由度：$df_B=b-1=3-1=2$

互作平方和：$SS_{A\times B}=SS_{AB}-SS_A-SS_B=1\ 092.80-820.73-214.20=57.87$

互作自由度：$df_{A\times B}=df_{AB}-df_A-df_B=(a-1)(b-1)=(3-1)(3-1)=4$

2.计算均方与F值

A因素均方：$MS_A=\dfrac{SS_A}{df_A}=\dfrac{820.73}{2}=410.37$

B因素均方：$MS_B=\dfrac{SS_B}{df_B}=\dfrac{214.20}{2}=107.10$

互作均方：$MS_{A\times B}=\dfrac{SS_{A\times B}}{df_{A\times B}}=\dfrac{57.87}{4}=14.47$

误差均方：$MS_e=\dfrac{SS_e}{df_e}=\dfrac{42.26}{18}=2.35$

A因素 F 值：$F_A = \dfrac{MS_A}{MS_e} = \dfrac{410.37}{2.35} = 174.63$

B因素 F 值：$F_B = \dfrac{MS_B}{MS_e} = \dfrac{107.10}{2.35} = 45.57$

互作 F 值：$F_{A \times B} = \dfrac{MS_{A \times B}}{MS_e} = \dfrac{14.47}{2.35} = 6.16$

3.列方差分析表，如表7-36所示，进行 F 检验，作统计推断

表7-36 【例7.6】资料的方差分析表

变异来源	平方和SS	自由度df	均方MS	F值	临界 F_α 值
饲料	820.73	2	410.37	174.63	$F_{0.01(2,18)} = 6.01$
品种	214.20	2	107.10	45.57	$F_{0.01(2,18)} = 6.01$
饲料×品种	57.87	4	14.47	6.16	$F_{0.01(4,18)} = 4.58$
误差	42.26	18	2.35		
总变异	1 135.06	26			

因为 $F_A = 174.63 > F_{0.01(2,18)} = 6.01$，则 $p < 0.01$，表明不同饲料的育肥效果差异极显著；$F_B = 45.57 > F_{0.01(2,18)} = 6.01$，则 $p < 0.01$，表明不同品种猪的育肥效果差异极显著；$F_{A \times B} = 6.16 > F_{0.01(4,18)} = 4.58$，则 $p < 0.01$，表明饲料与品种交互作用极显著。现需要分别对A因素（不同饲料）、B因素（不同品种）的主效应进行多重比较。此外，由于 F 检验结果表明饲料与品种交互作用极显著，现还需要对试验的9个水平组合（处理）进行多重比较，以求增重效果最好的品种和饲料组合。最后，由于交互作用极显著，还需要进行各因素的简单效应检验。

4.多重比较

（1）A因素（饲料）各水平下育肥猪增重的多重比较：采用 q 法对 A_1、A_2 和 A_3 共3种饲料的增重效果差异进行多重比较。

第一步，计算标准误 $S_{\bar{x}}$，由于A因素各水平的重复数为 bn，则标准误 $S_{\bar{x}}$ 为：

$$S_{\bar{x}} = \sqrt{\dfrac{MS_e}{bn}} = \sqrt{\dfrac{2.35}{3 \times 3}} = 0.51$$

第二步，根据误差自由度 $df_e = 18$，秩次距 $k = 2、3$，从附表6（ q 值表）查出 $\alpha = 0.05$ 和 $\alpha = 0.01$ 的临界 q 值，然后乘以 $S_{\bar{x}} = 0.51$ 为最小显著极差 LSR，结果列于表7-37。

表7-37 【例7.6】资料A因素多重比较的临界 q 值和 LSR 值表

误差自由度 df_e	秩次距 k	$q_{0.05}$	$q_{0.01}$	$LSR_{0.05}$	$LSR_{0.01}$
18	2	2.97	4.07	1.51	2.08
	3	3.61	4.70	1.84	2.40

第三步，对 A_1、A_2 和 A_3 三种饲料增重效果的差异进行多重比较，结果列于表7-38。

表7-38 【例7.6】资料A因素的多重比较

饲料	平均数 $\bar{x}_{i\cdot\cdot}$			$\bar{x}_{i\cdot\cdot}-40.0$	$\bar{x}_{i\cdot\cdot}-46.4$
A_2	53.5	a	A	13.5**	7.1**
A_3	46.4	b	B	6.4**	
A_1	40.0	c	C		

多重比较结果表明，饲料因素各水平平均数间都存在着极显著性差异。平均而言，以 A_2 最高，A_3 次之，A_1 最低。

(2)B因素(品种)各水平下育肥猪增重的多重比较：采用 q 法对 B_1、B_2 和 B_3 三个品种的增重效果差异进行多重比较。

第一步，计算标准误 $S_{\bar{x}}$，由于B因素各水平的重复数为 an，则标准误 $S_{\bar{x}}$ 为：

$$S_{\bar{x}}=\sqrt{\frac{MS_e}{an}}=\sqrt{\frac{2.35}{3\times3}}=0.51$$

第二步，根据误差自由度 $df_e=18$，秩次距 $k=2$、3，从附表6(q 值表)查出 $\alpha=0.05$ 和 $\alpha=0.01$ 的临界 q 值，然后乘以 $S_{\bar{x}}=0.51$ 为最小显著极差 LSR，结果列于表7-39。

表7-39 【例7.6】资料B因素多重比较的临界 q 值和 LSR 值表

误差自由度 df_e	秩次距 k	$q_{0.05}$	$q_{0.01}$	$LSR_{0.05}$	$LSR_{0.01}$
18	2	2.97	4.07	1.51	2.08
	3	3.61	4.70	1.84	2.40

第三步，对 B_1、B_2 和 B_3 三个品种猪的育肥效果差异进行多重比较，结果列于表7-40。

表7-40 【例7.6】资料B因素的多重比较

品种	平均数 $\bar{x}_{\cdot j\cdot}$			$\bar{x}_{\cdot j\cdot}-44.1$	$\bar{x}_{\cdot j\cdot}-45.2$
B_3	50.6	a	A	6.5**	5.4**
B_1	45.2	b	B	1.1	
B_2	44.1	b	B		

多重比较结果表明，B_3 品种的增重极显著高于 B_1 和 B_2 两个品种，B_1 和 B_2 两个品种间增重差异不显著。因此，B_3 品种的增重最快。

(3)各水平组合增重的多重比较：采用 T 法检验，如前所述，T 检验法的本质是最大秩次距的 q 检验法。因此，用 q 检验法中最大秩次距的最小显著极差 LSR 与各水平组合的平均数差数作比较即可。

第一步，计算标准误 $S_{\bar{x}}$，由于每个水平组合(处理)的重复数为 n，则标准误 $S_{\bar{x}}$ 为：

$$S_{\bar{x}} = \sqrt{\frac{MS_e}{n}} = \sqrt{\frac{2.35}{3}} = 0.89$$

第二步,根据资料的误差自由度$df_e = 18$和最大秩次距$k=9$,查附表6(q值表)得:

$$q_{0.05(9, 18)} = 4.96$$

$$q_{0.01(9, 18)} = 6.08$$

则最小显著极差LSR为:

$$LSR_{0.05} = q_{0.05(9, 18)}S_{\bar{x}} = 4.96 \times 0.89 = 4.41$$

$$LSR_{0.01} = q_{0.01(9, 18)}S_{\bar{x}} = 6.08 \times 0.89 = 5.41$$

第三步,对各水平组合(处理)条件下育肥猪的增重进行多重比较,结果列于表7-41。

表7-41 【例7.6】资料各水平组合的多重比较

水平组合	平均数 $\bar{x}_{ij\cdot}$	$\bar{x}_{ij\cdot}-37.0$	$\bar{x}_{ij\cdot}-40.8$	$\bar{x}_{ij\cdot}-42.2$	$\bar{x}_{ij\cdot}-42.4$	$\bar{x}_{ij\cdot}-44.7$	$\bar{x}_{ij\cdot}-50.7$	$\bar{x}_{ij\cdot}-52.2$	$\bar{x}_{ij\cdot}-52.5$
A_2B_3	57.3	20.3**	16.5**	15.1**	14.9**	12.6**	6.6**	5.1*	4.8*
A_2B_1	52.5	15.5**	11.7**	10.3**	10.1**	7.8**	1.8	0.3	
A_3B_3	52.2	15.2**	11.4**	10.0**	9.8**	7.5**	1.5		
A_2B_2	50.7	13.7**	9.9**	8.5**	8.3**	6.0**			
A_3B_2	44.7	7.7**	3.9	2.5	2.3				
A_3B_1	42.4	5.4*	1.6	0.2					
A_1B_3	42.2	5.2*	1.4						
A_1B_1	40.8	3.8							
A_1B_2	37.0								

以上多重比较结果表明,水平组合A_2B_3与其余的8个水平组合间存在显著性差异,表明水平组合A_2B_3,即品种3饲喂第2种饲料的育肥效果最佳。

(4)简单效应的检验:简单效应的检验实际上仍是对水平组合之间的差异检验,所以仍采用T法检验。本例简单效应的检验仍采用各水平组合育肥猪增重的多重比较最小显著极差$LSR_{0.05}=4.41$和$LSR_{0.01}=5.41$。

①B因素在A因素各水平上简单效应的检验:将A因素分别固定在A_1、A_2和A_3上,然后对B因素不同水平之间的差异进行多重比较,结果列于表7-42-1~7-42-3。

表7-42-1 【例7.6】资料B因素在A_1水平上的简单效应检验

水平组合		平均数$\bar{x}_{1j\cdot}$			$\bar{x}_{1j\cdot}-37.0$	$\bar{x}_{1j\cdot}-40.8$
	B_3	42.2	a	A	5.2*	1.4
A_1	B_1	40.8	ab	A	3.8	
	B_2	37.0	b	A		

表7-42-2 【例7.6】资料B因素在A_2水平上的简单效应检验

水平组合		平均数$\bar{x}_{2j.}$			$\bar{x}_{2j.}-50.7$	$\bar{x}_{2j.}-52.5$
	B_3	57.3	a	A	6.6**	4.8*
A_2	B_1	52.5	b	AB	1.8	
	B_2	50.7	b	B		

表7-42-3 【例7.6】资料B因素在A_3水平上的简单效应检验

水平组合		平均数$\bar{x}_{3j.}$			$\bar{x}_{3j.}-42.4$	$\bar{x}_{3j.}-44.7$
	B_3	52.2	a	A	9.8**	7.5**
A_3	B_2	44.7	b	B	2.3	
	B_1	42.4	b	B		

结果表明：

在A_1水平下，B_3品种的增重显著高于B_2品种，其余各品种之间均无显著差异。

在A_2水平下，B_3品种的增重极显著高于B_2品种和显著高于B_1品种，且B_2和B_1品种之间无显著差异。

在A_3水平下，B_3品种的增重极显著高于B_1和B_2两个品种，且B_1和B_2两个品种间增重差异不显著。

②A因素在B因素各水平上简单效应的检验：将B因素分别固定在B_1、B_2和B_3上，然后对A因素不同水平之间的差异进行多重比较，结果列于表7-43-1~7-43-3。

表7-43-1 【例7.6】资料A因素在B_1水平上的简单效应检验

水平组合		平均数$\bar{x}_{i1.}$			$\bar{x}_{i1.}-40.8$	$\bar{x}_{i1.}-42.4$
	A_2	52.5	a	A	11.7**	10.1**
B_1	A_3	42.4	b	B	1.6	
	A_1	40.8	b	B		

表7-43-2 【例7.6】资料A因素在B_2水平上的简单效应检验

水平组合		平均数$\bar{x}_{i2.}$			$\bar{x}_{i2.}-37.0$	$\bar{x}_{i2.}-44.7$
	A_2	50.7	a	A	13.7**	6.0**
B_2	A_3	44.7	b	B	7.7**	
	A_1	37.0	c	C		

表7-43-3 【例7.6】资料A因素在B_3水平上的简单效应检验

水平组合		平均数$\bar{x}_{i3.}$			$\bar{x}_{i3.}-42.2$	$\bar{x}_{i3.}-52.2$
	A_2	57.3	a	A	15.1**	5.1*
B_3	A_3	52.2	b	A	10.0**	
	A_1	42.2	c	B		

结果表明：

在B_1水平下，A_2饲料的增重极显著高于A_3饲料和A_1饲料，且A_3饲料和A_1饲料之间差异不显著。

在B_2水平下，饲料各水平平均数之间都存在极显著差异。

在B_3水平下，A_2饲料的增重极显著高于A_1饲料和显著高于A_3饲料，A_3饲料的增重极显著高于A_1饲料。

第五节 | 双向嵌套分组资料的方差分析

如前所述，双向交叉分组资料中A因素a个水平和B因素b个水平完全交叉，共构成ab个组合或者ab个处理，在试验中A因素和B因素处于完全平行地位，并无主次之分。但是，在自然界或生产中由于研究目的或一些客观原因等限制，一些试验中A因素和B因素不能按交叉分组方式来组合，只能采用逐步嵌套方法来安排试验。例如，某研究为了解不同地区养殖场青贮玉米的质量情况，在研究中首先随机选择试验地区（A因素），然后在所选择的试验地区内再随机选择养殖场（B因素），所以B因素是嵌套于A因素之下的。再如，在动物生产中，欲研究不同双亲对后代性状的影响，公畜与母畜所起的作用不同。一头公畜可以与多头母畜交配，而一头母畜在同一时期内就只能与一头公畜交配。为此，某研究欲分析3头公猪和不同母猪交配后仔猪初生重的差异，研究第一步是随机选择3头公猪（即A因素有3个水平：A_1、A_2和A_3），第二步在每一头公猪下再随机选择3头母猪进行交配（即B因素有3个水平：B_1、B_2和B_2），但是B因素嵌套于A因素之下，整个试验共3头公猪和9头母猪，试验设计如表7-44所示。

表7-44 不同公猪和母猪交配的双向嵌套分组设计

处理	公猪	母猪
1	A_1（1）	B_1（1）
2	A_1（1）	B_2（2）
3	A_1（1）	B_3（3）
4	A_2（2）	B_1（4）
5	A_2（2）	B_2（5）
6	A_2（2）	B_3（6）
7	A_3（3）	B_1（7）
8	A_3（3）	B_2（8）
9	A_3（3）	B_3（9）

总之，嵌套分组资料是指首先将A因素分成a个水平，记为$A_i(i=1,2,\cdots,a)$；其次在A_i下将B因素分为b个水平，记为$B_{ij}(i=1,2,\cdots,a;j=1,2,\cdots,b)$；然后在$B_{ij}$下又将C因素分为$c$个水平，记为$C_{ijk}(i=1,2,\cdots,a;j=1,2,\cdots,b;k=1,2,\cdots,c)$；$\cdots$；这样得到多个因素水平组合的方式称为嵌套分组设计（nested design或

者 hierarchical design）。其中，首先划分水平的因素称为一级因素，其次划分水平的因素称为二级因素，再划分水平的因素称为三级因素，以此类推。本节主要介绍二因素嵌套分组资料的统计分析方法。

一、数据模式

双向嵌套分组资料可以分为次级因素的水平数量相等和不相等两种资料模式。其中，次级因素水平数量相等的资料模式是指一级因素 A 有 a 个水平，二级因素 B 有 b 个水平，每个水平组合 B_{ij} 有 n 个重复值，试验共有 abn 个观测值（表7-45）。次级因素水平数量不相等的资料模式是指嵌套在 A 因素各水平的 B 因素的水平数不等，或者在不同 B 因素水平内的观测值个数不等。本节以双向嵌套分组次级因素水平数量相等的资料为模式，介绍双向嵌套分组资料的统计分析方法。

表7-45 双向嵌套分组资料的数据模式

一级因素A	二级因素B	观测值				二级因素 合计 $x_{ij.}$	二级因素 平均 $\bar{x}_{ij.}$	一级因素 合计 $x_{i..}$	一级因素 平均 $\bar{x}_{i..}$
A_1	B_{11}	x_{111}	x_{112}	...	x_{11n}	$x_{11.}$	$\bar{x}_{11.}$		
	B_{12}	x_{121}	x_{122}	...	x_{12n}	$x_{12.}$	$\bar{x}_{12.}$	$x_{1..}$	$\bar{x}_{1..}$
	$\vdots$	$\vdots$	$\vdots$		$\vdots$	$\vdots$	$\vdots$		
	B_{1b}	x_{1b1}	x_{1b2}	...	x_{1bn}	$x_{1b.}$	$\bar{x}_{1b.}$		
A_2	B_{21}	x_{211}	x_{212}	...	x_{21n}	$x_{21.}$	$\bar{x}_{21.}$		
	B_{22}	x_{221}	x_{222}	...	x_{22n}	$x_{22.}$	$\bar{x}_{22.}$	$x_{2..}$	$\bar{x}_{2..}$
	$\vdots$	$\vdots$	$\vdots$	$\vdots$	$\vdots$	$\vdots$	$\vdots$		
	B_{2b}	x_{2b1}	x_{2b2}	...	x_{2bn}	$x_{2b.}$	$\bar{x}_{2b.}$		
$\vdots$	$\vdots$	$\vdots$	$\vdots$		$\vdots$	$\vdots$	$\vdots$	$\vdots$	$\vdots$
A_a	B_{a1}	x_{a11}	x_{a12}	...	x_{a1n}	$x_{a1.}$	$\bar{x}_{a1.}$		
	B_{a2}	x_{a21}	x_{a22}	...	x_{a2n}	$x_{a2.}$	$\bar{x}_{a2.}$	$x_{a..}$	$\bar{x}_{a..}$
	$\vdots$	$\vdots$	$\vdots$	$\vdots$	$\vdots$	$\vdots$	$\vdots$		
	B_{ab}	x_{ab1}	x_{ab2}	...	x_{abn}	$x_{ab.}$	$\bar{x}_{ab.}$		
合计								$x_{...}$	$\bar{x}_{...}$

其中，x_{ijk} 代表一级因素 A 的第 i 个水平下二级因素 B 的第 j 个水平的第 k 个观测值；$x_{ij.}$ 代表一级因素 A 的第 i 个水平下二级因素 B 的第 j 个水平的所有观测值之和 $(x_{ij.}=\sum_{k=1}^{n}x_{ijk})$，$\bar{x}_{ij.}$ 代表一级因素 A 的第 i 个水平下二级因素 B 的第 j 个水平的所有观测值的平均数 $(\bar{x}_{ij.}=\frac{1}{n}\sum_{k=1}^{n}x_{ijk})$；$x_{i..}$ 代表一级因素 A 的第 i 个水平的所有观测值之和 $(x_{i..}=\sum_{j=1}^{b}\sum_{k=1}^{n}x_{ijk})$，$\bar{x}_{i..}$ 代表一级因素 A 的第 i 个水平的所有观测值的平均数 $(\bar{x}_{i..}=\frac{1}{bn}\sum_{j=1}^{b}\sum_{k=1}^{n}x_{ijk})$；$x_{...}$ 代表试验所有 abn 个观测值的总和 $(x_{...}=\sum_{i=1}^{a}\sum_{j=1}^{b}\sum_{k=1}^{n}x_{ijk})$，$\bar{x}_{...}$ 代表试验所有 abn 个观测值的平均数 $(\bar{x}_{...}=\frac{1}{abn}\sum_{i=1}^{a}\sum_{j=1}^{b}\sum_{k=1}^{n}x_{ijk})$。

二、数学模型

双向嵌套分组资料的数学模型可表示为：

$$x_{ijk}=\mu+\alpha_i+\beta(\alpha)_{ij}+\varepsilon_{ijk} \tag{7-28}$$

$$(i=1,2,\cdots,a;j=1,2,\cdots,b;k=1,2,\cdots,n)$$

其中：

x_{ijk} 为一级因素 A 第 i 个水平下二级因素 B 第 j 个水平的第 k 个观测值；

μ 为试验全体观测值总体平均数；

α_i 为一级因素 A 的第 i 个水平的效应（即一级因素 A 的第 i 个水平所属的总体平均数 μ_i 与总体平均数 μ 的差值，即 $\alpha_i=\mu_i-\mu$）；

$\beta(\alpha)_{ij}$ 为一级因素 A 第 i 个水平下二级因素 B 第 j 个水平的效应（即一级因素 A 第 i 个水平下二级因素 B 第 j 个水平所属的总体平均数 μ_{ij} 与一级因素 A 的第 i 个水平所属的总体平均数 μ_i 的差值，即 $\beta(\alpha)_{ij}=\mu_{ij}-\mu_i$）；

ε_{ijk} 为试验随机误差，假设所有的 ε_{ijk} 均相互独立且服从正态分布 $N(0,\sigma^2)$。

三、方差分析的方法与步骤

根据方差分析的基本原理，双向嵌套分组资料共 abn 个数据构成整个数据模式的总变异，其可剖分为一级因素 A 各水平间的变异、A 因素内二级因素 B 各水平间的变异和误差三部分，则总平方和和总自由度可剖分为：

$$\left.\begin{array}{l} SS_T=SS_A+SS_{B(A)}+SS_e \\ df_T=df_A+df_{B(A)}+df_e \end{array}\right\} \tag{7-29}$$

（一）计算各项平方和与自由度

$$\left.\begin{array}{l} \text{矫正数：}C=\dfrac{x_{\cdots}^2}{abn} \\[2mm] \text{总平方和：}SS_T=\sum_{i=1}^a\sum_{j=1}^b\sum_{k=1}^n\left(x_{ijk}-\bar{x}_{\cdots}\right)^2=\sum_{i=1}^a\sum_{j=1}^b\sum_{k=1}^n x_{ijk}^2-C \\[2mm] \text{A因素平方和：}SS_A=bn\sum_{i=1}^a\left(\bar{x}_{i\cdots}-\bar{x}_{\cdots}\right)^2=\dfrac{1}{bn}\sum_{i=1}^a x_{i\cdots}^2-C \\[2mm] \text{A因素内B因素平方和：}SS_{B(A)}=n\sum_{i=1}^a\sum_{j=1}^b\left(\bar{x}_{ij\cdot}-\bar{x}_{i\cdots}\right)^2=SS_B-SS_A \\[2mm] \qquad\qquad\qquad\qquad =\dfrac{1}{n}\sum_{i=1}^a\sum_{j=1}^b x_{ij\cdot}^2-C-SS_A \\[2mm] \text{误差平方和：}SS_e=SS_T-SS_A-SS_{B(A)} \\[2mm] \text{总自由度：}df_T=abn-1 \\[2mm] \text{A因素自由度：}df_A=a-1 \\[2mm] \text{A因素内B因素自由度：}df_{B(A)}=a(b-1) \\[2mm] \text{误差自由度：}df_e=df_T-df_A-df_{B(A)}=ab(n-1) \end{array}\right\} \tag{7-30}$$

(二)计算均方与F值

$$A因素均方：MS_A=\frac{SS_A}{df_A}$$
$$A因素内B因素均方：MS_{B(A)}=\frac{SS_{B(A)}}{df_{B(A)}} \qquad (7-31)$$
$$误差均方：MS_e=\frac{SS_e}{df_e}$$

计算A因素的统计量F值时,分母误差均方可以为$MS_{B(A)}$或者MS_e,这主要取决于二级因素B的统计模型。如果统计模型是固定的,则分母为MS_e;如果统计模型是随机的,则分母为$MS_{B(A)}$。实际中由于B因素多数情况下都是随机的,所以一级因素A的误差均方一般为$MS_{B(A)}$。

$$A因素F值：F_A=\frac{MS_A}{MS_{B(A)}}$$
$$B因素F值：F_B=\frac{MS_{B(A)}}{MS_e} \qquad (7-32)$$

(三)列方差分析表,进行F检验,作统计推断

将以上统计分析结果总结列于方差分析表(表7-46)中,进行F检验。对于给定的显著水平α,根据一级因素A因素的自由度df_A和误差自由度$df_{B(A)}$,由附表5(F值表)查$F_{\alpha\left(df_A,df_{B(A)}\right)}$,若$F_A<F_{\alpha\left(df_A,df_{B(A)}\right)}$,则$p>\alpha$,表明一级因素A因素各水平间处理效应差异不显著;若$F_A\geq F_{\alpha\left(df_A,df_{B(A)}\right)}$,则$p\leq\alpha$,表明一级因素A因素各水平间处理效应差异显著。若$F$检验结果差异显著,需要进一步对一级因素A因素各水平间处理效应差异性进行多重比较。同理,根据A因素内B因素的自由度$df_{B(A)}$和误差自由度df_e,由附表5(F值表)查$F_{\alpha\left(df_{B(A)},df_e\right)}$,若$F_B<F_{\alpha\left(df_{B(A)},df_e\right)}$,则$p>\alpha$,表明一级因素A因素内二级因素B因素各水平间处理效应差异不显著;若$F_B\geq F_{\alpha\left(df_{B(A)},df_e\right)}$,则$p\leq\alpha$,表明一级因素A因素内二级因素B因素各水平间处理效应差异显著,但是嵌套设计研究的重点是一级因素A,所以对二级因素B的各水平间差异性不进行多重比较。

表7-46 双向嵌套分组资料的方差分析表

变异来源	平方和SS	自由度df	均方MS	F值	临界F_α值
一级因素A	SS_A	$a-1$	MS_A	$F_A=\dfrac{MS_A}{MS_{B(A)}}$	$F_{\alpha\left(df_A,df_{B(A)}\right)}$
二级因素B	$SS_{B(A)}$	$a(b-1)$	$MS_{B(A)}$	$F_B=\dfrac{MS_{B(A)}}{MS_e}$	$F_{\alpha\left(df_{B(A)},df_e\right)}$
误差	SS_e	$ab(n-1)$	MS_e		
总变异	SS_T	$abn-1$			

(四)多重比较

根据上一步统计推断的结果,对一级因素A各水平间处理效应差异性进行多重比较。具体的统计方法同样可参考单向分组资料方差分析的多重比较方法。以 q 法为例,对于一级因素A因素的各水平而言,其每水平的重复数为 bn,且误差均方为 $MS_{B(A)}$,则 $S_{\bar{x}} = \sqrt{\dfrac{MS_{B(A)}}{bn}}$;对于二级因素B的各水平而言,其每水平的重复数为 n,则 $S_{\bar{x}} = \sqrt{\dfrac{MS_e}{n}}$。但是,在双向嵌套分组资料中,由于二级因素B不是研究的重点,所以一般情况下二级因素B各水平之间可不进行多重比较。

【例7.7】 随机选择4头公猪,然后随机选择3头母猪与1头公猪进行交配,在所产仔猪中随机选择2头进行称重,结果如下表(表7-47)所示。试分析不同公猪的种用价值是否有差异。

表7-47　4头公猪与配12头母猪所产仔猪初生重　　　　　　　　　　　单位:kg

一级因素A（公猪）	二级因素B（母猪）	仔猪初生重	二级因素		一级因素	
			合计 $x_{ij\cdot}$	平均 $\bar{x}_{ij\cdot}$	合计 $x_{i\cdot\cdot}$	平均 $\bar{x}_{i\cdot\cdot}$
A_1	B_{11}	1.2, 1.2	2.4	1.20		
	B_{12}	1.2, 1.3	2.5	1.25	7.2	1.20
	B_{13}	1.1, 1.2	2.3	1.15		
A_2	B_{21}	1.2, 1.2	2.4	1.20		
	B_{22}	1.1, 1.2	2.3	1.15	7.0	1.17
	B_{23}	1.2, 1.1	2.3	1.15		
A_3	B_{31}	1.2, 1.2	2.4	1.20		
	B_{32}	1.3, 1.3	2.6	1.30	7.4	1.23
	B_{33}	1.2, 1.2	2.4	1.20		
A_4	B_{41}	1.3, 1.3	2.6	1.30		
	B_{42}	1.4, 1.4	2.8	1.40	8.0	1.33
	B_{43}	1.3, 1.3	2.6	1.30		
合计					$x_{\cdots}=29.6$	$\bar{x}_{\cdots}=1.23$

解: 依题意,本例是一个次级因素水平数量相等的双向嵌套分组数据资料,其中,一级因素A为公猪,包括4头公猪即为4个水平（$a=4$）;每头公猪随机交配3头母猪,所以母猪为二级因素B,即每头公猪下嵌套3头母猪（$b=3$）;每头母猪下又随机抽取2头仔猪（$n=2$）,所以,整个试验共 $abn=24$ 个观测值。

(一)计算各项平方和与自由度

矫正数:$C = \dfrac{x_{\cdots}^2}{abn} = \dfrac{29.6^2}{4\times3\times2} = 36.5067$

总平方和:$SS_T = \sum\limits_{i=1}^{a}\sum\limits_{j=1}^{b}\sum\limits_{k=1}^{n}x_{ijk}^2 - C = (1.2^2 + 1.2^2 + \cdots + 1.3^2) - 36.5067 = 0.1533$

总自由度:$df_T = abn - 1 = 4\times3\times2 - 1 = 23$

A因素平方和：$SS_A = \dfrac{1}{bn}\sum\limits_{i=1}^{a}x_{i..}^2 - C$

$$= \dfrac{1}{3\times 2}(7.2^2 + 7.0^2 + 7.4^2 + 8.0^2) - 36.506\ 7 = 0.093\ 3$$

A因素自由度：$df_A = a-1 = 4-1 = 3$

A因素内B因素平方和：$SS_{B(A)} = SS_B - SS_A = \dfrac{1}{n}\sum\limits_{i=1}^{a}\sum\limits_{j=1}^{b}x_{ij.}^2 - C - SS_A$

$$= \dfrac{1}{2}\times(2.4^2 + 2.5^2 + \cdots + 2.6^2) - 36.506\ 7 - 0.093\ 3 = 0.04$$

A因素内B因素自由度：$df_{B(A)} = a(b-1) = 4\times(3-1) = 8$

误差平方和：$SS_e = SS_T - SS_A - SS_{B(A)} = 0.153\ 3 - 0.093\ 3 - 0.04 = 0.02$

误差自由度：$df_e = df_T - df_A - df_{B(A)} = ab(n-1) = 4\times 3\times(2-1) = 12$

(二)计算均方与F值

A因素均方：$MS_A = \dfrac{SS_A}{df_A} = \dfrac{0.093\ 3}{3} = 0.031\ 1$

A因素内B因素均方：$MS_{B(A)} = \dfrac{SS_{B(A)}}{df_{B(A)}} = \dfrac{0.04}{8} = 0.005$

误差均方：$MS_e = \dfrac{SS_e}{df_e} = \dfrac{0.02}{12} = 0.001\ 7$

根据题意，本例二级因素B是随机的，所以一级因素A的误差均方为$MS_{B(A)}$。

A因素F值：$F_A = \dfrac{MS_A}{MS_{B(A)}} = \dfrac{0.031\ 1}{0.005} = 6.22$

B因素F值：$F_B = \dfrac{MS_{B(A)}}{MS_e} = \dfrac{0.005}{0.001\ 7} = 2.941\ 2$

(三)列方差分析表7-48，进行F检验，作统计推断

表7-48 【例7.7】资料的方差分析表

变异来源	平方和SS	自由度df	均方MS	F值	临界F_α值
公猪间	0.093 3	3	0.031 1	6.22	$F_{0.05(3,8)} = 4.07$
同一公猪内母猪间	0.04	8	0.005	2.941 2	$F_{0.05(8,12)} = 2.85$
误差	0.02	12	0.001 7		
总变异	0.153 3	23			

因为$F_A > F_{0.05(3,8)} = 4.07$，则$p < 0.05$，表明4头公猪的仔猪初生重差异显著；因为$F_B > F_{0.05(8,12)} = 2.85$，则$p < 0.05$，表明同一公猪内不同母猪的仔猪初生重差异显著。

(四)多重比较

本例采用 SSR 法对 4 头公猪的仔猪初生重差异进行多重比较。

第一步,计算标准误 $S_{\bar{x}}$,由于计算一级因素 A(公猪)的 F 值时,其分母为 $MS_{B(A)}$,且一级因素 A 各水平的重复数为 bn,则标准误 $S_{\bar{x}}$ 为:

$$S_{\bar{x}} = \sqrt{\frac{MS_{B(A)}}{bn}} = \sqrt{\frac{0.005}{3 \times 2}} = 0.028\,9$$

第二步,根据一级因素 A 公猪内母猪自由度 $df_{B(A)} = 8$,秩次距 $k = 2$、3、4,从附表 7(SSR 值表)查出 $\alpha = 0.05$ 和 $\alpha = 0.01$ 的临界 SSR 值,然后乘以 $S_{\bar{x}} = 0.0289$ 为最小显著极差 LSR,结果列于表 7-49。

表 7-49 【例 7.7】资料一级因素 A(公猪)多重比较的临界 SSR 值和 LSR 值表

误差自由度 $df_{B(A)}$	秩次距 k	$SSR_{0.05}$	$SSR_{0.01}$	$LSR_{0.05}$	$LSR_{0.01}$
	2	3.26	4.74	0.094 2	0.137 0
8	3	3.39	5.00	0.098 0	0.144 5
	4	3.47	5.14	0.100 3	0.148 5

第三步,对 4 头公猪间仔猪初生重的差异进行多重比较,结果见表 7-50。

表 7-50 【例 7.7】资料一级因素 A(公猪)的多重比较表

公猪	平均数 $\bar{x}_{i}..$			$\bar{x}_{i}..-1.17$	$\bar{x}_{i}..-1.20$	$\bar{x}_{i}..-1.23$
A$_4$	1.33	a	A	0.16**	0.13*	0.10*
A$_3$	1.23	b	AB	0.06	0.03	
A$_1$	1.20	b	AB	0.03		
A$_2$	1.17	b	B			

多重结果表明,公猪 A$_4$ 的仔猪初生重极显著高于公猪 A$_2$,显著高于 A$_1$ 和 A$_3$;其余公猪间仔猪初生重差异不显著。总之,公猪 A$_4$ 的种用价值最高。

第六节 | 变量转换

如前所述,在单向分组资料的方差分析、双向交叉分组资料的方差分析以及双向嵌套分组资料的方差分析中,数学模型均建立在线性可加模型的基础上,同时数学模型中的随机误差都要求服从正态分布 $N(0, \sigma^2)$,且彼此独立。因此,要使方差分析达到预期的效果,试验数据必须满足效应的可加性、分布的正态性和方差的一致性三个前提条件。如果数据资料满足以上三个条件,方差分析可取得精确的结果,

否则 F 检验的统计分析结果会受到影响。为此,进行方差分析前应先分析数据资料是否满足或近似满足以上三个条件。由于效应的可加性易满足,所以主要分析数据资料是否满足正态性和方差的一致性。另外,数据资料分布的非正态性和方差的非一致性常常伴随出现,基于此,如果试验数据的正态性不满足,在方差分析之前应进行数据转换,使得转换后的数据满足方差的一致性和分布的近似正态性。

一、平方根转换

平方根转换适用于每个处理的样本平均数与方差之间呈正比例的数据资料(可采用本书第九章"一元线性相关与回归分析"统计方法对 $\bar{x}$ 与 S^2 间进行相关性分析),尤其适用于总体呈泊松分布的资料。平方根转换的主要作用是减小极大观测值对方差一致性的影响,使方差趋于符合一致性的基本条件,同时也满足效应的可加性和分布的正态性。平方根转换的方法是求原观测值的平方根($x'=\sqrt{x}$),但如果有 0 的原观测值或多数原观测值小于 10,则求原观测值加 1 的平方根($x'=\sqrt{x+1}$)。例如,6 个处理的平均数 $\bar{x}_i$ 分别为 2.50,0.75,6.75,10.75,4.25,6.00,所对应的每个处理方差 S_i^2 分别为:5.67,0.92,14.25,21.58,14.25,14.00,数据的平均数与方差之间呈极显著的正相关($r=0.950\,6$);将原观测值采用 $\sqrt{x+1}$ 转化后,每个处理的平均数分别为:1.80,1.29,2.71,3.37,2.15,2.57,所对应的每个处理方差分别为:0.34,0.13,0.54,0.51,0.82,0.51,转化后平均数与方差之间的相关系数仅为 0.521 7($r=0.521\,7$)。

二、对数转换

对数转换适用于每个处理的样本平均数与其标准差或极差之间呈正比例的数据资料,或者各样本的方差差异较大,但变异系数相近的资料。对数转换的方法是将原观测值转换为对数($x'=\lg x$),如果有 0 的原观测值,则将原观测值加 1 转换为对数 $[x'=\lg(x+1)]$。对数转换的主要作用是减小极大数据对方差一致性的影响,对于削弱极大观测值的作用比平方根转换更强。例如,4 个处理的平均数分别为:0.8,2.4,6.2,23.2,所对应的每个处理标准差分别为:0.447,1.140,3.271,10.710,变异系数分别为:55.90%,47.50%,52.76%,46.16%;将原观测值采用 $\lg(x+1)$ 转化后,每个处理的平均数分别为:0.241,0.511,0.817,1.344,所对应的每个处理标准差分别为:0.135,0.150,0.220,0.218,变异系数分别为:56.02%,29.35%,26.93%,16.22%。

三、反正弦转换

反正弦转换适用于服从二项分布的百分数资料,例如发病率、阳性率、受胎率、死亡率等。反正弦转换的方法是将原观测值(小数表示)的平方根进行反正弦($x'=\sin^{-1}\sqrt{p}$)计算。二项分布的特点是资料的方差与平均数有函数关系,表现为当平均数接近于 0 或 100% 时,方差趋向于较小;而平均数为 50% 左右时,方差趋向于较大。将接近于 0 或 100% 进行反正弦转换后可使方差增大,这样有利于满足方差一致性的要求。若资料中的百分数介于30%~70%之间,因为资料的分布近似正态分布,通常可以不对原观测值进行转换;如果资料中的百分数有小于30%或大于70%,则应对全部数据进行反正弦转换后再作方差分析。

四、倒数转换

倒数转换适用于每个处理的标准差与其平均数的平方之间呈比例的数据资料,转换的方法是求原观测值的倒数($x'=1/x$)。倒数转换常用于以反应时间为指标的数据,例如某疾病患者的生存时间。

【例7.8】某研究调查了某市甲、乙、丙、丁4个地区各5个奶牛场的亚急性瘤胃酸中毒(SARA)的发病率(%),结果见表7-51,对此资料进行方差分析。

表7-51 4个地区奶牛场的亚急性瘤胃酸中毒(SARA)的发病率

地区	发病率/%				
甲	10.1	16.3	12.4	19.8	11.2
乙	22.6	27.7	30.5	24.3	24.1
丙	29.9	30.6	29.4	26.7	28.6
丁	35.0	31.6	39.7	33.3	31.4

解:依题意,发病率资料服从二项分布,且表中数据发病率绝大多数小于30%,所以先对每个观测值作反正弦转换,结果见表7-52,再作单向分组资料的方差分析,结果见表7-53。

表7-52 【例7.8】资料的反正弦转换值

地区	发病率/%				
甲	18.53	23.81	20.62	26.42	19.55
乙	28.39	31.76	33.52	29.53	29.40
丙	33.15	33.58	32.83	31.11	32.33
丁	36.27	34.20	39.06	35.24	34.08

表7-53 【例7.8】资料反正弦转换值的方差分析表

变异来源	平方和SS	自由度df	均方MS	F值	临界F_α值
地区间	538.39	3	179.46	35.89	$F_{0.01(3,16)}=5.29$
误差	80.13	16	5.00		
总变异	618.52	19			

F检验结果表明各处理之间差异极显著。下面采用SSR法对本例4个地区奶牛场亚急性瘤胃酸中毒(SARA)的发病率的反正弦转换后的平均数进行多重比较。

第一步,计算标准误$S_{\bar{x}}$:

$$S_{\bar{x}}=\sqrt{\frac{MS_e}{n}}=\sqrt{\frac{5.00}{5}}=1.00$$

第二步,根据误差自由度$df_e=16$,秩次距$k=2$、3、4,从附表7(SSR值表)中查出$\alpha=0.05$和$\alpha=0.01$的临界SSR值,然后乘以$S_{\bar{x}}=1.00$为最小显著极差LSR,结果列于表7-54。

表7-54 【例7.8】资料反正弦转换值多重比较的临界SSR值和LSR值表

误差自由度df_e	秩次距k	$SSR_{0.05}$	$SSR_{0.01}$	$LSR_{0.05}$	$LSR_{0.01}$
	2	3.00	4.13	3.00	4.13
16	3	3.15	4.34	3.15	4.34
	4	3.23	4.45	3.23	4.45

第三步,对甲、乙、丙、丁4个地区奶牛场亚急性瘤胃酸中毒(SARA)的发病率反正弦转换后的平均数差异多重比较,结果见表7-55。

表7-55 【例7.8】资料反正弦转换值的多重比较表

地区	平均数$\bar{x}_{i.}$			$\bar{x}_{i.}-21.79$	$\bar{x}_{i.}-30.52$	$\bar{x}_{i.}-32.60$
丁	35.77	a	A	13.98**	5.25**	3.17*
丙	32.60	b	AB	10.81**	2.08	
乙	30.52	b	B	8.73**		
甲	21.79	c	C			

多重结果表明,丁地奶牛场亚急性瘤胃酸中毒(SARA)的发病率极显著高于甲和乙两个地区,显著高于丙地;丙地极显著高于甲地,与乙地之间差异不显著;乙地奶牛场亚急性瘤胃酸中毒(SARA)的发病率极显著高于甲地。

拓展阅读

扫码进行本章内容相关的PPT课件、知识图谱、章节测验、相关拓展资料等数字资源的获取和学习。

思考与练习题

(1)方差分析的前提和基本假定是什么?

(2)简述方差分析的基本步骤。

(3)什么是多重比较?多重比较方法有哪几种?

(4)什么是交叉分组资料？什么是嵌套分组资料？二者有什么区别？

(5)什么是主效应、互作效应和简单效应？

(6)根据试验设计的基本原则，为什么说二因素交叉分组无重复试验设计是一个不完善的试验设计？其主要应用于哪种试验设计？

(7)对于二因素交叉分组资料，如何选择最优水平组合？

(8)对于嵌套分组资料，如何计算一级因素和二级因素的 F 值？

(9)考查饲粮不同硒源添加对肉鸡腿肌硒沉积的影响。试验选取1日龄爱拔益加（arbor acres，AA）肉鸡450羽，随机分为5组，每组6个重复，每个重复15只鸡。对照组饲喂基础饲粮（不添加硒，CON），各试验组在基础饲粮中分别添加0.3 mg/kg亚硒酸钠（sodium selenite，SS）、酵母硒（yeast selenium，SY）、羟基-硒代蛋氨酸（2-hydroxy-4-methylselenobutanoic acid，HMSeBA）和纳米硒（nano selenium，Nano-Se），试验期42 d。试验结束后，试验组每个重复随机抽取一只肉鸡，屠宰取样，取腿肌用于肌肉硒含量测定，获得肉鸡腿肌硒含量数据列于表7-56。检验饲粮中不同硒源添加对肉鸡肌肉组织硒沉积是否有影响。

表7-56　肉鸡腿肌硒含量

处理	硒含量 x_{ij}/(mg·kg^{-1})						n_i
CON	0.17	0.14	0.21	0.19	0.13	0.19	6
SS	0.17	0.23	0.20	0.22	0.21	0.21	6
SY	0.22	0.27	0.23	0.26	0.25	0.20	6
HMSeBA	0.40	0.39	0.44	0.37	0.36	0.44	6
Nano-Se	0.20	0.17	0.20	0.20	0.24	0.22	6

(10)考查4个品种的肉牛在育肥阶段（160 d）的平均日增重的差异。采用单因素完全随机试验设计，选择4个品种且体重相近的29头肉牛，其中，每个品种肉牛头数分别为8、7、8、6头。肉牛在相同条件下，进行育肥饲喂试验，试验结束后，获得4个品种肉牛平均日增重观测值，结果列于表7-57，检测4个品种肉牛的平均日增重是否存在差异。

表7-57　不同品种肉牛育肥阶段平均日增重

处理	平均日增重（ADG）x_{ij}/(kg·d^{-1})								n_i
品种1	1.03	1.31	1.59	2.09	1.66	1.42	1.41	1.18	8
品种2	1.54	2.16	2.53	2.2	2.3	1.93	1.65		7
品种3	1.82	2.13	2.33	2.21	2.65	1.58	1.08	0.76	8
品种4	1.86	2.23	1.8	2.82	2.18	1.49			6
合计									29

(11)为了研究某饲料添加剂对肉牛血液中C-反应蛋白浓度（CRP，μg/mL）的影响，现从6个不同品种中选取3头体重相近和基础代谢无显著性差异的杂交阉公牛，随机分别饲喂3种不同浓度的添加剂，然后在相同条件下饲养一个月后，进行前腔静脉采血测定其血浆中CRP（μg/mL），数据如表7-58所示，试分析添加剂浓度及品种对CRP（μg/mL）是否存在影响。

表7-58 不同浓度的饲料添加剂对肉牛血液中CRP浓度（μg/mL）的影响

饲料	品种					
	A_1	A_2	A_3	A_4	A_5	A_6
B_1	20.86	28.33	26.85	24.92	16.11	20.64
B_2	16.50	18.78	11.87	14.64	21.72	16.71
B_3	43.71	38.10	42.15	42.07	39.59	30.56

（12）研究不同精粗比饲喂模式下分别添加不同浓度中草药提取物对肉牛日增重的影响，平均日增重数据如表7-59所示，分析不同精粗比、各种中草药添加量及其交互作用对肉牛育肥效果的影响。

表7-59 不同精粗比饲喂下添加不同浓度中草药对肉牛日增重（kg/d）的影响

中草药浓度	精粗比		
	40:60	50:50	60:40
浓度 I	1.25 1.23 1.19	1.62 1.52 1.73	1.59 1.55 1.65
浓度 II	1.43 1.36 1.47	1.45 1.69 1.62	1.15 1.16 1.17
浓度 III	1.47 1.52 1.57	1.66 1.49 1.75	1.22 1.29 1.28
浓度 IV	1.07 1.12 1.27	1.26 1.19 1.24	0.92 1.08 1.05

（13）为研究乳酸浸泡高精料日粮中玉米和高精料日粮添加蒙脱石两种营养调控组合对肉牛生产性能的影响，随机将24头体况相近的杂交阉公牛分为4组，分别饲喂4种不同日粮：基础饲粮（对照组）、基础饲粮+2 g/kg蒙脱石、基础饲粮中玉米用1%乳酸按等体积1:1比例室温浸泡48 h、基础饲粮中玉米先用1%乳酸按等体积1:1比例室温浸泡48 h后再添加2 g/kg蒙脱石，用A表示是否添加蒙脱石，B表示是否用乳酸浸泡，测得所有试验牛饲喂一月后的日增重数据如表7-60所示。试检验高精料日粮添加蒙脱石、乳酸浸泡高精料日粮中玉米及其两种营养调控组合的交互作用是否能显著改善肉牛的日增重。

表7-60 两种营养调控组合对肉牛日增重（kg/d）的影响

	不加蒙脱石（A=1）		加蒙脱石（A=2）		合计
	不加乳酸（B=1）	加乳酸（B=2）	不加乳酸（B=1）	加乳酸（B=2）	
	0.46	0.97	0.92	0.97	
	0.66	0.81	0.97	0.61	
	0.46	1.12	0.81	0.66	
	0.76	1.12	0.87	0.97	
	0.61	1.37	0.87	0.92	
	0.61	1.07	1.12	0.92	
合计	3.56	6.46	5.56	5.05	20.63

（14）4头公猪与配8头母猪，其仔猪6月龄的背膘厚度资料如表7-61所示。分析不同公猪的后代6月龄的背膘厚度有无差异。

表7-61　4头公猪与配8头母猪所产仔猪6月龄的背膘厚度　　　　　单位：mm

公猪号	母猪号	仔猪6月龄背膘厚
1	1	29　32　31　32
	2	32　30　27　31
2	3	33　29　31　32
	4	33　36　29　27
3	5	38　34　37　36
	6	31　28　32　30
4	7	29　33　29　30
	8	32　30　35　29

第八章

定性变量的假设检验

本章导读

数据资料的类型包括定量资料和定性资料,定性资料的统计分析方法与定量资料的统计分析方法不同。本章介绍定性资料的假设检验方法,重点阐述百分数资料的假设检验、χ^2检验的基本概论、χ^2适合性检验和χ^2独立性检验。

学习目标

理解定性资料的概念,掌握百分数资料假设检验的原理和方法,掌握χ^2检验的概念、原理和检验方法,掌握适合性检验和独立性检验各自的应用条件。

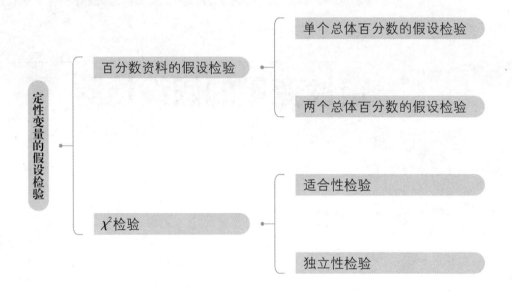

前面章节介绍的假设检验方法适用于定量资料,但是在科学研究和畜牧生产中,我们也常遇到定性资料,包括质量性状资料和等级资料。定性资料属于离散型随机变量,其服从二项分布或多项分布,因此前面章节介绍的 t 检验和方差分析不适用于此类资料。本章介绍服从二项分布或多项分布的定性资料的统计分析方法,包括百分数资料的 z 检验和 χ^2 检验。

第一节 | 百分数资料的假设检验

当研究定性资料时,最简单也最常见的是"非此即彼"(两种类别)的情况。如果在相同条件下进行了 n 次试验,每次试验只有两种可能结果(分别记为 1 和 0),则在 n 次试验中,结果为 1 的次数记为 $x(=0,1,2,\cdots,n)$,则 x 是一个二项随机变量,所以,这类资料的假设检验应根据二项分布进行统计分析。但是,根据中心极限定理(见本书第四章),随着样本含量的增大,二项分布的形状越来越趋近于正态分布。此外,对两种类别的定性资料,通常以百分数表示试验结果,即其中某个类别的发生概率,例如阳性率、死亡率、发病率等。因此,对于百分数资料,可以基于正态分布的近似性来进行统计分析。

一、单个总体百分数的假设检验

设一个样本含量为 n 的样本,m 为试验结果记为 1 的二项随机变量 x 的出现次数,则样本百分数等于:

$$\hat{p}=\frac{m}{n} \tag{8-1}$$

根据中心极限定理,当样本含量 n 足够大时,样本百分数 $\hat{p}$ 近似服从正态分布 $N\left(p, \frac{p(1-p)}{n}\right)$,则:

$$z\approx\frac{\hat{p}-p}{\sqrt{\dfrac{p(1-p)}{n}}}\sim N(0,1) \tag{8-2}$$

其中,$\sqrt{\dfrac{p(1-p)}{n}}$ 为样本百分数标准误,记为 $S_{\hat{p}}$。因此,对于服从二项分布的百分数资料,当样本含量 n 足够大,且 np 和 nq 均大于 5 时,则可以用标准正态分布进行统计分析。

对于单个总体百分数进行假设检验的目的是根据样本百分数 $\hat{p}$ 来检验所属总体百分数 p 与已知总体百分数 p_0 是否有显著差异。以两尾检验为例,假设检验的基本步骤如下。

(一)提出无效假设与备择假设

$$H_0:p=p_0;H_A:p\neq p_0$$

(二)计算统计量 z

当无效假设 H_0 正确时,根据样本资料计算统计量 z 值。

$$z=\frac{\hat{p}-p}{S_{\hat{p}}}=\frac{\hat{p}-p}{\sqrt{\dfrac{p(1-p)}{n}}}=\frac{\hat{p}-p_0}{\sqrt{\dfrac{p_0(1-p_0)}{n}}} \tag{8-3}$$

由于二项分布是离散型概率分布形式,标准正态分布是连续型概率分布,因此用 z 检验对二项分布资料进行统计分析时结果会有偏差,尤其当 n 较小时偏差较大。当 np 或 nq 小于或等于30时,须对 z 检验进行连续性矫正,矫正公式如下:

$$z=\frac{|\hat{p}-p|-\dfrac{0.5}{n}}{S_{\hat{p}}}=\frac{|\hat{p}-p_0|-\dfrac{0.5}{n}}{\sqrt{\dfrac{p_0(1-p_0)}{n}}} \tag{8-4}$$

(三)统计推断

确定显著水平 α,根据附表2(标准正态分布的双侧分位数 z_α 值表)确定临界值 z_α,将检验统计量 z 的计算值与临界值 z_α 进行比较,得出结论。若 $z<z_\alpha$,则 $p>\alpha$,不能否定 $H_0:p=p_0$,表明样本所属总体百分数 p 与已知总体百分数 p_0 差异不显著;若 $z\geq z_\alpha$,则 $p\leq\alpha$,否定 $H_0:p=p_0$,接受 $H_A:p\neq p_0$,表明样本所属总体百分数 p 与已知总体百分数 p_0 差异显著。

【例8.1】有人怀疑,某一地区由于出现了生态污染,出生仔猪的性别比例不是1:1,而是公猪较多。为此有研究人员进行了一项试验,调研了该地区3个养猪场500头仔猪样本,调研结果表明出生仔猪性别为240头母猪和260头公猪。该地区新生仔猪种群性别比例是否符合1:1?

解:依题意,已知公猪比例的总体百分数 $p_0=0.5$,公猪的样本百分数 $\hat{p}=\dfrac{m}{n}=\dfrac{260}{500}=0.52$,且样本含量 n 为500,属于大样本。现需通过该样本百分数 $\hat{p}$ 推断该地区新生仔猪的公猪比例是否大于已知总体百分数0.5,采用单尾百分数 z 检验。

1.提出无效假设与备择假设

$$H_0:p=p_0=0.5;H_A:p>p_0=0.5$$

2.计算统计量 z

将总体百分数 $p_0=0.5$,公猪的样本百分数 $\hat{p}=0.52$ 和样本含量 $n=500$ 代入式(8-3),计算统计量 z,结果为:

$$z=\frac{\hat{p}-p}{S_{\hat{p}}}=\frac{\hat{p}-p_0}{\sqrt{\dfrac{p_0(1-p_0)}{n}}}=\frac{0.52-0.50}{\sqrt{\dfrac{0.50\times(1-0.50)}{500}}}=0.89$$

3.统计推断

本例为右侧单尾检验,根据显著水平 $\alpha=0.05$,查附表2(标准正态分布的双侧分位数值 z_α 表)确定临界值 $z_{0.1}=1.64$,因为 $z=0.89<z_{0.1}=1.64$,则 $p>0.05$,所以,当 $\alpha=0.05$ 时,不能否定 H_0,表明该地区出生仔猪种群性别比符合1:1比例。

【例8.2】有研究人员在孵化的鹅蛋内注入雌激素,以期达到提高雌性比例的目的,在孵出的30只雏鹅中公、母比例为12:18,这一措施是否提高雏鹅的雌性比例?

解:依题意,已知雏鹅中雌性比例的总体百分数 $p_0=0.5$,注入雌激素后雏鹅中雌性比例的样本百分数 $\hat{p}=\dfrac{m}{n}=\dfrac{18}{30}=0.60$。现需通过该样本百分数 $\hat{p}$ 推断注入雌激素能否提高雏鹅中雌性比例0.5,可采用单尾百分数 z 检验。但是,本例样本含量 $n=30$,且 $np_0=15$,所以采用连续性矫正 z 检验。

1.提出无效假设与备择假设

$$H_0:p=p_0=0.5\ ;\ H_A:p>p_0=0.5$$

2.计算统计量 z

将总体百分数 $p_0=0.5$,注入雌激素后雏鹅中雌性比例的样本百分数 $\hat{p}=0.60$ 和样本含量 $n=30$ 代入式(8-4),计算统计量 z,结果为:

$$z=\frac{|\hat{p}-p|-\dfrac{0.5}{n}}{S_{\hat{p}}}=\frac{|\hat{p}-p_0|-\dfrac{0.5}{n}}{\sqrt{\dfrac{p_0(1-p_0)}{n}}}=\frac{|0.6-0.5|-\dfrac{0.5}{30}}{\sqrt{\dfrac{0.5\times(1-0.5)}{30}}}=0.91$$

3.统计推断

本例为右侧单尾检验,根据显著水平 $\alpha=0.05$,查附表2(标准正态分布的双侧分位数值 z_α 表)确定临界值 $z_{0.1}=1.64$,因为 $z=0.91<z_{0.1}=1.64$,则 $p>0.05$,所以,当 $\alpha=0.05$ 时,不能否定 H_0,表明在鹅蛋内注入雌激素不能提高雏鹅的雌性比例。

二、两个总体百分数的假设检验

设两个相互独立的二项式试验,样本含量分别为 n_1 和 n_2,试验结果记为1的出现次数分别为 m_1 和 m_2,则两个样本的百分数分别为 $\hat{p}_1=\dfrac{m_1}{n_1}$ 和 $\hat{p}_2=\dfrac{m_2}{n_2}$。两个总体百分数假设检验的目的在于通过两个样本百分数 $\hat{p}_1$ 和 $\hat{p}_2$ 推断所属两个总体百分数 p_1 和 p_2 是否相同。

当样本含量 n_1 和 n_2 足够大时,根据抽样分布理论可知,

$$z\approx\frac{(\hat{p}_1-\hat{p}_2)-(p_1-p_2)}{\sqrt{\dfrac{p_1(1-p_1)}{n_1}+\dfrac{p_2(1-p_2)}{n_2}}}\sim N(0,1) \tag{8-5}$$

在无效假设 $H_0:p_1=p_2$ 成立的条件下,则 $p_1=p_2=p$,式(8-5)可转换为:

$$z \approx \frac{\hat{p}_1 - \hat{p}_2}{\sqrt{p(1-p)\left(\frac{1}{n_1} + \frac{1}{n_2}\right)}} \sim N(0, 1)$$

其中，$\sqrt{p(1-p)\left(\frac{1}{n_1} + \frac{1}{n_2}\right)}$ 为样本百分数差异标准误，记为 $S_{\hat{p}_1 - \hat{p}_2}$。由于总体百分数 p 一般是未知的，常采用两个样本百分数 $\hat{p}_1$ 和 $\hat{p}_2$ 的加权均值作其估计值 $\bar{p}$，即：

$$\bar{p} = \frac{n_1 \hat{p}_1 + n_2 \hat{p}_2}{n_1 + n_2} = \frac{m_1 + m_2}{n_1 + n_2} \tag{8-6}$$

则样本百分数差异标准误 $S_{\hat{p}_1 - \hat{p}_2}$ 的计算公式为：

$$S_{\hat{p}_1 - \hat{p}_2} = \sqrt{\bar{p}(1 - \bar{p})\left(\frac{1}{n_1} + \frac{1}{n_2}\right)} \tag{8-7}$$

因此，对于两个服从二项分布的百分数资料，当样本含量 n_1 和 n_2 足够大时，且 $n_1 p_1$、$n_1 q_1$ 和 $n_2 p_2$、$n_2 q_2$ 均大于 5 时，可以用标准正态分布进行统计分析。以两尾检验为例，具体的统计步骤如下。

(一)提出无效假设与备择假设

$$H_0 : p_1 = p_2 ; H_A : p_1 \neq p_2$$

(二)计算统计量 z

当无效假设 H_0 正确时，根据样本资料计算统计量 z 值。

$$z = \frac{(\hat{p}_1 - \hat{p}_2) - (p_1 - p_2)}{S_{\hat{p}_1 - \hat{p}_2}} = \frac{\hat{p}_1 - \hat{p}_2}{S_{\hat{p}_1 - \hat{p}_2}} \tag{8-8}$$

当任何一个 np 或 nq 小于或等于 30 时，须对 z 检验进行连续性矫正，矫正公式如下：

$$z = \frac{|\hat{p}_1 - \hat{p}_2| - \frac{0.5}{n_1} - \frac{0.5}{n_2}}{S_{\hat{p}_1 - \hat{p}_2}} \tag{8-9}$$

(三)统计推断

确定显著水平 α，根据附表 2（标准正态分布的双侧分位数 z_α 值表）确定临界值 z_α，将检验统计量 z 的计算值与临界值 z_α 进行比较，得出结论。若 $z < z_\alpha$，则 $p > \alpha$，不能否定 $H_0 : p_1 = p_2$，表明两个样本所属总体百分数 p_1 与 p_2 之间差异不显著；若 $z \geq z_\alpha$，则 $p \leq \alpha$，否定 $H_0 : p_1 = p_2$，接受 $H_A : p_1 \neq p_2$，表明两个样本所属总体百分数 p_1 与 p_2 差异显著。

【例8.3】根据表 8-1 的数据，检验两个农场初次繁殖后恢复发情的山羊百分比之间有无差异。

表8-1　两个农场山羊发情百分比

农场 1	农场 2
$m_1 = 60$	$m_2 = 50$
$n_1 = 100$	$n_2 = 100$
$\hat{p}_1 = 0.6$	$\hat{p}_2 = 0.5$

解:依题意,已知农场1和农场2山羊发情的样本百分数分别为$\hat{p}_1=0.6$和$\hat{p}_2=0.5$,两个样本的样本含量$n_1=n_2=100$,均属于大样本,且n_1p_1、n_1q_1和n_2p_2、n_2q_2均大于30。现需通过两个样本百分数的差异推断两个农场山羊发情的总体百分比有无差异,可采用两个总体百分数差异的z检验。

1.提出无效假设与备择假设

$$H_0:p_1=p_2;H_A:p_1\neq p_2$$

2.计算统计量z

将$\hat{p}_1=0.6$、$n_1=100$、$m_1=60$和$\hat{p}_2=0.5$、$n_2=100$、$m_2=50$代入式(8-6)、(8-7)和(8-8)计算统计量z,结果为:

$$\bar{p}=\frac{m_1+m_2}{n_1+n_2}=\frac{60+50}{100+100}=0.55$$

$$S_{\hat{p}_1-\hat{p}_2}=\sqrt{\bar{p}(1-\bar{p})\left(\frac{1}{n_1}+\frac{1}{n_2}\right)}=\sqrt{0.55\times0.45\times\left(\frac{1}{100}+\frac{1}{100}\right)}=0.07$$

$$z=\frac{(\hat{p}_1-\hat{p}_2)-(p_1-p_2)}{S_{\hat{p}_1-\hat{p}_2}}=\frac{\hat{p}_1-\hat{p}_2}{S_{\hat{p}_1-\hat{p}_2}}=\frac{0.6-0.5}{0.07}=1.43$$

3.统计推断

根据显著水平$\alpha=0.05$,查附表2(标准正态分布的双侧分位数z_α值表)确定临界值$z_{0.05}=1.96$,因为$z=1.43<z_{0.05}=1.96$,则$p>0.05$,所以,当$\alpha=0.05$时,不能否定H_0,因此没有足够的证据表明两个农场的山羊恢复发情的百分比是不同的。

第二节│χ^2检验的基本概论

一、χ^2的定义与χ^2检验的原理

χ^2检验(chi-square test)是定性资料假设检验的方法,属于非参数假设检验的范畴。现结合实例说明χ^2检验中χ^2统计量的统计意义。根据遗传学的分离规律,群体的性别比例为1:1。现统计某奶牛场一年内所产568头牛犊中,母犊293头,公犊275头。若按1:1的理论性别比例计算,则568头牛犊中公、母的理论头数均为284头。而现在试验观察值与理论值存在差异,这个差异属于抽样误差,还是属于牛犊性别比例发生了实质性变化?要弄清这个问题,首先需要确定一个统计量来度量试验观察值与理论值的偏离程度,然后通过假设检验来统计推断这一偏离程度的原因。

要度量试验观察值与理论值的偏离程度,最简单的办法是求试验观察值与理论值的差值,结果见表8-2,其中,用O表示试验观察值(observed counts),用E表示理论观察值(expected counts)。

表8-2　某奶牛场一年内所产牛犊性别的试验观察值与理论值

性别	观察值(O)	理论值(E)	$O-E$	$(O-E)^2$	$\dfrac{(O-E)^2}{E}$
公	275	284	−9	81	0.285 2
母	293	284	9	81	0.285 2
合计	568	568	0	162	0.570 4

由表8-2可见：$O_公-E_公=-9$，$O_母-E_母=9$，两个性状的偏离程度之和为0，因此不能用试验观察值与理论值差值之和表示二者的偏离程度。为了避免正负抵消，可将两个差值先平方再求和，即计算$\sum(O-E)^2$，该值愈大则表明试验观察值与理论值相差愈大；反之则愈小。但是在利用$\sum(O-E)^2$表示试验观察值与理论值的偏离程度时也有问题。例如某一性状的试验观察值为1 010，理论值为1 000，$\sum(O-E)^2=100$；而另一性状的试验观察值为50，理论值为40，$\sum(O-E)^2=100$，显然这两组资料的偏离程度是不同的。因此，为了克服这一缺陷，可将$\sum(O-E)^2$除以相应的理论值再相加，转化为相对数后才能进行比较。统计学上把这个相对数总和记为χ^2，即：

$$\chi^2=\sum\frac{(O-E)^2}{E} \tag{8-10}$$

可见，χ^2是度量试验观测值与理论值偏离程度的一个统计量。χ^2越小，表明试验观测值与理论值越接近；$\chi^2=0$，表示二者完全吻合；χ^2越大，表示二者相差越大。

总之，χ^2检验的基本原理是利用χ^2值来反映试验观测值与理论值的偏离程度，从而推断试验观测值与理论值的差异是由抽样误差造成，还是理论比例发生改变。χ^2检验分为适合性检验和独立性检验两种类型。适合性检验用来检验某性状观察次数与该性状的理论比率（或理论次数、预期的理论次数）是否符合。如遗传学上一对性状杂种后代的分离现象是否符合孟德尔遗传定律3∶1；家畜的性别比是否符合1∶1等。独立性检验是研究两个试验因子彼此之间是相互独立还是相互依赖的一种统计方法。如不同配种方法与受胎率这两个因子间有无相关性，又如注射某种疫苗与对疾病的防治有无关联等。

二、χ^2检验的基本步骤

χ^2检验也是以无效假设H_0为前提，即假设样本的试验观测值与理论值相符，其表面差异是由抽样误差所造成的。然后计算统计量χ^2，在确定的显著水平α下，根据小概率事件实际不可能性原理推断是否否定无效假设H_0，从而推断实际情况与理论假设是否相符。具体统计步骤如下。

（一）提出无效假设与备择假设

H_0：试验观察值与理论值相符合；

H_A：试验观察值与理论值不相符合。

（二）在无效假设H_0正确的假定下，计算统计量χ^2值

$$\chi^2=\sum\frac{(O-E)^2}{E}$$

(三)统计推断

根据确定的显著水平 α，结合资料的自由度 df，由附表4(χ^2值表)查临界值 $\chi^2_{\alpha(df)}$。把计算的统计量 χ^2 值与临界值 $\chi^2_{\alpha(df)}$ 比较。若 $\chi^2 < \chi^2_{\alpha(df)}$，则 $p > \alpha$，不能否定无效假设 H_0，表明试验观察值与理论值相符合；若 $\chi^2 \geqslant \chi^2_{\alpha(df)}$，则 $p \leqslant \alpha$，否定无效假设 H_0，接受备择假设 H_A，表明试验观察值与理论值不相符合。

三、χ^2 检验的连续性矫正

本书第四章详细介绍了 χ^2 分布的相关内容，如前所述，χ^2 分布是连续型随机变量的概率分布，而定性资料是离散型资料，所以由定性资料计算的 χ^2 这一统计量只是近似服从 χ^2 分布，近似的程度取决于样本含量和属性类别数。为保证 χ^2 检验结论的正确，有以下要求。

(一)各类别的理论值不小于5

若某一类别的理论值小于5，要求将它与其相邻的一类别或几类别合并，直到合并类别后的理论值大于5为止，且这种合并从专业角度看必须是合理的。

(二)χ^2 分布的自由度大于1

当自由度为1，计算的统计量值 χ^2 有偏大的趋势，统计学家 F.Yates 提出对 χ^2 进行连续性矫正，矫正后 χ^2 用 χ^2_c 表示，矫正公式如下：

$$\chi^2_c = \sum \frac{(|O-E|-0.5)^2}{E} \tag{8-11}$$

第三节｜适合性检验

根据属性类别的次数资料判断属性类别分配是否符合已知属性类别分配的理论或学说的假设检验称为适合性检验(test for goodness of fit)，也称吻合性检验或拟合优度检验。主要包括两种情况：第一种是当总体的分布类型已知时，检验各种类别的比例是否符合某种假设的或理论的比例，例如检验遗传学中实际观察结果是否符合孟德尔遗传规律或其他遗传规律等。在此种情形下，由于无须由样本估计总体参数，在计算适合性检验的自由度时只受计算所得的各个理论次数的总和应等于各实际观察次数的总和这一条件的限制，故自由度等于属性分类数减1。若属性分类数记为 k，则自由度为 $df=k-1$。第二种是当总体的分布类型未知时，需要由样本值推断总体是否服从某个已知的理论分布，此时，由于需要由样本估计该分布的有关总体参数，则自由度为 $df=k-r-1$，其中，r 为需要估计的参数个数。

一、不同类型分布比例的适合性检验

【例8.4】据统计,某种猪场一年内所产320头仔猪中,母猪155头,公猪165头,该资料实际观察的性别比是否符合理论上1:1的性别比例?

解:依题意,已知群体的性别比例为1:1,公母应各为160头,但是试验观测值为母猪155头,公猪165头。现需统计推断实际观察的性别比是否符合理论上1:1的性别比例,可采用χ^2适合性检验。因为性别的属性分类数$k=2$,所以此例的自由度$df=k-1=1$,故需要进行χ^2连续性矫正。

1.提出无效假设与备择假设

H_0:实际观察的仔猪公、母比例符合1:1性别比;

H_A:实际观察的仔猪公、母比例不符合1:1性别比。

2.在无效假设H_0正确的假定下,计算统计量χ_c^2值

已知$O_{公}=165$,$O_{母}=155$,按性别比为1:1的规律,则各属性理论值应为$E_{公}=E_{母}=160$,代入式(8-11)计算统计量值χ_c^2,结果为:

$$\chi_c^2=\sum\frac{(|O-E|-0.5)^2}{E}=\frac{(|165-160|-0.5)^2}{160}+\frac{(|155-160|-0.5)^2}{160}=0.253\,1$$

3.统计推断

当自由度为1时查附表4(χ^2值表),得临界值$\chi_{0.05(1)}^2=3.84$,因为$\chi_c^2<\chi_{0.05(1)}^2=3.84$,则$p>0.05$,不能否定$H_0$,表明试验观测值与理论值差异不显著,可以认为实际观察的仔猪公、母比例符合1:1的性别比例规律,其偏差是由抽样误差造成的。

【例8.5】某遗传试验,研究受D-d,F-f两对等位基因控制的两对相对性状。若D对于d、F对于f为完全显性,且无连锁,则杂交子二代(F_2代)四种表现型$D\_F\_$,D_ff,$ddF\_$,$ddff$之比应为9:3:3:1。实际观察次数分别为315、106、102、30。试检验实际观察次数之比是否符合9:3:3:1的遗传规律。

解:依题意,按照杂交子二代(F_2代)四种表现型的理论比例9:3:3:1计算每一种表现型的理论次数分别为:

D_F_　　$E_1=(9/16)\times553=311.06$

D_ff　　$E_2=(3/16)\times553=103.69$

ddF_　　$E_3=(3/16)\times553=103.69$

ddff　　$E_4=(1/16)\times553=34.56$

而$D\_F\_$,D_ff,$ddF\_$,$ddff$的实际观察次数分别为315、106、102、30。现需统计推断实际观察次数之比是否符合9:3:3:1的遗传规律,可采用χ^2适合性检验。因为属性分类数为$k=4$,所以此例的自由度$df=k-1=3$,且所有理论次数大于5,故进行χ^2检验,但不进行连续性矫正。

解:

1.提出无效假设与备择假设

H_0:实际观察次数之比符合9:3:3:1的遗传规律;

H_A：实际观察次数之比不符合 $9:3:3:1$ 的遗传规律。

2.在无效假设 H_0 正确的假定下，计算统计量 χ^2 值

将 $D\_F\_$，D_ff，$ddF\_$，$ddff$ 的实际观察次数和理论次数代入式(8-10)，则统计量 χ^2 值为：

$$\chi^2 = \sum \frac{(O-E)^2}{E}$$

$$= \frac{(315-311.06)^2}{311.06} + \frac{(106-103.69)^2}{103.69} + \frac{(102-103.69)^2}{103.69} + \frac{(30-34.56)^2}{34.56}$$

$$= 0.73$$

3.统计推断

当自由度 $df=3$ 时查附表4(χ^2 值表)，得临界值 $\chi^2_{0.05(3)}=7.81$，因为 $\chi^2 < \chi^2_{0.05(3)}=7.81$，则 $p>0.05$，不能否定 H_0，表明实际观察次数之比符合 $9:3:3:1$ 的遗传规律，可以认为实际观察次数与理论次数的偏差系误差所造成。

二、资料分布类型的适合性检验

(一)实际观测资料服从二项分布的适合性检验

【例8.6】 使用某剂量 γ 射线照射小白鼠43窝，每窝4只，调查照射后14 d内各窝小白鼠死亡情况如下：全存活($x=0$)的有13窝；死1只($x=1$)的有20窝；死2只($x=2$)的有7窝；死3只($x=3$)的有3窝；全部死亡($x=4$)的一窝也没有。试检验照射 γ 射线后小白鼠死亡数是否服从二项分布。

解：依题意，假设每只小白鼠的死亡机会相同，死亡率为 p，其中，p 由实际观察数据计算的平均死亡率估计，计算结果如下：

平均每窝死亡数为：

$$\bar{x} = \frac{0 \times 13 + 1 \times 20 + 2 \times 7 + 3 \times 3 + 4 \times 0}{43} = 1$$

平均每窝死亡率为：

$$\bar{p} = \frac{1}{4} = 0.25$$

平均每窝存活率为：

$$\bar{q} = 1 - 0.25 = 0.75$$

1.提出无效假设与备择假设

H_0：小白鼠死亡数 x 服从 $n=4$，概率为 $p=0.25$ 的二项分布，即 $x \sim B(4, 0.25)$；

H_A：小白鼠死亡数 x 不服从 $n=4$，概率为 $p=0.25$ 的二项分布。

2.计算各组的理论概率和理论次数

在无效假设 H_0 成立的条件下，根据二项分布概率计算公式计算各组小鼠的理论概率，结果列于表8-3的第3列。

全部存活: $p(x=0)=C_4^0 p^0 q^4 = 1 \times 0.25^0 \times 0.75^4 = 0.316\ 4$

1 只死亡: $p(x=1)=C_4^1 p^1 q^3 = 4 \times 0.25^1 \times 0.75^3 = 0.421\ 9$

2 只死亡: $p(x=2)=C_4^2 p^2 q^2 = 6 \times 0.25^2 \times 0.75^2 = 0.210\ 9$

3 只死亡: $p(x=3)=C_4^3 p^3 q^1 = 4 \times 0.25^3 \times 0.75^1 = 0.046\ 9$

4 只死亡: $p(x=4)=C_4^4 p^4 q^0 = 1 \times 0.25^4 \times 0.75^0 = 0.003\ 9$

因为理论次数=总次数×各组理论概率,且试验的总窝数 $N=43$,故各组的理论次数分别为:

全部存活: $43 \times 0.316\ 4 = 13.61$

1 只死亡: $43 \times 0.421\ 9 = 18.14$

2 只死亡: $43 \times 0.210\ 9 = 9.07$

3 只死亡: $43 \times 0.046\ 9 = 2.02$

4 只死亡: $43 \times 0.003\ 9 = 0.17$

计算结果列于表8-3的第4列。

表8-3　小白鼠死亡数服从二项分布检验计算表

死亡数 x	实际次数 O	理论概率	理论次数 E
0	13	0.316 4	13.61
1	20	0.421 9	18.14
2	7 ⎫	0.210 9	9.07 ⎫
3	3 ⎬10	0.046 9	2.02 ⎬11.26
4	0 ⎭	0.003 9	0.17 ⎭
合计	43	1.000 0	43.01

3. 计算统计量 χ^2

需要指出的是,对于理论次数小于5的组应合并相邻组直到大于5,以满足 χ^2 检验的要求。对于本例,应把第三、第四、第五组合并为一组,因此,本例合并后的分组数为 $k=3$。

由于本例中利用了统计量 $\bar{p}$ 估计总体参数 p,所以自由度为 $df=3-1-1=1$,故需进行连续性矫正,即:

$$\chi_c^2 = \sum \frac{(|O-E|-0.5)^2}{E}$$

$$= \frac{(|13-13.61|-0.5)^2}{13.61} + \frac{(|20-18.14|-0.5)^2}{18.14} + \frac{(|10-11.26|-0.5)^2}{11.26} = 0.154\ 2$$

4. 统计推断

当自由度 $df=1$ 时,查附表4(χ^2值表),得临界值 $\chi_{0.05(1)}^2=3.84$,因为 $\chi_c^2 < \chi_{0.05(1)}^2=3.84$,则 $p>0.05$,不能否定 H_0,表明实际观察次数与根据二项分布计算的理论次数差异不显著,可以认为在照射某剂量的 γ 射线后的小白鼠的死亡数服从二项分布。

(二)实际观测资料服从泊松分布的适合性检验

【例8.7】将瘤胃上皮细胞的稀释液置于某种计量仪器上,对每一个小方格内的瘤胃上皮细胞计数,共观测413个小方格。然后按照瘤胃上皮细胞计数进行分组,结果见表8-4第1、2列,试检验该资料是否服从泊松分布。

表8-4 瘤胃上皮细胞计数服从泊松分布的适合性检验计算表

方格内细胞数x	实际方格数O	理论概率	理论次数E
0	103	0.241 98	99.937 74
1	143	0.343 34	141.799 42
2	98	0.243 58	100.598 54
3	42	0.115 21	47.581 73
4	18	0.040 87	16.879 31
5	6 ⎫	0.011 60	4.790 80 ⎫
6	2 ⎬ 9	0.002 74	1.131 62 ⎬ 6.153 70
7	1 ⎭	0.000 56	0.231 28 ⎭
合计	413	0.999 88	412.950 44

解:

1.提出无效假设与备择假设

H_0:方格内瘤胃上皮细胞计数服从泊松分布;

H_A:方格内瘤胃上皮细胞计数不服从泊松分布。

2.计算各组的理论次数

(1)计算平均数

假定瘤胃上皮细胞计数x服从泊松分布,根据泊松分布概率计算公式$p(x=k)=\lambda^k e^{-\lambda}/k!$($k=0,1,\cdots$)计算理论概率,其中,$\lambda$为平均数$\mu$。因为$\mu$未知,用样本平均数$\bar{x}$估计,计算结果如下:

$$\bar{x}=\frac{\sum fx}{\sum f}=\frac{103\times0+143\times1+\cdots+1\times7}{413}=\frac{586}{413}=1.418\ 89$$

(2)计算各组的理论概率

将$\bar{x}=1.418\ 89$代入泊松分布概率计算公式,得$p(x=k)=\lambda^k e^{-\lambda}/k!=1.418\ 89^k e^{-1.418\ 89}/k!$($k=0,1,\cdots,7$),各组理论概率计算结果列于表8-4第3列。由于舍入误差,理论概率之和为0.999 88,不等于1。

(3)计算各组的理论次数

将每一组的理论概率乘以样本含量$n=413$,等于该组的理论次数,结果列于表8-4的第4列。理论次数小于5的后三组合并,合并后理论次数为6.153 70,实际次数为9。

3.计算统计量χ^2

将表8-4各组别的实际次数O与理论次数E代入χ^2计算公式,计算结果如下:

$$\chi^2 = \sum \frac{(O-E)^2}{E}$$

$$= \frac{(103-99.937\,74)^2}{99.937\,74} + \frac{(143-141.799\,42)^2}{141.799\,42} + \cdots + \frac{(9-6.153\,70)^2}{6.153\,70}$$

$$= 2.216\,82$$

4.统计推断

本例计算理论次数时,用样本平均数$\bar{x}$估计总体平均数μ,且合并后共有6组资料,则自由度为$df=k-r-1=6-1-1=4$。所以,当自由度$df=4$时,查附表4(χ^2值表),得临界值$\chi^2_{0.05(4)}=9.49$,因为$\chi^2<\chi^2_{0.05(4)}=9.49$,则$p>0.05$,不能否定$H_0$,表明实际观察次数与根据泊松分布计算的理论次数差异不显著,可以认为方格内瘤胃上皮细胞计数服从泊松分布。

(三)实际观测资料服从正态分布的适合性检验

【例8.8】利用【例2.2】150尾鲢鱼体长(表2-6)的频数分布表(表2-8)结果,检验鲢鱼体长是否服从正态分布。

1.提出无效假设与备择假设

H_0:鲢鱼体长服从正态分布;

H_A:鲢鱼体长不服从正态分布。

2.计算各组的理论次数

(1)计算平均数和标准差 由于正态分布的总体均数μ和总体方差σ^2未知,需要用样本平均数$\bar{x}$和样本方差S^2作为其估计值,结果为:

$$\bar{x} = \frac{\sum fx}{\sum f} = \frac{8\,815}{150} = 58.77$$

$$S = \sqrt{\frac{\sum fx^2 - \frac{\left(\sum fx\right)^2}{n}}{n-1}} = \sqrt{\frac{530\,717.5 - \frac{8\,815^2}{150}}{150-1}} = 9.23$$

(2)计算各组上限的标准正态离差 根据标准化公式$z=\frac{x-\mu}{\sigma}$,计算各组上限的标准正态离差,结果列于表8-5第5列。其中,用样本平均数$\bar{x}$估计总体平均数μ,用样本标准差S估计总体标准差σ。

(3)计算各组的累加概率 在无效假设H_0成立的条件下,根据附表1(标准正态分布表)计算各组的累加概率$\Phi(z)$,结果列于表8-5的第6列,结果保留4位小数。

(4)计算各组的概率 将每一组的累加概率减去前一组的累加概率等于该组的概率,例如,"36.0~"组概率等于0.026 8-0.006 8=0.020 0,"41.0~"组概率等于0.083 8-0.026 8=0.057 0,结果列于表8-5的第7列。

(5)计算各组的理论次数 将每一组的概率乘以样本含量$n=150$等于该组的理论次数,结果列于表8-5的第8列。理论次数小于5的组与相邻组合并,前三组合并后实际次数为11,理论次数为12.570 0。后四组合并后实际次数为14,理论次数为13.770 0。

表8-5 150尾鲢鱼体长服从正态分布的适合性检验计算表

组限	组中值	实际次数 O		上限	$z=\dfrac{x-\mu}{\sigma}$	累加概率 $\Phi(z)$	各组概率	理论次数 E	
<36.0		0		36	−2.47	0.006 8	0.006 8	1.020 0	
36.0~	38.5	4	}11	41	−1.93	0.026 8	0.020 0	3.000 0	}12.570 0
41.0~	43.5	7		46	−1.38	0.083 8	0.057 0	8.550 0	
46.0~	48.5	15		51	−0.84	0.200 5	0.116 7	17.505 0	
51.0~	53.5	32		56	−0.30	0.382 1	0.181 6	27.240 0	
56.0~	58.5	37		61	0.24	0.594 8	0.212 7	31.905 0	
61.0~	63.5	28		66	0.78	0.782 3	0.187 5	28.125 0	
66.0~	68.5	13		71	1.33	0.908 2	0.125 9	18.885 0	
71.0~	73.5	6	}14	76	1.87	0.969 3	0.061 1	9.165 0	}13.770 0
76.0~	78.5	5		81	2.41	0.992 0	0.022 7	3.405 0	
81.0~	83.5	3		86	2.95	0.998 4	0.006 4	0.960 0	
≥86.0		0					0.001 6	0.240 0	
合计		150					1.000 0	150	

3.计算统计量 χ^2

将表8-5各组别的实际次数 O 与理论次数 E 代入 χ^2 计算公式,计算结果如下:

$$\chi^2=\sum\frac{(O-E)^2}{E}$$
$$=\frac{(11-12.570\,0)^2}{12.570\,0}+\frac{(15-17.505\,0)^2}{17.505\,0}+\cdots+\frac{(14-13.770\,0)^2}{13.770\,0}$$
$$=4.038\,3$$

4.统计推断

本例计算理论次数时,用样本平均数 $\bar{x}$ 估计总体平均数 μ,用样本标准差 S 估计总体标准差 σ,且合并后共有7组资料,则自由度为 $df=k-r-1=7-2-1=4$。所以,当自由度 $df=4$ 时,查附表4(χ^2 值表),得临界值 $\chi^2_{0.05(4)}=9.49$,因为 $\chi^2<\chi^2_{0.05(4)}=9.49$,则 $p>0.05$,不能否定 H_0,表明实际观察次数与根据正态分布计算的理论次数差异不显著,可以认为鲢鱼体长服从正态分布。

第四节 | 独立性检验

根据次数资料判断某一质量性状的各个属性类别或等级资料各个等级的构成比与某一试验因素是否相关或独立的假设检验称为独立性检验(test for independence)。例如,研究两种药物对家畜某种疾病治疗效果的好坏,先将病畜分为两组,一组用第一种药物治疗,另一组用第二种药物治疗。统计每种药物的治愈头数和未治愈头数。然后分析病畜治愈、未治愈两个属性类别的构成比与药物种类这一试验因素是否相关。若统计结果为两者彼此相关,表明疗效因药物种类不同而不同,即两种药物的疗效不相同;若两者无关或相互独立,表明疗效不因药物种类的不同而改变,即两种药物疗效相同。

列联表是定性资料进行独立性检验常用的表格形式。其中,将试验因素的不同水平分为不同处理,构成列联表的 r 行;将质量性状的各个属性类别或等级资料的各个等级构成列联表的 c 列,称为 $r \times c$ 列联表,其模式如表8-6。

表8-6 $r \times c$ 列联表

处理	类别				行合计 $O_i.$
	1	2	…	c	
1	O_{11}	O_{12}	…	O_{1c}	$O_1.$
2	O_{21}	O_{22}	…	O_{2c}	$O_2.$
⋮	⋮	⋮	…	⋮	⋮
r	O_{r1}	O_{r2}	…	O_{rc}	$O_r.$
列合计 $O._j$	$O._1$	$O._2$	…	$O._c$	总合计 n

其中,O_{ij} 表示列联表中第 i 处理中第 j 类别的实际次数,$O_i.$ 表示第 i 行的总和,$O._j$ 表示第 j 列的总和,n 为样本含量。

独立性检验的具体统计方法如下。

1.提出无效假设与备择假设

H_0:列联表中横向与纵向两个变数相互独立;

H_A:列联表中横向与纵向两个变数彼此相关。

2.在无效假设 H_0 正确的假定下,计算 χ^2 值

$$\chi^2 = \sum \frac{(O-E)^2}{E}$$

注意,由于独立性检验的资料无已知的理论比率,为此,其理论次数是建立在无效假设 H_0 成立,即列联表中横向与纵向两个变数相互独立的基础上,从现有的试验次数按比例推算出来的。下面举一例说明。例如:为检验鸡瘟疫苗的免疫力,将200只试验鸡分为注射组和对照组(不注射疫苗组),然后统计注射组和对照组发病试验鸡的数量,结果见表8-7。计算理论次数时,首先假设试验鸡的发病、不发病两个属性类别的构成比与疫苗相互独立,则本例中鸡群得病与否不因注射与否而变动。这样无论是注射组还是对照组,发病和不发病的鸡只占比是相同的,则注射组发病鸡的理论次数应该为:$\frac{100 \times 35}{200} = 17.5$,其余属性类别的理论次数可同理求得,结果见表8-7中括号内的数据。

表8-7 接种疫苗与未接种疫苗和发病与未发病的列联表

处理	属性类别		行合计 $O_{i\cdot}$
	发病	不发病	
注射组	10(17.5)	90(82.5)	100
对照组	25(17.5)	75(82.5)	100
列合计 $O_{\cdot j}$	35	165	总合计 $n=200$

3. 统计推断

由于 $r \times c$ 列联表的独立性检验,自由度等于总自由度 $rc-1$ 减去行自由度 $r-1$ 减去列自由度 $c-1$,即:

$$df = (rc-1) - (r-1) - (c-1) = (r-1)(c-1) \tag{8-12}$$

根据式(8-12)计算资料的自由度 df,结合显著水平 α,由附表4(χ^2 值表)查临界值 $\chi^2_{\alpha(df)}$。把计算的统计量 χ^2 值与临界值 $\chi^2_{\alpha(df)}$ 比较。若 $\chi^2 < \chi^2_{\alpha(df)}$,则 $p > \alpha$,不能否定无效假设 H_0,表明两变数相互独立;若 $\chi^2 \geqslant \chi^2_{\alpha(df)}$,则 $p \leqslant \alpha$,否定无效假设 H_0,接受备择假设 H_A,表明两个变数彼此有关。下面分别举例说明 2×2、$2 \times c$、$r \times c$ 的独立性检验方法。

一、2×2 列联表独立性检验

2×2 列联表,也称为四格表,是指列联表中行和列均为2,即 $r=c=2$。2×2 表的一般形式见表8-8。

表8-8 2×2 列联表

处理	类别		行合计 $O_{i\cdot}$
	1	2	
1	O_{11}	O_{12}	$O_{1\cdot}$
2	O_{21}	O_{22}	$O_{2\cdot}$
列合计 $O_{\cdot j}$	$O_{\cdot 1}$	$O_{\cdot 2}$	总合计 n

由于 2×2 列联表独立性检验的自由度 $df = (r-1)(c-1) = (2-1)(2-1) = 1$,所以进行 χ^2 检验时要进行连续性矫正,计算 χ^2_c。

【例8.9】用甲药和乙药两种药物治疗仔猪下痢,治疗结果如表8-9,试检验两种药物治疗仔猪下痢的疗效是否有显著差异。

表8-9 两种药物治疗仔猪下痢的结果

药物	类别		行合计 $O_{i.}$
	治愈	死亡	
甲药	65(60.67)	35(39.33)	100
乙药	26(30.33)	24(19.67)	50
列合计 $O_{.j}$	91	59	总合计 $n=150$

解:

1.提出无效假设与备择假设

H_0:治疗效果与药物相互独立,即两种药物的治愈率相同;

H_A:治疗效果与药物彼此相关,即两种药物的治愈率不相同。

2.在无效假设 H_0 正确的假定下,计算理论次数

假定无效假设 H_0 正确,即根据治疗效果与药物相互独立的假定,计算各组的理论次数,结果分别为:

甲药物的治愈头数 $O_{11}=65$,其理论次数 $E_{11}=\dfrac{100\times91}{150}=60.67$

甲药物的死亡头数 $O_{12}=35$,其理论次数 $E_{12}=\dfrac{100\times59}{150}=39.33$

乙药物的治愈头数 $O_{21}=26$,其理论次数 $E_{21}=\dfrac{50\times91}{150}=30.33$

乙药物的死亡头数 $O_{22}=24$,其理论次数 $E_{22}=\dfrac{50\times59}{150}=19.67$

3.计算统计量 χ_c^2

将列联表(表8-9)中每个单元格的实际次数 O_{ij} 和理论次数 E_{ij} 代入计算公式,χ_c^2 计算结果为:

$$\chi_c^2=\sum\frac{(|O-E|-0.5)^2}{E}$$

$$=\frac{(|65-60.67|-0.5)^2}{60.67}+\frac{(|35-39.33|-0.5)^2}{39.33}+\frac{(|26-30.33|-0.5)^2}{30.33}+\frac{(|24-19.67|-0.5)^2}{19.67}$$

$$=0.241\,8+0.373\,0+0.483\,6+0.745\,7=1.844\,1$$

4.统计推断

当自由度 $df=1$ 时,查附表4(χ^2值表),得临界值 $\chi_{0.05(1)}^2=3.84$,因为 $\chi_c^2<\chi_{0.05(1)}^2=3.84$,则 $p>0.05$,不能否定 H_0,表明两种药物治愈率在 $\alpha=0.05$ 水平上无显著性差异,可以认为两种药物对仔猪下痢的治愈率相同。

此外,2×2列联表的独立性检验,也可以根据如下简化公式 χ_c^2 计算值。

$$\chi_c^2 = \frac{\left(|O_{11}O_{22}-O_{12}O_{21}|-\frac{n}{2}\right)^2 n}{O_{1.}O_{2.}O_{.1}O_{.2}}$$

(8-13)

式中符号的意义见表8-8。

二、2×c 列联表独立性检验

2×c 列联表是指行为 2、列为 $c(c \geqslant 3)$，其一般形式见表8-10。作独立性检验时，自由度 $df=(2-1)(c-1)=(c-1)$，由于 $c \geqslant 3$，所以 $df \geqslant 2$，故计算 χ^2 值时不需要作连续性矫正，但要求列联表中所有的理论次数均不小于5，当出现理论次数小于5的情况时，需要对类别进行适当合并。

表8-10　2×c列联表

处理	类别				行合计 $O_{i.}$
	1	2	⋯	c	
1	O_{11}	O_{12}	⋯	O_{1c}	$O_{1.}$
2	O_{21}	O_{22}	⋯	O_{2c}	$O_{2.}$
列合计 $O_{.j}$	$O_{.1}$	$O_{.2}$	⋯	$O_{.c}$	总合计 n

【例8.10】某动物医院用0.025%螨净(二嗪哝)局部涂搽治疗母绵羊和公绵羊各40只疥癣病例，治疗结果列于表8-11。试检验用0.025%螨净(二嗪哝)局部涂搽治疗绵羊的疥癣结果构成比例是否因绵羊的性别不同而异。

表8-11　0.025%螨净(二嗪哝)局部涂搽治疗疥癣的结果

性别	类别				行合计 $O_{i.}$
	一次治愈	二次治愈	三次治愈	无效	
母绵羊	8(8.5)	19(18.5)	7(7.5)	6(5.5)	40
公绵羊	9(8.5)	18(18.5)	8(7.5)	5(5.5)	40
列合计 $O_{.j}$	17	37	15	11	总合计 $n=80$

解：

1.提出无效假设与备择假设

H_0：用0.025%螨净(二嗪哝)局部涂搽治疗疥癣的效果与绵羊性别无关；

H_A：用0.025%螨净(二嗪哝)局部涂搽治疗疥癣的效果与绵羊性别相关。

2.在无效假设 H_0 正确的假定下，计算理论次数

假定无效假设 H_0 正确，即根据治疗效果与绵羊性别相互独立的假定，计算各组的理论次数，结果分别为：

母绵羊一次治愈 $O_{11}=8$，其理论次数为 $E_{11}=\dfrac{17\times40}{80}=8.5$

母绵羊二次治愈 $O_{12}=19$，其理论次数为 $E_{12}=\dfrac{37\times40}{80}=18.5$

母绵羊三次治愈 $O_{13}=7$，其理论次数为 $E_{13}=\dfrac{15\times40}{80}=7.5$

母绵羊治疗无效 $O_{14}=6$，其理论次数为 $E_{14}=\dfrac{11\times40}{80}=5.5$

公绵羊一次治愈 $O_{21}=9$，其理论次数为 $E_{21}=\dfrac{17\times40}{80}=8.5$

公绵羊二次治愈 $O_{22}=18$，其理论次数为 $E_{22}=\dfrac{37\times40}{80}=18.5$

公绵羊三次治愈 $O_{23}=8$，其理论次数为 $E_{23}=\dfrac{15\times40}{80}=7.5$

公绵羊治疗无效 $O_{24}=5$，其理论次数为 $E_{24}=\dfrac{11\times40}{80}=5.5$

3. 计算统计量 χ^2 值

$$\chi^2=\sum\frac{(O-E)^2}{E}$$

$$=\frac{(8-8.5)^2}{8.5}+\frac{(19-18.5)^2}{18.5}+\cdots+\frac{(5-5.5)^2}{5.5}=0.243\,4$$

4. 统计推断

当自由度 $df=(c-1)=4-1=3$ 时，查附表 4（χ^2 值表），得临界值 $\chi^2_{0.05(3)}=7.81$，因为 $\chi^2<\chi^2_{0.05(3)}=7.81$，则 $p>$ 0.05，故不能否定 H_0，表明 0.025% 螨净（二嗪哝）局部涂搽治疗公绵羊、母绵羊的疥癣结果构成比例相同。

$2\times c$ 列联表的独立性检验，也可根据如下简化公式计算 χ^2 值。

$$\chi^2=\frac{n^2}{O_1.O_2.}\left(\sum\frac{O_{1j}^2}{O._j}-\frac{O_1.^2}{n}\right) \tag{8-14}$$

或

$$\chi^2=\frac{n^2}{O_1.O_2.}\left(\sum\frac{O_{2j}^2}{O._j}-\frac{O_2.^2}{n}\right) \tag{8-15}$$

式中各符号的意义见表 8-10，其中 $j=1,2,\cdots,c$。

三、$r\times c$ 列联表的独立性检验

若横行分 r 组（$r\geqslant3$），纵行分 c 组（$c\geqslant3$），则为 $r\times c$ 列联表。其一般形式见表 8-6。对 $r\times c$ 列联表作独立性检验时，其自由度 $df=(r-1)(c-1)>1$，故计算 χ^2 值时不需要作连续性矫正，但要求列联表中的所有理论次数均不小于 5，当出现理论次数小于 5 的情况时，需要对类别或处理进行适当合并。

【例8.11】将184头仔猪随机分为4组,每组46头,分别饲喂不同的饲料,然后统计各组仔猪发病次数,结果见表8-12,试检验仔猪发病次数的构成比与所饲喂的饲料种类是否有关。

表8-12　不同饲料的仔猪发病次数资料

发病次数/次	饲料种类				行合计 $O_{i.}$
	饲料1/头	饲料2/头	饲料3/头	饲料4/头	
0	20(19.50)	18(19.50)	21(19.50)	19(19.50)	78
1	1(0.75)	0(0.75)	0(0.75)	2(0.75)	3
2	2(2.50)	3(2.50)	1(2.50)	4(2.50)	10
3	7(5.25)	9(5.25)	2(5.25)	3(5.25)	21
4	3(4.00)	5(4.00)	6(4.00)	2(4.00)	16
5	4(4.25)	3(4.25)	5(4.25)	5(4.25)	17
6	2(2.25)	2(2.25)	3(2.25)	2(2.25)	9
7	1(1.75)	2(1.75)	2(1.75)	2(1.75)	7
8	1(2.00)	2(2.00)	4(2.00)	1(2.00)	8
9	3(2.00)	1(2.00)	1(2.00)	3(2.00)	8
10	2(1.75)	1(1.75)	1(1.75)	3(1.75)	7
列合计 $O_{.j}$	46	46	46	46	总合计 $n=184$

解:

1.提出无效假设与备择假设

H_0:仔猪发病次数的构成比与饲料种类无关,即4种饲料饲喂仔猪后其发病次数的构成比相同;

H_A:仔猪发病次数的构成比与饲料种类有关,即4种饲料饲喂仔猪后其发病次数的构成比不相同。

2.在无效假设 H_0 正确的假定下,计算理论次数

假定无效假设 H_0 正确,即根据仔猪发病次数的构成比与饲料种类无关的假定,计算各组的理论次数,结果分别列于表8-12中的括号内。对于理论次数小于5的发病次数组,将其与相邻组合并,合并后的资料见表8-13。表8-13中括号内的数据为合并组后各组实际次数所对应的理论次数,且所有单元格的理论次数均大于5。

表8-13　表8-12合并后的次数资料

发病次数/次	饲料种类				行合计 $O_{i.}$
	饲料1/头	饲料2/头	饲料3/头	饲料4/头	
0	20(19.50)	18(19.50)	21(19.50)	19(19.50)	78
1~3	10(8.50)	12(8.50)	3(8.50)	9(8.50)	34
4~5	7(8.25)	8(8.25)	11(8.25)	7(8.25)	33

续表

发病次数/次	饲料种类				行合计 $O_{i.}$
	饲料1/头	饲料2/头	饲料3/头	饲料4/头	
6～10	9(9.75)	8(9.75)	11(9.75)	11(9.75)	39
列合计 $O_{.j}$	46	46	46	46	总合计 n=184

3.计算统计量 χ^2 值

$$\chi^2 = \sum \frac{(O-E)^2}{E}$$

$$= \frac{(20-19.5)^2}{19.5} + \frac{(18-19.5)^2}{19.5} + \cdots + \frac{(11-9.75)^2}{9.75} = 7.545\,9$$

4.统计推断

当自由度 $df=(r-1)(c-1)=(4-1)(4-1)=9$ 时,查附表4(χ^2 值表),得临界值 $\chi^2_{0.05(9)}=16.92$,因为 $\chi^2 < \chi^2_{0.05(9)}=16.92$,则 $p>0.05$,故不能否定 H_0,表明仔猪的发病次数的构成比与饲料种类无关,可以认为 4种饲料饲喂仔猪,其发病次数的构成比相同。

$r \times c$ 列联表独立性检验,亦可利用以下简化公式计算 χ^2 值:

$$\chi^2 = n \left[\sum_{i=1}^{r} \sum_{j=1}^{c} \frac{O_{ij}^2}{O_{i.} O_{.j}} - 1 \right] \tag{8-16}$$

拓展阅读

扫码进行本章内容相关的PPT课件、知识图谱、章节测验、相关拓展资料等数字资源的获取和学习。

思考与练习题

(1)什么是适合性检验?什么是独立性检验?

(2)χ^2 检验在什么情况下需要进行连续性矫正?如何矫正?

(3)某养鸭场种蛋常年孵化率为86%,现对120枚种蛋进行孵化,得雏鸭108只。试检验该批种蛋的孵化率与该鸭场种蛋常年孵化率是否相同。

(4)研究甲、乙两种药物对蛋鸡产蛋下降综合征的治疗效果。甲药物治疗病鸡80例,治愈63例;乙药物治疗病鸡85例,治愈72例。试检验甲、乙两种药物的治愈率是否相同。

(5)白猪与黑猪杂交检验,在 F_2 代获得423头仔猪,其中白猪331头、黑猪92头。若毛色受一对等位基因控制,且完全显性,则 F_2 代白、黑仔猪数之比应为3:1。试检验猪的毛色是否受一对等位基因控制且完全显性。

（6）为了检验新研制的鸭瘟疫苗的免疫力，用400只鸭进行试验，其中200只注射新疫苗，注射后患鸭瘟病20只，不患鸭瘟病180只；另200只注射旧疫苗，注射后患鸭瘟病30只，不患鸭瘟病170只。新、旧两种疫苗的免疫力有无显著差异？

（7）防疫站检查屠宰场及肉食品零售点的牛肉表层的沙门氏菌带菌情况，结果如表8-14。屠宰场与零售点牛肉带菌率有无显著差异？

表8-14　屠宰场与零售点牛肉带菌数

采样地点	带菌头数	不带菌头数
屠宰场	8	32
零售点	14	16

（8）用两种药物治疗鸡传染性法氏囊病，结果如表8-15，两种药物的疗效是否相同？

表8-15　两种药物治疗鸡传染性法氏囊病疗效

	治愈	显效	好转	无效
甲药	70	9	10	4
乙药	35	23	20	5

第九章

一元线性相关与回归分析

本章导读

　　前面章节介绍的t检验、方差分析等统计分析方法都只涉及一个变量,未对变量之间的关系进行研究。但是在自然界和科学研究中许多变量之间都相互影响,彼此相关。因此我们常常需要研究两个或多个变量之间的关系。在统计学上采用相关和回归分析来研究变量间的相互关系,评估变量之间联系的紧密程度,揭示其变化的具体形式和规律性。本章主要介绍两个变量资料的一元线性相关与回归分析。

学习目标

　　掌握相关分析和回归分析的概念,了解变量之间关系的类型,理解一元线性相关与回归分析的概念、原理和步骤。体会变量之间独立的相对性和关联的绝对性,培养辩证思维能力。

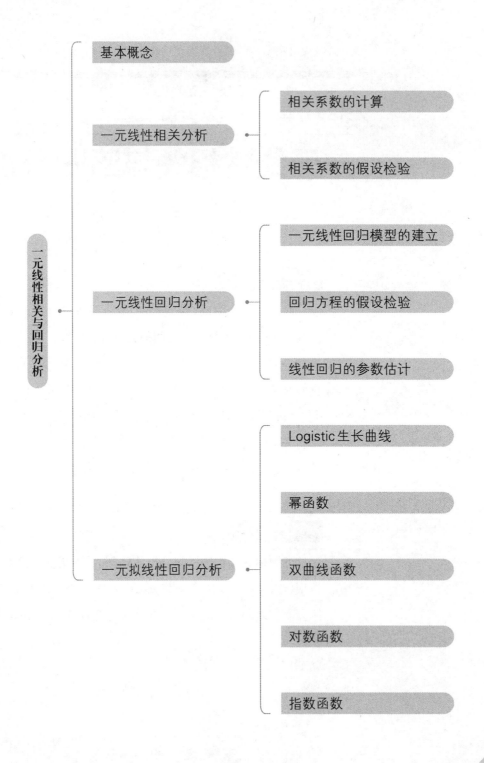

　　前述各章介绍的统计方法仅涉及一个变量,如死亡率、初生重、断奶重、日增重、料重比等。然而,变量之间常常相互联系和相互影响。在动物科学研究中通常需要确定一些变量的值发生改变对其他变量产生的影响,例如,饲料能量水平与仔猪日增重,羔羊初生重与断奶重等。前面章节介绍的各种统计方法不适用于分析两个变量或多个变量之间的关系。接下来将介绍如何采用相关分析和回归分析来解决这些问题。本章主要介绍两个变量资料的一元线性相关与回归分析。

第一节│相关与回归分析的基本概念

　　变量间的关系有两类:函数关系和相关关系。当一个或几个变量取一定的值时,另一个变量有确定值与之对应,且这种关系可以用精确的数学表达式来表示,则称这种关系为确定性的函数关系。例如,三角形的面积(S)与底(a)和高(h)的关系为:$S=ah/2$。

　　相关关系是变量间存在的一种非确定性的相互依存的关系,且这种关系不能用精确的数学表达式来表示。在生物界存在着大量的相关关系,如饲料能量水平与仔猪日增重的关系,羔羊初生重与断奶重的关系等,统计学中把这些变量间的关系称为相关关系,把存在相关关系的变量称为相关变量。

　　相关变量间的关系一般分为两种:因果关系和平行关系。因果关系是一个变量的变化受另一个或几个变量的影响,例如羔羊的采食量受温度的影响,温度是原因,羔羊的采食量是结果;仔猪的日增重受日粮能量水平和蛋白质水平的影响,日粮能量水平和蛋白质水平是原因,仔猪的日增重是结果。平行关系是两个以上变量之间共同受到另外因素的影响,例如山羊的体长和胸围共同受到环境、饲料等因素的影响,它们之间的关系属于平行关系。

　　相关分析(correlation analysis)主要是研究呈平行关系的相关变量间的关系。相关分析只能研究两个变量之间相关的程度和性质,或研究一个变量与多个变量之间相关的程度,不能用一个或多个变量去预测、控制另一个变量的变化。在相关分析中,无自变量和依变量之分。其中,对两个变量间的直线关系进行相关分析称为简单相关分析(也称直线相关分析);对多个变量间进行相关分析时,研究一个变量与多个变量间的线性相关称为复相关分析;研究其余变量保持不变的情况下余下两个变量间的线性相关称为偏相关分析。

回归分析(regression analysis)主要是研究呈因果关系的相关变量间的关系,其中表示原因的变量称为自变量,表示结果的变量称为依变量。回归分析的任务是揭示呈因果关系的相关变量间的联系形式,建立它们之间的回归方程,利用所建立的回归方程,由自变量(原因)来预测依变量(结果)。通常用x表示自变量,用y表示依变量。例如,后代奶牛的产奶量与母牛产奶量存在着一定的回归关系,前者是依变量(y),其随着后者自变量(x)的变化而变化。回归分析在动物遗传和育种上的应用比较广泛,尤其是数量遗传学中的遗传力就是通过亲代之间的回归关系计算所得。统计学中,将一个自变量与一个依变量的回归分析(一因一果)称为一元回归分析;将多个自变量与一个依变量的回归分析(多因一果)称为多元回归分析。一元回归分析又分为直线回归分析(又称线性回归分析)与曲线回归分析两种。多元回归分析又分为多元线性回归分析与多元非线性回归分析两种。

变量间的关系及分析方法归纳如下图9-1所示。本章详细介绍一元线性相关分析和一元线性回归分析,对一元拟线性回归分析进行简要介绍。

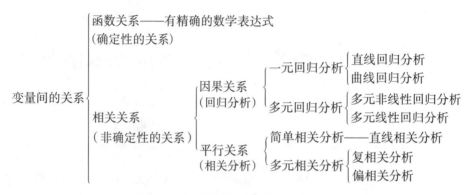

图9-1　变量间的关系及分析方法

第二节 | 一元线性相关分析

一、相关系数的计算

进行直线相关分析的基本任务在于根据x、y的实际观测值,计算表示两个相关变量x、y间线性相关程度和性质的统计量相关系数。

为了直观地分析两个相关变量x和y间的变化趋势,可将每一对观测值在平面直角坐标系描点,作出散点图(图9-2)。由图9-2可见,图9-2a中散点大多围绕在一条直线的周围,纵坐标y表现出随横坐标x的增大而增大的趋势,说明x和y之间存在正线性相关关系;图9-2b中散点大多围绕在一条直线的周围,但是,纵坐标y表现出随横坐标x的增大而减小的趋势,说明x和y之间存在负线性相关关系;图9-

2c中各散点围绕着一条曲线,纵坐标y先随横坐标x的增大而增大,后又随横坐标x的增大而减小,说明x和y间存在曲线相关关系;图9-2d中各散点分布杂乱无章,说明x和y间相互独立,无相关关系。在生物界中,正线性相关关系和负线性相关关系最常见,但是曲线关系和无相关关系也常见。

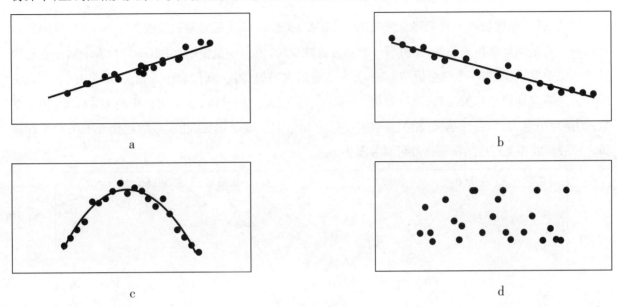

图9-2 (x,y)的散点图

由散点图可获得如下信息:①两个变量间关系的性质(是正相关还是负相关)和相关程度(是相关密切还是不密切);②两个变量间关系的类型,是直线型还是曲线型;③是否有异常观测值的干扰。总之,散点图可直观地表示两个变量之间的关系,但是,为了探讨它们关系的规律性,还必须根据观测值将其内在关系定量地表达出来。下面,将介绍表示两个相关变量x、y间线性相关程度和性质的统计量——相关系数。

统计上,将自变量x的离均差与依变量y的离均差的乘积,即$(x-\bar{x})(y-\bar{y})$,称为离均差乘积。将所有散点的离均差乘积相加,即$\sum(x-\bar{x})(y-\bar{y})$,称为离均差乘积和,简称乘积和,记为$SP_{xy}$。显然,当$SP_{xy}$为正值时,说明$x$和$y$之间存在正线性相关关系(图9-2a);当$SP_{xy}$为负值时,说明$x$和$y$之间存在负线性相关关系(图9-2b);当$SP_{xy}$接近0时,说明$x$和$y$之间不存在线性相关关系(图9-2d)。而且,$SP_{xy}$绝对值越大,则$x$和$y$之间线性相关关系越强。因此,可用$SP_{xy}$来度量两个变量之间的线性相关关系。然而,$SP_{xy}$的大小和散点图中点的多少(即样本含量)有关,为了消除这一影响,将乘积和除以自由度$(n-1)$,称之为样本协方差,记为$Cov(x,y)$。此外,$Cov(x,y)$的大小还受变量单位大小的影响,例如同一组数据用厘米和米为单位来表示所得的结果是不同的,同时协方差是有单位的,而作为一个度量相关关系的量不应有单位,为此,将其进行标准化可解决这一缺陷,即将协方差$Cov(x,y)$除以两个变量的标准差,统计上将这种标准化的协方差$Cov(x,y)$称为相关系数(coefficient of correlation),记为r。即:

$$r=\frac{Cov(x,y)}{S_x S_y}=\frac{\dfrac{\sum(x-\bar{x})(y-\bar{y})}{n-1}}{\sqrt{\dfrac{\sum(x-\bar{x})^2}{n-1}}\times\sqrt{\dfrac{\sum(y-\bar{y})^2}{n-1}}}=\frac{\sum(x-\bar{x})(y-\bar{y})}{\sqrt{\sum(x-\bar{x})^2}\times\sqrt{\sum(y-\bar{y})^2}}$$

将其整理可得：

$$r=\frac{\sum(x-\bar{x})(y-\bar{y})}{\sqrt{\sum(x-\bar{x})^2}\times\sqrt{\sum(y-\bar{y})^2}}=\frac{SP_{xy}}{\sqrt{SS_xSS_y}}\tag{9-1}$$

相关系数 r 是度量两个变量间线性关系大小的指标之一,相关系数取值范围为:$-1\leq r\leq1$。当 $r<0$ 时,表示两个变量间呈负相关关系,说明当一个变量值减少时,另一变量值增加;当 $r>0$ 时,表示两个变量间呈正相关关系,说明当一个变量值增加时,另一变量值也增加;当 $r=0$ 时,表示无相关,即没有相关,说明两变量间不存在线性相关关系;当 $r=-1$ 时,表示完全负相关;当 $r=1$ 时,表示完全正相关。因此,相关系数 r 的绝对值越大,相关性越强;相关系数越接近于1或-1,相关性越强;相关系数越接近于0,相关性越弱。一般判断相关程度的衡量标准可参考图9-3。

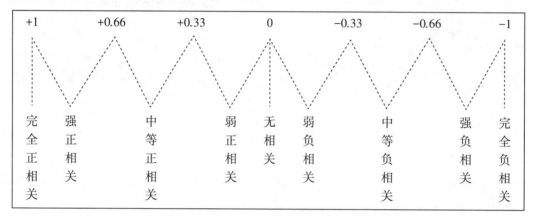

图9-3　相关程度衡量标准图

【例9.1】根据表9-1的数据,计算10只某地方品种鸡的初生重和10周龄体重的相关系数。

表9-1　10只地方鸡的初生重和10周龄体重资料

编号	1	2	3	4	5	6	7	8	9	10
初生重/g	35	31	27	37	32	33	35	42	29	36
10周龄重/g	1 150	1 060	988	1 265	1 031	1 120	1 071	1 302	1 075	1 177

解:根据表9-1所列数据先计算基本统计量,结果为:

$$SS_x=\sum x^2-\frac{(\sum x)^2}{n}=11\,523-\frac{337^2}{10}=166.1$$

$$SS_y=\sum y^2-\frac{(\sum y)^2}{n}=12\,723\,029-\frac{11\,239^2}{10}=91\,516.9$$

$$SP_{xy}=\sum xy-\frac{(\sum x)(\sum y)}{n}=382\,259-\frac{337\times11\,239}{10}=3\,504.7$$

将以上计算结果代入式(9-1)计算相关系数 r,结果为:

$$r=\frac{SP_{xy}}{\sqrt{SS_xSS_y}}=\frac{3\,504.7}{\sqrt{166.1\times91\,516.9}}=0.898\,9$$

即地方品种鸡的初生重和10周龄体重的相关系数 r 为0.898 9。

二、相关系数的假设检验

相关系数和其他统计量一样,是从样本数据中统计出来的,由于抽样误差的原因,也存在着样本计算的相关系数能否代表总体,即两个变量间是否确实存在线性相关,以及相关程度是否可靠的问题。所以,必须对计算的相关系数进行假设检验。假设检验的无效假设和备择假设分别为 $H_0:\rho=0$;$H_A:\rho\neq0$(ρ 为总体相关系数)。可见,相关系数假设检验的目的是要证明计算所得的样本相关系数 r 是相关系数 $\rho=0$ 的无相关总体得来的样本,还是从 $\rho\neq0$ 的有相关总体得来的样本。也即要证明 r 所在的总体是否存在线性相关。相关系数假设检验的方法有查表法、t 检验法和 F 检验法三种。

(一)查表法

统计学家已根据相关系数 r 显著性计算出临界 r 值并列出表格,见本书附表8(r 与 R 显著数值表)。所以可直接采用查表法对相关系数 r 进行假设检验。具体方法是:先根据自由度 $df=n-2$ 和变量总个数 $M=2$ 查临界值(附表8),得 $r_{0.05(n-2)}$ 和 $r_{0.01(n-2)}$,将 r 的绝对值与临界值作比较,作出统计推断即可。统计推断方法如下。

(1)若 $|r|<r_{0.05(n-2)}$,$p>0.05$,则不能否定无效假设 $H_0:\rho=0$,表明变量 x 和 y 之间线性关系不显著,在 r 的右上方标记"ns"或不标记符号。

(2)若 $r_{0.05(n-2)}\leqslant|r|<r_{0.01(n-2)}$,$0.01<p\leqslant0.05$,则否定无效假设 $H_0:\rho=0$,接受备择假设 $H_A:\rho\neq0$,表明变量 x 和 y 之间线性关系显著,在 r 的右上方标记"*"。

(3)若 $|r|\geqslant r_{0.01(n-2)}$,$p\leqslant0.01$,则否定无效假设 $H_0:\rho=0$,接受备择假设 $H_A:\rho\neq0$,表明变量 x 和 y 之间线性关系极显著,在 r 的右上方标记"**"。

对于【例9.1】,因为 $df=n-2=10-2=8$,查附表8得 $r_{0.05(8)}=0.632$,$r_{0.01(8)}=0.765$。而 $r>r_{0.01(8)}=0.765$,$p<0.01$,否定无效假设 $H_0:\rho=0$,接受备择假设 $H_A:\rho\neq0$,表明地方鸡品种初生重和10周龄体重的相关系数极显著。

(二)t 检验法

t 检验的计算公式为:

$$t=\frac{r}{S_r},df=n-2 \qquad (9-2)$$

其中,S_r 称为相关系数标准误,计算公式为:

$$S_r=\sqrt{\frac{1-r^2}{n-2}} \qquad (9-3)$$

对于【例9.1】,下面采用 t 检验对样本相关系数 r 进行假设检验。

$$S_r=\sqrt{\frac{1-r^2}{n-2}}=\sqrt{\frac{1-0.898\,9^2}{10-2}}=0.154\,9$$

$$t=\frac{r}{S_r}=\frac{0.898\,9}{0.154\,9}=5.803\,1$$

因为 $df=n-2=10-2=8$,查附表3(t 值表)得 $t_{0.05(8)}=2.306$,$t_{0.01(8)}=3.355$,而 $t>t_{0.01(8)}=3.355$,$p<0.01$,否定无

效假设 $H_0: \rho=0$，接受备择假设 $H_A: \rho \neq 0$，表明地方鸡品种初生重和10周龄体重的相关系数极显著，检验结果与查表法一致。

(三)F 检验法

F 检验的计算公式为：

$$F=\frac{r^2}{(1-r^2)/(n-2)}, df_1=1, df_2=n-2 \tag{9-4}$$

对于【例9.1】，下面采用 F 检验对样本相关系数 r 进行假设检验。

$$F=\frac{r^2}{(1-r^2)/(n-2)}=\frac{0.898\,9^2}{(1-0.898\,9^2)/(10-2)}=33.67$$

因为 $df_1=1, df_2=n-2=10-2=8$，查附表5（F值表）得 $F_{0.05(1,8)}=5.32$，$F_{0.01(1,8)}=11.26$，而 $F>F_{0.01(1,8)}=11.26$，$p<0.01$，否定无效假设 $H_0: \rho=0$，接受备择假设 $H_A: \rho \neq 0$，表明地方鸡品种初生重和10周龄体重的相关系数极显著，检验方法与查表法、t 检验法一致。

第三节 | 一元线性回归分析

一、一元线性回归的数学模型

"回归"是由英国著名生物学家兼统计学家高尔顿（Francis Galton）在研究人类遗传问题时提出来的。他在搜集了1 078对父亲及其儿子身高的数据时发现这些数据的散点图呈直线趋势，且高个子父亲（高于群体平均数）的儿子身高比他高的概率小于比他矮的概率，而矮个子父亲（矮于群体平均数）的儿子身高比他矮的概率小于比他高的概率。它反映了一个规律：即这两种身高父亲的儿子的身高，有向他们父辈的平均身高回归的趋势。对于这个一般结论的解释是：大自然具有一种约束力，使人类身高的分布相对稳定而不产生两极分化，这就是所谓的回归效应。

如前所述，回归分析的任务是揭示呈因果关系的相关变量间的联系形式，建立自变量 x 和依变量 y 之间的回归方程。在这里，自变量 x 是一个普通的数学变量，其可以精准测量或人为控制，而依变量 y 是随自变量 x 的变化而随机变化的，是一个随机变量，通过建立回归方程对其进行预测或估计。

在变量间的函数关系中，如果两个相关变量间的关系是线性关系，则根据其 n 对观测值所描出的散点图，可用以下直线方程表示：

$$y=a+bx \tag{9-5}$$

其中,a为直线在y轴上的截距;b为直线的斜率。

如果把变量y与x内在联系的总体直线回归方程记为$y = \alpha + \beta x$,由于依变量的实际观测值总是带有随机误差,因而实际观测值y_i可表示为:

$$y_i = \alpha + \beta x_i + \varepsilon_i \,(i=1,2,\cdots,n) \tag{9-6}$$

这是一元线性回归的数学模型,其中ε_i为随机误差,假设ε_i服从$N(0,\sigma^2)$,且相互独立。

二、一元线性回归方程的建立

一元线性回归方程的建立,是根据实际观测值对回归模型中α,β做出估计,即:

$$\hat{y} = a + bx \tag{9-7}$$

其中,a是α的估计值,称为样本回归截距,是回归直线与y轴交点的纵坐标,当$x=0$时,$\hat{y}=a$。b是β的估计值,称为样本回归系数,表示自变量x改变一个单位,依变量y平均改变的数量。b的绝对值大小反映了自变量x影响依变量y的大小;b的符号反映了自变量x影响依变量y的性质,$b>0$表示依变量y与自变量x同向增减,$b<0$表示依变量y与自变量x异向增减。$\hat{y}$称为回归估计值,是当自变量x在其研究范围内取某一个值时,依变量y的总体平均数的估计值$(\alpha+\beta x)$。下面将介绍利用最小二乘法推导样本回归截距a和样本回归系数b的计算公式。

通过试验或调查获得两个相关变量的n对观测值,表示为$(x_1,y_1),(x_2,y_2),\cdots,(x_n,y_n)$,将$n$对观测值在平面直角坐标系中作散点图(图9-4)。从散点图可见,依变量y与自变量x之间存在线性相关关系。此时,可在平面直角坐标系中找到一条与各散点逼近程度最高的直线,就是说,这条直线来代表两个变量间的关系与实际数据的误差比任何其他直线都要小。此时,用该直线来拟合依变量y对自变量x的一元线性回归方程误差最小。

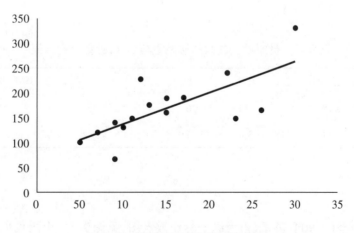

图9-4 线性回归模型散点示意图

各观测值点与直线在y轴上的距离$(y-\hat{y})$称为估计误差。显然,配合程度最高的直线是使总的估计误差达到最小的直线。然而,由于估计误差有正有负,因此不能用$\sum(y-\hat{y})$作为度量误差的指标,而用估计误差平方和$\sum(y-\hat{y})^2$作为度量误差的指标。可见,配合程度最高的直线就是使估计误差平方和

$\sum(y-\hat{y})^2$ 为最小的直线, 即:

$$Q=\sum(y-\hat{y})^2=\sum(y-a-bx)^2=最小$$

根据微积分学中的极值原理, 令 Q 对 a、b 的一阶偏导数等于0, 即:

$$\frac{\partial Q}{\partial a}=-2\sum(y-a-bx)=0$$

$$\frac{\partial Q}{\partial b}=-2\sum(y-a-bx)x=0$$

整理后得到关于 a、b 的二元一次方程组:

$$\begin{cases} an+b\sum x=\sum y \\ a\sum x+b\sum x^2=\sum xy \end{cases}$$

解方程组, 得到关于回归截距 a 和回归系数 b 的计算公式, 为:

$$b=\frac{\sum xy-\frac{1}{n}\left(\sum x\right)\left(\sum y\right)}{\sum x^2-\frac{\left(\sum x\right)^2}{n}}=\frac{\sum(x-\bar{x})(y-\bar{y})}{\sum(x-\bar{x})^2}=\frac{SP_{xy}}{SS_x} \qquad (9\text{-}8)$$

$$a=\bar{y}-b\bar{x} \qquad (9\text{-}9)$$

式 (9-8) 中, 分子是离均差乘积和 $\sum(x-\bar{x})(y-\bar{y})$, 记为 SP_{xy}; 分母是自变量 x 的离均差平方和 $\sum(x-\bar{x})^2$, 记为 SS_x。

将式 (9-9) 代入式 (9-7), 得到回归方程的另一种形式:

$$\hat{y}=\bar{y}-b\bar{x}+bx=\bar{y}+b(x-\bar{x}) \qquad (9\text{-}10)$$

【例9.2】对贵州织金白鹅的雏鹅重和90日龄重测定后得到一组数据 (表9-2), 试建立90日龄重 (y) 与雏鹅重 (x) 的直线回归方程。

表9-2　贵州织金白鹅的雏鹅重与90日龄重测定结果　　　　　单位:g

编号	1	2	3	4	5	6	7	8	9	10
雏鹅重 (x)	85	89	113	96	110	105	82	94	122	117
90日龄重 (y)	3 081	3 218	3 871	3 329	3 650	3 584	2 920	3 330	4 024	3 822

解:

1.作散点图

以雏鹅重 (x) 为横坐标, 90日龄重 (y) 为纵坐标作散点图, 见图9-5。由图可见, 贵州织金白鹅的90日龄重与雏鹅重间存在直线关系。

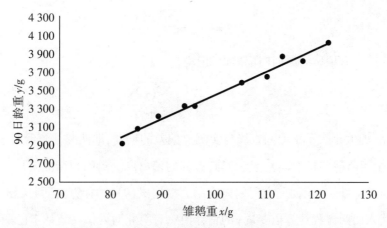

图9-5　贵州织金白鹅的雏鹅重与90日龄重散点图和回归直线图

2.计算回归截距 a ,回归系数 b ,建立直线回归方程

首先根据实际观测值计算基本统计量,结果为:

$$\bar{x}=\frac{\sum x}{n}=\frac{1\,013}{10}=101.3$$

$$\bar{y}=\frac{\sum y}{n}=\frac{34\,829}{10}=3\,482.9$$

$$SS_x=\sum x^2-\frac{\left(\sum x\right)^2}{n}=104\,389-\frac{1\,013^2}{10}=1\,772.1$$

$$SS_y=\sum y^2-\frac{\left(\sum y\right)^2}{n}=122\,498\,083-\frac{34\,829^2}{10}=1\,192\,158.9$$

$$SP_{xy}=\sum xy-\frac{\left(\sum x\right)\left(\sum y\right)}{n}=3\,573\,676-\frac{1\,013\times34\,829}{10}=45\,498.3$$

将以上计算结果代入式(9-8)、式(9-9)计算出回归系数 b 、回归截距 a :

$$b=\frac{SP_{xy}}{SS_x}=\frac{45\,498.3}{1\,772.1}=25.674\,8$$

$$a=\bar{y}-b\bar{x}=3\,482.9-25.674\,8\times101.3=882.042\,8$$

因此,贵州织金白鹅的90日龄重 y 对雏鹅重 x 的直线回归方程为:

$$\hat{y}=882.042\,8+25.674\,8x$$

从回归系数可知,雏鹅重每增加1 g,90日龄平均重增加25.674 8 g。

三、直线回归偏离度的估计——离回归标准误

如前所述,误差平方和 $\sum(y-\hat{y})^2$ 作为度量误差的指标,其大小表示了实测点与回归直线偏离的程度,因此将其称为离回归平方和,又称为残差平方和,记为 SS_r 。离回归平方和的自由度为 $n-2$ 。因此,离回归平方和除以自由度等于离回归均方,又称为残差均方(residual mean square),记为 MS_r ,即:

$$MS_r = \frac{SS_r}{n-2} = \frac{\sum(y-\hat{y})^2}{n-2} \qquad (9-11)$$

离回归均方 MS_r 的平方根称为离回归标准误,记为 S_{yx},即:

$$S_{yx} = \sqrt{MS_r} = \sqrt{\frac{\sum(y-\hat{y})^2}{n-2}} \qquad (9-12)$$

离回归标准误 S_{yx} 的大小表示了回归直线与实测点偏差的程度,即回归估测值 $\hat{y}$ 与实际观测值 y 偏差的程度,因此,统计学用离回归标准误 S_{yx} 表示回归方程的偏离度。离回归标准误 S_{yx} 大,表示回归方程偏离度大;离回归标准误 S_{yx} 小,表示回归方程偏离度小。根据式(9-12)计算离回归标准误 S_{yx},需要根据自变量 x 的每一个值代入回归方程计算依变量 y 的估计值 $\hat{y}$,计算相对麻烦。统计学已证明:

$$\sum(y-\hat{y})^2 = SS_y - \frac{SP_{xy}^2}{SS_x} \qquad (9-13)$$

因此,根据式(9-13)计算 SS_r,再代入式(9-12)计算离回归标准误 S_{yx}。

对于【例9.2】,离回归平方和 SS_r 为:

$$\sum(y-\hat{y})^2 = SS_y - \frac{SP_{xy}^2}{SS_x} = 1\ 192\ 158.9 - \frac{45\ 498.3^2}{1\ 772.1} = 23\ 999.483$$

则离回归标准误 S_{yx} 为:

$$S_{yx} = \sqrt{\frac{\sum(y-\hat{y})^2}{n-2}} = \sqrt{\frac{23\ 999.483}{10-2}} = 54.771\ 7$$

则利用直线回归 $\hat{y} = 882.042\ 8 + 25.674\ 8x$,由贵州织金白鹅的雏鹅重估计 90 日龄重时,离回归标准误 S_{yx} 为 54.771 7 g。

四、回归方程的假设检验

若 x 和 y 变量间不存在直线关系,但根据上面介绍的方法由 n 对观测值 $(x_i, y_i)(i=1, 2, \cdots, n)$ 也可求得回归方程 $\hat{y} = a + bx$。显然,这样的回归方程所反映的两个变量间的直线关系是不真实的。如何判断直线回归方程所反映的两个变量间的直线关系的真实性呢？这取决于变量 x 与 y 间是否存在直线关系。因此,和相关分析一样,对由样本观测值建立的回归方程应进行假设检验,来确定 y 是否对 x 确实存在线性回归关系。假设检验的方法主要有 F 检验和 t 检验两种方法。现先探讨依变量 y 的变异,然后再作出统计推断。

(一)直线回归的变异来源

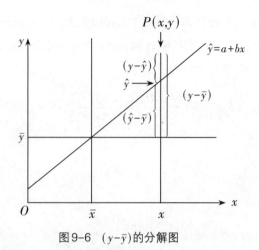

图9-6 $(y-\bar{y})$ 的分解图

从图9-6看到,y 与 $\bar{y}$ 的离差可剖分为两部分,即:

$$(y-\bar{y})=(\hat{y}-\bar{y})+(y-\hat{y})$$

将上式两端平方,求和,则:

$$\sum(y-\bar{y})^2=\sum\left[(\hat{y}-\bar{y})+(y-\hat{y})\right]^2$$
$$=\sum(\hat{y}-\bar{y})^2+\sum(y-\hat{y})^2+2\sum(\hat{y}-\bar{y})(y-\hat{y})$$

由于 $\sum(\hat{y}-\bar{y})(y-\hat{y})=0$,则有:

$$\sum(y-\bar{y})^2=\sum(\hat{y}-\bar{y})^2+\sum(y-\hat{y})^2 \tag{9-14}$$

式(9-14)中,$\sum(y-\bar{y})^2$ 反映了 y 的总变异,称为 y 的总平方和,记为 SS_y;$\sum(\hat{y}-\bar{y})^2$ 反映了由于 y 与 x 间存在直线关系所引起的 y 的变异,称为回归平方和,记为 SS_R;$\sum(y-\hat{y})^2$ 反映了除 y 与 x 存在直线关系以外的原因,包括随机误差所引起的 y 的变异,称为离回归平方和或残差平方和,记为 SS_r。

因此,式(9-14)可简写为:

$$SS_y=SS_R+SS_r \tag{9-15}$$

与平方和相似,y 的总自由度 df_y 也剖分为回归自由度 df_R 与离回归自由度 df_r 两部分,即:

$$df_y=df_R+df_r \tag{9-16}$$

在直线回归分析中,y 的总自由度为 $df_y=n-1$;回归自由度等于自变量的个数,即 $df_R=1$;离回归自由度为 $df_r=n-2$。

用平方和除以自由度可得相应的均方,回归均方和离回归均方分别为:

$$MS_R=\frac{SS_R}{df_R}=\frac{SS_R}{1}=SS_R \tag{9-17}$$

$$MS_r=\frac{SS_r}{df_r}=\frac{SS_r}{n-2} \tag{9-18}$$

(二)直线回归关系的假设检验——F检验

对 x 与 y 间是否存在直线关系进行假设检验，无效假设 $H_0:\beta=0$，备择假设：$H_A:\beta\neq0$。统计学已证明，在 H_0 成立的条件下，MS_R 与 MS_r 的比值服从 $df_1=1$ 和 $df_2=n-2$ 的 F 分布，所以可以进行 F 检验推断变量 x 与 y 间是否存在直线关系。

$$F=\frac{MS_R}{MS_r}=\frac{SS_R/df_R}{SS_r/df_r}=\frac{SS_R}{SS_r/(n-2)}, df_1=1, df_2=n-2 \tag{9-19}$$

根据式（9-10），所以

$$\hat{y}-\bar{y}=b(x-\bar{x})$$

因此，回归平方和 SS_R 可为：

$$\begin{aligned}SS_R&=\sum(\hat{y}-\bar{y})^2\\&=\sum[b(x-\bar{x})]^2=b^2\sum(x-\bar{x})^2\\&=\frac{SP_{xy}^2}{SS_x^2}\times SS_x\\&=\frac{SP_{xy}^2}{SS_x}\end{aligned} \tag{9-20}$$

对于【例9.2】资料，下面采用 F 检验进行直线回归关系假设检验。

已知 $SS_x=1\,772.1$，$SS_y=1\,192\,158.9$，$SP_{xy}=45\,498.3$，则回归平方和 SS_R 和离回归平方 SS_r 分别为：

$$SS_R=\frac{SP_{xy}^2}{SS_x}=\frac{45\,498.3^2}{1\,772.1}=1\,168\,159.417$$

$$SS_r=SS_y-SS_R=1\,192\,158.9-1\,168\,159.417=23\,999.483$$

总自由度 df_y、回归自由度 df_R、离回归自由度 df_r 计算如下：

$$df_y=n-1=10-1=9, df_R=1, df_r=n-2=10-2=8$$

则回归均方 MS_R 和离回归均方 MS_r 分别为：

$$MS_R=\frac{SS_R}{df_R}=\frac{1\,168\,159.417}{1}=1\,168\,159.417$$

$$MS_r=\frac{SS_r}{df_r}=\frac{23\,999.483}{8}=2\,999.935\,4$$

则统计量 F 值为：

$$F=\frac{MS_R}{MS_r}=\frac{1\,168\,159.417}{2\,999.935\,4}=389.394\,9$$

将以上统计结果列方差分析表（表9-3），进行直线回归关系假设检验。

表9-3 贵州织金白鹅90日龄重与雏鹅重回归关系的方差分析表

变异来源	平方和 SS	自由度 df	均方 MS	F 值	临界 F_α 值
回归	1 168 159.417	1	1 168 159.417	389.394 9**	$F_{0.01(1,8)}=11.26$
离回归	23 999.483	8	2 999.935 4		
总变异	1 192 158.9	9			

因为 $F = 389.394\ 9 > F_{0.01(1,8)} = 11.26$, $p < 0.01$, 否定 $H_0 : \beta = 0$, 接受 $H_A : \beta \neq 0$, 即贵州织金白鹅 90 日龄重 (y) 与雏鹅重 (x) 间存在极显著的直线关系, 可用所建立的直线回归方程来进行预测和控制。

(三)回归系数的假设检验——t 检验

利用 t 检验对总体回归系数 β 进行假设检验, 无效假设 $H_0 : \beta = 0$, 备择假设 : $H_A : \beta \neq 0$。统计学已证明, 样本回归系数 b 是总体回归系数 β 的无偏估计量。则统计量 t 的计算公式为:

$$t = \frac{b}{S_b} \tag{9-21}$$

其中, S_b 为回归系数标准误, 计算公式为:

$$S_b = \frac{S_{yx}}{\sqrt{SS_x}} \tag{9-22}$$

统计量 t 服从自由度为 $df = n-2$ 的 t 分布。

对于【例 9.2】资料, 下面采用 t 检验进行回归系数的假设检验。

已知 $SS_x = 1\ 772.1$, $S_{yx} = 54.771\ 7$, $b = 25.674\ 8$, 则回归系数标准误 S_b 为:

$$S_b = \frac{S_{yx}}{\sqrt{SS_x}} = \frac{54.771\ 7}{\sqrt{1\ 772.1}} = 1.301\ 1$$

统计量 t 为:

$$t = \frac{b}{S_b} = \frac{25.674\ 8}{1.301\ 1} = 19.733\ 1$$

当 $df = n-2 = 10-2 = 8$ 时, 通过查附表 3 (t 值表)可得, $t_{0.05(8)} = 2.306$, $t_{0.01(8)} = 3.355$。因为 $t = 19.733\ 1 > t_{0.01(8)}$, $p < 0.01$, 表明贵州织金白鹅 90 日龄重对雏鹅重间的直线回归系数极显著。

五、回归方程的拟合度——决定系数

统计学上将回归方程的建立也称为回归方程的拟合。虽然所拟合的回归方程能满足估计误差平方和 $\sum (y - \hat{y})^2$ 为最小, 但不同资料所建立的回归方程的拟合程度有所差异。如果资料中的散点比较紧密, 说明自变量 (x) 和依变量 (y) 之间的关系比较紧密, 则所建立的回归方程的拟合度就高; 反之, 如果资料中的散点比较分散, 说明自变量 (x) 和依变量 (y) 之间的关系比较分散, 则所建立的回归方程的拟合度就低。因此, 需要一个统计数来度量回归方程拟合度的高低。

由 $\sum (y - \bar{y})^2 = \sum (\hat{y} - \bar{y})^2 + \sum (y - \hat{y})^2$ 可看出, y 与 x 直线回归效果的好坏取决于回归平方和 $\sum (\hat{y} - \bar{y})^2$ 与离回归平方和 $\sum (y - \hat{y})^2$ 的大小, 或者取决于回归平方和 $\sum (\hat{y} - \bar{y})^2$ 在总平方和 $\sum (y - \bar{y})^2$ 的占比。由此可见, 该比值越大, y 与 x 的直线回归效果就越好, 关联程度就越大, 反之则直线回归效果就越差, 关联程度就越小。统计学上将 $\sum (\hat{y} - \bar{y})^2 \big/ \sum (y - \bar{y})^2$ 的值称为 x 对 y 的决定系数 (coefficient of determination), 记为 r^2, 即:

$$r^2 = \frac{\sum (\hat{y} - \bar{y})^2}{\sum (y - \bar{y})^2} \tag{9-23}$$

由此可见，$0 \leqslant r^2 \leqslant 1$。$r^2$ 的大小表示了回归方程估测可靠程度的高低，或回归直线拟合度的高低。若回归直线的拟合度越高，自变量对依变量的解释程度越高，自变量引起的变异占总变异的百分比越高，则 r^2 越接近1。

将式(9-23)整理如下：

$$r^2 = \frac{\sum (\hat{y} - \bar{y})^2}{\sum (y - \bar{y})^2} = \frac{SS_R}{SS_y} = \frac{SP_{xy}^2}{SS_x SS_y} = \frac{SP_{xy}}{SS_x} \cdot \frac{SP_{xy}}{SS_y} = b_{yx} \cdot b_{xy}$$

其中，$\frac{SP_{xy}}{SS_x}$ 是以 x 为自变量、y 为依变量的回归系数 b_{yx}；若把 y 作为自变量、x 作为依变量，则回归系数 $b_{xy} = \frac{SP_{xy}}{SS_y}$。所以决定系数 r^2 等于 y 对 x 的回归系数与 x 对 y 的回归系数的乘积。这就是说，决定系数反映了 x 为自变量、y 为依变量和 y 为自变量、x 为依变量时两个相关变量 x 与 y 直线相关的信息，即决定系数表示了两个互为因果关系的相关变量间直线相关的程度。

六、一元线性相关分析与回归分析的关系

由前面所介绍的知识可知，相关分析与回归分析既有区别，又有联系。

(一)区别

一元线性相关分析不区分自变量和依变量，侧重于反映变量之间的关系程度和性质——相关系数；两个变量都是随机变量，地位平等，对于变量 x 和 y，可以说 x 与 y 的相关，也可以说是 y 与 x 的相关，二者没有区别。直线回归分析将两个相关变量区分为自变量和依变量，侧重于寻求变量之间的联系形式——直线回归方程；对于变量 x 对 y 的回归和 y 对 x 的回归是不一样的。

相关系数 r 是一个相对数，没有单位，$-1 \leqslant r \leqslant 1$；回归系数 b 有单位，可取任意实数。

相关分析主要研究变量间有无相关关系及其相关关系的强度；回归分析主要利用回归方程进行预测或估计。

(二)联系

两种分析所进行的假设检验都是用于分析 y 与 x 是否存在直线关系。因而二者的假设检验是等价的。即相关系数显著，回归系数亦显著；相关系数不显著，回归系数也必然不显著。由于利用查表法对相关系数进行检验十分简便，因此在实际进行直线回归分析时，可用相关系数假设检验代替直线回归关系假设检验，即可先计算出相关系数 r 并对其进行假设检验，若检验结果 r 不显著，则不需建立直线回归方程；若 r 显著，再计算回归系数 b、回归截距 a，建立直线回归方程，此时所建立的直线回归方程代表的直线关系是真实的，可以用来进行预测和控制。

七、用一元线性回归方程进行预测

回归分析的主要目的是利用回归方程进行预测或估计。前面已求出了总体回归截距α、回归系数β和x所对应的y值总体平均数$\alpha+\beta x$的估计值a,b和$\hat{y}$。这仅是一种点估计。下面介绍在一定置信度下对α、β以及$\alpha+\beta x$的区间估计。

(一)总体回归截距α的置信区间

统计学已证明$\dfrac{a-\alpha}{S_a}$服从自由度$df=n-2$的t分布。其中，S_a称为样本回归截距标准误，计算公式为：

$$S_a=S_{yx}\sqrt{\frac{1}{n}+\frac{\bar{x}^2}{SS_x}} \tag{9-24}$$

则总体回归截距α的95%、99%置信区间为：

$$\left[a-t_{0.05(n-2)}S_a,\ a+t_{0.05(n-2)}S_a\right]$$

$$\left[a-t_{0.01(n-2)}S_a,\ a+t_{0.01(n-2)}S_a\right]$$

即：

$$a-t_{0.05(n-2)}S_a\leqslant\alpha\leqslant a+t_{0.05(n-2)}S_a \tag{9-25}$$

$$a-t_{0.01(n-2)}S_a\leqslant\alpha\leqslant a+t_{0.01(n-2)}S_a \tag{9-26}$$

对于【例9.2】资料，求解回归截距α的95%和99%置信区间。

已知$\bar{x}=101.3$，$SS_x=1\,772.1$，$S_{yx}=54.771\,7$，$a=882.042\,8$，$n=10$，则样本回归截距标准误S_a为：

$$S_a=S_{yx}\sqrt{\frac{1}{n}+\frac{\bar{x}^2}{SS_x}}=54.771\,7\times\sqrt{\frac{1}{10}+\frac{101.3^2}{1\,772.1}}=132.935\,0$$

通过查附表3(t值表)，可得$t_{0.05(8)}=2.306$，$t_{0.01(8)}=3.355$，

则总体回归截距α的95%和99%置信区间分别为：

$$[882.042\,8-2.306\times132.935\,0,\ 882.042\,8+2.306\times132.935\,0]$$

$$[882.042\,8-3.355\times132.935\,0,\ 882.042\,8+3.355\times132.935\,0]$$

计算可得：

95%置信区间为：$575.494\,7\leqslant\alpha\leqslant1\,188.590\,9$

99%置信区间为：$436.045\,9\leqslant\alpha\leqslant1\,328.039\,7$

结果表明在研究雏鹅重与90日龄重的关系时，有95%的把握(可靠度)估计总体回归截距α的值处于575.494 7 g和1 188.590 9 g之间，有99%的把握(可靠度)估计总体回归截距α的值处于436.045 9 g和1 328.039 7 g之间。

(二)总体回归系数β的置信区间

如前所述，统计学已证明$\dfrac{b-\beta}{S_b}$服从自由度$df=n-2$的t分布，其中，S_b称为样本回归系数标准误，由式(9-22)计算，进而可以推断总体回归系数β的95%、99%置信区间为：

$$\left[\, b-t_{0.05(n-2)}S_b,\ b+t_{0.05(n-2)}S_b\,\right]$$

$$\left[\, b-t_{0.01(n-2)}S_b,\ b+t_{0.01(n-2)}S_b\,\right]$$

即:

$$b-t_{0.05(n-2)}S_b \leqslant \beta \leqslant b+t_{0.05(n-2)}S_b \tag{9-27}$$

$$b-t_{0.01(n-2)}S_b \leqslant \beta \leqslant b+t_{0.01(n-2)}S_b \tag{9-28}$$

对于【例9.2】的资料,求解总体回归系数β的95%和99%置信区间。

已知$S_b=1.301\,1$,$b=25.674\,8$,$n=10$,通过查附表3(t值表),可得$t_{0.05(8)}=2.306$,$t_{0.01(8)}=3.355$,则总体回归系数β的95%和99%置信区间为:

$$[\,25.674\,8-2.306\times1.301\,1,\ 25.674\,8+2.306\times1.301\,1\,]$$

$$[\,25.674\,8-3.355\times1.301\,1,\ 25.674\,8+3.355\times1.301\,1\,]$$

计算可得:

95%置信区间为:$22.674\,5 \leqslant \beta \leqslant 28.675\,1$

99%置信区间为:$21.309\,6 \leqslant \beta \leqslant 30.040\,0$

结果表明在研究雏鹅重与90日龄重的关系时,有95%的把握(可靠度)估计总体回归系数β的值处于22.674 5 g和28.675 1 g之间,有99%的把握(可靠度)估计总体回归系数β的值处于21.309 6 g和30.040 0 g之间。

(三)总体平均数$\alpha+\beta x$的置信区间(利用回归方程估计)

统计学已证明$\dfrac{\hat{y}-(\alpha+\beta x)}{S_{\hat{y}}}$服从自由度$df=n-2$的$t$分布,其中,$S_{\hat{y}}$称为回归估计标准误,计算公式为:

$$S_{\hat{y}}=S_{yx}\sqrt{\frac{1}{n}+\frac{(x-\bar{x})^2}{SS_x}} \tag{9-29}$$

则总体平均数$\alpha+\beta x$的95%、99%置信区间为:

$$\left[\, \hat{y}-t_{0.05(n-2)}S_{\hat{y}},\ \hat{y}+t_{0.05(n-2)}S_{\hat{y}}\,\right]$$

$$\left[\, \hat{y}-t_{0.01(n-2)}S_{\hat{y}},\ \hat{y}+t_{0.01(n-2)}S_{\hat{y}}\,\right]$$

即:

$$\hat{y}-t_{0.05(n-2)}S_{\hat{y}} \leqslant \alpha+\beta x \leqslant \hat{y}+t_{0.05(n-2)}S_{\hat{y}} \tag{9-30}$$

$$\hat{y}-t_{0.01(n-2)}S_{\hat{y}} \leqslant \alpha+\beta x \leqslant \hat{y}+t_{0.01(n-2)}S_{\hat{y}} \tag{9-31}$$

对于【例9.2】资料,求解当$x=96$时y的总体平均数$\alpha+\beta x$的95%和99%置信区间。

已知$\bar{x}=101.3$,$SS_x=1\,772.1$,$S_{yx}=54.771\,7$,$n=10$。

当$x=96$时,代入回归方程,则$\hat{y}$为:

$$\hat{y}=882.042\,8+25.674\,8x=882.042\,8+25.674\,8\times96=3\,346.823\,6$$

回归估计标准误$S_{\hat{y}}$为:

$$S_{\hat{y}} = S_{yx}\sqrt{\frac{1}{n} + \frac{(x-\bar{x})^2}{SS_x}} = 54.771\,7 \times \sqrt{\frac{1}{10} + \frac{(96-101.3)^2}{1\,772.1}} = 18.642\,6$$

通过查附表3（t值表），可得$t_{0.05(8)}=2.306$，$t_{0.01(8)}=3.355$，则y总体平均数$\alpha+\beta x$的95%和99%置信区间为：

$$[3\,346.823\,6-2.306\times18.642\,6, \; 3\,346.823\,6+2.306\times18.642\,6]$$

$$[3\,346.823\,6-3.355\times18.642\,6, \; 3\,346.823\,6+3.355\times18.642\,6]$$

计算可得：

95%置信区间为：$3\,303.833\,8 \leqslant \alpha+\beta x \leqslant 3\,389.813\,4$

99%置信区间为：$3\,284.277\,7 \leqslant \alpha+\beta x \leqslant 3\,409.369\,5$

结果说明雏鹅重为96 g时，有95%的把握（可靠度）估计总体平均数$\alpha+\beta x$的值处于3 303.833 8 g和3 389.813 4 g之间，有99%的把握（可靠度）估计总体平均数$\alpha+\beta x$的值处于3 284.277 7 g和3 409.369 5 g之间。

（四）单个y值的置信区间（利用回归方程预测）

有时需要估计当x取某一数值时，相应y总体的一个y值的置信区间。因为$\frac{\hat{y}-y}{S_y}$服从自由度$df=n-2$的t分布，其中，S_y称为单个y值的估计标准误，计算公式为：

$$S_y = S_{yx}\sqrt{1 + \frac{1}{n} + \frac{(x-\bar{x})^2}{SS_x}} \tag{9-32}$$

当x取某一数值时，单个y值的95%、99%置信区间为：

$$\left[\hat{y}-t_{0.05(n-2)}S_y, \; \hat{y}+t_{0.05(n-2)}S_y\right]$$

$$\left[\hat{y}-t_{0.01(n-2)}S_y, \; \hat{y}+t_{0.01(n-2)}S_y\right]$$

即：

$$\hat{y}-t_{0.05(n-2)}S_y \leqslant y \leqslant \hat{y}+t_{0.05(n-2)}S_y \tag{9-33}$$

$$\hat{y}-t_{0.01(n-2)}S_y \leqslant y \leqslant \hat{y}+t_{0.01(n-2)}S_y \tag{9-34}$$

对于【例9.2】的资料，求解当$x=96$时单个y值的95%和99%置信区间。

已知，$\bar{x}=101.3$，$SS_x=1\,772.1$，$S_{yx}=54.771\,7$，$n=10$，且当$x=96$时，$\hat{y}=3\,346.823\,6$，则单个y值的估计标准误S_y为：

$$S_y = S_{yx}\sqrt{1 + \frac{1}{n} + \frac{(x-\bar{x})^2}{SS_x}} = 54.771\,7 \times \sqrt{1 + \frac{1}{10} + \frac{(96-101.3)^2}{1\,772.1}} = 57.857\,5$$

通过查附表3（t值表），可得$t_{0.05(8)}=2.306$，$t_{0.01(8)}=3.355$，所以当$x=96$时，某一y值的95%和99%置信区间分别为：

$$[3\,346.823\,6-2.306\times57.857\,5, \; 3\,346.823\,6+2.306\times57.857\,5]$$

$$[3\,346.823\,6-3.355\times57.857\,5, \; 3\,346.823\,6+3.355\times57.857\,5]$$

计算可得：

95% 置信区间为：3 213.404 2≤y≤3 480.243 0

99% 置信区间为：3 152.711 7≤y≤3 540.935 5

结果表明雏鹅重为 96 g 时，有 95% 的把握（可靠度）估计贵州织金白鹅 90 日龄重的值处于 3 213.404 2 g 和 3 480.243 0 g 之间，有 99% 的把握（可靠度）估计贵州织金白鹅 90 日龄重的值处于 3 152.711 7 g 和 3 540.935 5 g 之间。

八、应用直线回归与相关的注意事项

在实际生产实践中，直线回归与相关分析已得到了广泛应用，但很容易被误用或作出错误的解释。在应用中需要注意以下几点。

（一）分析要有实际意义

直线回归分析和相关分析是处理变量间关系的数学方法，在进行科学研究时必须根据生物本身的客观实际情况考虑变量间是否存在相关。不能把毫无关联的两种现象随意进行相关分析和回归分析，从而忽视事物现象间的内在联系和规律，例如对仔猪体高与小树生长数据进行相关分析和回归分析显然是不合理的。另外，即使两个变量间存在回归关系时，也不一定是因果关系，必须结合专业知识作出合理解释和结论。

（二）其余变量尽量保持一致

自然界中的各种事物间是相互联系和相互制约的，且通常受许多因素的影响，这就要求进行直线回归分析和相关分析时，应尽量保持其余变量在同一水平，否则可能会得出错误结论。

（三）观测值尽可能多

在进行直线相关分析与回归分析时，为了提高分析精确性，要求成对观测值尽可能多（5 对以上）；此外，为了容易发现变量间的变化关系，要求自变量取值范围尽可能大。

（四）外延要谨慎

直线相关分析与回归分析一般是在一定取值区间内对两个变量间的关系进行描述，在此范围内求出的估计值称为内插（interpolation）；超过自变量取值范围所计算的估计值称为外延（extrapolation）。由于超出自变量取值范围后变量间关系类型可能会发生改变，因此若无充足理由证明，应该避免随意外延。

（五）正确理解显著的含义

一方面，两变量间的相关系数不显著，只说明两变量间无显著的直线关系，并不能说明自变量 x 和因变量 y 之间没有关系；另一方面，两变量间的相关系数或回归系数显著，也不是 100% 把握说明自变量 x 和因变量 y 是直线关系。

(六)显著的回归方程不一定有实践的预测意义

例如两个变量间的相关系数 $r=0.60$，在 $df=12$ 时，查附表 8（r 与 R 显著数值表）得 $r_{0.05(12)}=0.532$，$r_{0.01(12)}=0.661$，因为 $r_{0.05(12)}<r<r_{0.01(12)}$，表明相关系数显著。但是，其决定系数 $r^2=0.36$，即 y 变量的总变异能够通过 y 变量或 x 变量以直线回归的关系来估计的比重只占 36%，其余的 64% 的变异无法借助直线回归来估计。由此可见，一个显著的直线回归方程估测可能程度未必就高，显著的回归方程不一定有实践的预测意义。

第四节 | 一元拟线性回归分析

一、曲线回归分析概述

生产实践中，常常遇到自变量（x）对依变量（y）的影响是非线性的，这时如果仍然使用简单线性回归模型进行统计分析，不但会出现预测不足，而且模型的假设条件也不能满足。例如奶牛的泌乳量与泌乳天数之间的关系、动物生长发育过程中生理指标与年龄之间的关系等。这时，应该考虑曲线回归分析（curvilinear regression analysis），亦称"非线性回归分析"。

用来评估自变量（x）与依变量（y）间曲线函数关系主要有多项式回归、非线性回归和分段回归。可见，用来表示双变量间关系的曲线函数种类很多，但许多曲线函数都可以通过变量转换成直线形式，先利用直线回归的方法拟合直线回归方程，然后再还原成曲线回归方程，这种曲线函数称为可线性化的曲线函数。可线性化的常见曲线类型有：对数曲线、指数曲线、幂函数曲线、双曲线、Logistic 生长曲线。利用可线性化的曲线函数进行曲线回归分析，首要也是最困难之处是确定变量间曲线关系的类型，通常有两种途径：第一，利用相关专业知识、理论规律或实践经验确定曲线回归方程。例如，幂函数能较好地表现生产函数，多项式方程能较好地反映总成本与总产量之间的关系等。这些判断可源于过去的经验或某种理论推导。第二，如果不能从专业知识判断，可通过相关散点图的分布趋势来判断曲线类型。当几种类型比较接近的时候，应根据散点图实测点分布趋势最接近的函数曲线来确定曲线类型。

确定了曲线类型之后，对于可线性化的曲线函数类型，曲线回归分析的基本过程是：先将 x 和（或）y 进行变量转换，然后对新变量进行直线回归分析，即建立直线回归方程并进行假设检验和区间估计，最后将新变量还原为原变量，由新变量的直线回归方程和置信区间得出原变量的曲线回归方程和置信区间。

二、可线性化的曲线函数类型

(一)Logistic 生长曲线 $y=\dfrac{k}{1+ae^{-bx}}$（$a>0$，$b>0$，$k>0$）

若将 Logistic 生长曲线 $y=\dfrac{k}{1+ae^{-bx}}$（$a>0$，$b>0$，$k>0$）（图 9-7）的两端取倒数，得：

$$\frac{k}{y}=1+ae^{-bx}$$

$$\frac{k-y}{y}=ae^{-bx}$$

对两端取自然对数,得 $\ln\dfrac{k-y}{y}=\ln a-bx$;令 $y'=\ln\dfrac{k-y}{y}$, $a'=\ln a$, $b'=-b$,则可将Logistic生长曲线线性化为: $y'=a'+b'x$。

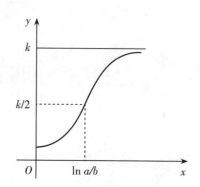

图9-7　Logistic生长曲线 $y=\dfrac{k}{1+ae^{-bx}}$ 图形

(二)幂函数 $y=ax^b$ 或 $y=ax^{-b}(a>0, b>0)$

1.若对幂函数 $y=ax^b(a>0)$ (图9-8a)两端求自然对数,得:

$$\ln y=\ln a+b\ln x$$

并令 $y'=\ln y$, $a'=\ln a$, $x'=\ln x$,则可将幂函数线性化为: $y'=a'+bx'$。

2.若对幂函数 $y=ax^{-b}(a>0)$ (图9-8b)两端求自然对数,得:

$$\ln y=\ln a-b\ln x$$

并令 $y'=\ln y$, $a'=\ln a$, $x'=\ln x$, $b'=-b$,则可将幂函数线性化为: $y'=a'+b'x'$。

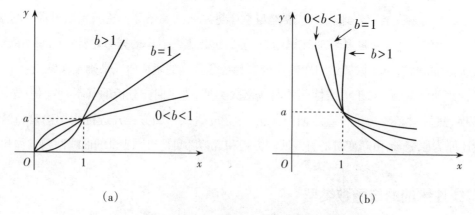

(a)　　　　　　　　　　　(b)

图9-8　幂函数 $y=ax^{-b}(a>0)$ 图形

(三)双曲线函数 $1/y=a+b/x$

若令 $y'=1/y$, $x'=1/x$ (图9-9),则可将双曲线函数线性化为: $y'=a+bx'$。

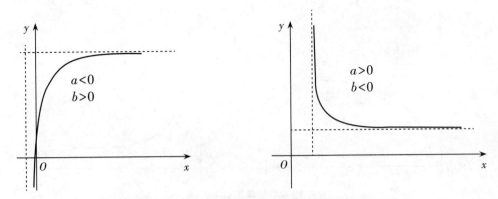

图9-9 双曲线函数$1/y=a+b/x$图形（虚线为渐近线）

(四)对数函数$y=a+b\lg x$

令$x'=\lg x$(图9-10)，则将对数函数线性化为$y=a+bx'$。

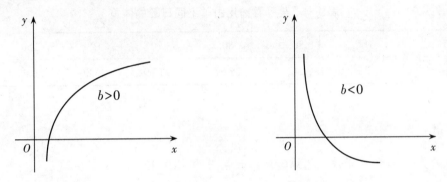

图9-10 对数函数$y=a+b\lg x$图形

(五)指数函数$y=ae^{bx}$或$y=ae^{b/x}(a>0)$

1.若对指数函数$y=ae^{bx}$(图9-11)两端求自然对数，得：

$$\ln y=\ln a+bx$$

并令$y'=\ln y,a'=\ln a$，则可将指数函数线性化为：$y'=a'+bx$。

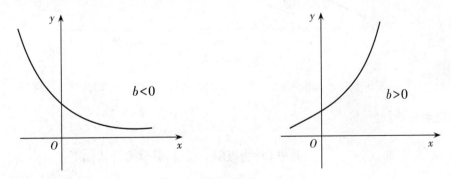

图9-11 指数函数$y=ae^{bx}$图形

2.若对指数函数$y=ae^{b/x}$(图9-12)两端取自然对数，得：

$$\ln y=\ln a+b/x$$

并令$y'=\ln y,a'=\ln a,x'=1/x$，则可将指数函数线性化为：$y'=a'+bx'$。

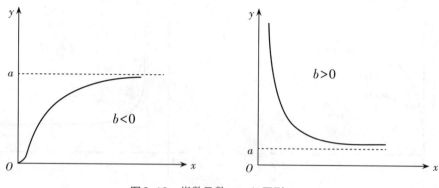

图9-12　指数函数 $y=ae^{b/x}$ 图形

【例9.3】对某品种肉羊出生后不同日龄(x)的生长体重(y)进行研究,测得0(初生重)——180日龄肉羊的体重,结果见表9-4,试用Logistic生长曲线进行回归分析。

表9-4　某品种肉用山羊不同日龄的体重

日龄 x/d	0	30	60	90	120	150	180
体重 y/kg	3.25	9.42	15.67	21.89	26.86	30.27	33.82

解：

1. 作散点图

以肉羊日龄为横坐标,肉羊体重为纵坐标作散点图,见图9-13。

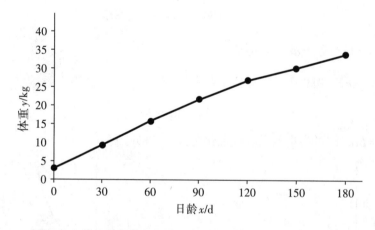

图9-13　某品种肉羊出生后不同日龄(x)和生长体重(y)的关系

2. 计算极限生长量 k 值

选用Logistic(S型)曲线 $y=\dfrac{k}{1+ae^{-bx}}$,其中 k 称为极限生长量,其计算公式如下：

$$k=\frac{y_j^2(y_i+y_k)-2y_iy_jy_k}{y_j^2-y_iy_k} \tag{9-35}$$

式(9-35)中, y_i,y_j,y_k 为满足下列式(9-36)的任意3对观测值的依变量取值。

$$x_j=\frac{x_i+x_k}{2} \tag{9-36}$$

由于本例中$x_1=0$，$x_4=90$，$x_7=180$，则此例取$y_i=y_1=3.25$，$y_j=y_4=21.89$，$y_k=y_7=33.82$计算k的估计值。

$$k=\frac{y_j^2(y_i+y_k)-2y_iy_jy_k}{y_j^2-y_iy_k}=\frac{21.89^2\times(3.25+33.82)-2\times3.25\times21.89\times33.82}{21.89^2-3.25\times33.82}=35.0727$$

将y转化为y'，计算出$\frac{k-y}{y}=\frac{35.0727-y}{y}$和$y'=\ln y=\ln\left(\frac{35.0727-y}{y}\right)$，并整理数据列于表9-5中。

表9-5 某品种肉用山羊不同日龄的体重整理数据

日龄 x/d	体重 y/kg	$\dfrac{35.0727-y}{y}$	$y'=\ln\left(\dfrac{35.0727-y}{y}\right)$
0	3.25	9.7916	2.2815
30	9.42	2.7232	1.0018
60	15.67	1.2382	0.2137
90	21.89	0.6022	−0.5071
120	26.86	0.3058	−1.1848
150	30.27	0.1587	−1.8407
180	33.82	0.0370	−3.2968

3.线性化

根据表9-5，计算基本统计量，结果如下。

$$\bar{x}=\frac{\sum x}{n}=\frac{630}{7}=90$$

$$\bar{y}'=\frac{\sum y'}{n}=\frac{-3.3324}{7}=-0.4761$$

$$SS_x=\sum x^2-\frac{\left(\sum x\right)^2}{n}=81900-\frac{630^2}{7}=25200$$

$$SS_{y'}=\sum y'^2-\frac{\left(\sum y'\right)^2}{n}=22.1725-\frac{(-3.3324)^2}{7}=20.5861$$

$$SP_{xy'}=\sum xy'^2-\frac{\left(\sum x\right)\left(\sum y'\right)}{n}=-1014.4680-\frac{630\times(-3.3324)}{7}=-714.5520$$

$$b'=\frac{SP_{xy'}}{SS_x}=\frac{-714.5520}{25200}=-0.0284$$

$$a'=\bar{y}'-b'\bar{x}=-0.4761-(-0.0284\times90)=2.0799$$

得到直线回归方程为：

$$\hat{y}'=2.0799-0.0284x$$

因x与y'的相关系数为：

$$r_{xy'}=\frac{SP_{xy'}}{\sqrt{SS_xSS_{y'}}}=\frac{-714.5520}{\sqrt{25200\times20.5861}}=-0.9921$$

当$df=n-2=7-2=5$时,直线相关分析所涉及的变量总个数$M=2$,通过查附表$8(r$与R显著数值表)可得$r_{0.05(5)}=0.754$,$r_{0.01(5)}=0.874$。r_{xy}的绝对值大于0.874,$p<0.01$,表明x与y'间存在极显著的直线关系。即x与y'的直线回归方程为:$\hat{y}'=2.079\,9-0.028\,4x$。

4.建立Logistic生长曲线回归方程

因为$a'=\lg a$,$b'=-b\lg e$,

由此可得:

$$a=10^{a'}=10^{2.079\,9}=120.198\,8$$

$$b=\frac{-b'}{\lg e}=\frac{0.028\,4}{\lg e}=0.065\,4$$

所以Logistic生长曲线回归方程为:

$$\hat{y}=\frac{35.072\,7}{1+120.198\,8e^{-0.065\,4x}}$$

5.计算曲线配合的拟合度

通过$\hat{y}=\dfrac{35.072\,7}{1+120.198\,8e^{-0.065\,4x}}$计算各个估计值$\hat{y}$,进一步计算$\sum(y-\hat{y})^2=178.168\,2$,$\sum(y-\bar{y})^2=758.145\,9$。

则相关指数R^2为:

$$R^2=1-\frac{\sum(y-\hat{y})^2}{\sum(y-\bar{y})^2}=1-\frac{178.168\,2}{758.145\,9}=0.765\,0$$

表明利用Logistic生长曲线回归方程$\hat{y}=\dfrac{35.072\,7}{1+120.198\,8e^{-0.065\,4x}}$,由该品种肉羊日龄预测其生长体重的可靠程度为76.50%。

拓展阅读

　　扫码进行本章内容相关的PPT课件、知识图谱、章节测验、相关拓展资料等数字资源的获取和学习。

思考与练习题

(1)如何进行直线相关分析? 如何进行直线回归分析?

(2)请简述相关分析和回归分析的异同,相关系数和回归系数的意义分别是什么?

(3)常见的曲线类型有哪些? 如何确定两个变量之间的曲线关系类型?

(4)10头奶牛胸围(cm)和体重(kg)资料如表9-6。

表9-6　10头奶牛胸围(cm)和体重(kg)数据

胸围(x)	203	210	211	214	213	215	216	217	219	224
体重(y)	637	620	632	647	636	660	646	682	674	665

①对奶牛体重(y)与胸围(x)进行直线相关分析。

②对奶牛体重(y)与胸围(x)进行直线回归分析,计算决定系数,并作出回归直线。

(5)对某品种肉鸡不同时间点的生长体重进行研究,测得2—14周龄肉鸡的体重(表9-7),试建立肉鸡体重依周龄变化的回归方程(用Logistic函数曲线拟合)。

表9-7　2—14周龄肉鸡的体重和周龄的关系

周龄x/周	2	4	6	8	10	12	14
体重y/kg	0.297	0.854	1.725	2.163	2.452	2.661	2.794

(6)对某昆虫产卵数和温度的关系进行研究,测得不同温度下昆虫的产卵数量,试建立昆虫产卵数依温度变化的回归方程(用指数函数曲线拟合)。

表9-8　昆虫产卵数依温度变化数据

温度x/℃	21.5	23.5	25.5	27.5	29.5	32.5	35.5
产卵数y/枚	8	12	22	25	68	118	327

第十章

多元线性回归与相关分析

本章导读

　　一元回归分析与相关分析是研究两个变量之间关系的统计方法,但是在动物科学研究中,一个变量往往受多个变量的影响。例如,研究牛的日增重与日粮能量水平、精粗比、环境温度等因素的关系,这就需要把两个变量的回归分析与相关分析推广为多个变量的回归分析或相关分析。因此,本章主要介绍多个变量之间关系的统计方法。

学习目标

　　掌握多元线性回归方程的建立及其假设检验、复相关和偏相关系数的计算及其假设检验等内容。理解多元线性相关分析与回归分析的概念、原理和步骤。体会变量之间独立的相对性和关联的绝对性,培养辩证思维能力。

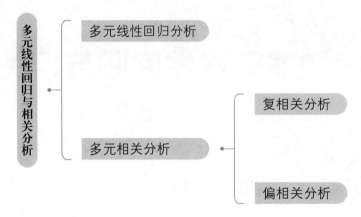

在动物科学研究中,仅仅两个变量之间有关系的情况是不多见的,实际情况是依变量往往受多个自变量的影响。例如,猪的体重与体长、背膘厚、胸围等性状都有关系,牛的日增重与日粮能量水平、精粗比、环境温度等因素都有关系。因此,为提高分析结果的可靠性,需要对多个自变量与一个依变量进行多元回归分析或相关分析。多元回归分析主要包括多元线性回归分析(multiple linear regression analysis)、多元非线性回归分析(multiple non-linear regression analysis)和多项式回归分析(polynomial regression analysis)等。由于许多多元非线性回归分析和多项式回归分析可以转化为多元线性回归分析来解决,因此本章只介绍多元线性回归分析与相关分析。

第一节 | 多元线性回归分析

多元线性回归分析是研究一个依变量与2个或2个以上自变量线性回归关系的统计方法。多元线性回归分析的基本步骤包括:以多元线性回归模型为基础,基于最小二乘法建立正规方程组,求解多元线性回归方程;对回归方程和偏回归系数进行假设检验;选留对依变量有显著影响的自变量,建立最优多元线性回归方程。

一、多元线性回归的数学模型

用于多元线性回归分析的样本数据是由 n 个个体实际测定而得,即有 n 组观测值,每组数据均包含有1个依变量和 m 个自变量的测定值,每组数据构成一个样本点,其数据结构如表10-1所示。

表10-1 多元线性回归分析的样本数据结构

个体	观测值					
	依变量 y	自变量				
		x_1	x_2	x_3	$\cdots$	x_m
1	y_1	x_{11}	x_{21}	x_{31}	$\cdots$	x_{m1}
2	y_2	x_{12}	x_{22}	x_{32}	$\cdots$	x_{m2}
$\vdots$	$\vdots$	$\vdots$	$\vdots$	$\vdots$		$\vdots$
n	y_n	x_{1n}	x_{2n}	x_{3n}	$\cdots$	x_{mn}

假定依变量 y 与自变量 $x_1, x_2, \cdots, x_m$ 间存在线性关系,其数学模型为:

$$y_j = \beta_0 + \beta_1 x_{1j} + \beta_2 x_{2j} + \cdots + \beta_m x_{mj} + \varepsilon_j \tag{10-1}$$

式(10-1)中, $j=1, 2, \cdots, n$; β_0 称为常数项; $\beta_i(i=1, 2, \cdots, m)$ 称为偏回归系数;自变量 $x_1, x_2, \cdots, x_m$ 为可以观测的一般变量,也可以是可观测的随机变量;依变量 y_j 为可以观测的随机变量,随自变量 $x_{1j}, x_{2j}, \cdots, x_{mj}$ 而变,并受随机误差的影响; ε_j 为随机变量,相互独立,且都服从正态分布 $N(0, \sigma^2)$ 。

二、多元线性回归方程的建立

多元线性回归分析的主要任务是建立多元线性回归方程:

$$\hat{y} = b_0 + b_1 x_1 + b_2 x_2 + \cdots + b_m x_m \tag{10-2}$$

式中, $b_0, b_1, b_2, \cdots, b_m$ 为回归模型中 $\beta_0, \beta_1, \beta_2, \cdots, \beta_m$ 的最小二乘估计值,其值必须由样本数据计算得到。

将表10-1的 n 组数据代入数学模型式(10-1),有:

$$y_1 = \beta_0 + \beta_1 x_{11} + \beta_2 x_{21} + \cdots + \beta_m x_{m1} + \varepsilon_1$$
$$y_2 = \beta_0 + \beta_1 x_{12} + \beta_2 x_{22} + \cdots + \beta_m x_{m2} + \varepsilon_2$$
$$\vdots \quad \vdots \quad \vdots \quad \vdots \quad \quad \vdots \quad \vdots$$
$$y_n = \beta_0 + \beta_1 x_{1n} + \beta_2 x_{2n} + \cdots + \beta_m x_{mn} + \varepsilon_n$$

或用矩阵的形式表示为:

$$\begin{bmatrix} y_1 \\ y_2 \\ \vdots \\ y_n \end{bmatrix} = \begin{bmatrix} 1 & x_{11} & x_{21} & \cdots & x_{m1} \\ 1 & x_{12} & x_{22} & \cdots & x_{m2} \\ \vdots & \vdots & \vdots & & \vdots \\ 1 & x_{1n} & x_{2n} & \cdots & x_{mn} \end{bmatrix} \begin{bmatrix} \beta_0 \\ \beta_1 \\ \beta_2 \\ \vdots \\ \beta_m \end{bmatrix} + \begin{bmatrix} \varepsilon_1 \\ \varepsilon_2 \\ \vdots \\ \varepsilon_n \end{bmatrix} \tag{10-3}$$

令

$$y = \begin{bmatrix} y_1 \\ y_2 \\ \vdots \\ y_n \end{bmatrix}, x = \begin{bmatrix} 1 & x_{11} & x_{21} & \cdots & x_{m1} \\ 1 & x_{12} & x_{22} & \cdots & x_{m2} \\ \vdots & \vdots & \vdots & & \vdots \\ 1 & x_{1n} & x_{2n} & \cdots & x_{mn} \end{bmatrix}, \beta = \begin{bmatrix} \beta_0 \\ \beta_1 \\ \beta_2 \\ \vdots \\ \beta_m \end{bmatrix}, \varepsilon = \begin{bmatrix} \varepsilon_1 \\ \varepsilon_2 \\ \vdots \\ \varepsilon_n \end{bmatrix}$$

则式(10-3)可简单地表示为:

$$y = x\beta + \varepsilon \tag{10-4}$$

可见,与一元线性回归一样,仍可采用最小二乘法来估计回归参数,即求 b_0 和 $b_i(i=1, 2, \cdots, m)$ 。

令

$$Q = \sum_{j=1}^{n} \left(y_j - \hat{y}_j \right)^2$$
$$= \sum_{j=1}^{n} \left(y_j - b_0 - b_1 x_{1j} - b_2 x_{2j} - \cdots - b_m x_{mj} \right)^2$$

Q 为关于 $b_0, b_1, b_2, \cdots, b_m$ 的 $m+1$ 元函数。

根据微分学中多元函数求极值的方法,若使 Q 达到最小,则应有:

$$\frac{\partial Q}{\partial b_0} = -2\sum_{j=1}^{n}\left(y_j - \hat{y}_j\right) = 0$$

$$\frac{\partial Q}{\partial b_j} = -2\sum_{j=1}^{n}x_{ij}\left(y_j - \hat{y}_j\right) = 0$$

$$(i = 1, 2, \cdots, m)$$

因此,可得:

$$\sum_{j=1}^{n}y_j = \sum_{j=1}^{n}\hat{y}_j$$

$$\sum_{j=1}^{n}x_{ij}y_j = \sum_{j=1}^{n}x_{ij}\hat{y}_j$$

经整理得:

$$\begin{cases} nb_0 + \left(\sum x_1\right)b_1 + \left(\sum x_2\right)b_2 + \cdots + \left(\sum x_m\right)b_m = \sum y \\ \left(\sum x_1\right)b_0 + \left(\sum x_1^2\right)b_1 + \left(\sum x_1 x_2\right)b_2 + \cdots + \left(\sum x_1 x_m\right)b_m = \sum x_1 y \\ \left(\sum x_2\right)b_0 + \left(\sum x_2 x_1\right)b_1 + \left(\sum x_2^2\right)b_2 + \cdots + \left(\sum x_2 x_m\right)b_m = \sum x_2 y \\ \quad\vdots \qquad\qquad \vdots \qquad\qquad \vdots \qquad\qquad\qquad \vdots \qquad\qquad \vdots \\ \left(\sum x_m\right)b_0 + \left(\sum x_m x_1\right)b_1 + \left(\sum x_m x_2\right)b_2 + \cdots + \left(\sum x_m^2\right)b_m = \sum x_m y \end{cases} \quad (10\text{-}5)$$

由方程组(10-5)中的第一个方程可得:

$$b_0 = \bar{y} - b_1\bar{x}_1 - b_2\bar{x}_2 - \cdots - b_m\bar{x}_m \qquad\qquad (10\text{-}6)$$

即:

$$b_0 = \bar{y} - \sum_{i=1}^{m}b_i\bar{x}_i$$

若记

$$\bar{y} = \frac{1}{n}\sum_{j=1}^{n}y_j, \quad \bar{x}_i = \frac{1}{n}\sum_{j=1}^{n}x_{ij}$$

$$SS_i = \sum_{j=1}^{n}\left(x_{ij} - \bar{x}_i\right)^2, \quad SS_y = \sum_{j=1}^{n}\left(y_j - \bar{y}\right)^2$$

$$SP_{ik} = \sum_{j=1}^{n}\left(x_{ij} - \bar{x}_i\right)\left(x_{kj} - \bar{x}_k\right) = SP_{ki}$$

$$SP_{i0} = \sum_{j=1}^{n}\left(x_{ij} - \bar{x}_i\right)\left(y_j - \bar{y}\right)$$

$$(i, k = 1, 2, \cdots, m; i \neq k)$$

并将 $b_0 = \bar{y} - b_1\bar{x}_1 - b_2\bar{x}_2 - \cdots - b_m\bar{x}_m$ 分别代入方程组(10-5)中的后 m 个方程,经整理可得到关于 b_1, b_2, $\cdots, b_m$ 的正规方程组(normal equations)为:

$$\begin{cases} SS_1 b_1 + SP_{12}b_2 + \cdots + SP_{1m}b_m = SP_{10} \\ SP_{21}b_1 + SS_2 b_2 + \cdots + SP_{2m}b_m = SP_{20} \\ \quad\vdots \qquad\quad \vdots \qquad\qquad \vdots \qquad\quad \vdots \\ SP_{m1}b_1 + SP_{m2}b_2 + \cdots + SS_m b_m = SP_{m0} \end{cases} \qquad (10\text{-}7)$$

解正规方程组(10-7)即可得 $b_1, b_2, \cdots, b_m$ 的解,而

$$b_0 = \bar{y} - b_1 \bar{x}_1 - b_2 \bar{x}_2 - \cdots - b_m \bar{x}_m$$

于是得到 m 元线性回归方程 $\hat{y} = b_0 + b_1 x_1 + b_2 x_2 + \cdots + b_m x_m$。

m 元线性回归方程的图形为 $m+1$ 维空间的一个平面,称为回归平面;b_0 称为回归常数项,当 $x_1 = x_2 = \cdots = x_m = 0$ 时,$\hat{y} = b_0$;若 $x_1 = x_2 = \cdots = x_m = 0$ 在研究范围内,b_0 有实际意义,其表示 y 的起始值。$b_i (i=1,2,\cdots,m)$ 称为依变量 y 对自变量 x_i 的偏回归系数(partial regression coefficient),表示除自变量 x_i 以外的其余 $m-1$ 个自变量都固定不变时,自变量 x_i 每变化一个单位,依变量 y 平均变化的单位数值。确切地说,当 $b_i > 0$ 时,自变量 x_i 每增加一个单位,依变量 y 平均增加 b_i 个单位;当 $b_i < 0$ 时,自变量 x_i 每增加一个单位,依变量 y 平均减少 b_i 个单位。

若将 $b_0 = \bar{y} - b_1 \bar{x}_1 - b_2 \bar{x}_2 - \cdots - b_m \bar{x}_m$ 代入式(10-2),则得:

$$\hat{y} = \bar{y} + b_1(x_1 - \bar{x}_1) + b_2(x_2 - \bar{x}_2) + \cdots + b_m(x_m - \bar{x}_m) \tag{10-8}$$

式(10-8)也为 y 对 $x_1, x_2, \cdots, x_m$ 的 m 元线性回归方程。

对于正规方程组(10-7),记

$$A = \begin{bmatrix} SS_1 & SP_{12} & \cdots & SP_{1m} \\ SP_{21} & SS_2 & \cdots & SP_{2m} \\ \vdots & \vdots & & \vdots \\ SP_{m1} & SP_{m2} & \cdots & SS_m \end{bmatrix}, b = \begin{bmatrix} b_1 \\ b_2 \\ \vdots \\ b_m \end{bmatrix}, B = \begin{bmatrix} SP_{10} \\ SP_{20} \\ \vdots \\ SP_{m0} \end{bmatrix}$$

则正规方程组(10-7)可用矩阵形式表示为:

$$\begin{bmatrix} SS_1 & SP_{12} & \cdots & SP_{1m} \\ SP_{21} & SS_2 & \cdots & SP_{2m} \\ \vdots & \vdots & & \vdots \\ SP_{m1} & SP_{m2} & \cdots & SS_m \end{bmatrix} \begin{bmatrix} b_1 \\ b_2 \\ \vdots \\ b_m \end{bmatrix} = \begin{bmatrix} SP_{10} \\ SP_{20} \\ \vdots \\ SP_{m0} \end{bmatrix} \tag{10-9}$$

即:

$$Ab = B \tag{10-10}$$

其中 A 为正规方程组的系数矩阵、b 为偏回归系数矩阵(列向量)、B 为常数项矩阵(列向量)。

设系数矩阵 A 的逆矩阵为 C 矩阵,即 $A^{-1} = C$,则

$$C = A^{-1} = \begin{bmatrix} SS_1 & SP_{12} & \cdots & SP_{1m} \\ SP_{21} & SS_2 & \cdots & SP_{2m} \\ \vdots & \vdots & & \vdots \\ SP_{m1} & SP_{m2} & \cdots & SS_m \end{bmatrix}^{-1} = \begin{bmatrix} c_{11} & c_{12} & \cdots & c_{1m} \\ c_{21} & c_{22} & \cdots & c_{2m} \\ \vdots & \vdots & & \vdots \\ c_{m1} & c_{m2} & \cdots & c_{mm} \end{bmatrix}$$

其中:C 矩阵的元素 $C_{ij} (i,j=1,2,\cdots,m)$ 称为高斯乘数,是多元线性回归分析中假设检验所需要的。

关于求系数矩阵 A 的逆矩阵 A^{-1} 的方法有多种,如行(或列)的初等变换法等,请参阅线性代数的教材或参考书。

对于矩阵方程(10-10)求解,有:

$$b = A^{-1}B \text{ 或 } b = CB$$

即:

$$\begin{bmatrix} b_1 \\ b_2 \\ \vdots \\ b_m \end{bmatrix} = \begin{bmatrix} c_{11} & c_{12} & \cdots & c_{1m} \\ c_{21} & c_{22} & \cdots & c_{2m} \\ \vdots & \vdots & & \vdots \\ c_{m1} & c_{m2} & \cdots & c_{mm} \end{bmatrix} \begin{bmatrix} SP_{10} \\ SP_{20} \\ \vdots \\ SP_{m0} \end{bmatrix} \tag{10-11}$$

关于偏回归系数 $b_1, b_2, \cdots, b_m$ 的解可表示为：

$$b_i = c_{i1}SP_{10} + c_{i2}SP_{20} + \cdots + c_{im}SP_{m0} \quad (i=1,2,\cdots,m) \tag{10-12}$$

而

$$b_0 = \bar{y} - b_1\bar{x}_1 - b_2\bar{x}_2 - \cdots - b_m\bar{x}_m$$

【例10.1】 以下是44头长白猪的体重（kg）、胴体直长（cm）、背膘厚（mm）和眼肌面积（cm²）数据，试建立体重对胴体直长、背膘厚和眼肌面积的回归方程。

表10-2　44头长白猪的体重与胴体直长、背膘厚和眼肌面积的数据资料

序号	体重 /kg	胴体直长 /cm	背膘厚 /mm	眼肌面积 /cm²	序号	体重 /kg	胴体直长 /cm	背膘厚 /mm	眼肌面积 /cm²
1	109.0	102.0	20.93	54.88	23	92.8	95.0	20.56	49.14
2	92.4	95.5	18.89	45.43	24	96.0	99.0	16.36	45.96
3	92.0	93.1	26.46	56.18	25	98.0	94.4	28.18	44.35
4	107.0	101.0	20.82	54.67	26	98.0	99.5	21.51	38.50
5	93.0	93.5	20.99	43.04	27	95.4	97.5	18.74	47.19
6	95.5	100.5	12.91	40.04	28	98.0	96.0	25.11	54.74
7	104.4	96.0	22.37	46.00	29	97.4	97.0	22.9	53.13
8	102.5	101.0	18.40	39.33	30	97.1	95.0	23.49	48.51
9	97.0	103.0	17.25	40.81	31	94.0	90.5	17.15	48.51
10	99.0	99.0	23.45	37.73	32	92.0	94.0	22.23	42.27
11	93.4	96.0	20.23	40.74	33	97.0	92.0	26.94	44.35
12	101.0	97.0	24.48	45.50	34	91.0	96.0	19.89	50.34
13	93.0	98.0	19.78	48.30	35	96.0	98.5	22.79	38.89
14	101.0	97.5	21.95	46.69	36	96.0	96.0	19.86	49.50
15	100.0	97.3	20.85	52.82	37	92.8	97.0	18.25	52.33
16	98.2	100.6	21.97	52.42	38	98.4	96.0	22.25	64.40
17	100.0	99.3	26.59	55.33	39	95.2	96.0	24.27	41.58
18	93.5	94.0	27.15	45.42	40	95.0	99.0	17.50	50.93
19	100.0	94.0	26.59	50.46	41	95.0	95.0	25.18	47.12
20	92.6	102.0	15.30	35.70	42	93.0	95.0	19.73	53.90
21	99.0	98.5	23.45	48.97	43	94.0	94.0	20.59	38.89
22	98.7	96.0	19.57	44.14	44	94.0	97.0	23.15	61.25

解：依题意，设依变量 y 为体重（kg），自变量 x_1 为胴体直长（cm），自变量 x_2 为背膘厚（mm），自变量 x_3 为眼肌面积（cm²）。经过整理、计算，得到如下结果：

$$\sum x_1 = 4\ 264.2, \sum x_2 = 947.01, \sum x_3 = 2\ 090.38, \sum y = 4\ 258.3$$

$$\bar{x}_1 = 96.913\ 6, \bar{x}_2 = 21.523\ 0, \bar{x}_3 = 47.508\ 6, \bar{y} = 96.779\ 5$$

$$\sum x_1^2 = 413\ 595.36, \sum x_2^2 = 20\ 874.428\ 9, \sum x_3^2 = 101\ 077.698\ 4, \sum y^2 = 412\ 800.73$$

$$SS_1 = \sum x_1^2 - \frac{\left(\sum x_1\right)^2}{n} = 336.231\ 8$$

$$SP_{12} = \sum x_1 x_2 - \frac{\left(\sum x_1\right)\left(\sum x_2\right)}{n} = -172.700\ 8$$

$$SP_{13} = \sum x_1 x_3 - \frac{\left(\sum x_1\right)\left(\sum x_3\right)}{n} = -91.392\ 2$$

$$SP_{10} = \sum x_1 y - \frac{\left(\sum x_1\right)\left(\sum y\right)}{n} = 209.132\ 3$$

$$SS_2 = \sum x_2^2 - \frac{\left(\sum x_2\right)^2}{n} = 491.975\ 7$$

$$SP_{23} = \sum x_2 x_3 - \frac{\left(\sum x_2\right)\left(\sum x_3\right)}{n} = 227.017\ 6$$

$$SP_{20} = \sum x_2 y - \frac{\left(\sum x_2\right)\left(\sum y\right)}{n} = 103.638\ 7$$

$$SS_3 = \sum x_3^2 - \frac{\left(\sum x_3\right)^2}{n} = 1\ 766.595\ 1$$

$$SP_{30} = \sum x_3 y - \frac{\left(\sum x_3\right)\left(\sum y\right)}{n} = 172.669\ 8$$

$$SS_y = \sum y^2 - \frac{\left(\sum y\right)^2}{n} = 684.391\ 6$$

建立 y 对 x_1, x_2, x_3 的三元线性回归方程 $\hat{y} = b_0 + b_1 x_1 + b_2 x_2 + b_3 x_3$。

将上述有关数据代入式(10-7),得到关于偏回归系数 b_1, b_2, b_3 的正规方程组:

$$\begin{cases} 336.231\ 8b_1 - 172.700\ 8b_2 - 91.392\ 2b_3 = 209.132\ 3 \\ -172.700\ 8b_1 + 491.975\ 7b_2 + 227.017\ 6b_3 = 103.638\ 7 \\ -91.392\ 2b_1 + 227.017\ 6b_2 + 1\ 766.595\ 1b_3 = 172.669\ 8 \end{cases}$$

用线性代数有关方法求得系数矩阵的逆矩阵如下:

$$C = A^{-1} = \begin{bmatrix} 336.231\ 8 & -172.700\ 8 & -91.392\ 2 \\ -172.700\ 8 & 491.975\ 7 & 227.017\ 6 \\ -91.392\ 2 & 227.017\ 6 & 1\ 766.595\ 1 \end{bmatrix}^{-1}$$

$$= \begin{bmatrix} 0.003\ 629 & 0.001\ 262 & 0.000\ 026 \\ 0.001\ 262 & 0.002\ 600 & -0.000\ 269 \\ 0.000\ 026 & -0.000\ 269 & 0.000\ 602 \end{bmatrix}$$

则

$$\begin{bmatrix} c_{11} & c_{12} & c_{13} \\ c_{21} & c_{22} & c_{23} \\ c_{31} & c_{32} & c_{33} \end{bmatrix} = \begin{bmatrix} 0.003\ 629 & 0.001\ 262 & 0.000\ 026 \\ 0.001\ 262 & 0.002\ 600 & -0.000\ 269 \\ 0.000\ 026 & -0.000\ 269 & 0.000\ 602 \end{bmatrix}$$

根据式(10-11),关于b_1,b_2,b_3的解可表示为:

$$\begin{bmatrix} b_1 \\ b_2 \\ b_3 \end{bmatrix} = \begin{bmatrix} c_{11} & c_{12} & c_{13} \\ c_{21} & c_{22} & c_{23} \\ c_{31} & c_{32} & c_{33} \end{bmatrix} \begin{bmatrix} SP_{10} \\ SP_{20} \\ SP_{30} \end{bmatrix}$$

即关于b_1,b_2,b_3的解为:

$$\begin{bmatrix} b_1 \\ b_2 \\ b_3 \end{bmatrix} = \begin{bmatrix} 0.003\,629 & 0.001\,262 & 0.000\,026 \\ 0.001\,262 & 0.002\,600 & -0.000\,269 \\ 0.000\,026 & -0.000\,269 & 0.000\,602 \end{bmatrix} \begin{bmatrix} 209.132\,3 \\ 103.638\,7 \\ 172.669\,8 \end{bmatrix} = \begin{bmatrix} 0.894\,3 \\ 0.487\,0 \\ 0.081\,4 \end{bmatrix}$$

而

$$\begin{aligned} b_0 &= \bar{y} - b_1\bar{x}_1 - b_2\bar{x}_2 - b_3\bar{x}_3 \\ &= 96.779\,5 - 0.894\,3 \times 96.913\,6 - 0.487\,0 \times 21.523\,0 - 0.081\,4 \times 47.508\,6 \\ &= -4.239\,2 \end{aligned}$$

于是得到关于体重y与胴体直长x_1、背膘厚x_2、眼肌面积x_3的三元线性回归方程为:

$$\hat{y} = -4.239\,2 + 0.894\,3x_1 + 0.487\,0x_2 + 0.081\,4x_3$$

三、多元线性回归的假设检验

(一)回归方程的假设检验

与一元线性回归方程的假设检验目的一样,$\hat{y}=b_0+b_1x_1+b_2x_2+\cdots+b_mx_m$是建立在依变量$y$与自变量$x_1,x_2,\cdots,x_m$之间具有线性相关关系的前提下通过公式所求解的,因此在实际的应用中,必须对所求解的回归方程进行假设检验,以推断所求解的回归方程是否具有统计学意义。关于对多元线性回归关系的假设检验方法,采用的是F检验法。与一元线性回归的F检验法一样,首先将总变异分解为回归和离回归两部分,但是对于多元线性回归而言,由于自变量数目增多,F检验的计算公式有所变化。其中,依变量y总平方和分解为:

$$\sum(y-\bar{y})^2 = \sum(\hat{y}-\bar{y})^2 + \sum(y-\hat{y})^2 \tag{10-13}$$

则有:

$$SS_y = SS_R + SS_r \tag{10-14}$$

SS_y为总平方和,反映了依变量y的总变异。SS_R为回归平方和,反映了依变量与多个自变量存在线性关系引起的变异,亦反映了各个自变量共同对依变量的线性影响引起的变异。SS_r为离回归平方和(或残差平方和),反映了除依变量与各个自变量存在线性关系以外的其他因素,包括试验误差所引起的变异。

各个平方和的计算公式如下:

$$\begin{cases} SS_y = \sum(y-\bar{y})^2 = \sum y^2 - \left(\sum y\right)^2 / n \\ SS_R = \sum(\hat{y}-\bar{y})^2 = \sum b_i SP_{i0} = b_1 SP_{10} + b_2 SP_{20} + \cdots + b_m SP_{m0} \\ SS_r = \sum(y-\hat{y})^2 = SS_y - SS_R \end{cases} \tag{10-15}$$

依变量y的总自由度df_y也可分解为回归自由度df_R与离回归自由度df_r,即:

$$df_y = df_R + df_r \tag{10-16}$$

其中,总自由度为 $df_y=n-1$,回归自由度等于自变量的个数 $df_R=m$,离回归自由度为 $df_r=n-m-1$。式中 m 为自变量的个数,n 为实际观测数据的组数。

由上,则可计算回归均方 MS_R 与离回归均方 MS_r,即:

$$MS_R=\frac{SS_R}{df_R}$$
$$MS_r=\frac{SS_r}{df_r}$$

（10-17）

总之,回归方程的假设检验步骤如下。

1. 提出假设

无效假设 $H_0:\beta_1=\beta_2=\cdots=\beta_m=0$;备择假设 $H_A:\beta_1,\beta_2,\cdots,\beta_m$ 不全为 0。

2. 计算统计量 F

$$F=\frac{MS_R}{MS_r}$$

（10-18）

3. 统计推断

F 统计量服从 F 分布 $F_{\alpha(df_R,df_r)}$。当 $F\geq F_{\alpha(df_R,df_r)}$,$p\leq\alpha$,表明依变量 y 与自变量 x_i 之间存在显著的回归关系,反之则不显著。

对于【例 10.1】三元线性回归方程 $\hat{y}=-4.239\,2+0.894\,3x_1+0.487\,0x_2+0.081\,4x_3$,进行回归方程的假设检验。

1. 提出无效假设和备择假设

$H_0:\beta_1=\beta_2=\beta_3=0$;$H_A:\beta_1,\beta_2,\beta_3$ 不全为 0。

2. 计算统计量 F

已知 $SS_y=684.391\,6$,$SP_{10}=209.132\,3$,$SP_{20}=103.638\,7$,$SP_{30}=172.669\,8$,则回归平方和 SS_R 和离回归平方和 SS_r 分别为:

$$SS_R=b_1SP_{10}+b_2SP_{20}+b_3SP_{30}$$
$$=0.894\,3\times209.132\,3+0.487\,0\times103.638\,7+0.081\,4\times172.669\,8=251.554\,4$$
$$SS_r=SS_y-SS_R=684.391\,6-251.554\,4=432.837\,2$$
$$df_y=n-1=44-1=43,\ df_R=3,\ df_r=n-m-1=44-3-1=40$$

将以上统计结果列方差分析表(表 10-3),进行 F 检验。

表 10-3 【例 10.1】资料的多元回归方程的方差分析表

变异来源	平方和 SS	自由度 df	均方 MS	F 值	临界 F_α 值
回归	251.554 4	3	83.851 5	7.749 0**	$F_{0.01(3,40)}=4.31$
离回归	432.837 2	40	10.820 9		
总变异	684.391 6	43			

3.统计推断

由于 $df_R = 3$，$df_r = 40$，查附表5（F值表）得 $F_{0.01(3,40)} = 4.31$，因为 $F > F_{0.01(3,40)} = 4.31$，所以 $p < 0.01$，否定无效假设 H_0，接受备择假设 H_A，差异极显著，表明回归方程成立，说明猪体重 y 与胴体直长 x_1、背膘厚 x_2、眼肌面积 x_3 之间存在极显著的线性关系。

（二）偏回归系数的假设检验

经过 F 检验，多元线性回归方程显著，但并不表示每个自变量与依变量间一定均存在显著的线性关系，即偏回归系数不一定是显著的。因此，当多元线性回归方程显著时，还须逐一对各偏回归系数 $b_i(i=1,2,\cdots,m)$ 进行假设检验，发现并剔除对依变量的线性影响不显著的自变量，建立更为简洁且优化的多元线性回归方程。

偏回归系数假设检验的目的是判断偏回归系数 $b_i(i=1,2,\cdots,m)$ 是否是来自 $\beta_i = 0$ 的总体。检验方法有 t 检验和 F 检验，两者检验效果是等价的，这里介绍 t 检验。

1.提出无效假设和备择假设

$$H_0: \beta_i = 0; H_A: \beta_i \neq 0; (i=1,2,\cdots,m)$$

2.计算统计量 t

$$t_{b_i} = \frac{b_i}{S_{b_i}}, df = n-m-1(i=1,2,\cdots,m) \tag{10-19}$$

其中，S_{b_i} 为偏回归系数标准误，计算公式为：

$$S_{b_i} = S_{y\cdot12\cdots m}\sqrt{c_{ii}} \tag{10-20}$$

式（10-20）中，c_{ii} 为 $C=A^{-1}$ 的主对角线元素，即高斯乘数；$S_{y\cdot12\cdots m}$ 为离回归标准误，计算公式为：

$$S_{y\cdot12\cdots m} = \sqrt{\frac{\sum(y-\hat{y})^2}{n-m-1}} = \sqrt{MS_r} \tag{10-21}$$

3.统计推断

对于【例10.1】，已经进行了三元线性回归关系的假设检验，且结果为极显著的。现采用 t 检验法对三个偏回归系数分别进行假设检验。

1.提出无效假设和备择假设

$$H_0: \beta_i = 0; H_A: \beta_i \neq 0; (i=1,2,3)$$

2.计算统计量 t

已知 $MS_r = 10.8209$，则离回归标准误 $S_{y\cdot123}$ 为：

$$S_{y\cdot123} = \sqrt{MS_r} = \sqrt{10.8209} = 3.2895$$

已知 $c_{11} = 0.003629$，$c_{22} = 0.002600$，$c_{33} = 0.000602$，则偏回归系数标准误 S_{b_i} 为：

$$S_{b_1} = S_{y\cdot123}\sqrt{c_{11}} = 3.2895 \times \sqrt{0.003629} = 0.1982$$

$$S_{b_2} = S_{y \cdot 123} \sqrt{c_{22}} = 3.289\,5 \times \sqrt{0.002\,600} = 0.167\,7$$

$$S_{b_3} = S_{y \cdot 123} \sqrt{c_{33}} = 3.289\,5 \times \sqrt{0.000\,602} = 0.080\,7$$

然后计算各统计量 t 的值：

$$t_{b_1} = \frac{b_1}{S_{b_1}} = \frac{0.894\,3}{0.198\,2} = 4.512^{**}$$

$$t_{b_2} = \frac{b_2}{S_{b_2}} = \frac{0.487\,0}{0.167\,7} = 2.904^{**}$$

$$t_{b_3} = \frac{b_3}{S_{b_3}} = \frac{0.081\,4}{0.080\,7} = 1.009$$

3.统计推断

由于 $df_r = n-m-1 = 40$，查附表3（t 值表）得 $t_{0.05(40)} = 2.021$，$t_{0.01(40)} = 2.704$。因为 $t_{b_1} > t_{0.01(40)}$，$t_{b_2} > t_{0.01(40)}$，$t_{b_3} < t_{0.05(40)}$，所以偏回归系数 b_1，b_2 是极显著的，而偏回归系数 b_3 是不显著的。

（三）标准化的偏回归系数

在实际应用中，我们经常希望知道多元回归方程中的各个自变量对依变量影响的相对大小，但是不能直接比较偏回归系数的绝对值大小而做出推断，因为不同的自变量可能数量级或单位不同，因而偏回归系数的绝对值不具可比性。常用的方法是将偏回归系数标准化，得到标准化的偏回归系数（standardized partial regression coefficient），其计算公式为：

$$b_i^* = b_i \frac{S_{x_i}}{S_y} = b_i \sqrt{\frac{SS_{x_i}}{SS_y}} \quad (i=1,2,\cdots,m) \tag{10-22}$$

其中，b_i^* 为第 i 个自变量 x_i 的标准偏回归系数；S_{x_i} 为第 i 个自变量 x_i 的样本标准差；S_y 为依变量 y 的样本标准差；SS_{x_i} 为第 i 个自变量 x_i 的离均差平方和；SS_y 为依变量 y 的离均差平方和。

标准偏回归系数为不带单位的相对数，其含义是当自变量每改变一个标准差，依变量的期望改变量为 b_i^* 个标准差。因此，标准化偏回归系数的绝对值大小可以衡量对应的自变量对依变量作用的相对重要性。

对于【例10.1】，求解各标准化的偏回归系数。

已知 $SS_y = 684.391\,6$，$SS_1 = 336.231\,8$，$SS_2 = 491.975\,7$，$SS_3 = 1\,766.595\,1$，则标准化的偏回归系数为：

$$b_1^* = b_1 \sqrt{\frac{SS_1}{SS_y}} = 0.894\,3 \times \sqrt{\frac{336.231\,8}{684.391\,6}} = 0.626\,8$$

$$b_2^* = b_2 \sqrt{\frac{SS_2}{SS_y}} = 0.487\,0 \times \sqrt{\frac{491.975\,7}{684.391\,6}} = 0.412\,9$$

$$b_3^* = b_3 \sqrt{\frac{SS_3}{SS_y}} = 0.081\,4 \times \sqrt{\frac{1\,766.595\,1}{684.391\,6}} = 0.130\,8$$

在各自变量之间无显著相关的情况下，可以比较各标准偏回归系数绝对值的大小。可见，胴体直长 x_1 对体重 y 的影响最大。

(四)自变量剔除与多元线性回归方程的重建

对偏回归系数进行假设检验后,各个偏回归系数都为显著时,说明各个自变量对依变量的单独影响都是显著的。若有一个或几个偏回归系数为不显著时,说明其对应的自变量对依变量的作用或影响不显著,或者说明这些自变量在回归方程中是不重要的,此时应该从回归方程中剔除不显著的偏回归系数对应的自变量,重新建立多元线性回归方程,再对新的多元线性回归方程或多元线性回归关系以及各个新的偏回归系数进行假设检验,直至多元线性回归方程显著,并且各个偏回归系数都显著为止。此时的多元线性回归方程即为最优多元线性回归方程(the best multiple linear regression equation)。

由于自变量间常常存在相关,若 m 元线性回归方程中偏回归系数不显著的自变量有几个,这时候需要从回归方程中剔除一个不显著的偏回归系数所对应的自变量,注意一次只能剔除一个自变量,且被剔除的自变量应是在偏回归系数假设检验中 $|t|$ 最小者。假设剔除的一个自变量为 x_i,则剩下的各个自变量的偏回归系数都要改变取值。如果计算中保留了足够位数的有效数字,则 b_j 新的偏回归系数记为 b_j',可由原来的 b_j 值计算得来,计算公式为:

$$b_j' = b_j - \frac{c_{ij}}{c_{ii}} b_i (j=1,2,\cdots,i-1,i+1,\cdots,m) \tag{10-23}$$

对于【例10.1】,现进行自变量的剔除和最优多元线性回归方程的建立。

根据 b_1,b_2 和 b_3 的偏回归系数假设检验结果,发现 b_3 不显著,所以剔除 b_3,重建回归方程。

由式(10-23)计算 b_1',b_2',这里 $j=1,2$;$i=3$,并同时计算 b_0'。

$$b_1' = b_1 - \frac{c_{13}}{c_{33}} b_3 = 0.894\,3 - \frac{0.000\,026}{0.000\,602} \times 0.081\,4 = 0.890\,8$$

$$b_2' = b_2 - \frac{c_{23}}{c_{33}} b_3 = 0.487\,0 - \frac{-0.000\,269}{0.000\,602} \times 0.081\,4 = 0.523\,4$$

$$b_0' = \bar{y} - b_1'\bar{x}_1 - b_2'\bar{x}_2 = 96.779\,5 - 0.890\,8 \times 96.913\,6 - 0.523\,4 \times 21.523\,0 = -0.816\,3$$

于是回归方程为:

$$\hat{y} = -0.816\,3 + 0.890\,8x_1 + 0.523\,4x_2$$

对新建立的方程进行假设检验,结果如下:

总平方和:$SS_y = 684.391\,6$

总自由度:$df_y = n-1 = 44-1 = 43$

回归平方和:

$$SS_R = b_1'SP_{10} + b_2'SP_{20} = 0.890\,8 \times 209.132\,3 + 0.523\,4 \times 103.638\,7 = 240.539\,5$$

回归自由度:$df_R = 2$

离回归平方和:

$$SS_r = SS_y - SS_R = 684.391\,6 - 240.539\,5 = 443.852\,1$$

离回归自由度:$df_r = n-m-1 = 44-2-1 = 41$

表 10-4 【例 10.1】资料重建回归方程的方差分析表

变异来源	平方和 SS	自由度 df	均方 MS	F 值	临界 F_α 值
回归	240.539 5	2	120.269 8	11.109 7**	$F_{0.01(2,40)}=5.18$
离回归	443.852 1	41	10.825 7		
总变异	684.391 6	43			

根据 $df_R=2$，$df_r=41$ 查附表 5（F 值表），由于篇幅限制，F 值表未能列出所有临界 $F_{\alpha(df_1,df_2)}$ 值，此时可以取较小自由度的临界 F 值作为参考。本例可采用 $df_r=40$ 临界 F 值来进行 F 检验，$F_{0.01(2,40)}=5.18$，因为 $F>F_{0.01(2,40)}=5.18$，$p<0.01$，否定无效假设 H_0，接受备择假设 H_A，表明二元线性回归关系是极显著的。

对偏回归系数 b_1' 和 b_2' 进行假设检验，首先计算二元正规方程组系数矩阵的逆矩阵 C' 的主对角线上的各元素，计算公式如下：

$$c_{jk}'=c_{jk}-\frac{c_{ji}c_{ki}}{c_{ii}}(j,k=1,2,\cdots,i-1,i+1,\cdots,m) \tag{10-24}$$

在本例中，$i=3$，$j,k=1,2$。

$$c_{11}'=c_{11}-\frac{c_{13}c_{13}}{c_{33}}=0.003\ 629-\frac{0.000\ 026^2}{0.000\ 602}=0.003\ 628$$

$$c_{22}'=c_{22}-\frac{c_{23}c_{23}}{c_{33}}=0.002\ 600-\frac{(-0.000\ 269)^2}{0.000\ 602}=0.002\ 480$$

$$S_{y\cdot12}=\sqrt{MS_r}=\sqrt{10.825\ 7}=3.290\ 2$$

$$S_{b_1'}=S_{y\cdot12}\sqrt{c_{11}'}=3.290\ 2\times\sqrt{0.003\ 628}=0.198\ 2$$

$$S_{b_2'}=S_{y\cdot12}\sqrt{c_{22}'}=3.290\ 2\times\sqrt{0.002\ 480}=0.163\ 9$$

应用 t 检验法，计算各 t 统计量的值：

$$t_{b_1'}=\frac{b_1'}{S_{b_1'}}=\frac{0.890\ 8}{0.198\ 2}=4.494^{**}$$

$$t_{b_2'}=\frac{b_2'}{S_{b_2'}}=\frac{0.523\ 4}{0.163\ 9}=3.193^{**}$$

由于 $df_r=n-m-1=44-2-1=41$，查附表 3（t 值表），同理取 $df=40$ 临界 t 值，得 $t_{0.05(40)}=2.021$，$t_{0.01(40)}=2.704$。因为 $t_{b_1'}>t_{0.01(40)}$，$t_{b_2'}>t_{0.01(40)}$，表明二元线性回归方程的偏回归系数 b_1' 和 b_2' 都是极显著的，或者说明胴体直长 x_1、背膘厚 x_2 分别对体重 y 的线性影响都是极显著的。

综上，可以得到【例 10.1】的最优二元线性回归方程为：

$$\hat{y}=-0.816\ 3+0.890\ 8x_1+0.523\ 4x_2$$

回归方程表明：当背膘厚性状保持不变时，胴体直长性状每增加 1 cm，体重平均增加 0.890 8 kg；而当胴体直长性状保持不变时，背膘厚性状每增加 1 mm，体重平均增加 0.523 4 kg。

第二节｜复相关和偏相关分析

复相关也称多元相关,是表示一个变量和多个变量之间的密切程度。在多个相关变量中,其他变量不变时,研究指定的某两个变量间的直线相关,称为偏相关(partial correlation)。

一、复相关分析

(一)定义

研究一个变量与多个变量的总相关称为复相关分析(或称多元相关分析)。复相关分析中变量无依变量与自变量之分,但是实际应用中,复相关分析经常与多元线性回归分析联系在一起,所以复相关分析一般指依变量 y 与 m 个自变量 $x_1, x_2, \cdots, x_m$ 的线性相关分析。m 个自变量对依变量 y 的回归平方和 SS_R 占 y 的总平方和 SS_y 的比例越大,则表明 y 与 m 个自变量的线性关系越密切。因此,将回归平方和 SS_R 与总平方和 SS_y 的比值称为复相关指数,简称相关指数(correlation index),记为 R^2。

$$R^2 = \frac{SS_R}{SS_y} \tag{10-25}$$

可见,相关指数 R^2 表示依变量 y 与 m 个自变量的线性相关程度,也表示多元线性回归方程的拟合度,或表示用多元线性回归方程进行预测的可靠程度。R^2 的取值范围为 $0 \leqslant R^2 \leqslant 1$。

R 为依变量 y 与 m 个自变量的复相关系数(multiple correlation coefficient),表示 y 与 m 个自变量的线性关系密切程度。复相关系数以 $R_{y \cdot 12 \cdots m}$ 表示,读作依变量 y 和 m 个自变量的多元相关系数或复相关系数。

$$R = \sqrt{\frac{SS_R}{SS_y}} \tag{10-26}$$

R 的取值范围为 $0 \leqslant R \leqslant 1$。在一定自由度下,$R$ 值越接近于1,总相关越密切;越接近于0,线性关系越不密切。

注意,多元回归平方和一定大于 y 对任一自变量的回归平方和,因此,复相关系数一定比各自变量与 y 的简单相关系数的绝对值大。由于自变量间存在相关,所以复相关系数也不等于各自变量与 y 的简单相关系数之和。

(二)复相关系数的假设检验

复相关系数的假设检验就是对 y 与 $x_1, x_2, \cdots, x_m$ 的线性关系的检验,因此,复相关系数的假设检验与简单相关系数的假设检验相似,可采用 F 检验法和查表法。

1. F检验法

设 ρ 为 y 与 $x_1,x_2,\cdots,x_m$ 的总复相关系数，F 检验的无效假设与备择假设为：$H_0:\rho=0$；$H_A:\rho\neq0$。统计量 F 的计算公式为：

$$F_R=\frac{R^2/m}{(1-R^2)\big/(n-m-1)}\quad(df_1=m,df_2=n-m-1) \tag{10-27}$$

将式(10-25)代入式(10-27)，得：

$$F_R=\frac{\left(SS_R/SS_y\right)/m}{\left(1-SS_R/SS_y\right)\big/(n-m-1)}=\frac{SS_R/m}{\left(SS_y-SS_R\right)/(n-m-1)}=\frac{SS_R/m}{SS_r/(n-m-1)}=\frac{MS_R}{MS_r} \tag{10-28}$$

可见，式(10-27)计算的 F_R 值就是多元线性回归方程 F 检验所计算的 F 值，所以复相关系数的假设检验与相应的多元线性回归方程的假设检验是等价的。

2. 查表法

本书附表8(r 与 R 显著数值表)已将显著水平 $\alpha=0.05$ 和 $\alpha=0.01$ 的临界 R 值整理列表，因此复相关系数 R 还可以根据自由度 $df=n-m-1$ 和变量总个数 M 查表检验。

对于【例10.1】，求依变量 y(体重)与自变量 x_1(胴体直长)、x_2(背膘厚)、x_3(眼肌面积)的复相关系数，并进行假设检验。

已知 $SS_R=251.5544$，$SS_y=684.3916$，$n=44$，则复相关系数 R 为：

$$R=\sqrt{\frac{SS_R}{SS_y}}=\sqrt{\frac{251.5544}{684.3916}}=0.6063$$

由于

$$F_R=\frac{R^2/m}{(1-R^2)\big/(n-m-1)}=\frac{0.6063^2/3}{(1-0.6063^2)\big/(44-3-1)}=7.7504^{**}$$

因为 $F_R>F_{0.01(3,40)}=4.31$，结果表明 R 极显著。

若用查表法，则自由度 $df=n-m-1=40$ 与变量总个数 $M=m+1=3+1=4$，查附表8(r 与 R 显著数值表)得 $R_{0.01(40,4)}=0.494$，因为 $R=0.6063>R_{0.01(40,4)}=0.494$，$p<0.01$，故 R 为极显著，结果表明猪的体重与胴体直长、背膘厚和眼肌面积间存在极显著的复相关。

二、偏相关分析

(一)定义

多个变量间的关系是复杂的，变量间的两两简单相关系数并不能反映两个变量间的真正关系。只有消除其他变量的影响，才能真实反映两个变量间相关的性质和程度。在多个相关变量中，其他自变量不变时，研究指定的某两个变量间的直线相关，称为偏相关分析(partial correlation analysis)。衡量两个相关变量偏相关的性质和程度的统计数称为偏相关系数(partial correlation coefficient)。

根据固定变量个数将偏相关系数分级，偏相关系数的级数等于被固定的变量个数。一般情况下，当

研究 m 个变量 $x_1, x_2, \cdots, x_m$ 的两两相关变量时，须将其中 $m-2$ 个变量保持不变，研究另外两个变量的相关，即只有 $m-2$ 级偏相关系数才能真实反映这两个变量间直线相关的性质与程度。m 个相关变量 $x_1, x_2, \cdots, x_m$ 的 $m-2$ 级偏相关系数共有 $C_m^2 = \dfrac{m(m-1)}{2}$ 个，记为 $r_{ij}(i, j = 1, 2, \cdots, m; i \neq j)$。偏相关系数以 r 带右下标表示，下标点前是研究的两个变量，下标点后是被固定的变量。偏相关系数 r_{ij} 取值范围为 $-1 \leqslant r_{ij} \leqslant 1$。例如，当研究两个相关变量 x_1, x_2 的关系时，直线相关系数 r_{12} 表示 x_1 和 x_2 线性相关的性质与程度，此时固定的变量个数为 0，所以直线相关系数 r_{12} 叫作零级偏相关系数；当研究三个相关变量 x_1, x_2, x_3 的两两间的关系时，需要固定一个变量后研究剩余两个变量间的相关，称为一级偏相关系数，共有 3 个，记为 $r_{12 \cdot 3}$，$r_{13 \cdot 2}, r_{23 \cdot 1}$，其中 $r_{12 \cdot 3}$ 表示固定 x_3，研究 x_1, x_2 的关系；当研究四个相关变量 x_1, x_2, x_3, x_4 的两两间的关系时，需要固定两个变量后研究剩余两个变量间的相关，称为二级偏相关系数，共有 6 个，记为 $r_{12 \cdot 34}, r_{13 \cdot 24}, r_{14 \cdot 23}$，$r_{23 \cdot 14}, r_{24 \cdot 13}, r_{34 \cdot 12}$。

在实际研究中，对多个相关变量进行偏相关分析时，偏相关系数一定是指该多个相关变量的最高级偏相关系数，表示时常省去偏相关系数的级数，即 $m-2$ 级偏相关系数记为 r_{ij}。

(二)偏相关系数的计算

1.一级偏相关系数的计算

设有 3 个相关变量 x_1, x_2, x_3，这 3 个相关变量间的一级偏相关系数可由零级相关系数即由直线相关系数计算，计算公式为：

$$\left. \begin{aligned} r_{12 \cdot 3} &= \frac{r_{12} - r_{13} r_{23}}{\sqrt{(1 - r_{13}^2)(1 - r_{23}^2)}} \\ r_{13 \cdot 2} &= \frac{r_{13} - r_{12} r_{32}}{\sqrt{(1 - r_{12}^2)(1 - r_{32}^2)}} \\ r_{23 \cdot 1} &= \frac{r_{23} - r_{21} r_{31}}{\sqrt{(1 - r_{21}^2)(1 - r_{31}^2)}} \end{aligned} \right\} \tag{10-29}$$

2.二级偏相关系数的计算

设 4 个相关变量 x_1, x_2, x_3, x_4，这 4 个相关变量间的二级相关共有 6 个，分别为：

$$\left. \begin{aligned} r_{12 \cdot 34} &= \frac{r_{12 \cdot 3} - r_{14 \cdot 3} r_{24 \cdot 3}}{\sqrt{(1 - r_{14 \cdot 3}^2)(1 - r_{24 \cdot 3}^2)}} & r_{13 \cdot 24} &= \frac{r_{13 \cdot 2} - r_{14 \cdot 2} r_{34 \cdot 2}}{\sqrt{(1 - r_{14 \cdot 2}^2)(1 - r_{34 \cdot 2}^2)}} \\ r_{14 \cdot 23} &= \frac{r_{14 \cdot 2} - r_{13 \cdot 2} r_{43 \cdot 2}}{\sqrt{(1 - r_{13 \cdot 2}^2)(1 - r_{43 \cdot 2}^2)}} & r_{23 \cdot 14} &= \frac{r_{23 \cdot 1} - r_{24 \cdot 1} r_{34 \cdot 1}}{\sqrt{(1 - r_{24 \cdot 1}^2)(1 - r_{34 \cdot 1}^2)}} \\ r_{24 \cdot 13} &= \frac{r_{24 \cdot 1} - r_{23 \cdot 1} r_{43 \cdot 1}}{\sqrt{(1 - r_{23 \cdot 1}^2)(1 - r_{43 \cdot 1}^2)}} & r_{34 \cdot 12} &= \frac{r_{34 \cdot 1} - r_{32 \cdot 1} r_{42 \cdot 1}}{\sqrt{(1 - r_{32 \cdot 1}^2)(1 - r_{42 \cdot 1}^2)}} \end{aligned} \right\} \tag{10-30}$$

3. $m-2$ 级偏相关系数的计算

现介绍对于一般多个相关变量而言，如何通过逆矩阵求解 $m-2$ 级偏相关系数。

第一步，计算简单相关系数 r_{ij}：

$$r_{ij} = \frac{SP_{ij}}{\sqrt{SS_i SS_j}} (i, j = 1, 2, \cdots, m)$$

其中：$SP_{ij} = \sum(x_i - \bar{x}_i)(x_j - \bar{x}_j)$，$SS_i = \sum(x_i - \bar{x}_i)^2$，$SS_j = \sum(x_j - \bar{x}_j)^2$。

第二步，由简单相关系数 r_{ij} 构成相关系数矩阵 R：

$$R = \begin{bmatrix} r_{11} & r_{12} & \cdots & r_{1m} \\ r_{21} & r_{22} & \cdots & r_{2m} \\ \vdots & \vdots & & \vdots \\ r_{m1} & r_{m2} & \cdots & r_{mm} \end{bmatrix} \tag{10-31}$$

第三步，求相关系数矩阵 R 的逆矩阵 C：

$$C = R^{-1} = \begin{bmatrix} c_{11} & c_{12} & \cdots & c_{1m} \\ c_{21} & c_{22} & \cdots & c_{2m} \\ \vdots & \vdots & & \vdots \\ c_{m1} & c_{m2} & \cdots & c_{mm} \end{bmatrix} \tag{10-32}$$

第四步，由逆矩阵 C 中的元素计算 $m-2$ 级的偏相关系数：

$$r_{ij\cdot} = \frac{-c_{ij}}{\sqrt{c_{ii}c_{jj}}} (i, j = 1, 2, \cdots, m; i \neq j) \tag{10-33}$$

对于【例10.1】，现计算依变量 y（体重）分别与自变量 x_1（胴体直长）、x_2（背膘厚）、x_3（眼肌面积）的偏相关系数。

首先根据前面计算的 SS_1、SS_2、SS_3、SS_y、SP_{12}、SP_{13}、SP_{23}、SP_{10}、SP_{20}、SP_{30} 计算变量 y、x_1、x_2、x_3 间的简单相关系数：

$$r_{12} = \frac{SP_{12}}{\sqrt{SS_1 SS_2}} = \frac{-172.700\,8}{\sqrt{336.231\,8 \times 491.975\,7}} = -0.424\,6$$

$$r_{13} = \frac{SP_{13}}{\sqrt{SS_1 SS_3}} = \frac{-91.392\,2}{\sqrt{336.231\,8 \times 1\,766.595\,1}} = -0.118\,6$$

$$r_{23} = \frac{SP_{23}}{\sqrt{SS_2 SS_3}} = \frac{227.017\,6}{\sqrt{491.975\,7 \times 1\,766.595\,1}} = 0.243\,5$$

$$r_{10} = \frac{SP_{10}}{\sqrt{SS_1 SS_y}} = \frac{209.132\,3}{\sqrt{336.231\,8 \times 684.391\,6}} = 0.436\,0$$

$$r_{20} = \frac{SP_{20}}{\sqrt{SS_2 SS_y}} = \frac{103.638\,7}{\sqrt{491.975\,7 \times 684.391\,6}} = 0.178\,6$$

$$r_{30} = \frac{SP_{30}}{\sqrt{SS_3 SS_y}} = \frac{172.669\,8}{\sqrt{1\,766.595\,1 \times 684.391\,6}} = 0.157\,0$$

相关系数矩阵 R 为：

$$R = \begin{bmatrix} r_{11} & r_{12} & r_{13} & r_{10} \\ r_{21} & r_{22} & r_{23} & r_{20} \\ r_{31} & r_{32} & r_{33} & r_{30} \\ r_{01} & r_{02} & r_{03} & r_{00} \end{bmatrix} = \begin{bmatrix} 1 & -0.424\,6 & -0.118\,6 & 0.436\,0 \\ -0.424\,6 & 1 & 0.243\,5 & 0.178\,6 \\ -0.118\,6 & 0.243\,5 & 1 & 0.157\,0 \\ 0.436\,0 & 0.178\,6 & 0.157\,0 & 1 \end{bmatrix}$$

然后求得相关系数矩阵 R 的逆矩阵 C 为：

$$C=R^{-1}=\begin{bmatrix} c_{11} & c_{12} & c_{13} & c_{10} \\ c_{21} & c_{22} & c_{23} & c_{20} \\ c_{31} & c_{32} & c_{33} & c_{30} \\ c_{01} & c_{02} & c_{03} & c_{00} \end{bmatrix}=\begin{bmatrix} 1.841\,593 & 0.922\,589 & 0.149\,375 & -0.991\,161 \\ 0.922\,589 & 1.548\,552 & -0.165\,149 & -0.652\,892 \\ 0.149\,375 & -0.165\,149 & 1.090\,401 & -0.206\,825 \\ -0.991\,161 & -0.652\,892 & -0.206\,825 & 1.581\,224 \end{bmatrix}$$

因为我们需要研究的是体重(y)与胴体直长(x_1)、背膘厚(x_2)、眼肌面积(x_3)的二级偏相关系数,由式(10-33)可以计算得:

$$r_{01\cdot23}=\frac{-c_{01}}{\sqrt{c_{00}c_{11}}}=\frac{-(-0.991\,161)}{\sqrt{1.581\,224\times1.841\,593}}=0.580\,8$$

$$r_{02\cdot13}=\frac{-c_{02}}{\sqrt{c_{00}c_{22}}}=\frac{-(-0.652\,892)}{\sqrt{1.581\,224\times1.548\,552}}=0.417\,2$$

$$r_{03\cdot12}=\frac{-c_{03}}{\sqrt{c_{00}c_{33}}}=\frac{-(-0.206\,825)}{\sqrt{1.581\,224\times1.090\,401}}=0.157\,5$$

(三)偏相关系数的假设检验

偏相关系数$r_{ij\cdot}$的假设检验方法有2种,t检验法和查表法。

1.t检验法

无效假设和备择假设为:$H_0:\rho_{ij\cdot}=0$;$H_A:\rho_{ij\cdot}\neq0$($\rho_{ij\cdot}$为总体偏回归系数)。因$\dfrac{r_{ij\cdot}-\rho_{ij\cdot}}{S_{r_{ij\cdot}}}$服从自由度$df=n-m$的$t$分布,所以统计量$t$的计算公式为:

$$t=\frac{r_{ij\cdot}}{S_{r_{ij\cdot}}} \tag{10-34}$$

其中,$S_{r_{ij\cdot}}$为偏相关系数$r_{ij\cdot}$标准误,计算公式为:

$$S_{r_{ij\cdot}}=\sqrt{\frac{1-r_{ij\cdot}^2}{n-m}} \tag{10-35}$$

n为观察数据组数,m为相关变量总个数。

对于【例10.1】,对上述三个二级偏相关系数进行t检验,结果如下:

$$t_{r_{01\cdot23}}=\frac{r_{01\cdot23}}{\sqrt{\dfrac{1-r_{01\cdot23}^2}{n-m}}}=\frac{0.580\,8}{\sqrt{\dfrac{1-0.580\,8^2}{44-4}}}=4.512^{**}$$

$$t_{r_{02\cdot13}}=\frac{r_{02\cdot13}}{\sqrt{\dfrac{1-r_{02\cdot13}^2}{n-m}}}=\frac{0.417\,2}{\sqrt{\dfrac{1-0.417\,2^2}{44-4}}}=2.903^{**}$$

$$t_{r_{03\cdot12}}=\frac{r_{03\cdot12}}{\sqrt{\dfrac{1-r_{03\cdot12}^2}{n-m}}}=\frac{0.157\,5}{\sqrt{\dfrac{1-0.157\,5^2}{44-4}}}=1.009$$

由$df=n-m=44-4=40$,查附表3(t值表)得$t_{0.05(40)}=2.021$,$t_{0.01(40)}=2.704$,因为$t_{r_{01\cdot23}}>t_{0.01(40)}$,$t_{r_{02\cdot13}}>t_{0.01(40)}$,$p<0.01$,所以$r_{01\cdot23}$和$r_{02\cdot13}$为极显著;而$t_{r_{03\cdot12}}<t_{0.05(40)}$,$p>0.05$,所以$r_{03\cdot12}$不显著。

2.查表法

用查表法对上述三个二级偏相关系数进行假设检验,则由自由度 $df=n-m=44-4=40$ 以及变量个数为 2,查附表 8(r 与 R 显著数值表)得 $r_{0.05(40)}=0.304$,$r_{0.01(40)}=0.393$,因为 $r_{01 \cdot 23}>r_{0.01(40)}$,$r_{02 \cdot 13}>r_{0.01(40)}$,而 $r_{03 \cdot 12}<r_{0.05(40)}$,所以 $r_{01 \cdot 23}$ 和 $r_{02 \cdot 13}$ 为极显著,$r_{03 \cdot 12}$ 不显著,统计结果与 t 检验的结论一致。

综上,假设检验结果表明,体重(y)与胴体直长(x_1)、背膘厚(x_2)呈极显著的正的偏相关,而与眼肌面积(x_3)偏相关不显著。此外,将简单相关系数与偏相关系数作比较可以看出,偏相关系数($r_{01 \cdot 23}=0.580\ 8$,$r_{02 \cdot 13}=0.417\ 2$,$r_{03 \cdot 12}=0.157\ 5$)在数值上分别与相应的简单相关系数($r_{10}=0.436\ 0$,$r_{20}=0.178\ 6$,$r_{30}=0.157\ 0$)是有差别的。原因在于简单相关系数没有排除其他变量的影响,其中混有其他变量的效应。在多变量资料中,偏相关系数与简单相关系数在数值上可以相差很大,甚至有时连符号都可能相反。只有偏相关分析才能正确地表示两个变量间的线性相关的性质和程度,才真实反映了两变量间的本质联系。因此,对于多变量资料,必须采用偏相关分析。

拓展阅读

扫码进行本章内容相关的 PPT 课件、知识图谱、章节测验、相关拓展资料等数字资源的获取和学习。

思考与练习题

(1)偏相关系数的统计学意义是什么?如何检验其显著性?

(2)判断以下表述是否正确。

①偏回归系数可用来直接解释自变量和依变量的依存关系,但在不同的模型中不能进行比较。

②多元线性回归方程的检验与偏回归系数的检验是等价的。

③多元线性回归仅仅要求依变量是连续变量且为服从正态分布的随机变量,而自变量可以是计量资料,也可以是计数资料,还可以是无法精确测量的等级资料。

(3)多元线性回归分析的统计步骤包括哪些?

(4)偏相关分析与复相关分析有什么区别?

(5)表 10-4 给出某猪场 20 头育肥猪 4 个胴体性状的数据。

①求瘦肉量对眼肌面积、腿肉量和肋骨数的多元线性回归方程。

②对回归方程和偏回归系数进行假设检验。

③求瘦肉量与眼肌面积、腿肉量和肋骨数的复相关系数,并检验其显著性。

表 10-5　某猪场 20 头育肥猪 4 个胴体性状的数据

序号	瘦肉量/kg	眼肌面积/cm²	腿肉量/kg	肋骨数/对
1	14.32	28.01	4.62	14
2	13.76	24.79	4.42	15
3	15.4	28.57	5.22	15
4	15.94	23.52	5.18	13
5	14.33	21.86	4.86	14
6	15.11	28.95	5.18	14
7	15.83	27.29	5.55	14
8	14.44	17.92	5.02	15
9	14.65	25.06	4.75	15
10	14.12	17.99	4.45	14
11	17.13	30.43	5.67	16
12	13.12	21.29	4.74	14
13	15.19	27.29	5.02	15
14	14.26	18.93	4.61	14
15	14.01	21.66	4.84	14
16	14.85	26.91	4.92	16
17	13.89	22.75	4.84	15
18	15.95	30.73	5.7	14
19	13.06	24.54	4.25	15
20	14.04	24.98	4.59	14

第十一章

非参数检验

本章导读

参数检验是在总体概率分布已知的情况下,根据样本数据对总体分布的统计参数(总体平均数、总体方差)进行的假设检验,前面各章节介绍的假设检验方法都属于参数检验。本章介绍不依赖于总体概率分布形式的假设检验,也不涉及总体参数,主要是利用样本数据之间的大小比较及大小顺序,对两个或多个样本所属总体是否相同进行的假设检验。

学习目标

掌握非参数检验的概念,了解非参数检验的适用条件,掌握不同类型的非参数检验方法。培养学生敏感的数据意识,渗透科学研究方法教育,提高科学素养。

假设检验方法可分为两大类,一类是参数检验,另一类是非参数检验。参数检验是在已知样本所属总体的分布情况下对总体参数进行的假设检验,前面各章节介绍的假设检验方法主要是参数检验方法。非参数检验(non-parametric test)是一种与样本所属总体分布无关的假设检验,既不依赖于总体分布的形式,也不涉及总体参数。它主要是利用样本数据之间的大小比较及大小顺序,对两个或多个样本所属总体是否相同进行检验,具有计算简便和直观的优点。由于非参数检验的本质是检验样本所属总体分布的位置是否相同,因而不能充分利用样本中所有数据的信息,故检验功效一般都要低于参数检验。当资料符合参数检验的要求时,使用非参数检验,犯Ⅱ型错误的风险性较高。因此,非参数检验主要应用于参数检验方法不适用时的情形。

非参数检验方法很多,本章主要介绍常用的非参数检验方法:符号检验(sign test)与秩和检验(rank-sum test)。

第一节 | 符号检验

一、配对资料的符号检验

配对资料的符号检验是应用于两组配对资料差异显著性检验的一种方法。它依据样本各对数据大小之差的正、负符号来检验两个样本所属总体分布位置的异同,但不考虑其差值的大小。假设在每对数据中,均使用第1个样本的数据减去第2个样本的数据,每对数据之差为正时用正值符号"+"表示,为负时用负值符号"−"表示。其检验的原理为:假定两个样本所属总体服从相同的分布,则正号或负号出现的次数应该相等。若出现的次数不相等,并且超过一定的临界值时,就认为两个样本所属总体有显著差异。检验的基本步骤如下。

(一)提出无效假设与备择假设

H_0:两个试验处理差值的总体中位数$d_{median}=0$;

H_A:两个试验处理差值的总体中位数$d_{median}\neq0$。

此时进行双侧检验。若要进行单侧检验,需将H_A中的"≠"改为"<"或">"。

(二)计算差值并赋予符号

计算配对数据的差值d。$d>0$记为"+",$d<0$记为"−",$d=0$记为"0"。统计"+""−""0"的个数,分别记

为 n_+、n_-、n_0，令 $N=n_++n_-$，N 是样本中有效的配对数，因为差值等于 0 的配对数据无法提供检验所需的信息，所以 N 不包含差值等于 0 的配对数据。检验统计量为 m，等于 n_+、n_- 中的较小者，即：

$$m=\min(n_+,n_-) \tag{11-1}$$

(三)统计推断

根据 N 查附表 9[符号检验用 m 临界值表，表中 $p(2)$ 表示双侧检验概率，用于双侧检验；$p(1)$ 表示单侧检验概率，用于单侧检验]，得临界值 $m_{0.05(N)}$，$m_{0.01(N)}$。如果 $m>m_{0.05(N)}$，则 $p>0.05$，不能否定 H_0，表明两种试验处理差异不显著；如果 $m_{0.01(N)}<m\leq m_{0.05(N)}$，则 $0.01<p\leq0.05$，否定 H_0，接受 H_A，表明两种试验处理差异显著；如果 $m\leq m_{0.01(N)}$，则 $p\leq0.01$，否定 H_0，接受 H_A，表明两种试验处理差异极显著。下面举例说明该检验法的检验步骤。

【例 11.1】党的二十大报告指出推进健康中国建设，需要把保障人民健康放在优先发展的战略位置上。牛奶含有丰富的蛋白质、维生素和矿物质，科学饮用有助于保持健康的体魄。蛋白质含量是评价牛奶品质的重要指标之一，现利用 A、B 两种测定方法同时检测 14 份牛奶样品中蛋白质的含量(%)，其数据如下表 11-1 所示，两种测定方法的检测结果有无显著差异？

表 11-1　两种测定方法检测 14 份牛奶样品中蛋白质含量的符号检验计算表　　　　单位：%

	样品编号						
	1	2	3	4	5	6	7
A	2.99	3.42	3.40	3.56	2.83	2.94	2.80
B	3.12	3.38	3.42	3.44	2.98	2.96	2.79
差值 d	−0.13	0.04	−0.02	0.12	−0.15	−0.02	0.01
符号	−	+	−	+	−	−	+

(续表)

	样品编号						
	8	9	10	11	12	13	14
A	2.67	2.53	3.49	2.91	2.56	2.62	3.63
B	2.87	2.56	3.48	2.95	2.63	2.84	3.58
差值 d	−0.20	−0.03	0.01	−0.04	−0.07	−0.22	0.05
符号	−	−	+	−	−	−	+

解：

1.提出无效假设与备择假设

H_0：A、B 两种方法的检测结果无显著差异，即 $d_{median}=0$；

H_A：A、B 两种方法的检测结果有显著差异，即 $d_{median}\neq0$。

2.计算差值并赋予符号

由表11-1计算每个配对数据的差值,并根据差值赋予"+""-""0",统计"+""-""0"的个数:$n_+=5$、$n_-=9$、$n_0=0$,则 $m=\min(n_+,n_-)=\min(5,9)=5$。

3.统计推断

根据 $N=n_++n_-=5+9=14$,查附表9(符号检验用 m 临界值表)可知 $m_{0.05(14)}=2$,$m=5>m_{0.05(14)}=2$,因此不能否定无效假设 H_0,认为A、B两种方法的检测结果无显著差异。

虽然符号检验方法简单、直观、计算量小,但需要注意的是,符号检验只利用了各配对数据差值的符号,没有像参数检验法那样利用差值的实际数值,因此检验功效较低。符号检验法在样本的有效配对数少于6对时,不能检出差别,只有在配对数多于20对时效果较好。

二、样本中位数与总体中位数比较的符号检验

为了判断一个样本是否来自某已知中位数的总体,即样本所属总体的中位数是否等于某已知总体的中位数,就需要进行样本中位数与总体中位数的假设检验。检验步骤如下。

(一)提出无效假设与备择假设

H_0:样本所属总体中位数=已知总体中位数;

H_A:样本所属总体中位数≠已知总体中位数。

此时进行双侧检验。若要进行单侧检验,需将 H_A 中的"≠"改为"<"或">"。

(二)计算差值、确定符号及其个数

计算样本各数据与已知总体中位数的差值,差值大于已知总体中位数者记为"+",小于者记为"-",等于者记为"0"。统计"+""-""0"的个数,分别记为 n_+、n_-、n_0,令 $N=n_++n_-$,检验统计量为 m,等于 n_+、n_- 中的较小者,即 $m=\min(n_+,n_-)$。

(三)统计推断

根据 N 查附表9(符号检验用 m 临界值表),得临界值 $m_{0.05(N)}$,$m_{0.01(N)}$。如果 $m>m_{0.05(N)}$,则 $p>0.05$,不能否定 H_0,表明样本所属总体中位数与已知总体中位数差异不显著;如果 $m_{0.01(N)}<m\leq m_{0.05(N)}$,$0.01<p\leq0.05$,否定 H_0,接受 H_A,表明样本所属总体中位数与已知总体中位数差异显著;如果 $m\leq m_{0.01(N)}$,则 $p\leq0.01$,否定 H_0,接受 H_A,表明样本所属总体中位数与已知总体中位数差异极显著。下面举例说明该检验法的检验步骤。

【例11.2】绿水青山就是金山银山,保护生态环境是高质量发展的前提。野生动物是生态环境的重要组成部分,圈养是保护濒危野生动物种质资源的有效途径。已知圈养成年大熊猫体重的中位数为95 kg,现抽测某地10只圈养成年大熊猫的体重,获得如下数据:97,101,97,97,97,98,91,98,95,105(kg),该地圈养成年大熊猫体重与圈养成年大熊猫体重中位数有无显著差异?

解：

1.提出无效假设与备择假设

H_0：该地圈养成年大熊猫体重的中位数与圈养成年大熊猫体重的中位数无显著差异；

H_A：该地圈养成年大熊猫体重的中位数与圈养成年大熊猫体重的中位数有显著差异。

2.计算差值、确定符号及其个数

表11-2　圈养成年大熊猫体重符号检验计算表　　　　　　　　　单位：kg

	熊猫编号									
	1	2	3	4	5	6	7	8	9	10
体重	97	101	97	97	97	98	91	98	95	105
与总体中位数差值	2	6	2	2	2	3	-4	3	0	10
符号	+	+	+	+	+	+	−	+	0	+

由表11-2计算样本各数据与总体中位数的差值并统计n_+、n_-、n_0的个数，结果为$n_+=8$，$n_-=1$，$n_0=1$，则 $m=\min(n_+,n_-)=\min(8,1)=1$。

3.统计推断

根据$N=n_++n_-=8+1=9$，查附表9（符号检验用m临界值表）可知，$m_{0.05(9)}=1$，$m=1=m_{0.05(9)}=1$，因此否定无效假设H_0，接受备择假设H_A，认为该地圈养成年大熊猫体重的中位数与圈养成年大熊猫体重的中位数有显著差异。

第二节　秩和检验

为克服符号检验法未充分利用数据信息的缺点，Wilcoxon于1945年对其进行了改进，提出了秩和检验，也称符号秩和检验(signed rank-sum test)或wilcoxon检验，其统计效率高于符号检验。因为它除了比较各对数据差值的符号外，还考虑了各对数据差值大小的秩次高低。其检验的方法是将数据差值按绝对值的大小顺序从小到大排列，每一差值对应的顺序号就为该差值的秩次，求出秩和进行假设检验。根据资料的不同，秩和检验可以分为以下四类。

一、配对资料的符号秩和检验(wilcoxon 配对法)

(一)提出无效假设与备择假设

H_0:差值 d 总体中位数 $d_{median}=0$;

H_A:差值 d 总体中位数 $d_{median} \neq 0$。

此时进行两侧检验。若要进行单侧检验,需将 H_A 中的"$\neq$"改为"$<$"或"$>$"。

(二)确定秩次及符号

先求配对数据的差值 d,然后按 d 的绝对值从小到大编秩次。再根据原差值的正、负在各秩次前标记正、负号,若差值 $d=0$,则不记入秩次;若出现若干个差值 d 的绝对值相等,则取其平均秩次。

(三)确定统计量 T

分别计算正秩次及负秩次的和,并把绝对值较小的秩和绝对值作为检验统计量 T。

(四)统计推断

记正、负差值的总个数为 N,根据 N 查附表10(符号秩和检验用 T 临界值表),得 $T_{0.05(N)}$,$T_{0.01(N)}$。如果 $T>T_{0.05(N)}$,$p>0.05$,则不能否定 H_0,表明两种试验处理差异不显著;如果 $T_{0.01(N)}<T \leqslant T_{0.05(N)}$,$0.01<p \leqslant 0.05$,则否定 H_0,接受 H_A,表明两种试验处理差异显著;如果 $T \leqslant T_{0.01(N)}$,$p \leqslant 0.01$,则否定 H_0,接受 H_A,表明两种试验处理差异极显著。

【例11.3】中医是中华民族千百年来先人智慧的结晶,中医的发展丰富了中国的传统文化。中草药不仅可以应用于人类疾病的预防与治疗,在畜禽养殖中也有广泛应用。现用甲、乙两种方法同时测定14份某中草药中有效成分的含量(%),测定数据如表11-3所示,试分析这两种测定方法是否有显著差异。

表11-3 两种方法测定某中草药中有效成分含量的符号秩和检验计算表

测定方法	中草药编号						
	1	2	3	4	5	6	7
甲/%	42	42.5	33	47	40	32	45
乙/%	31	30.5	41	37	40	36.5	50
差值/%	11	12	−8	10	0	−4.5	−5
秩次	+12	+13	−8	+10.5		−5	−6

(续表)

测定方法	中草药编号						
	8	9	10	11	12	13	14
甲/%	38	36	34	30	40	29	39
乙/%	31	37	30	28	50	32	30
差值/%	7	−1	4	2	−10	−3	9
秩次	+7	−1	+4	+2	−10.5	−3	+9

解：

1.提出无效假设与备择假设

H_0：甲、乙两种方法的测定结果无显著差异，即 $d_{median}=0$；

H_A：甲、乙两种方法的测定结果有显著差异，即 $d_{median}\neq0$。

2.确定秩次及符号

计算每个配对数据的差值并确定秩次与符号，结果见表11-3。

3.确定统计量 T

分别计算正、负秩次绝对值的和，结果为57.5、33.5，故 $T=\min(57.5,33.5)=33.5$。

4.统计推断

由 $N=13$ 查附表10（符号秩和检验用 T 临界值表）可知，$T_{0.05(13)}=17$，$T=33.5>T_{0.05(13)}=17$，所以 $p>0.05$，因此不能否定无效假设 H_0，认为甲、乙两种方法的测定结果无显著差异。

二、两组非配对资料秩和检验（wilcoxon 非配对法）

两组非配对资料秩和检验又称为曼-惠特尼秩和检验，它是指分别抽自两个总体的两个独立样本之间秩和的比较，比配对资料的秩和检验的应用更为普遍。

（一）提出无效假设与备择假设

H_0：甲样本所属总体的中位数=乙样本所属总体的中位数；

H_A：甲样本所属总体的中位数≠乙样本所属总体的中位数。

此时进行两侧检验。若要进行单侧检验，需将 H_A 中的"≠"改为"<"或">"。

（二）求两个样本合并数据的秩次

假设两个样本含量分别为 n_1 和 n_2，将两个样本的观测值合并后，总的数据个数为 n_1+n_2。将合并后的数据按从小到大的顺序排列，与每个数据对应的序号即为该数据的秩次，最小数据的秩次为"1"，最大数据的秩次为"n_1+n_2"。不同样本有相同数据时，相同数据的秩次取其平均秩次；同一样本有相同数据时，不必求其平均秩次，相同数据的秩次孰先孰后皆可。

（三）确定统计量 T

将两个样本重新分开，并计算各自的秩和。若 $n_1\neq n_2$，将较小的那个样本含量（记为 n_1）所在组的秩和作为检验统计量 T。若 $n_1=n_2$，则任取一组的秩和为 T。

（四）统计推断

由 n_1、(n_2-n_1) 查附表11（秩和检验用 T 临界值表），得接受区域 $T1_{0.05}\sim T2_{0.05}$，$T1_{0.01}\sim T2_{0.01}$。若 T 在 $T1_{0.05}\sim T2_{0.05}$ 之内，$p>0.05$，则不能否定 H_0，表明两种试验处理差异不显著；若 T 在 $T1_{0.05}\sim T2_{0.05}$ 之外但在

$T1_{0.01} \sim T2_{0.01}$ 之内，$0.01 < p \leqslant 0.05$，则否定 H_0，接受 H_A，表明两种试验处理差异显著；若 T 在 $T1_{0.01} \sim T2_{0.01}$ 之外，$p \leqslant 0.01$，则否定 H_0，接受 H_A，表明两种试验处理差异极显著。

【例11.4】粮食事关国运民生，粮食安全是国家安全的重要基础。规模化畜禽养殖需要消耗大量的粮食作物，关乎人民"口粮安全"。因此，需要优化饲料配方和养殖模式，提高畜禽饲料转化率，减少饲料粮食消耗。现在使用两种不同配方的饲料喂养某一品种的猪，测得料肉比数据如表11-4所示，请问两种饲料的料肉比数据有无显著差异。

表11-4　两种饲料饲喂某一品种猪的料肉比

饲料	料肉比								
1	2.89	2.59	2.86	2.95	3.03	2.73	3.03	3.05	3.1
2	2.68	2.59	2.34	2.89	2.45	3.0	2.47		

解：

1.提出无效假设与备择假设

H_0：两种饲料的料肉比数据无显著差异；

H_A：两种饲料的料肉比数据有显著差异。

2.求两个样本合并数据的秩次

将表11-4两个处理的料肉比大小按从小到大排序，每一数值对应的顺序号即为该数值的秩次，并计算每一处理的秩次和，结果如表11-5所示。

表11-5　两种饲料饲喂某一品种猪的料肉比秩和检验计算表

饲料	秩次									样本含量	秩次和
1	9.5	4.5	8	11	13	7	14	15	16	9	98
2	6	4.5	1	9.5	2	12	3			7	38

3.确定统计量 T

根据表11-5，$n_1 = 9 > n_2 = 7$，所以 $T = 38$。

4.统计推断

本例中较小样本含量为7，即附表11（秩和检验用 T 临界值）中 $n_1 = 7$，且两样本含量的差为 $9-7 = 2$，即附表11中 $n_2 - n_1 = 2$，因此，查附表11可知，$T1_{0.05} \sim T2_{0.05} = 40 \sim 79$，$T1_{0.01} \sim T2_{0.01} = 35 \sim 84$，$T$ 在 $T_{0.05}$ 范围之外，但 $T_{0.01}$ 在范围内，故 $p < 0.05$，因此否定无效假设 H_0，接受备择假设 H_A，认为两种饲料的料肉比数据有显著差异。

三、多组样本比较的秩和检验（Kruskal-Wallis 法，H 法）

多组样本比较的秩和检验，又称为 Kruskal-Wallis 法，它假定抽样总体是连续的和相同的，然后利用多组样本的秩和来推断它们分别代表的总体的分布位置是否相同。由于其检验统计量用 H 表示,所以也称为 H 检验法。检验的基本步骤如下。

(一)提出无效假设与备择假设

H_0:各组样本所属的各总体分布位置相同;

H_A:各组样本所属的各总体分布位置不完全相同。

(二)确定秩次、求秩和

将 k 个样本的所有数据混合后,按照由小到大的顺序排成 $1,2,\cdots,N$ 个秩次。不同样本的相同数据,取平均秩次;一组样本内的相同数据,不取平均秩次。将样本内每个数据的秩次一一相加,求出各组样本的秩和。

(三)求 H 值

$$H=\frac{12}{N(N+1)}\sum_{i=1}^{k}\frac{T_i^2}{n_i}-3(N+1) \tag{11-2}$$

其中,n_i 为第 i 组样本的样本含量($i=1,2,\cdots,k$),N 为观测值总数 $N=\sum_{i=1}^{k}n_i$,T_i 为第 i 组样本的秩次和。

(四)统计推断

根据 N,n_i 查附表12(秩和检验用 H 临界值表)得临界值 $H_{0.05}$,$H_{0.01}$。若 $H<H_{0.05}$,$p>0.05$,则不能否定 H_0,认为各样本所属各总体的分布位置相同;若 $H_{0.05}\leqslant H<H_{0.01}$,$0.01<p\leqslant0.05$,则否定 H_0,接受 H_A,表明各样本所属各总体分布的位置显著不同;若 $H\geqslant H_{0.05}$,$p\leqslant0.01$,则否定 H_0,接受 H_A,表明各样本所属各总体分布的位置极显著不同。

当资料中样本组数 $k>3$,$n_i>5$ 时,不能从附表12中查得 H 值。这时 H 近似服从自由度为 $k-1$ 的 χ^2 分布,可以用 χ^2 临界值来判断各组秩和的差异是否显著。

如果在样本中有较多的平均秩次时,应对 H 值进行校正,校正公式如下:

$$H_c=\frac{H}{C} \tag{11-3}$$

其中,C 为校正系数,计算公式如下:

$$C=1-\frac{\sum(t^3-t)}{N^3-N} \tag{11-4}$$

其中,t 为具有相同秩次的个数。

【例11.5】我国畜禽核心种源长期面临着依赖国外进口的问题,自主培育优良畜禽品种是打赢"种业翻身仗"的重要保证。现在研究三种不同杂交组合 A、B、C 得到母猪的繁殖性状,获得产仔数的结果如表11-6所示,试比较3种杂交组合得到的母猪的产仔数有无显著差异。

表 11-6　三种杂交组合母猪产仔数的秩和检验计算表

杂交组合 A		杂交组合 B		杂交组合 C	
产仔数/头	秩次	产仔数/头	秩次	产仔数/头	秩次
11	10	9	3.5	8	1.5
12	12	8	1.5	10	6.5
13	14	10	6.5	9	3.5
11	10	11	10	10	6.5
12	13	10	6.5		
$n_1=5$	$T_1=59$	$n_2=5$	$T_2=28$	$n_3=4$	$T_3=18$

解:

1.提出无效假设与备择假设

H_0:3 种杂交组合得到的母猪的产仔数无显著差异;

H_A:3 种杂交组合得到的母猪的产仔数有显著差异。

2.确定秩次、求秩和

将各组数据混合,从小到大排序,统一编秩次,求各组的秩次和,结果如表 11-6 所示。

3.求 H 值

$$H=\frac{12}{N(N+1)}\sum_{i=1}^{k}\frac{T_i^2}{n_i}-3(N+1)$$
$$=\frac{12}{14\times(14+1)}\times\left(\frac{59^2}{5}+\frac{28^2}{5}+\frac{18^2}{4}\right)-3\times(14+1)$$
$$=8.37$$

由于平均秩次 6.5 和 10 出现较多,需要对 H 值进行校正,分别计算 C 值和 H_c 值,计算结果如下:

$$C=1-\frac{\sum(t^3-t)}{N^3-N}=1-\frac{(3^3-3)+(4^3-4)}{14^3-14}=0.969\,2$$

$$H_c=\frac{H}{C}=\frac{8.37}{0.969\,2}=8.64$$

4.统计推断

根据样本总量 $N=14$ 和各组样本含量 $n_1=5$,$n_2=5$,$n_3=4$,查附表 12(秩和检验用 H 临界值表),得临界值 $H_{0.05}=5.64$,$H_{0.01}=7.79$,由于 $H_c>H_{0.01}=7.79$,$p<0.01$,所以否定无效假设 H_0,接受备择假设 H_A,认为 3 种杂交组合得到的母猪的产仔数有极显著差异。当 H 检验结果显著时,需进一步判断究竟哪些组之间有显著差异,应进行多组样本两两比较的秩和检验。

四、多组样本两两比较的秩和检验(Nemenyi-Wilcoxson-Wilcox 法)

当多组样本比较的秩和检验认为各总体的分布位置不完全相同时,需要进一步作两两比较的秩和

检验,以推断哪两个总体的分布位置不同。这个方法类似于方差分析中的多重比较,常用q法,q值计算公式为:

$$q = \frac{\left| T_i - T_j \right|}{S_{T_i - T_j}} \tag{11-5}$$

其中,$\left| T_i - T_j \right|$是两组样本秩和差的绝对值,$S_{T_i - T_j}$是秩和差的标准误,计算公式为:

$$S_{T_i - T_j} = \sqrt{\frac{n(nl)(nl+1)}{12}} \tag{11-6}$$

其中,n为每组样本容量,l为比较的两组样本秩和差数范围内所包含的处理数,即秩次距。计算q值后,用$df = \infty$和l查附表6(q值表),得临界q值,作出统计推断。值得注意的是,由式(11-6)可知,q法只适用于每组样本含量相等的资料。

【例11.6】为应对全球气候变化,我国提出"碳达峰""碳中和"等庄严的目标承诺。现用3种模型重复6次估算某城市2021年二氧化碳排放总量,数据列于表11-7,试分析3种模型估算某城市2021年二氧化碳排放总量有无显著差异。

表11-7 某城市2021年二氧化碳排放总量估算值

模型	二氧化碳排放总量估算值/×10⁴t					
甲	11.81	10.98	11.03	10.74	12.03	10.96
乙	10.61	10.96	10.43	9.72	9.51	9.87
丙	9.91	9.87	9.51	8.82	8.98	9.29

解:

1.提出无效假设与备择假设

H_0:3种模型估算某城市2021年二氧化碳排放总量无显著差异;

H_A:3种模型估算某城市2021年二氧化碳排放总量有显著差异。

2.确定秩次、求秩和

将各组数据混合,从小到大排序,统一编秩次,并计算每一组的秩和,结果如表11-8所示。

表11-8 某城市2021年二氧化碳排放总量秩和检验计算表

模型	秩次						T_i
甲	17	15	16	12	18	13.5	91.5
乙	11	13.5	10	6	4.5	7.5	52.5
丙	9	7.5	4.5	1	2	3	27

3. 求H值

$$H = \frac{12}{N(N+1)} \sum_{i=1}^{k} \frac{T_i^2}{n_i} - 3(N+1)$$

$$= \frac{12}{18 \times (18+1)} \times \left(\frac{91.5^2 + 52.5^2 + 27^2}{6} \right) - 3 \times (18+1)$$

$$= 12.34$$

4. 统计推断

本例中$k=3$，且每组样本的样本含量均大于5，超出附表12（秩和检验用H临界值表）范围，需查χ^2分布的临界值进行统计推断。当$df = k-1 = 3-1 = 2$，查附表4（χ^2值表），得$\chi^2_{0.05(2)} = 5.99$，$\chi^2_{0.01(2)} = 9.21$。由于$H = 12.34 > \chi^2_{0.01(2)} = 9.21$，所以否定无效假设$H_0$，接受备择假设$H_A$，认为3种模型估算某城市2021年二氧化碳排放总量有显著差异。因此需要对3种模型计算的二氧化碳排放总量进行两两比较的秩和检验。

5. 两两比较的秩和检验

3种模型计算的二氧化碳排放总量两两比较的秩和检验结果见表11-9。

①计算秩和差

$$\left| T_甲 - T_丙 \right| = |91.5 - 27| = 64.5$$

$$\left| T_甲 - T_乙 \right| = |91.5 - 52.5| = 39$$

$$\left| T_乙 - T_丙 \right| = |52.5 - 27| = 25.5$$

②确定秩次

甲模型与丙模型的比较，秩和差数64.5范围内有3个处理，秩次距$l=3$；甲模型与乙模型的比较，秩和差数39范围内有2个处理，秩次距$l=2$；乙模型与丙模型的比较，秩和差数25.5范围内有2个处理，秩次距$l=2$。

③计算秩和差的标准误$S_{T_i - T_j}$

秩次距$l=3$：

$$S_{T_甲 - T_丙} = \sqrt{\frac{n(nl)(nl+1)}{12}} = \sqrt{\frac{6 \times (6 \times 3)(6 \times 3 + 1)}{12}} = 13.08$$

秩次距$l=2$：

$$S_{T_甲 - T_乙} = S_{T_乙 - T_丙} = \sqrt{\frac{n(nl)(nl+1)}{12}} = \sqrt{\frac{6 \times (6 \times 2)(6 \times 2 + 1)}{12}} = 8.83$$

④计算q值

根据式（11-5）计算q值，结果见表11-9。

⑤统计推断

根据$df = \infty$，秩次距$l=2,3$，查附表6（q值表），得临界值$q_{0.05}$和$q_{0.01}$。将各个q值与相应的临界值$q_{0.05}$和$q_{0.01}$比较，作出统计推断，检验结果见表11-9。检验结果表明，甲模型估算某城市2021年二氧化碳排放总量与乙、丙模型估算的结果均存在极显著性差异,乙模型估算某城市2021年二氧化碳排放总量与丙模型估算的结果存在显著性差异。

表11-9　三种模型计算的二氧化碳排放总量两两比较的秩和检验表

比较	$|T_i-T_j|$	l	$S_{T_i-T_j}$	q	$q_{0.05}$	$q_{0.01}$	检验结果
甲与丙	64.5	3	13.08	4.93	3.31	4.12	**
甲与乙	39	2	8.83	4.42	2.77	3.64	**
乙与丙	25.5	2	8.83	2.89	2.77	3.64	*

拓展阅读

　　扫码进行本章内容相关的PPT课件、知识图谱、章节测验、相关拓展资料等数字资源的获取和学习。

思考与练习题

　　(1)什么是非参数检验?具有哪些优缺点?

　　(2)用10只小鼠检测某种注射液对血钾浓度(mmol/L)的影响,如表11-10所示,分别使用配对资料的符号检验和秩和检验法检验注射前后血钾浓度是否有差异。

表11-10　某种注射液对10只小鼠血钾浓度的影响　　　　单位:mmol/L

小鼠编号	1	2	3	4	5	6	7	8	9	10
注射前	4.2	4.7	5.1	4.8	4.3	4.8	3.8	5.2	4.4	4.6
注射后	4.7	4.7	5.5	5.3	5.1	4.5	5.2	4.9	5.1	5.3

　　(3)已知山羊正常呼吸频次的中位数为21次/min,现测得某地20只山羊的呼吸频次为:22、20、19、23、24、20、24、18、17、22、23、18、21、20、21、20、21、18、22、21次/min,试检验该地山羊的呼吸频次与山羊正常呼吸频次的中位数是否有差异。

　　(4)从某猪场10窝杜洛克的断奶仔猪中,每窝选取性别相同、体重相近的仔猪两头,随机分配到两个饲料组,进行饲料对比试验,试验30 d后,各仔猪的增重(kg)结果见表11-11,试用配对资料的秩和检验法检验两种饲料饲喂的仔猪增重差异是否显著。

表11-11　两种饲料饲喂杜洛克断奶仔猪的增重对比　　　　单位:kg

窝号	1	2	3	4	5	6	7	8	9	10
饲料1	11.8	10.9	10.7	10.9	10.2	11.3	10.9	11.6	11.7	11.5
饲料2	10.2	10.6	10	10.2	11.1	9.9	9.6	9.8	11.3	10.1

（5）将20只未达到性成熟的雄性大鼠随机分为4组，各组分别注射不同剂量的睾酮，每天1次，连续注射5 d后，取睾丸称重(g)，试验结果如表11-12所示。注射不同剂量的睾酮对大鼠睾丸重量是否有显著影响？

表11-12 不同剂量睾酮对大鼠睾丸重量的影响　　　　　　　单位:g

窝号	1	2	3	4	5
剂量Ⅰ	3.14	2.77	3.24	3.18	2.78
剂量Ⅱ	3.29	2.98	2.94	3.3	3.28
剂量Ⅲ	3.24	3.38	3.36	3.34	3.42
剂量Ⅳ	3.29	3.14	2.96	2.77	2.94

第十二章

试验设计

本章导读

如何做好试验,有两部分工作非常重要,一是试验设计,二是对试验结果的统计分析。前面介绍的各种统计分析方法推断结论的真实可靠性取决于试验设计的合理性和试验数据的正确性。可见,科学的试验设计是科研工作中的第一步且又极为重要的一步,是进行科学试验和数据统计分析的先决条件,也是获得预期试验结果的重要保证。本章主要介绍如何进行科学合理的试验设计。

学习目标

理解试验设计的概念,了解动物试验的特点和要求,掌握几种常用的试验设计方法的适用条件、设计和分析方法,培养精益求精的科研态度,提高科研素养。

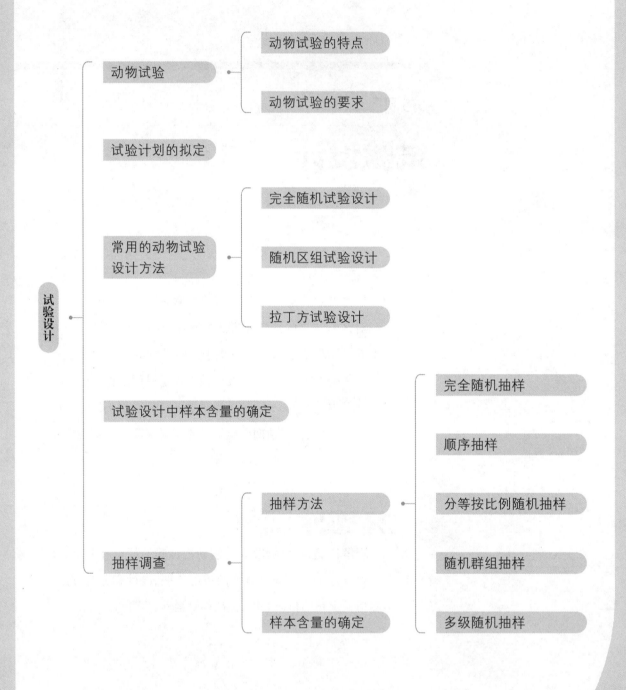

试验设计的任务是在研究工作进行之前,根据研究项目的需要,应用数理统计原理,对试验作出周密安排,力求用较少的人力、物力和时间,最大限度获得足够而可靠的资料,通过分析得出正确的结论,明确回答研究项目所提出的问题。如果试验设计不合理,考虑不周,不仅达不到预期的结果,甚至还会导致整个试验的失败。此外,通过合理的动物试验设计,也可减少试验中使用动物的数量,对满足动物试验的伦理性和经济性要求也有重要的意义。因此,正确掌握试验设计技术,对开展动物科研工作具有十分重要的意义。

第一节 | 动物试验的特点和要求

一、动物试验的特点

(一)普遍存在试验误差

在动物试验中,试验处理常常受各种非处理因素的影响,使试验效应不能真实地反映出来。如前所述,这种差异在数值上的表现称为试验误差。动物试验误差的来源,首先是试验动物本身的差异,如试验动物的品种(系)、性别、年龄、健康状况不一致引起的差异;其次是所处自然环境引起的差异,如圈舍温度、湿度、光照、通风等不一致引起的差异;再次是饲养管理条件不一致引起的差异,如在试验过程中的管理方法、饲养技术、圈舍和笼位安排不一致引起的差异;最后,测定仪器不稳定、不准确也会引起差异。在统计上试验误差一般指随机误差,在试验中力求降到最小,而在试验设计中要力求消除系统误差。

(二)动物试验具有复杂性

动物试验中参与试验的各种动物都有自己的生长发育规律和遗传特性,并与环境、饲养管理等条件密切相关,此外这些因素之间还会相互影响、相互制约,共同作用于试验对象。影响动物试验因素的多样性决定了动物试验的复杂性。所以只依据少数或者短期的试验,不可能分析出各个因素的单独作用或者其交互作用,必须经过不同条件下的一系列试验,才能获得相对较正确的结果。

(三)动物试验的周期较长

动物完成一个生活世代的时间较长,特别是大动物、单胎动物,具有明显季节性繁殖的动物更是如此。有的试验动物一年内只能进行1次,例如动物遗传育种试验,而有的动物试验则需要几年的时间才能完成。所以在动物试验中,应该尽量克服试验周期长、不同年度间差异的影响,以获得相对正确的结论。

二、动物试验的要求

(一)动物试验要有代表性

动物试验的代表性主要包括生物学和环境条件两方面的代表性。生物学代表性是指作为主要研究对象的动物品种、个体要有代表性,并要有足够的数量。例如,进行品种比较试验时,不要选择特殊性状的个体,要确定适当的动物数量。环境条件代表性是指试验场地的自然条件和生产条件,如气候、饲料、饲养管理水平及养殖设备等要有代表性,能够代表将来要推广和应用试验结果的地区的自然条件和生产条件。

(二)动物试验要有正确性

动物试验的正确性包括试验的准确性和精确性。通常,准确性表示与目标的接近程度,在试验中代表了重复测量的估计平均值与真实平均值之间的接近程度,估计平均值越接近真实平均值,准确性越高;而精确性表示彼此之间的接近程度,在试验中是指测量值之间的接近程度,和它们与真实平均值之间的接近程度大小无关,也就是说,精确性解释了结果的可重复性。系统误差会影响试验的准确性,但不会影响试验的精确性。而随机误差会影响试验的精确性,对试验准确性的影响较小。随机误差越小,试验的精确性越高。在进行试验的过程中,应严格执行各项试验要求,将非试验因素的干扰控制在最低水平,避免系统误差,降低随机误差,以提高试验的正确性。

(三)动物试验要有可重复性

可重复性是指在相同条件下,重复进行同一试验,能够获得与原试验类似的结果,即试验结果必须经得起再试验的检验。试验的目的在于能将试验结果在生产实际中推广应用,如果一个在试验中表现良好的结果无法在生产实际中重现,这样的试验结果就失去了在生产实际中推广的意义。

第二节 ｜ 试验计划的拟定

在试验开始前合理拟定试验计划能够保证通过试验获得最多的信息资源,同时可以避免违反试验设计的基本原则。

一、试验计划的内容

(一)课题选择与试验目的

科研课题的选择是整个研究工作的第一步。课题选择正确,研究工作就有了好的开端。试验课题通常来自两个方面:一是国家或企业指定的试验课题,这些试验课题确定了科研的选题方向,为研究人员选择试验课题提供了依据;二是研究人员自己选定的试验课题。研究人员自选课题时,首先要明确为什么要进行这项试验,试验目的是什么,以及其在动物科学研究和生产中的作用、效果如何等。例如,抗菌肽替代抗生素对断奶仔猪腹泻的影响试验,主要目的在于探究抗菌肽能否作为潜在的抗生素替代物缓解断奶仔猪腹泻。试验目的要清晰明确,可以是要回答的科学问题、要验证的科学假设或者要估计的试验效应。试验的进一步工作安排都围绕确定的试验目的展开。

在课题选择时要注意以下几点。

1.实用性

要着眼于动物科学研究和生产中亟须解决的问题,同时也要考虑动物科学研究和生产发展趋势,适当照顾到长远或不久的将来可能出现的情况,选题要具有一定的前瞻性。

2.先进性

在了解国内外该研究领域的进展、水平等基础上,应选择前人未解决或未完全解决的问题进行研究,在理论、观点及方法等方面有所突破。

3.创新性

选题在研究方法、技术路线等方面要有创新之处。

4.可行性

研究人员要完成的课题应具备一定的可行性,应该具备保证课题顺利完成的主观和客观条件。

在选择研究课题时,应通过查阅国内外相关文献资料,明确所选择课题的研究意义和应用前景、理论依据和研究特色、具体研究内容和重点解决的问题、取得成果后的应用推广、预期达到的经济技术指标及技术水平等。

(二)试验方案与试验设计

试验方案是指根据试验目的所拟定的进行比较的一组试验处理的总称。试验方案是整个试验工作的核心,须周密考虑、慎重拟定。试验方案确定后,应结合试验动物、试验场地等客观条件选择合适的试验设计方法。

试验动物选择正确与否,直接关系到试验结果的正确性。因此,选择试验动物时应力求比较均匀一致,尽量避免不同品种、不同年龄、不同性别、不同胎次等系统误差对试验的影响,同时尽量降低随机误差的影响。此外,对新引进的动物还应设置一定的预试期。通过预试,供试动物能适应试验环境,对不合适的试验动物进行调整和淘汰,同时试验人员也能熟悉操作方法和程序。预试期的长短可根据具体情况决定,期间供试动物的数量应适当多于正式试验所需的供试动物数量。通过对预试所得到的数据的分析,还可以检查试验设计的科学性、合理性和可行性,发现问题及时解决。在试验计划中,还应明确分析试验结果所需要收集的有关资料,事先列出需要观测的试验指标与要求。

在试验方案拟定中,需要定义处理(总体)、样本大小、试验单位、观测单位(抽样单位)、重复和试验误差等试验设计的概念。对于统计学家而言,试验设计是一系列用于从总体中选择样本的规则。规则由研究者自己定义,并且应该事先确定。在对照试验中,试验设计描述了将试验处理随机分配给试验单位的过程。具体试验方案的拟定和试验设计方法的选择将在本章后续部分作详细介绍。

(三)数据收集分析与试验结论

确定试验设计后,就可以开展试验进行数据收集和数据分析。数据分析中使用的统计模型由试验目的和试验设计方法所决定,每一种试验设计方法都有相应的统计分析方法,对数据的收集也有着明确的要求。通常,所采用的统计分析方法应该在拟定试验计划时就确定。如果数据收集不符合要求、统计方法不恰当,就无法获得正确的结论。但是,如果研究人员有了新的统计推断方法,或者在数据收集过程中发现了有关该问题的新事实,也可以在数据收集后对数据分析方法进行改进。试验结束后数据的统计假设通常应该和试验假设相一致。接受或拒绝统计假设有助于找到试验目的的答案。

对收集到的资料进行整理分析后,就可以针对结果进行描述和阐释,并且得到相关结论来实现试验目标。获得的试验结论应该是清晰准确的,同时对试验结论在实际生产中应用的阐述以及将研究推广至类似问题的讨论也是非常有意义的。对于获得的试验结论、发现的内在规律和提出的新学术观点,可以通过撰写学术论文、申请成果鉴定或国家专利等形式将研究成果公布。

二、试验方案的拟定

拟定试验方案时应主要考虑以下六个问题:第一,试验假设是什么? 可以根据试验目的提出试验假设,包括要回答的科学问题、要检验的统计假设或者要估计的试验效应。第二,试验中包括多少处理(因素)或处理组合? 试验的成功取决于对处理的选择,对处理引发的试验效应的评估是实现试验目的的前提。第三,试验单位是什么(例如动物个体、窝或栏等)? 此外,将对试验单位开展何种测量(如何测量、何时测量、在何处测量以及由谁测量)? 明确试验单位非常重要,因为正是相同处理的不同试验单位间的差异为试验效应的评估提供了无偏误差估计。此外,还应根据试验目的明确测量的变量是响应变量(因变量)还是背景变量(辅助变量或协变量)。第四,如何将试验处理或处理组合分配到各个试验单位?将试验处理分配到试验单位的随机过程决定了试验设计的结构,并且提供了使研究人员从结果中获得有效结论的机制。第五,各试验处理需要被观测的次数,也就是说试验处理的重复数。重复数必须足够大,才能保证在一定概率水平上检测到可能存在的处理效应之间的差异。第六,也是最重要的一点,按照以上试验设计方法得到的数据能否被分析,是否可以进行所需要的比较?误差来源和事前比较应该在试验方案拟定阶段予以考虑。如果在试验拟定阶段花费的时间太少,有可能在试验结束后发现无法开展有效的处理组间的比较,进而无法实现最初设定的试验目的。

第三节丨常用的动物试验设计方法

一、完全随机试验设计(completely randomized design,CRD)

完全随机试验设计是根据试验处理数将全部试验动物随机分为若干组,然后再按组实施不同处理的设计,其实质是将试验动物随机分组。随机分组的方法有抽签法和使用随机数字法,其中多数以使用随机数字法为好。随机数字可以从随机数字表中查询,也可以使用电脑或计算器等工具的随机数字产生功能获取。

(一)完全随机试验的设计方法

【例12.1】用完全随机设计方案进行猪的两种饲料对比试验,现需要将100头猪按照完全随机试验设计分为2组。

第一步,动物编号:将100头猪从1开始编号到100。

第二步,选取随机数字:从随机数字表中任一行任一列开始,例如从附表13(随机数字表I)第2行第5列开始,从左到右读取三位数随机数字作为一个随机数录入每个动物的编号下面。

第三步,随机数字排序:将全部选出的随机数按照从小到大的顺序排序、编序号,若随机数相同的按照先手顺序编号,结果记录在第三行。

第四步,分组:最后规定序号1~50为对照组,序号51~100为试验组。具体如表12-1所示。

表12-1　按照随机数表法进行完全随机试验设计

猪只编号	1	2	3	4	5	…	99	100
随机数字	624	281	145	720	425	…	016	378
随机数字序号	65	32	17	78	47	…	3	42
分组结果	试验组	对照组	对照组	试验组	对照组	…	对照组	对照组

(二)完全随机试验设计的数据资料的统计分析

对完全随机试验设计收集的试验资料进行统计分析的方法如下:当试验处理数为2时,等同于非配对试验资料的统计分析,无论两个处理的重复数是否相等,均采用非配对t检验或z检验进行统计分析。当试验处理数大于2时,若各处理的重复数相等,则采用各处理重复数相等的单向分组资料的方差分析。若在试验中,受到试验条件的限制或供试动物出现疾病、死亡等使获得的资料各处理重复数不等,则采用各处理重复数不等的单向分组资料的方差分析。

(三)完全随机试验设计的优缺点

完全随机试验设计是一种最简单的试验设计方法,其主要优点是设计简单,处理数与重复数都不受限制,适用于试验条件、环境、试验动物差异较小的试验,并且其统计分析较简单。此外,由于未应用试验设计三原则中的局部控制的基本原则,非试验因素的影响被归入试验误差,导致试验误差较大,试验精度低。在试验条件、环境、试验动物差异较大时,不宜采用此种试验设计方法。

二、随机区组试验设计(randomized block design,RBD)

随机区组试验设计也称为随机单位组试验设计,是根据试验设计中局部控制的基本原则,将初始条件基本相同的试验单位划归为一个区组,然后将各区组的试验单位随机分配到各处理组。在该类型的试验设计中,每个区组内的试验单位数等于处理数,区组的数目等于重复数。在处理数大于2的随机区组试验设计中,可以先划分区组,然后在各区组内按照完全随机试验设计的方法随机分配处理。

(一)随机区组试验的设计方法

【例12.2】研究3种不同饲料添加剂对肉牛日增重的影响,重复数为4。由于肉牛的初始体重存在差异,现采用随机区组设计法设计一个精确度较高的试验。

将3种不同的饲料添加剂分别表示为T_1、T_2、T_3,然后采用随机区组设计试验,由于试验的处理数为3,重复数为4,所以试验共设置4个区组,每个区组内3个动物。具体步骤如下,每一步骤的结果见表12-2。

表12-2　按照随机数表法进行随机区组试验设计

区组	区组Ⅰ			区组Ⅱ			区组Ⅲ			区组Ⅳ		
肉牛编号	1	2	3	4	5	6	7	8	9	10	11	12
随机数字	44	17	16	58	09	79	83	86	19	62	06	76
随机数字序号	3	2	1	2	1	3	2	3	1	2	1	3
添加剂	T_3	T_2	T_1	T_2	T_1	T_3	T_2	T_3	T_1	T_2	T_1	T_3

第一步,动物编号:由于本例供试的12头肉牛初始体重存在差异,因此先将所有试验肉牛称重,并按体重从小到大编号,即最轻体重为1号,其次为2号,直至最重的肉牛编为12号。

第二步,划分区组:按照局部控制原则,将体重差异最小的肉牛划分为一个区组,最后分区组,将1~3号肉牛划分为区组Ⅰ,4~6号肉牛划分为区组Ⅱ,7~9号肉牛划分为区组Ⅲ,10~12号肉牛划分为区组Ⅳ。

第三步,分配处理:在各个区组内,按照完全随机试验的分组方法,例如从附表13(随机数字表Ⅰ)第11行第6列开始依次从左到右读取两位数随机数字作为一个随机数录入到每个动物编号下。再将每一个区组的随机数从小到大排序并将序号记录在第四行。最后根据每一个区组的序号将3个处理分配到每个试验动物。最终的分组结果如表12-3所示。

表12-3　随机区组试验设计示例

	区组			
	Ⅰ	Ⅱ	Ⅲ	Ⅳ
肉牛编号（处理）	1(T_3)	4(T_2)	7(T_2)	10(T_2)
	2(T_2)	5(T_1)	8(T_3)	11(T_1)
	3(T_1)	6(T_3)	9(T_1)	12(T_3)

在随机区组试验设计中,当处理数为2时,则可以采用配对试验设计的分组方法。配成对子的两个试验单位的初始条件应尽量一致,不同对子间试验单位的初始条件允许有差异。在配对后,可以将配成对子的两个试验单位随机分配到两个处理中,每一个对子就是试验处理的一个重复。

(二)随机区组试验设计的数据资料的统计分析

对于处理数为2的配对试验设计,且数据资料为定量资料时,应采用配对t检验进行统计分析。

对于处理数大于2的随机区组试验设计,其数据资料分析可按照双向交叉分组无重复观测值的方差分析进行,其中设试验处理为因素A,区组为因素B,且假定试验处理与区组间不存在交互作用。以【例12.2】的试验数据为例,随机区组试验的数据资料可以整理成表12-3的形式。

表12-4 随机区组试验设计结果的数据安排

处理	区组			
	I	II	III	IV
T_1	x_{11}	x_{12}	x_{13}	x_{14}
T_2	x_{21}	x_{22}	x_{23}	x_{24}
T_3	x_{31}	x_{32}	x_{33}	x_{34}

随机区组试验设计的数学模型可以表示如下：

$$x_{ij}=\mu+\alpha_i+\beta_j+\varepsilon_{ij}(i=1,2,\cdots,a;j=1,2,\cdots,b) \tag{12-1}$$

其中：

x_{ij} 为试验处理因素 A 的第 i 个处理，区组因素 B 的第 j 个区组的观测值；

μ 为总体平均数；

α_i 为试验处理因素 A 的第 i 个处理的效应；

β_j 为区组因素 B 的第 j 个区组的效应；

ε_{ij} 为试验随机误差，假设所有的 ε_{ij} 均相互独立且服从正态分布 $N(0,\sigma^2)$。

根据方差分析的基本原理，随机区组试验设计数据资料的总平方和和总自由度可剖分为：

$$SS_T=SS_A+SS_B+SS_e \\ df_T=df_A+df_B+df_e \tag{12-2}$$

现以【例12.2】的试验数据(表12-4)为例，介绍随机区组试验设计的数据资料的方差分析。

表12-5 3种不同饲料添加剂对肉牛日增重的影响   单位：g

处理	区组				合计 $x_{i.}$	平均 $\bar{x}_{i.}$
	I	II	III	IV		
T_1	826	865	795	850	3 336	834
T_2	827	872	721	860	3 280	820
T_3	753	804	737	822	3 116	779
合计 $x_{.j}$	2 406	2 541	2 253	2 532	$x_{..}=9\ 732$	
平均 $\bar{x}_{.j}$	802	847	751	844		$\bar{x}_{..}=811$

矫正数：$C=\dfrac{x_{..}^2}{ab}=\dfrac{9\ 732^2}{3\times4}=7\ 892\ 652$

总平方和：$SS_T=\displaystyle\sum_{i=1}^{a}\sum_{j=1}^{b}x_{ij}^2-C=(826^2+865^2+\cdots+822^2)-7\ 892\ 652=28\ 406$

处理间平方和：

$$SS_A=\frac{1}{b}\sum_{i=1}^{a}x_{i.}^2-C=\frac{1}{4}\times(3\ 336^2+3\ 280^2+3\ 116^2)-7\ 892\ 652=6\ 536$$

区组间平方和：

$$SS_B=\frac{1}{a}\sum_{j=1}^{b}x_{.j}^2-C=\frac{1}{3}\times(2\ 406^2+2\ 541^2+2\ 253^2+2\ 532^2)-7\ 892\ 652=18\ 198$$

误差平方和：$SS_e=SS_T-SS_A-SS_B=28\ 406-6\ 536-18\ 198=3\ 672$

总自由度：$df_T=ab-1=3\times4-1=11$

处理间自由度：$df_A=a-1=3-1=2$

区组间自由度：$df_B=b-1=4-1=3$

误差自由度：$df_e=df_T-df_A-df_B=11-2-3=6$

将以上统计分析结果总结，列于方差分析表（表12-5）中，计算均方MS和F值，进行F检验。

表12-6 【例12.2】随机区组设计的数据资料方差分析表

变异来源	平方和SS	自由度df	均方MS	F值	临界F_α值
处理	6 536	2	3 268	5.34	$F_{0.05(2,6)}$=5.14
区组	18 198	3	6 066	9.91	
误差	3 672	6	612		
总变异	28 406	11			

查附表5（F值表）可得$F_{0.05(2,6)}$=5.14，$F_{0.01(2,6)}$=10.92，因为$F>F_{0.05(2,6)}$=5.14，$p<0.05$，否定无效假设H_0，接受备择假设H_A，结果表明处理组间存在显著差异，即3种饲料添加剂对肉牛日增重的影响差异显著。

需要强调的是，试验研究主要关注试验处理间的差异，因此在进行多重比较时，即使区组间有显著差异，一般也不进行区组间的多重比较。下面进行各处理组间的多重比较，采用SSR法进行。

第一步，计算标准误$S_{\bar{x}}$：每处理的重复数为区组数b，对于【例12.2】，每种饲料添加剂的重复数为4，$b=4$，则标准误$S_{\bar{x}}$为：

$$S_{\bar{x}}=\sqrt{\frac{MS_e}{b}}=\sqrt{\frac{612}{4}}=12.37$$

第二步，根据误差自由度df_e=6，秩次距k=2、3，从附表7（SSR表）查α=0.05和α=0.01的临界SSR值，然后乘以$S_{\bar{x}}$=12.37即为最小显著极差LSR，结果列于表12-6。

表12-7 【例12.2】资料随机区组设计多重比较的临界SSR值和LSR值表

误差自由度df_e	秩次距k	$SSR_{0.05}$	$SSR_{0.01}$	$LSR_{0.05}$	$LSR_{0.01}$
6	2	3.46	5.24	42.80	64.82
	3	3.58	5.51	44.28	68.16

第三步，对3种饲料添加剂的日增重差异进行多重比较，结果列于表12-7。

表12-7 【例12.2】资料随机区组设计的多重比较表

处理	平均数 $\bar{x}_{i.}$			$\bar{x}_{i.} - 779$	$\bar{x}_{i.} - 820$
T_1	834	a	A	55*	14
T_2	820	ab	A	41	
T_3	779	b	A		

多重比较结果表明,T_1饲料添加剂饲喂肉牛后日增重显著高于T_3饲料添加剂;T_1饲料添加剂和T_2饲料添加剂之间,T_2饲料添加剂和T_3饲料添加剂之间差异都不显著。

(三)随机区组试验设计的优缺点

随机区组试验设计的优点是设计与分析方法较简单,充分体现了试验设计的三个基本原则,在对试验结果进行分析时,可以将区组间的变异从试验误差中分离出来,从而有效降低了试验误差,提高了试验的精确性。但是当处理数过多时,使用该试验设计方法会导致各区组内的供试动物数量也过多,同一区组内试验动物的初始条件难以控制一致,也就失去了局部控制的意义。因此,在随机区组试验设计中,处理数通常以不超过20为宜。配对试验设计是处理数为2的随机区组试验设计,其结果分析简单,试验误差通常比非配对试验设计要小,但是由于试验动物配对要求严格,因此一般不能将不满足配对要求的试验动物随意配对。

三、拉丁方试验设计(latin square design,LSD)

"拉丁方"的名字最初是由R. A. Fisher提出的。拉丁方试验设计是从横行和直列两个方向进行局部控制的试验设计方法,与随机区组试验设计相比增加了一个区组。在拉丁方试验设计中,每一行、每一列都是一个区组,每个试验处理在每一行、每一列都只出现一次,即存在如下关系:试验处理数=横行区组数=直列区组数=重复数。在对拉丁方试验设计的试验结果进行统计分析时,由于能将横行和直列两个区组的变异从试验误差中分离出来,因而拉丁方试验设计的试验误差比随机区组试验设计的试验误差要小,试验精确性要高。

在拉丁方试验设计的表示中,通常以 n 个字母A、B、C…为元素列出一个 n 阶方阵,若这 n 个字母在这 n 阶方阵的每一行、每一列都出现,且只出现一次,则称该 n 阶方阵为 $n \times n$ 阶拉丁方,例如下面举例的2×2、3×3、4×4阶拉丁方。

```
A  B        B  A
B  A        A  B
 (1)         (2)
```

2×2阶拉丁方

```
A  B  C
B  C  A
C  A  B
```

3×3阶标准拉丁方

```
A  B  C  D        A  B  C  D        A  B  C  D        A  B  C  D
B  A  D  C        B  C  D  A        B  D  A  C        B  A  D  C
C  D  B  A        C  D  A  B        C  A  D  B        C  D  A  B
D  C  A  B        D  A  B  C        D  C  B  A        D  C  B  A
    (1)               (2)               (3)               (4)
```

4×4阶标准拉丁方

第一行与第一列字母按自然顺序排列的拉丁方称为标准型拉丁方。3×3阶标准拉丁方只有上面介绍的1种,4×4阶标准型拉丁方有4种,5×5阶标准型拉丁方有56种。若变换标准型的行或列,可得到更多种的拉丁方。在进行拉丁方设计时,可从上述多种拉丁方中随机选择一种;或选择一种标准型,随机改变其行列顺序后再使用。在动物试验中,最常用的有3×3,4×4,5×5,6×6阶拉丁方。

(一)拉丁方试验的设计方法

拉丁方设计的基本步骤为:

第一步,根据试验处理数选择合适的拉丁方或标准型拉丁方;

第二步,将拉丁方的行和列随机排列;

第三步,按照行号和列号分别设置两个干扰因子;

第四步,将试验因子的各水平随机地分配给拉丁方中的字母。

【例12.3】研究4种不同温度条件$(T_1$、T_2、T_3、$T_4)$对奶牛在泌乳期的4个时间段干物质采食量影响。由于奶牛本身和泌乳时间段都对干物质采食量有影响,现采用拉丁方试验设计一个精确度较高的试验方案。

第一,本试验研究4种不同温度条件$(T_1$、T_2、T_3、$T_4)$对奶牛干物质采食量的影响,所以试验处理数为4,因此采用4×4拉丁方试验设计。

第二,将4×4阶标准拉丁方的行和列随机排列。

第三,本例中,因为奶牛本身和泌乳时间段都对干物质采食量有影响,因此把奶牛和泌乳期分别作为区组设置,以消除其对试验结果的影响。其中,将行安排为4个不同的泌乳时期,将列安排为4头奶牛。

第四步,将拉丁方中的A、B、C、D字母换为4种不同温度条件T_1、T_2、T_3、T_4。具体设计示例如表12-8所示。

表12-8　4×4拉丁方试验设计示例

横行(泌乳时期)	直列(动物)			
	1	2	3	4
1	T_2	T_4	T_3	T_1
2	T_3	T_1	T_4	T_2
3	T_4	T_2	T_1	T_3
4	T_1	T_3	T_2	T_4

(二)拉丁方试验设计的数据资料的统计分析

以【例12.3】的试验数据为例,拉丁方试验设计的数据资料可以整理成表12-9的形式,表中括号内数字表示处理。

表12-9 4×4拉丁方试验设计结果的数据安排

横行(泌乳时期)	直列(动物)			
	1	2	3	4
1	$x_{11(2)}$	$x_{12(4)}$	$x_{13(3)}$	$x_{14(1)}$
2	$x_{21(3)}$	$x_{22(1)}$	$x_{23(4)}$	$x_{24(2)}$
3	$x_{31(4)}$	$x_{32(2)}$	$x_{33(1)}$	$x_{34(3)}$
4	$x_{41(1)}$	$x_{42(3)}$	$x_{43(2)}$	$x_{44(4)}$

拉丁方试验设计的数学模型可以表示如下:

$$x_{ij(k)}=\mu+\alpha_i+\beta_j+\tau_{(k)}+\varepsilon_{ij(k)} \tag{12-3}$$

$$(i,j,k=1,2,\cdots,r;r\,为行数、列数及处理数)$$

其中:

$x_{ij(k)}$ 为 i 行 j 列处理 k 的观测值;

μ 为总体平均数;

α_i 为横行单位组因素 A 第 i 行的效应;

β_j 为直列单位组因素 B 第 j 列的效应;

$\tau_{(k)}$ 为试验处理因素 C 第 k 个处理的固定效应;

$\varepsilon_{ij(k)}$ 为试验随机误差,假设所有的 $\varepsilon_{ij(k)}$ 均相互独立且服从正态分布 $N(0,\sigma^2)$。

根据方差分析的基本原理,拉丁方试验设计数据资料的总平方和和总自由度可分为:

$$SS_T=SS_A+SS_B+SS_C+SS_e$$
$$df_T=df_A+df_B+df_C+df_e \tag{12-4}$$

现以【例12.3】的试验数据(表12-10)为例,介绍拉丁方试验设计的数据资料的方差分析。

表12-10 4种不同温度条件对奶牛干物质采食量影响　　　　　　单位:kg/d

泌乳时期	奶牛编号				合计 $x_i.$
	1	2	3	4	
1	10.0(T_2)	9.0(T_4)	11.1(T_3)	10.8(T_1)	40.9
2	10.2(T_3)	11.3(T_1)	9.5(T_4)	11.4(T_2)	42.4
3	8.5(T_4)	11.2(T_2)	12.8(T_1)	11.0(T_3)	43.5
4	11.1(T_1)	11.4(T_3)	11.7(T_2)	9.9(T_4)	44.1
合计 $x_{.j}$	39.8	42.9	45.1	43.1	$x..=170.9$

根据表12-10,各处理组(不同温度下)的干物质采食量合计和平均数如表12-11所示。

表12-11 4种不同温度下干物质采食量的合计和平均数

	T₁	T₂	T₃	T₄
处理总和 $x_{(k)}$	46.0	44.3	43.7	36.9
处理平均 $\bar{x}_{(k)}$	11.500	11.075	10.925	9.225

矫正数：$C = \dfrac{x_{..}^2}{r^2} = \dfrac{170.9^2}{4^2} = 1\,825.426$

总平方和：$SS_T = \sum_{i=1}^{r}\sum_{j=1}^{r} x_{ij(k)}^2 - C = (10.0^2 + 9.0^2 + \cdots + 9.9^2) - 1\,825.426 = 17.964$

横行间平方和：$SS_A = \dfrac{1}{r}\sum_{i=1}^{r} x_i.^2 - C = \dfrac{1}{4} \times (40.9^2 + 42.4^2 + 43.5^2 + 44.1^2) - 1\,825.426 = 1.482$

直列间平方和：$SS_B = \dfrac{1}{r}\sum_{j=1}^{r} x_{.j}^2 - C = \dfrac{1}{4} \times (39.8^2 + 42.9^2 + 45.1^2 + 43.1^2) - 1\,825.426 = 3.592$

处理间平方和：$SS_C = \dfrac{1}{r}\sum_{k=1}^{r} x_{(k)}^2 - C = \dfrac{1}{4} \times (46.0^2 + 44.3^2 + 43.7^2 + 36.9^2) - 1\,825.426 = 12.022$

误差平方和：$SS_e = SS_T - SS_A - SS_B - SS_C = 17.964 - 1.482 - 3.592 - 12.022 = 0.868$

总自由度：$df_T = r^2 - 1 = 4^2 - 1 = 15$

横行间自由度：$df_A = r - 1 = 4 - 1 = 3$

直列间自由度：$df_B = r - 1 = 4 - 1 = 3$

处理间自由度：$df_C = r - 1 = 4 - 1 = 3$

误差自由度：$df_e = df_T - df_A - df_B - df_C = 15 - 3 - 3 - 3 = 6$

将以上统计分析结果总结，列于方差分析表（表12-12）中，计算均方 MS 和 F 值，进行 F 检验。

表12-12 【例12.3】拉丁方设计资料的方差分析表

变异来源	平方和 SS	自由度 df	均方 MS	F 值	临界 F_α 值
横行（泌乳时期）	1.482	3	0.494	3.41	
直列（奶牛）	3.592	3	1.197	8.26	
处理	12.022	3	4.007	27.63	$F_{0.01(3,6)}=9.78$
误差	0.868	6	0.145		
总变异	17.964	15			

查附表5（F 值表）可得 $F_{0.05(3,6)}=4.76$，$F_{0.01(3,6)}=9.78$，因为处理 $F=27.63 > F_{0.01(3,6)}=9.78$，$p < 0.01$，否定无效假设 H_0，接受备择假设 H_A，结果表明4种不同温度下奶牛干物质采食量存在极显著差异。下面进行各处理组间的多重比较，采用 q 法进行。

第一步，计算标准误 $S_{\bar{x}}$：每处理的重复数为 r，对于【例12.3】4×4拉丁方试验设计，$r = 4$，即每处理的重复数为4，则标准误 $S_{\bar{x}}$ 为：

$$S_{\bar{x}} = \sqrt{\frac{MS_e}{r}} = \sqrt{\frac{0.145}{4}} = 0.19$$

第二步,根据误差自由度 $df_e=6$,秩次距 $k=2$、3、4,从附表6(q值表)查 $\alpha=0.05$ 和 $\alpha=0.01$ 的临界 q 值,然后乘以 $S_{\bar{x}}=0.19$,即为最小显著极差 LSR,结果列于表12-13。

表12-13 【例12.3】资料拉丁方设计多重比较的临界 q 值和 LSR 值表

误差自由度 df_e	秩次距 k	$q_{0.05}$	$q_{0.01}$	$LSR_{0.05}$	$LSR_{0.01}$
	2	3.46	5.24	0.657	0.996
6	3	4.34	6.33	0.825	1.203
	4	4.90	7.03	0.931	1.336

第三步,对4种温度下奶牛干物质采食量的差异进行多重比较,结果列于表12-14。

表12-14 【例12.3】资料拉丁方设计的多重比较表

处理	平均数 $\bar{x}_{(k)}$			$\bar{x}_{(k)}-9.225$	$\bar{x}_{(k)}-10.925$	$\bar{x}_{(k)}-11.075$
T_1	11.500	a	A	2.275**	0.575	0.425
T_2	11.075	a	A	1.850**	0.150	
T_3	10.925	a	A	1.700**		
T_4	9.225	b	B			

多重比较结果表明,T_1、T_2、T_3 温度条件下奶牛干物质采食量极显著高于 T_4 温度,且其余温度之间差异不显著。

(三)拉丁方试验设计的优缺点

拉丁方试验设计在不增加试验单位的情况下,比随机区组试验设计多设置了一个区组因素,能将横行和直列两个区组的变异从试验误差中分离出来,因而试验误差比随机区组试验设计小,试验的精确性更高,且结果分析简便。但是,在拉丁方试验设计中,横行区组数、直列区组数、试验处理数与试验处理的重复数必须相等,所以处理数受到一定限制。若处理数少,则重复数也少,估计试验误差的自由度就小,影响检验的灵敏度;若处理数多,则重复数也多,横行、直列区组数也多,导致试验工作量大,且同一区组内试验动物的初始条件亦难控制一致。因此,拉丁方试验设计一般用于5~8个处理的试验。在采用4个以下处理的拉丁方试验设计时,为了保证误差的自由度,可采用重复拉丁方试验设计,即同一个拉丁方试验重复进行数次,并将试验数据合并分析,以增加误差项的自由度。此外应当注意,在进行拉丁方试验设计时,如涉及时间段效应,应注意后一时间段效应受前一时间段效应的影响,会产生系统误差进而影响试验的准确性。此时应根据实际情况,安排适当的试验间歇期以消除时间效应。另外还要注意,横行、直列区组因素与试验因素间不能存在交互作用,否则不能采用拉丁方试验设计。

第四节 | 试验设计中样本含量的确定

　　假设给定的处理组之间存在差异,那么试验设计中一个非常重要的方面就是确定否定无效假设所需的重复数,即确定样本含量。增加样本含量可以提高估计的精度。但是,随着样本含量的增加,试验会需要更多的空间和时间。由于经济成本以及实际意义的限制,样本含量的大小受到限制。此外,当设置足够多的重复数时,可以发现具有统计学意义的处理差异,其并不一定具有实际生产意义。例如,在比较两种猪日粮效果的试验中,通过设置足够大的样本量,可以发现1~2 g的日增重会呈现显著的统计学差异,但是这种差异在实际生产和经济价值上的意义并不大。

　　在常用的动物试验设计中,确定重复数的主要方法如下。需要注意的是,同一处理的不同重复意味着同一处理实施在不同的试验单位上,要准确区分试验单位的定义,尤其是以一个群体为试验单位时,群体真实数量和试验单位重复数无关。

一、配对设计中重复数的估计

　　由配对设计 t 检验公式导出:

$$n=\frac{t_\alpha^2 S_d^2}{\bar{d}^2} \tag{12-5}$$

　　其中:n 为试验所需动物对子数,即重复数;S_d 为差数标准误,根据以往的试验或经验估计;t_α 为自由度 $df=n-1$、两尾概率为 α 的临界 t 值;$\bar{d}$ 为试验预期达到差异显著的平均数差值($\bar{x}_1-\bar{x}_2$),$1-\alpha$ 为置信度。首次计算时以 $df=\infty$ 的 t_α 值代入计算,若 $n \leqslant 15$,则以 $df=n-1$ 的 t_α 值代入再计算,直到样本含量 n 稳定为止。

二、非配对试验重复数的估计

　　对于完全随机分为两组的试验,若 $n_1=n_2$,可由非配对 t 检验公式导出:

$$n=\frac{2t_\alpha^2 S^2}{\left(\bar{x}_1-\bar{x}_2\right)^2} \tag{12-6}$$

　　其中:n 为每组试验动物头数,即重复数;t_α 为自由度 $df=2(n-1)$、两尾概率为 α 的临界 t 值;S 为标准差,根据以往的试验或经验估计;$(\bar{x}_1-\bar{x}_2)$ 为试验预期达到差异显著的平均数差值,$1-\alpha$ 为置信度。首次计算时以 $df=\infty$ 的 t_α 值代入计算,若 $n \leqslant 15$,则以 $df=2(n-1)$ 的 t_α 值代入再计算,直到样本含量 n 稳定为止。

三、多个处理比较试验中重复数的估计

当试验处理数 $k \geqslant 3$ 时，各处理重复数可按误差自由度 $df_e \geqslant 12$ 的原则来估计。因为当 df_e 超过12时，F 值表中的 F 值减少的幅度已经很小。

（一）完全随机试验设计

由于 $df_e = k(n-1) \geqslant 12$，则重复数的估算公式为：

$$n \geqslant \frac{12}{k} + 1 \qquad (12-7)$$

由式（12-7）可知，若 $k=3$，则 $n \geqslant 5$；$k=4$，则 $n \geqslant 4$；以此类推。但当处理数 $k > 6$ 时，重复数仍应不少于3。

（二）随机区组试验设计

由于 $df_e = (k-1)(n-1) \geqslant 12$，则重复数的估算公式为：

$$n \geqslant \frac{12}{k-1} + 1 \qquad (12-8)$$

由式（12-8）可知，若 $k=3$，则 $n \geqslant 7$；$k=4$，则 $n \geqslant 5$；以此类推。但当处理数 $k > 7$ 时，重复数仍应不少于3。

（三）拉丁方试验设计

若要求 $df_e = (r-1)(r-2) \geqslant 12$，则重复数（即处理数）$\geqslant 5$。所以，为了使误差自由度不小于12，则应进行处理数（即重复数）$\geqslant 5$ 的拉丁方试验，即进行 5×5 以上的拉丁方试验。当进行处理数为3、4的拉丁方试验时，可将 3×3 拉丁方试验重复6次，4×4 拉丁方试验重复2次，以保证 $df_e = 12$。

四、两个百分数比较试验中样本含量的估计

设两样本含量相等：$n_1 = n_2 = n$，n 的计算公式可由两个总体百分数差异假设检验 z 检验公式推得：

$$n = \frac{2z_\alpha^2 \bar{p}\bar{q}}{\delta^2} \qquad (12-9)$$

其中，n 为每组试验的动物头数；$\bar{p}$ 为合并百分数，由两个样本百分数计算，$\bar{q} = 1 - \bar{p}$；δ 为试验预期达到差异显著的百分数差值；z_α 为自由度等于 ∞、两尾概率为 α 的临界 z 值：$z_{0.05} = 1.96$，$z_{0.01} = 2.58$；$1 - \alpha$ 为置信度。

第五节 | 抽样调查

一、抽样调查的概念

动物科学研究包括控制试验和调查研究两类。动物试验的研究课题,往往是在调查研究的基础上确定的。试验研究的成果,又必须在其推广应用后经调查研究加以证实。所以,在动物科学研究中除了进行常见的控制试验外,有时还需要进行调查研究。调查研究是对动物群体已有的事实(如发病率、群体性能指标等)通过调查的方式进行研究,利用统计方法对调查获得的资料进行分析,目的在于了解已有事实的内在规律。例如,调查了解动物群体体尺情况、畜禽品种资源状况、畜禽健康状况、畜禽特殊疾病发病情况等。

在进行各种专业调查时,必须详细列出调查提纲,明确调查研究的目的和要求、调查的项目、调查范围及对象等。同时,为便于以后进行统计分析,得出正确结论,还需要选择好抽样方法,确定好样本含量。因此,下面将重点介绍调查研究中常用的抽样方法以及样本含量的确定。

二、抽样方法

调查分为全面调查和抽样调查两种。全面调查是指对调查对象总体的每一个调查对象逐一调查。全面调查涉及范围广,工作量大,需耗费大量的人力、物力、财力和时间。抽样调查是指在调查对象总体中抽取部分有代表性的调查对象作调查,以样本推断总体。抽样调查时,抽样方法是否正确,是试验材料有无代表性的关键。只有采用正确的抽样方法,样本大小适当,才可在一定置信度下得到有关总体特征的统计结论。动物科学调查研究中,常用的抽样方法有以下几种,可根据具体情况及目的选择应用。

(一)完全随机抽样

完全随机抽样是最简单和最常用的一种抽样方法,其基本原则是被调查对象总体中的每一个个体被抽作样本的机会完全相等。具体方法有多种,如样本数量少时常用抽签,样本数量较多时用随机数字表进行抽样。总之,完全随机抽样是将调查对象总体中每一个个体逐一编号,用抽签法或随机数字法随机抽取若干个调查对象组成样本。例如,欲抽样调查某奶牛场奶牛的泌乳性能,将该养殖场奶牛逐一编号,用抽签法或随机数字法进行抽样,达到所需样本含量的奶牛数。完全随机抽样操作简单、使用方便,适用于均匀程度较好的调查对象总体。

(二)顺序抽样

顺序抽样也称为系统抽样或机械抽样。将调查对象总体中每一个调查对象逐一编号,根据调查所需的样本含量每隔一定数目抽取一个调查对象。例如,欲了解200头犊牛体重,准备抽取20头作为样本来称重。第一,先将200头犊牛逐个编号;第二,从1~10中随机选取第一个调查编号,例如随机选取5;第三,将编号为5,15,25,…,195的20头犊牛抽取出来组成样本进行称重,以推断总体。顺序抽样简便易行,适用于分布均匀的调查对象总体。

(三)分等按比例随机抽样

分等按比例随机抽样也称为分层按比例随机抽样,这种方法是在前期已初步了解所研究总体的基本状况的基础上,根据某些特征或变异原因将调查对象总体划分为若干等次(层次),并且了解每一个层次约占总体比例是多少时采用的。抽样时,首先根据调查样本含量和各等次的构成比计算出在各等次内抽取的调查对象数目,然后按照计算的结果在各等次内随机抽取调查对象,最后合并各等次随机抽取的调查对象即构成调查样本。例如,调查某品种山羊产乳量,计划抽取200只作为样本测定,根据事先了解,将分布区域按质量分为三层。已知质量好的区占总体的30%,为第一层;中等区占总体的50%,为第二层;较差的区占总体的20%,为第三层。采用分等按比例随机抽样,可在第一层随机抽取200×30%=60只,第二层随机抽取200×50%=100只,第三层随机抽取200×20%=40只,将在这3层随机抽取的60只、100只、40只山羊合在一起共200只构成调查样本。分等按比例随机抽样能有效降低抽样误差,适用于分布不太均匀或差异较大的调查对象总体。但如果分层不正确或各层数量所占比例不恰当,也会影响抽样的准确性。

(四)随机群组抽样

将调查对象总体划分成若干个群组,以群组为单位随机抽样。即每次抽取的不是一个调查对象,而是一个群组。每次抽取的群组可大小不等,对被抽取群组的每一个调查对象逐一调查。例如,要研究某品种猪的产仔数,则可将该品种分布区域划为若干小区(如猪场等),随机抽取某些小区作为样本,对所抽到的小区母猪进行逐个统计记载,以估计整个品种母猪的产仔数。随机群组抽样容易组织,节省人力、物力,适用于差异较大、分布不太均匀的调查对象总体。

(五)多级随机抽样

将调查对象总体逐级划分抽样单位,多级随机抽样。例如,调查某市乳牛1胎305 d产奶量,将该市乳牛总体划分为三级抽样单位:农场为初级抽样单位,分场为二级抽样单位,乳牛为三级抽样单位。即在该市随机抽取若干个农场,从抽取的每个农场中随机抽取若干个分场,从抽取的每个分场中随机抽取若干头乳牛。此例为三级随机抽样。若调查对象总体很大且调查对象总体可以逐级划分抽样单位时,常采用多级随机抽样。多级随机抽样可以估计各级的抽样误差、探讨合理的抽样方案。

三、抽样调查中样本含量的确定

抽样调查的样本含量不宜太大,也不宜太小。从调查的精确性来讲,增加样本含量可以降低试验误差,但是随着样本含量的增加,所耗费的人力、物力、财力和时间也越多。因此,这就要求在调查时确定出在一定精确度容许范围内,能最大可能地节省人力、物力、财力和时间的样本含量。下面介绍抽样调查样本含量的确定方法。

(一)平均数抽样调查样本含量的确定

若调查的目的是对服从正态分布的总体平均数作出估计,根据单个样本平均数假设检验(t检验)t值的计算公式推导出样本含量n的计算公式为:

$$n = \frac{t_\alpha^2 S^2}{d^2} \tag{12-10}$$

其中,t_α为自由度$df = n-1$、两尾概率为α的临界t值;S为调查指标的标准差,根据以往经验或小型调查计算;d为允许误差($\bar{x}-\mu$);$1-\alpha$为置信度。首次计算时以$df = \infty$,两尾概率为α的临界t值t_α代入式(12-10)计算样本含量n,若$n < 30$,则以$df = n-1$,两尾概率为α的临界t值t_α代入式(12-10)再计算样本含量,直到样本含量n稳定为止。

【例12.4】对宁乡猪初产母猪妊娠90天的活体背膘厚进行调查,已测得宁乡猪初产母猪活体背膘厚的标准差$S = 5.87$ mm,若置信度为$1-\alpha = 0.95$,允许误差为1.02 mm,那么需要调查多少头宁乡猪初产母猪?

解:依题意,已知$1-\alpha = 0.95$,将$S = 5.87$,$d = 1.02$,$t_{0.05(\infty)} = 1.96$代入式(12-10)计算样本含量n,结果为:

$$n = \frac{t_\alpha^2 S^2}{d^2} = \frac{1.96^2 \times 5.87^2}{1.02^2} \approx 127$$

需要调查127头宁乡猪初产母猪,才能以95%的置信度使抽样调查所得的宁乡猪初产母猪妊娠90天活体背膘厚平均数的允许误差不超过1.02 mm。

(二)百分数抽样调查样本含量的确定

若调查的目的是对服从二项分布的总体百分数作出估计,根据单个总体百分数假设检验(z检验)z值的计算公式推导出样本含量n的计算公式为:

$$n = \frac{z_\alpha^2 pq}{\delta^2} \tag{12-11}$$

其中,p为已知总体百分数;$q = 1-p$;z_α为两尾概率为α的临界z值:$z_{0.05} = 1.96$,$z_{0.01} = 2.58$;δ为允许误差($\hat{p}-p$);$1-\alpha$为置信度。若总体百分数p未知,可先调查一个样本估计,或令$p = 0.5$进行计算。

【例12.5】调查研究某地区荷斯坦奶牛乳腺炎感染率,已知荷斯坦奶牛乳腺炎感染率通常为8%,若允许误差为2%,置信度为$1-\alpha = 0.95$,试计算需要调查多少头荷斯坦奶牛。

解:依题意,将$p = 0.08$,$q = 1-p = 1-0.08 = 0.92$,$\delta = 0.02$,$z_{0.05} = 1.96$代入式(12-11)计算样本含量n,结果为:

$$n = \frac{z_\alpha^2 pq}{\delta^2} = \frac{1.96^2 \times 0.08 \times 0.92}{0.02^2} \approx 707$$

需要调查707头荷斯坦奶牛,才能以95%的置信度使调查所得的某地区荷斯坦奶牛乳腺炎感染率允许误差不超过2%。

拓展阅读

　　扫码进行本章内容相关的PPT课件、知识图谱、章节测验、相关拓展资料等数字资源的获取和学习。

思考与练习题

　　(1)动物试验研究有什么特点?

　　(2)什么叫试验设计? 拟定动物试验计划时应考虑哪些问题? 为什么?

　　(3)在调查研究中,常用的抽样方法有哪些? 各有什么优缺点?

　　(4)假设在某地进行仔猪断奶体重的初步调查,根据以前了解的情况,已知$S=3.67$ kg。今欲制定一个调查方案,要求调查精度在95%以上,允许误差不超过0.5 kg,那么样本含量以多少头为宜?

　　(5)比较大白猪的初产与经产仔猪的平均初生重,根据以往经验,差异标准差为0.15 kg,希望试验结果平均差值在0.1 kg内测出差异显著性,需要多少头大白猪才能满足要求?

　　(6)比较大白猪与荣昌猪经产仔猪的平均初生重,根据以往经验,样本标准差为0.05 kg,希望试验结果平均差值在0.05 kg内能测出差异显著性,需要抽测多少头大白猪与荣昌猪?

附录　常用数理统计表

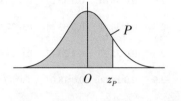

附表1　标准正态分布表

$$\Phi(z)=\int_{-\infty}^{z}\frac{1}{\sqrt{2\pi}}e^{-\frac{z^2}{2}}dz,\ -\infty<z<+\infty$$

z	0	0.01	0.02	0.03	0.04	0.05	0.06	0.07	0.08	0.09	z
0	0.5	0.496	0.492	0.488	0.484	0.480 1	0.476 1	0.472 1	0.468 1	0.464 1	0
−0.1	0.460 2	0.456 2	0.452 2	0.448 3	0.444 3	0.440 4	0.436 4	0.432 5	0.428 6	0.424 7	−0.1
−0.2	0.420 7	0.416 8	0.412 9	0.409	0.405 2	0.401 3	0.397 4	0.393 6	0.389 7	0.385 9	−0.2
−0.3	0.382 1	0.378 3	0.374 5	0.370 7	0.366 9	0.363 2	0.359 4	0.355 7	0.352	0.348 3	−0.3
−0.4	0.344 6	0.340 9	0.337 2	0.333 6	0.33	0.326 4	0.322 8	0.319 2	0.315 6	0.312 1	−0.4
−0.5	0.308 5	0.305	0.301 5	0.298 1	0.294 6	0.291 2	0.287 7	0.284 3	0.281	0.277 6	−0.5
−0.6	0.274 3	0.270 9	0.267 6	0.264 3	0.261 1	0.257 8	0.254 6	0.251 4	0.248 3	0.245 1	−0.6
−0.7	0.242	0.238 9	0.235 8	0.232 7	0.229 7	0.226 6	0.223 6	0.220 6	0.217 7	0.214 8	−0.7
−0.8	0.211 9	0.209	0.206 1	0.203 3	0.200 5	0.197 7	0.194 9	0.192 2	0.189 4	0.186 7	−0.8
−0.9	0.184 1	0.181 4	0.178 8	0.176 2	0.173 6	0.171 1	0.168 5	0.166	0.163 5	0.161 1	−0.9
−1	0.158 7	0.156 2	0.153 9	0.151 5	0.149 2	0.146 9	0.144 6	0.142 3	0.140 1	0.137 9	−1
−1.1	0.135 7	0.133 5	0.131 4	0.129 2	0.127 1	0.125 1	0.123	0.121	0.119	0.117	−1.1
−1.2	0.115 1	0.113 1	0.111 2	0.109 3	0.107 5	0.105 6	0.103 8	0.102	0.100 3	0.098 53	−1.2
−1.3	0.096 8	0.095 1	0.093 42	0.091 76	0.090 12	0.088 51	0.086 91	0.085 34	0.083 79	0.082 26	−1.3
−1.4	0.080 76	0.079 27	0.077 8	0.076 36	0.074 93	0.073 53	0.072 15	0.070 78	0.069 44	0.068 11	−1.4
−1.5	0.066 81	0.065 52	0.064 26	0.063 01	0.061 78	0.060 57	0.059 38	0.058 21	0.057 05	0.055 92	−1.5
−1.6	0.054 8	0.053 7	0.052 62	0.051 55	0.050 5	0.049 47	0.048 46	0.047 46	0.046 48	0.045 51	−1.6
−1.7	0.044 57	0.043 63	0.042 72	0.041 82	0.040 93	0.040 06	0.039 2	0.038 36	0.037 54	0.036 73	−1.7
−1.8	0.035 93	0.035 15	0.034 38	0.033 62	0.032 88	0.032 16	0.031 44	0.030 74	0.030 05	0.029 38	−1.8
−1.9	0.028 72	0.028 07	0.027 43	0.026 8	0.026 19	0.025 59	0.025	0.024 42	0.023 85	0.023 3	−1.9
−2	0.022 75	0.022 22	0.021 69	0.021 18	0.020 68	0.020 18	0.019 7	0.019 23	0.018 76	0.018 31	−2
−2.1	0.017 86	0.017 43	0.017	0.016 59	0.016 18	0.015 78	0.015 39	0.015	0.014 63	0.014 26	−2.1
−2.2	0.013 9	0.013 55	0.013 21	0.012 87	0.012 55	0.012 22	0.011 91	0.011 6	0.011 3	0.011 01	−2.2
−2.3	0.010 72	0.010 44	0.010 17	$0.0^2 99\ 03$	$0.0^2 96\ 42$	$0.0^2 93\ 87$	$0.0^2 91\ 37$	$0.0^2 88\ 94$	$0.0^2 86\ 56$	$0.0^2 84\ 24$	−2.3

续表

z	0	0.01	0.02	0.03	0.04	0.05	0.06	0.07	0.08	0.09	z
-2.4	$0.0^2 81\ 98$	$0.0^2 79\ 76$	$0.0^2 77\ 6$	$0.0^2 75\ 49$	$0.0^2 73\ 44$	$0.0^2 71\ 43$	$0.0^2 69\ 47$	$0.0^2 67\ 56$	$0.0^2 65\ 69$	$0.0^2 63\ 87$	-2.4
-2.5	$0.0^2 62\ 1$	$0.0^2 60\ 37$	$0.0^2 58\ 68$	$0.0^2 57\ 03$	$0.0^2 55\ 43$	$0.0^2 53\ 86$	$0.0^2 52\ 34$	$0.0^2 50\ 85$	$0.0^2 49\ 4$	$0.0^2 47\ 99$	-2.5
-2.6	$0.0^2 46\ 61$	$0.0^2 45\ 27$	$0.0^2 43\ 96$	$0.0^2 42\ 69$	$0.0^2 41\ 45$	$0.0^2 40\ 25$	$0.0^2 39\ 07$	$0.0^2 37\ 93$	$0.0^2 36\ 81$	$0.0^2 35\ 73$	-2.6
-2.7	$0.0^2 34\ 67$	$0.0^2 33\ 64$	$0.0^2 32\ 64$	$0.0^2 31\ 67$	$0.0^2 30\ 72$	$0.0^2 29\ 8$	$0.0^2 28\ 9$	$0.0^2 28\ 03$	$0.0^2 27\ 18$	$0.0^2 26\ 35$	-2.7
-2.8	$0.0^2 25\ 55$	$0.0^2 24\ 77$	$0.0^2 24\ 01$	$0.0^2 23\ 27$	$0.0^2 22\ 56$	$0.0^2 21\ 86$	$0.0^2 21\ 18$	$0.0^2 20\ 52$	$0.0^2 19\ 88$	$0.0^2 19\ 26$	-2.8
-2.9	$0.0^2 18\ 66$	$0.0^2 18\ 07$	$0.0^2 17\ 5$	$0.0^2 16\ 95$	$0.0^2 16\ 41$	$0.0^2 15\ 89$	$0.0^2 15\ 38$	$0.0^2 14\ 89$	$0.0^2 14\ 41$	$0.0^2 13\ 95$	-2.9
-3	$0.0^2 13\ 5$	$0.0^2 13\ 06$	$0.0^2 12\ 64$	$0.0^2 12\ 23$	$0.0^2 11\ 83$	$0.0^2 11\ 44$	$0.0^2 11\ 07$	$0.0^2 10\ 7$	$0.0^2 10\ 35$	$0.0^2 10\ 01$	-3
-3.1	$0.0^3 96\ 76$	$0.0^3 93\ 54$	$0.0^3 90\ 43$	$0.0^3 87\ 4$	$0.0^3 84\ 47$	$0.0^3 81\ 64$	$0.0^3 78\ 88$	$0.0^3 76\ 22$	$0.0^3 73\ 64$	$0.0^3 71\ 14$	-3.1
-3.2	$0.0^3 68\ 71$	$0.0^3 66\ 37$	$0.0^3 64\ 1$	$0.0^3 61\ 9$	$0.0^3 59\ 76$	$0.0^3 57\ 7$	$0.0^3 55\ 71$	$0.0^3 53\ 77$	$0.0^3 51\ 9$	$0.0^3 50\ 09$	-3.2
-3.3	$0.0^3 48\ 34$	$0.0^3 46\ 65$	$0.0^3 45\ 01$	$0.0^3 43\ 42$	$0.0^3 41\ 89$	$0.0^3 40\ 41$	$0.0^3 38\ 97$	$0.0^3 37\ 58$	$0.0^3 36\ 24$	$0.0^3 34\ 95$	-3.3
-3.4	$0.0^3 33\ 69$	$0.0^3 32\ 48$	$0.0^3 31\ 31$	$0.0^3 30\ 18$	$0.0^3 29\ 09$	$0.0^3 28\ 03$	$0.0^3 27\ 01$	$0.0^3 26\ 02$	$0.0^3 25\ 07$	$0.0^3 24\ 15$	-3.4
-3.5	$0.0^3 23\ 26$	$0.0^3 22\ 41$	$0.0^3 21\ 58$	$0.0^3 20\ 78$	$0.0^3 20\ 01$	$0.0^3 19\ 26$	$0.0^3 18\ 54$	$0.0^3 17\ 85$	$0.0^3 17\ 18$	$0.0^3 16\ 53$	-3.5
-3.6	$0.0^3 15\ 91$	$0.0^3 15\ 31$	$0.0^3 14\ 73$	$0.0^3 14\ 17$	$0.0^3 13\ 63$	$0.0^3 13\ 11$	$0.0^3 12\ 61$	$0.0^3 12\ 13$	$0.0^3 11\ 66$	$0.0^3 11\ 21$	-3.6
-3.7	$0.0^3 10\ 78$	$0.0^3 10\ 36$	$0.0^4 99\ 61$	$0.0^4 95\ 74$	$0.0^4 92\ 01$	$0.0^4 88\ 42$	$0.0^4 84\ 96$	$0.0^4 81\ 62$	$0.0^4 78\ 41$	$0.0^4 75\ 32$	-3.7
-3.8	$0.0^4 72\ 35$	$0.0^4 69\ 48$	$0.0^4 66\ 73$	$0.0^4 64\ 07$	$0.0^4 61\ 52$	$0.0^4 59\ 06$	$0.0^4 56\ 69$	$0.0^4 54\ 42$	$0.0^4 52\ 23$	$0.0^4 50\ 12$	-3.8
-3.9	$0.0^4 48\ 1$	$0.0^4 46\ 15$	$0.0^4 44\ 27$	$0.0^4 42\ 47$	$0.0^4 40\ 74$	$0.0^4 39\ 08$	$0.0^4 37\ 47$	$0.0^4 35\ 94$	$0.0^4 34\ 46$	$0.0^4 33\ 04$	-3.9
-4	$0.0^4 31\ 67$	$0.0^4 30\ 36$	$0.0^4 29\ 1$	$0.0^4 27\ 89$	$0.0^4 26\ 73$	$0.0^4 25\ 61$	$0.0^4 24\ 54$	$0.0^4 23\ 51$	$0.0^4 22\ 52$	$0.0^4 21\ 57$	-4
-4.1	$0.0^4 20\ 66$	$0.0^4 19\ 78$	$0.0^4 18\ 94$	$0.0^4 18\ 14$	$0.0^4 17\ 37$	$0.0^4 16\ 62$	$0.0^4 15\ 91$	$0.0^4 15\ 23$	$0.0^4 14\ 58$	$0.0^4 13\ 95$	-4.1
-4.2	$0.0^4 13\ 35$	$0.0^4 12\ 77$	$0.0^4 12\ 22$	$0.0^4 11\ 68$	$0.0^4 11\ 18$	$0.0^4 10\ 69$	$0.0^5 10\ 22$	$0.0^5 97\ 74$	$0.0^5 93\ 45$	$0.0^5 89\ 34$	-4.2
-4.3	$0.0^5 85\ 4$	$0.0^5 81\ 63$	$0.0^5 78\ 01$	$0.0^5 74\ 55$	$0.0^5 71\ 24$	$0.0^5 68\ 07$	$0.0^5 65\ 03$	$0.0^5 62\ 12$	$0.0^5 59\ 34$	$0.0^5 56\ 68$	-4.3
-4.4	$0.0^5 54\ 13$	$0.0^5 51\ 69$	$0.0^5 49\ 35$	$0.0^5 47\ 12$	$0.0^5 44\ 98$	$0.0^5 42\ 94$	$0.0^5 40\ 98$	$0.0^5 39\ 11$	$0.0^5 37\ 32$	$0.0^5 35\ 61$	-4.4
-4.5	$0.0^5 33\ 98$	$0.0^5 32\ 41$	$0.0^5 30\ 92$	$0.0^5 29\ 49$	$0.0^5 28\ 13$	$0.0^5 26\ 82$	$0.0^5 25\ 58$	$0.0^5 24\ 39$	$0.0^5 23\ 25$	$0.0^5 22\ 16$	-4.5
-4.6	$0.0^5 21\ 12$	$0.0^5 20\ 13$	$0.0^5 19\ 19$	$0.0^5 18\ 28$	$0.0^5 17\ 42$	$0.0^5 16\ 6$	$0.0^5 15\ 81$	$0.0^5 15\ 06$	$0.0^5 14\ 34$	$0.0^5 13\ 66$	-4.6
-4.7	$0.0^5 13\ 01$	$0.0^5 12\ 39$	$0.0^5 11\ 79$	$0.0^5 11\ 23$	$0.0^5 10\ 69$	$0.0^5 10\ 17$	$0.0^6 96\ 3$	$0.0^6 92\ 11$	$0.0^6 87\ 65$	$0.0^6 83\ 39$	-4.7
-4.8	$0.0^6 79\ 33$	$0.0^6 75\ 47$	$0.0^6 71\ 78$	$0.0^6 68\ 27$	$0.0^6 64\ 92$	$0.0^6 61\ 73$	$0.0^6 58\ 69$	$0.0^6 55\ 8$	$0.0^6 53\ 04$	$0.0^6 50\ 42$	-4.8
-4.9	$0.0^6 47\ 92$	$0.0^6 45\ 54$	$0.0^6 43\ 27$	$0.0^6 41\ 11$	$0.0^6 39\ 06$	$0.0^6 37\ 11$	$0.0^6 35\ 25$	$0.0^6 33\ 48$	$0.0^6 31\ 79$	$0.0^6 30\ 19$	-4.9

$$\Phi(z)=\int_{-\infty}^{z}\frac{1}{\sqrt{2\pi}}\mathrm{e}^{-\frac{z^2}{2}}\mathrm{d}z,\ -\infty<z<+\infty$$

z	0	0.01	0.02	0.03	0.04	0.05	0.06	0.07	0.08	0.09	z
0	0.5	0.504	0.508	0.512	0.516	0.519 9	0.523 9	0.527 9	0.531 9	0.535 9	0
0.1	0.539 8	0.543 8	0.547 8	0.551 7	0.555	0.559 6	0.563 6	0.567 5	0.571 4	0.575 3	0.1
0.2	0.579 3	0.583 2	0.587 1	0.591	0.594 8	0.598 7	0.602 6	0.606 4	0.610 3	0.614 1	0.2
0.3	0.617 9	0.621 7	0.625 5	0.629 3	0.633 1	0.636 8	0.640 6	0.644 3	0.648	0.651 7	0.3
0.4	0.655 4	0.659 1	0.662 8	0.666 4	0.67	0.673 6	0.677 2	0.680 8	0.684 4	0.687 9	0.4
0.5	0.691 5	0.695	0.698 5	0.701 9	0.705 4	0.708 8	0.712 3	0.715 7	0.719	0.722 4	0.5
0.6	0.725 7	0.729 1	0.732 4	0.735 7	0.738 9	0.742 2	0.745 4	0.748 6	0.751 7	0.754 9	0.6
0.7	0.758	0.761 1	0.764 2	0.767 3	0.770 3	0.773 4	0.776 4	0.779 4	0.782 3	0.785 2	0.7
0.8	0.788 1	0.791	0.793 9	0.796 7	0.799 5	0.802 3	0.805 1	0.807 8	0.810 6	0.813 3	0.8
0.9	0.815 9	0.818 6	0.821 2	0.823 8	0.826 4	0.828 9	0.831 5	0.834	0.836 5	0.838 9	0.9
1	0.841 3	0.843 8	0.846 1	0.848 5	0.850 8	0.853 1	0.855 4	0.857 7	0.859 9	0.862 1	1
1.1	0.864 3	0.866 5	0.868 6	0.870 8	0.872 9	0.874 9	0.877	0.879	0.881	0.883	1.1
1.2	0.884 9	0.886 9	0.888 8	0.890 7	0.892 5	0.894 4	0.896 2	0.898	0.899 7	0.901 47	1.2
1.3	0.903 2	0.904 9	0.906 58	0.908 24	0.909 88	0.911 49	0.913 09	0.914 66	0.916 21	0.917 74	1.3
1.4	0.919 24	0.920 73	0.922 2	0.923 64	0.925 07	0.926 47	0.927 85	0.929 22	0.930 56	0.931 89	1.4
1.5	0.933 19	0.934 48	0.935 74	0.936 99	0.938 22	0.939 43	0.940 62	0.941 79	0.942 95	0.944 08	1.5
1.6	0.945 2	0.946 3	0.947 38	0.948 45	0.949 5	0.950 53	0.951 54	0.952 54	0.953 52	0.954 49	1.6
1.7	0.955 43	0.956 37	0.957 28	0.958 18	0.959 07	0.959 94	0.960 8	0.961 64	0.962 46	0.963 27	1.7
1.8	0.964 07	0.964 85	0.965 62	0.966 38	0.967 12	0.967 84	0.968 56	0.969 26	0.969 95	0.970 62	1.8
1.9	0.971 28	0.971 93	0.972 57	0.973 2	0.973 81	0.974 41	0.975	0.975 58	0.976 15	0.976 7	1.9
2	0.977 25	0.977 78	0.978 31	0.978 82	0.979 32	0.979 82	0.980 3	0.980 77	0.981 24	0.981 69	2
2.1	0.982 14	0.982 57	0.983	0.983 41	0.983 82	0.984 22	0.984 61	0.985	0.985 37	0.985 74	2.1
2.2	0.986 1	0.986 45	0.986 79	0.987 13	0.987 45	0.987 78	0.988 09	0.988 4	0.988 7	0.988 99	2.2
2.3	0.989 28	0.989 56	0.989 83	$0.9^2$00 97	$0.9^2$03 58	$0.9^2$06 13	$0.9^2$08 63	$0.9^2$11 06	$0.9^2$13 44	$0.9^2$15 76	2.3
2.4	$0.9^2$18 02	$0.9^2$20 24	$0.9^2$22 4	$0.9^2$24 51	$0.9^2$26 56	$0.9^2$28 57	$0.9^2$30 53	$0.9^2$32 44	$0.9^2$34 31	$0.9^2$36 13	2.4
2.5	$0.9^2$37 9	$0.9^2$39 63	$0.9^2$41 32	$0.9^2$42 97	$0.9^2$44 57	$0.9^2$46 14	$0.9^2$47 66	$0.9^2$48 15	$0.9^2$50 6	$0.9^2$52 01	2.5
2.6	$0.9^2$53 39	$0.9^2$54 73	$0.9^2$56 04	$0.9^2$57 31	$0.9^2$58 55	$0.9^2$59 75	$0.9^2$60 93	$0.9^2$62 07	$0.9^2$63 19	$0.9^2$64 27	2.6
2.7	$0.9^2$65 33	$0.9^2$66 36	$0.9^2$67 36	$0.9^2$68 33	$0.9^2$69 28	$0.9^2$70 2	$0.9^2$71 1	$0.9^2$71 97	$0.9^2$72 82	$0.9^2$73 65	2.7
2.8	$0.9^2$74 45	$0.9^2$75 23	$0.9^2$75 99	$0.9^2$76 73	$0.9^2$77 44	$0.9^2$78 14	$0.9^2$78 82	$0.9^2$79 48	$0.9^2$80 12	$0.9^2$80 74	2.8
2.9	$0.9^2$81 34	$0.9^2$81 93	$0.9^2$82 5	$0.9^2$83 05	$0.9^2$83 59	$0.9^2$84 11	$0.9^2$84 62	$0.9^2$85 11	$0.9^2$85 59	$0.9^2$86 05	2.9
3	$0.9^2$86 5	$0.9^2$86 94	$0.9^2$87 36	$0.9^2$87 77	$0.9^2$88 17	$0.9^2$88 56	$0.9^2$88 93	$0.9^2$89 3	$0.9^2$89 65	$0.9^2$89 99	3

续表

z	0	0.01	0.02	0.03	0.04	0.05	0.06	0.07	0.08	0.09	z
3.1	$0.9^3$03 24	$0.9^3$06 46	$0.9^3$09 57	$0.9^3$12 6	$0.9^3$15 53	$0.9^3$18 36	$0.9^3$21 12	$0.9^3$23 78	$0.9^3$26 36	$0.9^3$28 86	3.1
3.2	$0.9^3$31 29	$0.9^3$33 63	$0.9^3$35 9	$0.9^3$38 1	$0.9^3$40 24	$0.9^3$42 3	$0.9^3$44 29	$0.9^3$46 23	$0.9^3$48 1	$0.9^3$49 91	3.2
3.3	$0.9^3$51 66	$0.9^3$53 35	$0.9^3$54 99	$0.9^3$56 58	$0.9^3$58 11	$0.9^3$59 59	$0.9^3$61 03	$0.9^3$62 42	$0.9^3$63 76	$0.9^3$65 05	3.3
3.4	$0.9^3$66 31	$0.9^3$67 52	$0.9^3$69 69	$0.9^3$69 82	$0.9^3$70 91	$0.9^3$71 97	$0.9^3$72 99	$0.9^3$73 98	$0.9^3$74 93	$0.9^3$75 85	3.4
3.5	$0.9^3$76 74	$0.9^3$77 59	$0.9^3$78 42	$0.9^3$79 22	$0.9^3$79 99	$0.9^3$80 74	$0.9^3$81 46	$0.9^3$82 15	$0.9^3$82 82	$0.9^3$83 47	3.5
3.6	$0.9^3$84 09	$0.9^3$84 69	$0.9^3$85 27	$0.9^3$85 83	$0.9^3$86 37	$0.9^3$86 89	$0.9^3$87 39	$0.9^3$87 87	$0.9^3$88 34	$0.9^3$88 79	3.6
3.7	$0.9^3$89 22	$0.9^3$89 64	$0.9^4$00 39	$0.9^4$04 26	$0.9^4$07 99	$0.9^4$11 58	$0.9^4$15 04	$0.9^4$18 38	$0.9^4$21 59	$0.9^4$24 68	3.7
3.8	$0.9^4$27 65	$0.9^4$30 52	$0.9^4$33 27	$0.9^4$35 93	$0.9^4$38 48	$0.9^4$40 94	$0.9^4$43 31	$0.9^4$45 58	$0.9^4$47 77	$0.9^4$49 83	3.8
3.9	$0.9^4$51 9	$0.9^4$53 85	$0.9^4$55 73	$0.9^4$57 53	$0.9^4$59 26	$0.9^4$60 92	$0.9^4$62 53	$0.9^4$64 06	$0.9^4$65 54	$0.9^4$66 96	3.9
4	$0.9^4$68 33	$0.9^4$69 64	$0.9^4$70 9	$0.9^4$72 11	$0.9^4$73 27	$0.9^4$74 39	$0.9^4$75 46	$0.9^4$76 49	$0.9^4$77 48	$0.9^4$78 43	4
4.1	$0.9^4$79 34	$0.9^4$80 22	$0.9^4$81 06	$0.9^4$81 86	$0.9^4$82 63	$0.9^4$83 38	$0.9^4$84 09	$0.9^4$84 77	$0.9^4$85 42	$0.9^4$86 05	4.1
4.2	$0.9^4$86 65	$0.9^4$87 23	$0.9^4$87 78	$0.9^4$88 32	$0.9^4$88 82	$0.9^4$89 31	$0.9^4$89 78	$0.9^5$02 26	$0.9^5$06 55	$0.9^5$10 66	4.2
4.3	$0.9^5$14 6	$0.9^5$18 37	$0.9^5$21 99	$0.9^5$25 45	$0.9^5$28 76	$0.9^5$31 93	$0.9^5$34 97	$0.9^5$37 88	$0.9^5$40 66	$0.9^5$43 32	4.3
4.4	$0.9^5$45 87	$0.9^5$48 31	$0.9^5$50 65	$0.9^5$52 88	$0.9^5$55 02	$0.9^5$57 06	$0.9^5$59 02	$0.9^5$60 89	$0.9^5$62 68	$0.9^5$64 39	4.4
4.5	$0.9^5$66 02	$0.9^5$67 59	$0.9^5$69 08	$0.9^5$70 51	$0.9^5$71 87	$0.9^5$73 18	$0.9^5$74 42	$0.9^5$75 61	$0.9^5$76 75	$0.9^5$77 84	4.5
4.6	$0.9^5$78 88	$0.9^5$79 87	$0.9^5$80 81	$0.9^5$81 72	$0.9^5$82 58	$0.9^5$83 4	$0.9^5$84 19	$0.9^5$84 94	$0.9^5$85 66	$0.9^5$86 34	4.6
4.7	$0.9^5$86 99	$0.9^5$87 61	$0.9^5$88 21	$0.9^5$88 77	$0.9^5$89 31	$0.9^5$89 83	$0.9^6$03 2	$0.9^6$07 89	$0.9^6$12 35	$0.9^6$16 61	4.7
4.8	$0.9^6$20 67	$0.9^6$24 53	$0.9^6$28 22	$0.9^6$31 73	$0.9^6$35 08	$0.9^6$38 27	$0.9^6$41 31	$0.9^6$44 2	$0.9^6$46 96	$0.9^6$49 58	4.8
4.9	$0.9^6$52 08	$0.9^6$54 46	$0.9^6$56 73	$0.9^6$58 89	$0.9^6$60 94	$0.9^6$62 89	$0.9^6$64 75	$0.9^6$66 52	$0.9^6$68 21	$0.9^6$69 81	4.9

附表2 标准正态分布的双侧分位数 z_α 值表

p	p									
	0.01	0.02	0.03	0.04	0.05	0.06	0.07	0.08	0.09	0.10
0.0	2.575 829	2.326 348	2.170 090	2.053 749	1.959 964	1.880 794	1.811 911	1.750 686	1.695 398	1.644 854
0.1	1.598 193	1.554 774	1.514 102	1.475 791	1.439 531	1.405 072	1.372 204	1.340 755	1.310 579	1.231 552
0.2	1.253 565	1.226 528	1.200 359	1.174 987	1.150 349	1.126 391	1.103 063	1.080 319	1.058 122	1.036 433
0.3	1.015 222	0.994 458	0.974 114	0.954 165	0.934 589	0.915 365	0.896 473	0.877 896	0.859 617	0.841 621
0.4	0.823 894	0.806 421	0.789 192	0.772 193	0.755 415	0.738 847	0.722 479	0.706 303	0.690 309	0.674 490
0.5	0.658 838	0.643 345	0.628 006	0.612 813	0.597 760	0.582 841	0.568 051	0.553 385	0.538 836	0.524 401
0.6	0.510 073	0.495 850	0.481 727	0.467 699	0.453 762	0.439 913	0.426 148	0.412 463	0.398 855	0.385 320
0.7	0.371 856	0.358 459	0.345 125	0.331 853	0.318 639	0.305 481	0.292 375	0.279 319	0.266 311	0.253 347
0.8	0.240 426	0.227 545	0.214 702	0.201 893	0.189 118	0.176 374	0.163 658	0.150 969	0.138 304	0.125 661
0.9	0.113 039	0.100 434	0.087 845	0.075 270	0.062 707	0.050 154	0.037 608	0.025 069	0.012 533	0.000 000

附表3 t 值表（两尾）

自由度 df	概率 p						
	0.500	0.200	0.100	0.050	0.025	0.010	0.005
1	1.000	3.078	6.314	12.706	25.452	63.657	127.321
2	0.816	1.886	2.920	4.303	6.205	9.925	14.089
3	0.765	1.638	2.353	3.182	4.176	5.841	7.453
4	0.741	1.533	2.132	2.776	3.495	4.604	5.598
5	0.727	1.476	2.015	2.571	3.163	4.032	4.773
6	0.718	1.440	1.943	2.447	2.969	3.707	4.317
7	0.711	1.415	1.895	2.365	2.841	3.499	4.029
8	0.706	1.397	1.860	2.306	2.752	3.355	3.832
9	0.703	1.383	1.833	2.262	2.685	3.250	3.690
10	0.700	1.372	1.812	2.228	2.634	3.169	3.581
11	0.697	1.363	1.796	2.201	2.593	3.106	3.497
12	0.695	1.356	1.782	2.179	2.560	3.055	3.428
13	0.694	1.350	1.771	2.160	2.533	3.012	3.372
14	0.692	1.345	1.761	2.145	2.510	2.977	3.326
15	0.691	1.341	1.753	2.131	2.490	2.947	3.286
16	0.690	1.337	1.746	2.120	2.473	2.921	3.252
17	0.689	1.333	1.740	2.110	2.458	2.898	3.222
18	0.688	1.330	1.734	2.101	2.445	2.878	3.197
19	0.688	1.328	1.729	2.093	2.433	2.861	3.174
20	0.687	1.325	1.725	2.086	2.423	2.845	3.153
21	0.686	1.323	1.721	2.080	2.414	2.831	3.135
22	0.686	1.321	1.717	2.074	2.406	2.819	3.119
23	0.685	1.319	1.714	2.069	2.398	2.807	3.104
24	0.685	1.318	1.711	2.064	2.391	2.797	3.090
25	0.684	1.316	1.708	2.060	2.385	2.787	3.078
26	0.684	1.315	1.706	2.056	2.379	2.779	3.067
27	0.684	1.314	1.703	2.052	2.373	2.771	3.056
28	0.683	1.313	1.701	2.048	2.368	2.763	3.047
29	0.683	1.311	1.699	2.045	2.364	2.756	3.038
30	0.683	1.310	1.697	2.042	2.360	2.750	3.030

续表

自由度df	概率p						
	0.500	0.200	0.100	0.050	0.025	0.010	0.005
35	0.682	1.306	1.690	2.030	2.342	2.724	2.996
40	0.681	1.303	1.684	2.021	2.329	2.704	2.971
45	0.680	1.301	1.680	2.014	2.319	2.690	2.952
50	0.680	1.299	1.676	2.008	2.310	2.678	2.937
55	0.679	1.297	1.673	2.004	2.304	2.669	2.925
60	0.679	1.296	1.671	2.000	2.299	2.660	2.915
70	0.678	1.294	1.667	1.994	2.290	2.648	2.899
80	0.678	1.292	1.665	1.989	2.284	2.638	2.887
90	0.677	1.291	1.662	1.986	2.279	2.631	2.878
100	0.677	1.290	1.661	1.982	2.276	2.625	2.871
120	0.677	1.289	1.658	1.980	2.270	2.617	2.860
∞	0.674	1.282	1.645	1.960	2.241	2.576	2.807

附表4 χ² 值表（右尾）

自由度df	概率p									
	0.995	9.990	0.975	0.950	0.900	0.100	0.050	0.025	0.010	0.005
1					0.02	2.71	3.84	5.02	6.63	7.88
2	0.01	0.02	0.05	0.10	0.21	4.61	5.99	7.38	9.21	10.60
3	0.07	0.11	0.22	0.35	0.58	6.25	7.81	9.35	11.34	12.84
4	0.21	0.30	0.48	0.71	1.06	7.78	9.49	11.14	13.28	14.86
5	0.41	0.55	0.83	1.15	1.61	9.24	11.07	12.83	15.09	16.75
6	0.68	0.87	1.24	1.64	2.20	10.64	12.59	14.45	16.81	18.55
7	0.99	1.24	1.69	2.17	2.83	12.02	14.07	16.01	18.48	20.28
8	1.34	1.65	2.18	2.73	3.49	13.36	15.51	17.53	20.09	21.96
9	1.73	2.09	2.70	3.33	4.17	14.68	16.92	19.02	21.69	23.59
10	2.16	2.56	3.25	3.94	4.87	15.99	18.31	20.48	23.21	25.19
11	2.60	3.05	3.82	4.57	5.58	17.28	19.68	21.92	24.72	26.76
12	3.07	3.57	4.40	5.23	6.30	18.55	21.03	23.34	26.22	28.30
13	3.57	4.11	5.01	5.89	7.04	19.81	22.36	24.74	27.69	29.82
14	4.07	4.66	5.63	6.57	7.79	21.06	23.68	26.12	29.14	31.32
15	4.60	5.23	6.27	7.26	8.55	22.31	25.00	27.49	30.58	32.80
16	5.14	5.81	6.91	7.96	9.31	23.54	26.30	28.85	32.00	34.27
17	5.70	6.41	7.56	8.67	10.09	24.77	27.59	30.19	33.41	35.72
18	6.26	7.01	8.23	9.39	10.86	25.99	28.87	31.53	34.81	37.16
19	5.84	7.63	8.91	10.12	11.65	27.20	30.14	32.85	36.19	38.58
20	7.43	8.26	9.59	10.85	12.44	28.41	31.41	34.17	37.57	40.00
21	8.03	8.90	10.28	11.59	13.24	29.62	32.67	35.48	38.93	41.40
22	8.64	9.54	10.98	12.34	14.04	30.81	33.92	36.78	40.29	42.80
23	9.26	10.20	11.69	13.09	14.85	32.01	35.17	38.08	41.64	44.18
24	9.89	10.86	12.40	13.85	15.66	33.20	36.42	39.36	42.98	45.56
25	10.52	11.52	13.12	14.61	16.47	34.38	37.65	40.65	44.31	46.93
26	11.16	12.20	13.84	15.38	17.29	35.56	38.89	41.92	45.61	48.29
27	11.81	12.88	14.57	16.15	18.11	36.74	40.11	43.19	46.96	49.64
28	12.46	13.56	15.31	16.93	18.94	37.92	41.34	44.46	48.28	50.99
29	13.12	14.26	16.05	17.71	19.77	39.09	42.56	45.72	49.59	52.34
30	13.79	14.95	16.79	18.49	20.60	40.26	43.77	46.98	50.89	53.67
40	20.71	22.16	24.43	26.51	29.05	51.80	55.76	59.34	63.69	66.77
50	27.99	29.71	32.36	34.76	37.69	63.17	67.50	71.42	76.15	79.49
60	35.53	37.48	40.48	43.19	46.46	74.40	79.08	83.30	88.38	91.95
70	43.28	45.44	48.76	51.74	55.33	85.53	90.53	95.02	100.42	104.22
80	51.17	53.54	57.15	60.39	64.28	96.58	101.88	106.03	112.33	116.32
90	59.20	61.75	65.65	69.13	73.29	107.56	113.14	118.14	124.12	128.30
100	67.33	70.06	74.22	77.93	82.36	118.50	124.34	129.56	135.81	140.17

附表5 F值表(一尾)

$\alpha = 0.10$

df_2	df_1																		
	1	2	3	4	5	6	7	8	9	10	12	15	20	24	30	40	60	120	∞
1	39.86	49.50	53.59	55.83	57.24	58.20	58.91	59.44	59.86	60.19	60.71	61.22	61.74	62.00	62.26	62.53	62.79	63.06	63.33
2	8.53	9.00	9.16	9.24	9.29	9.33	9.35	9.37	9.38	9.39	9.41	9.42	9.44	9.45	9.46	9.47	9.47	9.48	9.49
3	5.54	5.46	5.39	5.34	5.31	5.28	5.27	5.25	5.24	5.23	5.22	5.20	5.18	5.18	5.17	5.16	5.15	5.14	5.13
4	4.54	4.32	4.19	4.11	4.05	4.01	3.98	3.95	3.94	3.92	3.90	3.87	3.84	3.83	3.82	3.80	3.79	3.78	3.76
5	4.06	3.78	3.62	3.52	3.45	3.40	3.37	3.34	3.32	3.30	3.27	3.24	3.21	3.19	3.17	3.16	3.14	3.12	3.10
6	3.78	3.46	3.29	3.18	3.11	3.05	3.01	2.98	2.96	2.94	2.90	2.87	2.84	2.82	2.80	2.78	2.76	2.74	2.72
7	3.59	3.26	3.07	2.96	2.88	2.83	2.78	2.75	2.72	2.70	2.67	2.63	2.59	2.58	2.56	2.54	2.51	2.49	2.47
8	3.46	3.11	2.92	2.81	2.73	2.67	2.62	2.59	2.56	2.54	2.50	2.46	2.42	2.40	2.38	2.36	2.34	2.32	2.29
9	3.36	3.01	2.81	2.69	2.61	2.55	2.51	2.47	2.44	2.42	2.38	2.34	2.30	2.28	2.25	2.23	2.21	2.18	2.16
10	3.29	2.92	2.73	2.61	2.52	2.46	2.41	2.38	2.35	2.32	2.28	2.24	2.20	2.18	2.16	2.13	2.11	2.08	2.06
11	3.23	2.86	2.66	2.54	2.45	2.39	2.34	2.30	2.27	2.25	2.21	2.17	2.12	2.10	2.08	2.05	2.03	2.00	1.97
12	3.18	2.81	2.61	2.48	2.39	2.33	2.28	2.24	2.21	2.19	2.15	2.10	2.06	2.04	2.01	1.99	1.96	1.93	1.90
13	3.14	2.76	2.56	2.43	2.35	2.28	2.23	2.20	2.16	2.14	2.10	2.05	2.01	1.98	1.96	1.93	1.90	1.88	1.85
14	3.10	2.73	2.52	2.39	2.31	2.24	2.19	2.15	2.12	2.10	2.05	2.01	1.96	1.94	1.91	1.89	1.86	1.83	1.80
15	3.07	2.70	2.49	2.36	2.27	2.21	2.16	2.12	2.09	2.06	2.02	1.97	1.92	1.90	1.87	1.85	1.82	1.79	1.76
16	3.05	2.67	2.46	2.33	2.24	2.18	2.13	2.09	2.06	2.03	1.99	1.94	1.89	1.87	1.84	1.81	1.78	1.75	1.72
17	3.03	2.64	2.44	2.31	2.22	2.15	2.10	2.06	2.03	2.00	1.96	1.91	1.86	1.84	1.81	1.78	1.75	1.72	1.69
18	3.01	2.62	2.42	2.29	2.20	2.13	2.08	2.04	2.00	1.98	1.93	1.89	1.84	1.81	1.78	1.75	1.72	1.69	1.66
19	2.99	2.61	2.40	2.27	2.18	2.11	2.06	2.02	1.98	1.96	1.91	1.86	1.81	1.79	1.76	1.73	1.70	1.67	1.63
20	2.97	2.59	2.38	2.25	2.16	2.09	2.04	2.00	1.96	1.94	1.89	1.84	1.79	1.77	1.74	1.71	1.68	1.64	1.61
21	2.96	2.57	2.36	2.23	2.14	2.08	2.02	1.98	1.95	1.92	1.87	1.83	1.78	1.75	1.72	1.69	1.66	1.62	1.59
22	2.95	2.56	2.35	2.22	2.13	2.06	2.01	1.97	1.93	1.90	1.86	1.81	1.76	1.73	1.70	1.67	1.64	1.60	1.57
23	2.94	2.55	2.34	2.21	2.11	2.05	1.99	1.95	1.92	1.89	1.84	1.80	1.74	1.72	1.69	1.66	1.62	1.59	1.55
24	2.93	2.54	2.33	2.19	2.10	2.04	1.98	1.94	1.91	1.88	1.83	1.78	1.73	1.70	1.67	1.64	1.61	1.57	1.53
25	2.92	2.53	2.32	2.18	2.09	2.02	1.97	1.93	1.89	1.87	1.82	1.77	1.72	1.69	1.66	1.63	1.59	1.56	1.52
26	2.91	2.52	2.31	2.17	2.08	2.01	1.96	1.92	1.88	1.86	1.81	1.76	1.71	1.68	1.65	1.61	1.58	1.54	1.50
27	2.90	2.51	2.30	2.17	2.07	2.00	1.95	1.91	1.87	1.85	1.80	1.75	1.70	1.67	1.64	1.60	1.57	1.53	1.49
28	2.89	2.50	2.29	2.16	2.06	2.00	1.94	1.90	1.87	1.84	1.79	1.74	1.69	1.66	1.63	1.59	1.56	1.52	1.48
29	2.89	2.50	2.28	2.15	2.06	1.99	1.93	1.89	1.86	1.83	1.78	1.73	1.68	1.65	1.62	1.58	1.55	1.51	1.47
30	2.88	2.49	2.28	2.14	2.05	1.98	1.93	1.88	1.85	1.82	1.77	1.72	1.67	1.64	1.61	1.57	1.54	1.50	1.46
40	2.84	2.44	2.23	2.09	2.00	1.93	1.87	1.83	1.79	1.76	1.71	1.66	1.61	1.57	1.54	1.51	1.47	1.42	1.38
60	2.79	2.39	2.18	2.04	1.95	1.87	1.82	1.77	1.74	1.71	1.66	1.60	1.54	1.51	1.48	1.44	1.40	1.35	1.29
120	2.75	2.35	2.13	1.99	1.90	1.82	1.77	1.72	1.68	1.65	1.60	1.55	1.48	1.45	1.41	1.37	1.32	1.26	1.19
∞	2.71	2.30	2.08	1.94	1.85	1.77	1.72	1.67	1.63	1.60	1.55	1.49	1.42	1.38	1.34	1.30	1.24	1.17	1.00

续附表5

$\alpha=0.05$

df_2	df_1																		
	1	2	3	4	5	6	7	8	9	10	12	15	20	24	30	40	60	120	∞
1	161.4	199.5	215.7	224.6	230.2	234.0	236.8	238.9	240.5	241.9	243.9	245.9	248.0	249.1	250.1	251.1	252.2	253.3	254.3
2	18.51	19.00	19.16	19.25	19.30	19.33	19.35	19.37	19.38	19.40	19.41	19.43	19.45	19.45	19.46	19.47	19.48	19.49	19.50
3	10.13	9.55	9.28	9.12	9.01	8.94	8.89	8.85	8.81	8.79	8.74	8.70	8.66	8.64	8.62	8.59	8.57	8.55	8.53
4	7.71	6.94	6.59	6.39	6.26	6.16	6.09	6.04	6.00	5.96	5.91	5.86	5.80	5.77	5.75	5.72	5.69	5.66	5.63
5	6.61	5.79	5.41	5.19	5.05	4.95	4.88	4.82	4.77	4.74	4.68	4.62	4.56	4.53	4.50	4.46	4.43	4.40	4.36
6	5.99	5.14	4.76	4.53	4.39	4.28	4.21	4.15	4.10	4.06	4.00	3.94	3.87	3.84	3.81	3.77	3.74	3.70	3.67
7	5.59	4.74	4.35	4.12	3.97	3.87	3.79	3.73	3.68	3.64	3.57	3.51	3.44	3.41	3.38	3.34	3.30	3.27	3.23
8	5.32	4.46	4.07	3.84	3.69	3.58	3.50	3.44	3.39	3.35	3.28	3.22	3.15	3.12	3.08	3.04	3.01	2.97	2.93
9	5.12	4.26	3.86	3.63	3.48	3.37	3.29	3.23	3.18	3.14	3.07	3.01	2.94	2.90	2.86	2.83	2.79	2.75	2.71
10	4.96	4.10	3.71	3.48	3.33	3.22	3.14	3.07	3.02	2.98	2.91	2.85	2.77	2.74	2.70	2.66	2.62	2.58	2.54
11	4.84	3.98	3.59	3.36	3.20	3.09	3.01	2.95	2.90	2.85	2.79	2.72	2.65	2.61	2.57	2.53	2.49	2.45	2.40
12	4.75	3.89	3.49	3.26	3.11	3.00	2.91	2.85	2.80	2.75	2.69	2.62	2.54	2.51	2.47	2.43	2.38	2.34	2.30
13	4.67	3.81	3.41	3.18	3.03	2.92	2.83	2.77	2.71	2.67	2.60	2.53	2.46	2.42	2.38	2.34	2.30	2.25	2.21
14	4.60	3.74	3.34	3.11	2.96	2.85	2.76	2.70	2.65	2.60	2.53	2.46	2.39	2.35	2.31	2.27	2.22	2.18	2.13
15	4.54	3.68	3.29	3.06	2.90	2.79	2.71	2.64	2.59	2.54	2.48	2.40	2.33	2.29	2.25	2.20	2.16	2.11	2.07
16	4.49	3.63	3.24	3.01	2.85	2.74	2.66	2.59	2.54	2.49	2.42	2.35	2.28	2.24	2.19	2.15	2.11	2.06	2.01
17	4.45	3.59	3.20	2.96	2.81	2.70	2.61	2.55	2.49	2.45	2.38	2.31	2.23	2.19	2.15	2.10	2.06	2.01	1.96
18	4.41	3.55	3.16	2.93	2.77	2.66	2.58	2.51	2.46	2.41	2.34	2.27	2.19	2.15	2.11	2.06	2.02	1.97	1.92
19	4.38	3.52	3.13	2.90	2.74	2.63	2.54	2.48	2.42	2.38	2.31	2.23	2.16	2.11	2.07	2.03	1.98	1.93	1.88
20	4.35	3.49	3.10	2.87	2.71	2.60	2.51	2.45	2.39	2.35	2.28	2.20	2.12	2.08	2.04	1.99	1.95	1.90	1.84
21	4.32	3.47	3.07	2.84	2.68	2.57	2.49	2.42	2.37	2.32	2.25	2.18	2.10	2.05	2.01	1.96	1.92	1.87	1.81
22	4.30	3.44	3.05	2.82	2.66	2.55	2.46	2.40	2.34	2.30	2.23	2.15	2.07	2.03	1.98	1.94	1.89	1.84	1.78
23	4.28	3.42	3.03	2.80	2.64	2.53	2.44	2.37	2.32	2.27	2.20	2.13	2.05	2.01	1.96	1.91	1.86	1.81	1.76
24	4.26	3.40	3.01	2.78	2.62	2.51	2.42	2.36	2.30	2.25	2.18	2.11	2.03	1.98	1.94	1.89	1.84	1.79	1.73
25	4.24	3.39	2.99	2.76	2.60	2.49	2.40	2.34	2.28	2.24	2.16	2.09	2.01	1.96	1.92	1.87	1.82	1.77	1.71
26	4.23	3.37	2.98	2.74	2.59	2.47	2.39	2.32	2.27	2.22	2.15	2.07	1.99	1.95	1.90	1.85	1.80	1.75	1.69
27	4.21	3.35	2.96	2.73	2.57	2.46	2.37	2.31	2.25	2.20	2.13	2.06	1.97	1.93	1.88	1.84	1.79	1.73	1.67
28	4.20	3.34	2.95	2.71	2.56	2.45	2.36	2.29	2.24	2.19	2.12	2.04	1.96	1.91	1.87	1.82	1.77	1.71	1.65
29	4.18	3.33	2.93	2.70	2.55	2.43	2.35	2.28	2.22	2.18	2.10	2.03	1.94	1.90	1.85	1.81	1.75	1.70	1.64
30	4.17	3.32	2.92	2.69	2.53	2.42	2.33	2.27	2.21	2.16	2.09	2.01	1.93	1.89	1.84	1.79	1.74	1.68	1.62
40	4.08	3.23	2.84	2.61	2.45	2.34	2.25	2.18	2.12	2.08	2.00	1.92	1.84	1.79	1.74	1.69	1.64	1.58	1.51
60	4.00	3.15	2.76	2.53	2.37	2.25	2.17	2.10	2.04	1.99	1.92	1.84	1.75	1.70	1.65	1.59	1.53	1.47	1.39
120	3.92	3.07	2.68	2.45	2.29	2.17	2.09	2.02	1.96	1.91	1.83	1.75	1.66	1.61	1.55	1.50	1.43	1.35	1.25
∞	3.84	3.00	2.60	2.37	2.21	2.10	2.01	1.94	1.88	1.83	1.75	1.67	1.57	1.52	1.46	1.39	1.32	1.22	1.00

续附表5

$\alpha=0.025$

df_2	\multicolumn{18}{c	}{df_1}
	1	2	3	4	5	6	7	8	9	10	12	15	20	24	30	40	60	120	∞
1	647.8	799.5	864.2	899.6	921.8	937.1	948.2	956.7	963.3	968.6	976.7	984.9	993.1	997.2	1001	1006	1010	1014	1018
2	38.51	39.00	39.17	39.25	30.30	39.33	39.36	39.37	39.39	39.40	39.41	39.43	39.45	39.46	39.46	39.47	39.48	39.49	39.50
3	17.44	16.04	15.44	15.10	14.88	14.73	14.62	14.54	14.47	14.42	14.34	14.25	14.17	14.12	14.08	14.04	13.99	13.95	13.90
4	12.22	10.65	9.98	9.60	9.36	9.20	9.07	8.98	8.90	8.84	8.75	8.66	8.56	8.51	8.46	8.41	8.36	8.31	8.26
5	10.01	8.43	7.76	7.39	7.15	6.98	6.85	6.76	6.68	6.62	6.52	6.43	6.33	6.28	6.23	6.18	6.12	6.07	6.02
6	8.81	7.26	6.60	6.23	5.99	5.82	5.70	5.60	5.52	5.46	5.37	5.27	5.17	5.12	5.07	5.01	4.96	4.90	4.85
7	8.07	6.54	5.89	5.52	5.29	5.12	4.99	4.90	4.82	4.76	4.67	4.57	4.47	4.42	4.36	4.31	4.25	4.20	4.14
8	7.57	6.06	5.42	5.05	4.82	4.65	4.53	4.43	4.36	4.30	4.20	4.10	4.00	3.95	3.89	3.84	3.78	3.73	3.67
9	7.21	5.71	5.08	4.72	4.48	4.32	4.20	4.10	4.03	3.96	3.87	3.77	3.67	3.61	3.56	3.51	3.45	3.39	3.33
10	6.94	5.46	4.83	4.47	4.24	4.07	3.95	3.85	3.78	3.72	3.62	3.52	3.42	3.37	3.31	3.26	3.20	3.14	3.08
11	6.72	5.26	4.63	4.28	4.04	3.88	3.76	3.66	3.59	3.53	3.43	3.33	3.23	3.17	3.12	3.06	3.00	2.94	2.88
12	6.55	5.10	4.47	4.12	3.89	3.73	3.61	3.51	3.44	3.37	3.28	3.18	3.07	3.02	2.96	2.91	2.85	2.79	2.72
13	6.41	4.97	4.35	4.00	3.77	3.60	3.48	3.39	3.31	3.25	3.15	3.05	2.95	2.89	2.84	2.78	2.72	2.66	2.60
14	6.30	4.86	4.24	3.89	3.66	3.50	3.38	3.29	3.21	3.15	3.05	2.95	2.84	2.79	2.73	2.67	2.61	2.55	2.49
15	6.20	4.77	4.15	3.80	3.58	3.41	3.29	3.20	3.12	3.06	2.96	2.86	2.76	2.70	2.64	2.59	2.52	2.46	2.40
16	6.12	4.69	4.08	3.73	3.50	3.34	3.22	3.12	3.05	2.99	2.89	2.79	2.68	2.63	2.57	2.51	2.45	2.38	2.32
17	6.04	4.62	4.01	3.66	3.44	3.28	3.16	3.06	2.98	2.92	2.82	2.72	2.62	2.56	2.50	2.44	2.38	2.32	2.25
18	5.98	4.56	3.95	3.61	3.38	3.22	3.10	3.01	2.93	2.87	2.77	2.67	2.56	2.50	2.44	2.38	2.32	2.26	2.19
19	5.92	4.51	3.90	3.56	3.33	3.17	3.05	2.96	2.88	2.82	2.72	2.62	2.51	2.45	2.39	2.33	2.27	2.20	2.13
20	5.87	4.46	3.86	3.51	3.29	3.13	3.01	2.91	2.84	2.77	2.68	2.57	2.46	2.41	2.35	2.29	2.22	2.16	2.09
21	5.83	4.42	3.82	3.48	3.25	3.09	2.97	2.87	2.80	2.73	2.64	2.53	2.42	2.37	2.31	2.25	2.18	2.11	2.04
22	5.79	4.38	3.78	3.44	3.22	3.05	2.93	2.84	2.76	2.70	2.60	2.50	2.39	2.33	2.27	2.21	2.14	2.08	2.00
23	5.75	4.35	3.75	3.41	3.18	3.02	2.90	2.81	2.73	2.67	2.57	2.47	2.36	2.30	2.24	2.18	2.11	2.04	1.97
24	5.72	4.32	3.72	3.38	3.15	2.99	2.87	2.78	2.70	2.64	2.54	2.44	2.33	2.27	2.21	2.15	2.08	2.01	1.94
25	5.69	4.29	3.69	3.35	3.13	2.97	2.85	2.75	2.68	2.61	2.51	2.41	2.30	2.24	2.18	2.12	2.05	1.98	1.91
26	5.66	4.27	3.67	3.33	3.10	2.94	2.82	2.73	2.65	2.59	2.49	2.39	2.28	2.22	2.16	2.09	2.03	1.95	1.88
27	5.63	4.24	3.65	3.31	3.08	2.92	2.80	2.71	2.63	2.57	2.47	2.36	2.25	2.19	2.13	2.07	2.00	1.93	1.85
28	5.61	4.22	3.63	3.29	3.06	2.90	2.78	2.69	2.61	2.55	2.45	2.34	2.23	2.17	2.11	2.05	1.98	1.91	1.83
29	5.59	4.20	3.61	3.27	3.04	2.88	2.76	2.67	2.59	2.53	2.43	2.32	2.21	2.15	2.09	2.03	1.96	1.89	1.81
30	5.57	4.18	3.59	3.25	3.03	2.87	2.75	2.65	2.57	2.51	2.41	2.31	2.20	2.14	2.07	2.01	1.94	1.87	1.79
40	5.42	4.05	3.46	3.13	2.90	2.74	2.62	2.53	2.45	2.39	2.29	2.18	2.07	2.01	1.94	1.88	1.80	1.72	1.64
60	5.29	3.93	3.34	3.01	2.79	2.63	2.51	2.41	2.33	2.27	2.17	2.06	1.94	1.88	1.82	1.74	1.67	1.58	1.48
120	5.15	3.80	3.23	2.89	2.67	2.52	2.39	2.30	2.22	2.16	2.05	1.94	1.82	1.76	1.69	1.61	1.53	1.43	1.31
∞	5.02	3.69	3.12	2.79	2.57	2.41	2.29	2.19	2.11	2.05	1.94	1.83	1.71	1.64	1.57	1.48	1.39	1.27	1.00

续附表5

$\alpha=0.01$

df_2	df_1																		
	1	2	3	4	5	6	7	8	9	10	12	15	20	24	30	40	60	120	∞
1	4 052	4 999.5	5 403	5 625	5 764	5 859	5 928	5 982	6 022	6 056	6 106	6 157	6 209	6 235	6 261	6 287	6 313	6 339	6 366
2	98.50	99.00	99.17	99.25	99.30	99.33	99.36	99.37	99.39	99.40	99.42	99.43	99.45	99.46	99.47	99.47	99.48	99.49	99.50
3	34.12	30.82	29.46	28.71	28.24	27.91	27.67	27.49	27.35	27.23	27.05	26.87	26.69	26.60	26.50	26.41	26.32	26.22	26.13
4	21.20	18.00	16.69	15.98	15.52	15.21	14.98	14.80	14.66	14.55	14.37	14.20	14.02	13.93	13.84	13.75	13.65	13.56	13.46
5	16.26	13.27	12.06	11.39	10.97	10.67	10.46	10.29	10.16	10.05	9.89	9.72	9.55	9.47	9.38	9.29	9.20	9.11	9.02
6	13.75	10.92	9.78	9.15	8.75	8.47	8.26	8.10	7.98	7.87	7.72	7.56	7.40	7.31	7.23	7.14	7.06	6.97	6.88
7	12.25	9.55	8.45	7.85	7.46	7.19	6.99	6.84	6.72	6.62	6.47	6.31	6.16	6.07	5.99	5.91	5.82	5.74	5.65
8	11.26	8.65	7.59	7.01	6.63	6.37	6.18	6.03	5.91	5.81	5.67	5.52	5.36	5.28	5.20	5.12	5.03	4.95	4.86
9	10.56	8.02	6.99	6.42	6.06	5.80	5.61	5.47	5.35	5.26	5.11	4.96	4.81	4.73	4.65	4.57	4.48	4.40	4.31
10	10.04	7.56	6.55	5.99	5.64	5.39	5.20	5.06	4.94	4.85	4.71	4.56	4.41	4.33	4.25	4.17	4.08	4.00	3.91
11	9.65	7.21	6.22	5.67	5.32	5.07	4.89	4.74	4.63	4.54	4.40	4.25	4.10	4.02	3.94	3.86	3.78	3.69	3.60
12	9.33	6.93	5.95	5.41	5.06	4.82	4.64	4.50	4.39	4.30	4.16	4.01	3.86	3.78	3.70	3.62	3.54	3.45	3.36
13	9.07	6.70	5.74	5.21	4.86	4.62	4.44	4.30	4.19	4.10	3.96	3.82	3.66	3.59	3.51	3.43	3.34	3.25	3.17
14	8.86	6.51	5.56	5.04	4.69	4.46	4.28	4.14	4.03	3.94	3.80	3.66	3.51	3.43	3.35	3.27	3.18	3.09	3.00
15	8.68	6.36	5.42	4.89	4.56	4.32	4.14	4.00	3.89	3.80	3.67	3.52	3.37	3.29	3.21	3.13	3.05	2.96	2.87
16	8.53	6.23	5.29	4.77	4.44	4.20	4.03	3.89	3.78	3.69	3.55	3.41	3.26	3.18	3.10	3.02	2.93	2.84	2.75
17	8.40	6.11	5.18	4.67	4.34	4.10	3.93	3.79	3.68	3.59	3.46	3.31	3.16	3.08	3.00	2.92	2.83	2.75	2.65
18	8.29	6.01	5.09	4.58	4.25	4.01	3.84	3.71	3.60	3.51	3.37	3.23	3.08	3.00	2.92	2.84	2.75	2.66	2.57
19	8.18	5.93	5.01	4.50	4.17	3.94	3.77	3.63	3.52	3.43	3.30	3.15	3.00	2.92	2.84	2.76	2.67	2.58	2.49
20	8.10	5.85	4.94	4.43	4.10	3.87	3.70	3.56	3.46	3.37	3.23	3.09	2.94	2.86	2.78	2.69	2.61	2.52	2.42
21	8.02	5.78	4.87	4.37	4.04	3.81	3.64	3.51	3.40	3.31	3.17	3.03	2.88	2.80	2.72	2.64	2.55	2.46	2.36
22	7.95	5.72	4.82	4.31	3.99	3.76	3.59	3.45	3.35	3.26	3.12	2.98	2.83	2.75	2.67	2.58	2.50	2.40	2.31
23	7.88	5.66	4.76	4.26	3.94	3.71	3.54	3.41	3.30	3.21	3.07	2.93	2.78	2.70	2.62	2.54	2.45	2.35	2.26
24	7.82	5.61	4.72	4.22	3.90	3.67	3.50	3.36	3.26	3.17	3.03	2.89	2.74	2.66	2.58	2.49	2.40	2.31	2.21
25	7.77	5.57	4.68	4.18	3.85	3.63	3.46	3.32	3.22	3.13	2.99	2.85	2.70	2.62	2.54	2.45	2.36	2.27	2.17
26	7.72	5.53	4.64	4.14	3.82	3.59	3.42	3.29	3.18	3.09	2.96	2.81	2.66	2.58	2.50	2.42	2.33	2.23	2.13
27	7.68	5.49	4.60	4.11	3.78	3.56	3.39	3.26	3.15	3.06	2.93	2.78	2.63	2.55	2.47	2.38	2.29	2.20	2.10
28	7.64	5.45	4.57	4.07	3.75	3.53	3.36	3.23	3.12	3.03	2.90	2.75	2.60	2.52	2.44	2.35	2.26	2.17	2.06
29	7.60	5.42	4.54	4.04	3.73	3.50	3.33	3.20	3.09	3.00	2.87	2.73	2.57	2.49	2.41	2.33	2.23	2.14	2.03
30	7.56	5.39	4.51	4.02	3.70	3.47	3.30	3.17	3.07	2.98	2.84	2.70	2.55	2.47	2.39	2.30	2.21	2.11	2.01
40	7.31	5.18	4.31	3.83	3.51	3.29	3.12	2.99	2.89	2.80	2.66	2.52	2.37	2.29	2.20	2.11	2.02	1.92	1.80
60	7.08	4.93	4.13	3.65	3.34	3.12	2.95	2.82	2.72	2.63	2.50	2.35	2.20	2.12	2.03	1.94	1.84	1.73	1.60
120	6.85	4.79	3.95	3.48	3.17	2.96	2.79	2.66	2.56	2.47	2.34	2.19	2.03	1.95	1.86	1.76	1.66	1.53	1.38
∞	6.63	4.61	3.78	3.32	3.02	2.80	2.64	2.51	2.41	2.32	2.18	2.04	1.88	1.79	1.70	1.59	1.47	1.32	1.00

附表6　q值表

自由度 df	显著水平 α	秩次距 k																		
		2	3	4	5	6	7	8	9	10	11	12	13	14	15	16	17	18	19	20
2	0.05	6.08	8.33	9.80	10.83	11.74	12.44	13.03	13.54	13.99	14.39	14.75	15.08	15.38	15.65	15.91	16.14	16.37	16.57	16.77
	0.01	14.04	19.02	22.29	24.72	26.63	28.20	29.53	30.68	31.69	32.59	33.40	34.13	34.81	35.43	36.00	36.53	37.03	37.50	37.95
3	0.05	4.50	5.91	6.82	7.50	8.04	8.48	8.85	9.18	9.46	9.72	9.95	10.15	10.35	10.52	10.84	10.69	10.98	11.11	11.24
	0.01	8.26	10.62	12.27	13.33	14.24	15.00	15.64	16.20	16.69	17.13	17.53	17.89	18.22	18.52	19.07	18.81	19.32	19.55	19.77
4	0.05	3.93	5.04	5.76	6.29	6.71	7.05	7.35	7.60	7.83	8.03	8.21	8.37	8.52	8.66	8.79	8.91	9.03	9.13	9.23
	0.01	6.51	80.12	9.17	9.96	10.85	11.10	11.55	11.93	12.27	12.57	12.84	13.09	13.32	13.53	13.73	13.91	14.08	14.24	14.40
5	0.05	3.64	4.60	5.22	5.67	6.03	6.33	6.58	6.80	6.99	7.17	7.32	7.47	7.60	7.72	7.83	7.93	8.03	8.12	8.21
	0.01	5.70	6.98	7.80	8.42	8.91	9.32	9.67	9.97	10.24	10.48	10.70	10.89	11.08	11.24	11.40	11.55	11.68	11.81	11.93
6	0.05	3.46	4.34	4.90	5.30	5.63	5.90	6.12	6.32	6.49	6.65	6.79	6.92	7.03	7.14	7.24	7.34	7.43	7.51	7.59
	0.01	5.24	6.33	7.03	7.56	7.97	8.32	8.61	8.87	9.10	9.30	9.48	9.65	9.81	9.95	10.08	10.21	10.32	10.43	10.54
7	0.05	3.35	4.16	4.68	5.06	5.36	5.61	5.82	6.00	6.16	6.30	6.43	6.55	6.66	6.76	6.85	6.94	7.02	7.10	7.17
	0.01	4.95	5.92	6.54	7.01	7.37	7.68	7.94	8.17	8.37	8.55	8.71	8.86	9.00	9.12	9.24	9.35	9.46	9.55	9.65
8	0.05	3.26	4.04	4.53	4.89	5.17	5.40	5.60	5.77	5.92	6.05	6.18	6.29	6.39	6.48	6.57	6.65	6.73	6.80	6.87
	0.01	4.74	5.64	6.20	6.62	6.96	7.24	7.47	7.68	7.86	8.03	8.18	8.31	8.44	8.55	8.66	8.76	8.85	8.94	9.03
9	0.05	3.20	3.95	4.41	4.76	5.02	5.24	5.43	5.59	5.74	5.87	5.98	6.09	6.19	6.28	6.36	6.44	6.51	6.58	6.64
	0.01	4.60	5.43	5.96	6.35	6.66	6.91	7.13	7.33	7.49	7.65	7.78	7.91	8.03	8.13	8.23	8.33	8.41	8.49	8.57
10	0.05	3.15	3.88	4.33	4.65	4.91	5.12	5.30	5.46	5.60	5.72	5.83	5.93	6.03	6.11	6.19	6.27	6.34	6.40	6.47
	0.01	4.48	5.27	5.77	6.14	6.43	6.67	6.87	7.05	7.21	7.36	7.48	7.60	7.71	7.81	7.91	7.99	8.08	8.15	8.23
11	0.05	3.11	3.82	4.26	4.57	4.82	5.03	5.20	5.35	5.49	5.61	5.71	5.81	5.90	5.98	6.06	6.13	6.20	6.27	6.33
	0.01	4.39	5.15	5.62	5.97	6.25	6.48	6.67	6.84	6.99	7.13	7.25	7.36	7.46	7.56	7.65	7.73	7.81	7.88	7.95
12	0.05	3.08	3.77	4.20	4.51	4.75	4.95	5.12	5.27	5.39	5.51	5.61	5.71	5.80	5.88	5.95	6.02	6.09	6.15	6.21
	0.01	4.32	5.05	5.55	5.84	6.10	6.32	6.51	6.67	6.81	6.94	7.06	7.17	7.26	7.36	7.44	7.52	7.59	7.66	7.73
13	0.05	3.06	3.73	4.15	4.45	4.69	4.88	5.05	5.19	5.32	5.45	5.53	5.63	5.71	5.79	5.86	5.93	5.99	6.05	6.11
	0.01	4.26	4.96	5.40	5.73	5.98	6.19	6.37	6.53	6.67	6.79	6.90	7.01	7.10	7.19	7.27	7.35	7.42	7.48	7.55
14	0.05	3.03	3.70	4.11	4.41	4.64	4.83	4.99	5.13	5.25	5.36	5.46	5.55	5.64	5.71	5.79	5.85	5.91	5.97	6.03
	0.01	4.21	4.89	5.23	5.63	5.88	6.08	6.26	6.41	6.54	6.66	6.77	6.87	6.96	7.05	7.13	7.20	7.27	7.33	7.39

续附表6

自由度 df	显著水平 α	秩次距 k																		
		2	3	4	5	6	7	8	9	10	11	12	13	14	15	16	17	18	19	20
15	0.05	3.01	3.67	4.08	4.37	4.59	4.78	4.94	5.08	5.20	5.31	5.40	5.49	5.57	5.65	5.72	5.78	5.85	5.90	5.96
	0.01	4.17	4.84	5.25	5.56	5.80	5.99	6.16	6.31	6.44	6.55	6.66	6.76	6.84	6.93	7.00	7.07	7.14	7.20	7.26
16	0.05	3.00	3.65	4.05	4.33	4.56	4.74	4.90	5.03	5.15	5.26	5.35	5.44	5.52	5.59	5.66	5.73	5.79	5.84	5.90
	0.01	4.13	4.79	5.19	5.49	5.72	5.92	6.08	6.22	6.35	6.46	6.56	6.66	6.74	6.82	6.90	6.97	7.03	7.09	7.15
17	0.05	2.98	3.63	4.02	4.30	4.52	4.70	4.86	7.99	5.11	5.21	5.31	5.39	5.47	5.54	5.61	5.67	5.73	5.79	5.84
	0.01	4.10	4.74	5.14	5.43	5.66	5.85	6.01	6.15	6.27	6.38	6.48	6.57	6.66	6.73	6.81	6.87	6.94	7.00	7.05
18	0.05	2.97	3.61	4.00	4.28	4.49	4.67	4.82	4.96	5.07	5.17	5.27	5.35	5.43	5.50	5.57	5.63	5.69	5.74	5.79
	0.01	4.07	4.70	5.09	5.38	5.60	5.79	5.94	6.08	6.20	6.31	6.41	6.50	6.58	6.65	6.73	6.79	6.85	6.91	6.97
19	0.05	2.96	3.59	3.98	4.25	4.47	4.65	4.79	4.92	5.04	5.14	5.23	5.31	5.39	5.46	5.53	5.59	5.65	5.70	5.75
	0.01	4.05	4.67	5.05	5.33	5.55	5.73	5.89	6.02	6.16	6.25	6.34	6.43	6.51	6.58	6.65	6.72	6.78	6.84	6.89
20	0.05	2.95	3.58	3.96	4.23	4.45	4.62	4.77	4.90	5.01	5.11	5.20	5.28	5.36	5.43	5.49	5.55	5.61	5.66	5.71
	0.01	4.02	4.64	5.02	5.29	5.51	5.69	5.84	5.97	6.09	6.19	6.28	6.37	6.45	6.52	6.59	6.65	6.71	6.77	6.82
24	0.05	2.92	3.53	3.90	4.17	4.37	4.54	4.68	4.81	4.92	5.05	5.10	5.18	5.25	5.32	5.38	5.44	5.49	5.55	5.59
	0.01	3.96	4.55	4.91	5.17	5.37	5.54	5.69	5.81	5.92	6.02	6.11	6.19	6.26	6.33	6.39	6.45	6.51	6.56	6.61
30	0.05	2.89	3.49	3.85	4.10	4.30	4.46	4.60	4.72	4.82	4.92	5.00	5.08	5.15	5.21	5.27	5.33	5.38	5.43	5.47
	0.01	3.89	4.45	4.80	5.05	5.24	5.40	5.54	5.65	5.76	5.85	5.93	6.01	6.08	6.14	6.20	6.26	6.31	6.36	6.41
40	0.05	2.86	3.44	3.79	4.04	4.23	4.39	4.52	4.63	4.73	4.82	4.90	4.98	5.04	5.11	5.16	5.22	5.27	5.31	5.36
	0.01	3.82	4.37	4.70	4.93	5.11	5.26	5.39	5.50	5.60	5.69	5.76	5.83	5.90	5.96	6.02	6.07	6.12	6.16	6.21
60	0.05	2.83	3.40	3.74	3.98	4.16	4.31	4.44	4.55	4.65	4.73	4.81	4.88	4.94	5.00	5.06	5.11	5.15	5.20	5.24
	0.01	3.76	4.28	4.59	4.82	4.99	5.13	5.25	5.36	5.45	5.53	5.60	5.67	5.73	5.78	5.84	5.89	5.93	5.97	6.01
120	0.05	2.80	3.36	3.68	3.92	4.10	4.24	4.36	4.47	4.56	4.64	4.71	4.78	4.84	4.90	4.95	5.00	5.04	5.09	5.13
	0.01	3.70	4.20	4.50	4.71	4.87	5.01	5.12	5.21	5.30	5.37	5.44	5.50	5.56	5.61	5.66	5.71	5.75	5.79	5.85
∞	0.05	2.77	3.31	3.63	3.86	4.03	4.17	4.29	4.39	4.47	4.55	4.62	4.68	4.74	4.80	4.85	4.89	4.93	4.97	5.01
	0.01	3.64	4.12	4.40	4.60	4.76	4.88	4.99	5.08	5.16	5.23	5.29	5.35	5.40	5.45	5.49	5.54	5.57	5.61	5.65

附表7 SSR值表

自由度 df	显著水平 α	秩次距 k													
		2	3	4	5	6	7	8	9	10	12	14	16	18	20
1	0.05	18.0	18.0	18.0	18.0	18.0	18.0	18.0	18.0	18.0	18.0	18.0	18.0	18.0	18.0
	0.01	90.0	90.0	90.0	90.0	90.0	90.0	90.0	90.0	90.0	90.0	90.0	90.0	90.0	90.0
2	0.05	6.09	6.09	6.09	6.09	6.09	6.09	6.09	6.09	6.09	6.09	6.09	6.09	6.09	6.09
	0.01	14.0	14.0	14.0	14.0	14.0	14.0	14.0	14.0	14.0	14.0	14.0	14.0	14.0	14.0
3	0.05	4.50	4.50	4.50	4.50	4.50	4.50	4.50	4.50	4.50	4.50	4.50	4.50	4.50	4.50
	0.01	8.26	8.50	8.60	8.70	8.80	8.90	8.90	9.00	9.00	9.00	9.10	9.20	9.30	9.30
4	0.05	3.93	4.00	4.02	4.02	4.02	4.02	4.02	4.02	4.02	4.02	4.02	4.02	4.02	4.02
	0.01	6.51	6.80	6.90	7.00	7.10	7.10	7.20	7.20	7.30	7.30	7.40	7.40	7.50	7.50
5	0.05	3.64	3.74	3.79	3.83	3.83	3.83	3.83	3.83	3.83	3.83	3.83	3.83	3.83	3.83
	0.01	5.70	5.96	6.11	6.18	6.26	6.33	6.40	6.44	6.50	6.60	6.60	6.70	6.70	6.80
6	0.05	3.46	3.58	3.64	3.68	3.68	3.68	3.68	3.68	3.68	3.68	3.68	3.68	3.68	3.68
	0.01	5.24	5.51	5.65	5.73	5.81	5.88	5.95	6.00	6.00	6.10	6.20	6.20	6.30	6.30
7	0.05	3.35	3.47	3.54	3.58	3.60	3.61	3.61	3.61	3.61	3.61	3.61	3.61	3.61	3.61
	0.01	4.95	5.22	5.37	5.45	5.53	5.61	5.69	5.73	5.80	5.80	5.90	5.90	6.00	6.00
8	0.05	3.26	3.39	3.47	3.52	3.55	3.56	3.56	3.56	3.56	3.56	3.56	3.56	3.56	3.56
	0.01	4.74	5.00	5.14	5.23	5.32	5.40	5.47	5.51	5.5	5.6	5.7	5.7	5.8	5.8
9	0.05	3.20	3.34	3.41	3.47	3.50	3.51	3.52	3.52	3.52	3.52	3.52	3.52	3.52	3.52
	0.01	4.60	4.86	4.99	5.08	5.17	5.25	5.32	5.36	5.40	5.50	5.50	5.60	5.70	5.70
10	0.05	3.15	3.30	3.37	3.43	3.46	3.47	3.47	3.47	3.47	3.47	3.47	3.47	3.47	3.48
	0.01	4.48	4.73	4.88	4.96	5.06	5.12	5.20	5.24	5.28	5.36	5.42	5.48	5.54	5.55
11	0.05	3.11	3.27	3.35	3.39	3.43	3.44	3.45	3.46	3.46	3.46	3.46	3.46	3.47	3.48
	0.01	4.39	4.63	4.77	4.86	4.94	5.01	5.06	5.12	5.15	5.24	5.28	5.34	5.38	5.39
12	0.05	3.08	3.23	3.33	3.36	3.48	3.42	3.44	3.44	3.46	3.46	3.46	3.46	3.47	3.48
	0.01	4.32	4.55	4.68	4.76	4.84	4.92	4.96	5.02	5.07	5.13	5.17	5.22	5.24	5.26
13	0.05	3.06	3.21	3.30	3.36	3.38	3.41	3.42	3.44	3.45	3.45	3.46	3.46	3.47	3.47
	0.01	4.26	4.48	4.62	4.69	4.74	4.84	4.88	4.94	4.98	5.04	5.08	5.13	5.14	5.15
14	0.05	3.03	3.18	3.27	3.33	3.37	3.39	3.41	3.42	3.44	3.45	3.46	3.46	3.47	3.47
	0.01	4.21	4.42	4.55	4.63	4.70	4.78	4.83	4.87	4.91	4.96	5.00	5.04	5.06	5.07
15	0.05	3.01	3.16	3.25	3.31	3.36	3.38	3.40	3.42	3.43	3.44	3.45	3.46	3.47	3.47
	0.01	4.17	4.37	4.50	4.58	4.64	4.72	4.77	4.81	4.84	4.90	4.94	4.97	4.99	5.00
16	0.05	3.00	3.15	3.23	3.30	3.34	3.37	3.39	3.41	3.43	3.44	3.45	3.46	3.47	3.47
	0.01	4.13	4.34	4.45	4.54	4.60	4.67	4.72	4.76	4.79	4.84	4.88	4.91	4.93	4.94
17	0.05	2.98	3.13	3.22	3.28	3.33	3.36	3.38	3.40	3.42	3.44	3.45	3.46	3.47	3.47
	0.01	4.10	4.30	4.41	4.50	4.56	4.63	4.68	4.72	4.75	4.80	4.83	4.86	4.88	4.89
18	0.05	2.97	3.12	3.21	3.27	3.32	3.35	3.37	3.39	3.41	3.43	3.45	3.46	3.47	3.47
	0.01	4.07	4.27	4.38	4.46	4.53	4.59	4.64	4.68	4.71	4.76	4.79	4.82	4.84	4.85
19	0.05	2.96	3.11	3.19	3.26	3.31	3.35	3.37	3.39	3.41	3.43	3.44	3.46	3.47	3.47
	0.01	4.05	4.24	4.35	4.43	4.50	4.56	4.61	4.64	4.67	4.72	4.76	4.79	4.81	4.82
20	0.05	2.95	3.10	3.18	3.25	3.30	3.34	3.36	3.38	3.40	3.43	3.44	3.46	3.46	3.47
	0.01	4.02	4.22	4.33	4.40	4.47	4.53	4.58	4.61	4.65	4.69	4.73	4.76	4.78	4.79

续附表7

自由度 df	显著水平 α	秩次距 k													
		2	3	4	5	6	7	8	9	10	12	14	16	18	20
22	0.05	2.93	3.08	3.17	3.24	3.29	3.32	3.35	3.37	3.39	3.42	3.44	3.45	3.46	3.47
	0.01	3.99	4.17	4.28	4.36	4.42	4.48	4.53	4.57	4.60	4.65	4.68	4.71	4.74	4.75
24	0.05	2.92	3.07	3.15	3.22	3.28	3.31	3.34	3.37	3.38	3.41	3.44	3.45	3.46	3.47
	0.01	3.96	4.14	4.24	4.33	4.39	4.44	4.49	4.53	4.57	4.62	4.64	4.67	4.70	4.72
26	0.05	2.91	3.06	3.14	3.21	3.27	3.30	3.34	3.36	3.38	3.41	3.43	3.45	3.46	3.47
	0.01	3.93	4.11	4.21	4.30	4.36	4.41	4.46	4.50	4.53	4.58	4.62	4.65	4.67	4.69
28	0.05	2.90	3.04	3.13	3.20	3.26	3.30	3.33	3.35	3.37	3.40	3.43	3.45	3.46	3.47
	0.01	3.91	4.08	4.18	4.28	4.34	4.39	4.43	4.47	4.51	4.56	4.60	4.62	4.65	4.67
30	0.05	2.89	3.04	3.12	3.20	3.25	3.29	3.32	3.35	3.37	3.40	3.43	3.44	3.46	3.47
	0.01	3.89	4.06	4.16	4.22	4.32	4.36	4.41	4.45	4.48	4.54	4.58	4.61	4.63	4.65
40	0.05	2.86	3.01	3.10	3.17	3.22	3.27	3.30	3.33	3.35	3.39	3.42	3.44	3.46	3.47
	0.01	3.82	3.99	4.10	4.17	4.24	4.30	4.31	4.37	4.41	4.46	4.51	4.54	4.57	4.59
60	0.05	2.83	2.98	3.08	3.14	3.20	3.24	3.28	3.31	3.33	3.37	3.40	3.43	3.45	3.47
	0.01	3.76	3.92	4.03	4.12	4.17	4.23	4.27	4.31	4.34	4.39	4.44	4.47	4.50	4.53
100	0.05	2.80	2.95	3.05	3.12	3.18	3.22	3.26	3.29	3.32	3.36	3.40	3.42	3.45	3.47
	0.01	3.71	3.86	3.98	4.06	4.11	4.17	4.21	4.25	4.29	4.35	4.38	4.42	4.45	4.48
∞	0.05	2.77	2.92	3.02	3.09	3.15	3.19	3.23	3.26	3.29	3.34	3.38	3.41	3.44	3.47
	0.01	3.64	3.80	3.90	3.98	4.04	4.09	4.14	4.17	4.20	4.26	4.31	4.34	4.38	4.41

附表8 r与R显著数值表

自由度 df	显著水平 α	变量总个数 M 2	3	4	5	自由度 df	显著水平 α	变量总个数 M 2	3	4	5
1	0.05	0.997	0.997	0.999	0.999	24	0.05	0.388	0.470	0.523	0.562
	0.01	1.000	1.000	1.000	1.000		0.01	0.496	0.565	0.609	0.642
2	0.05	0.950	0.975	0.983	0.987	25	0.05	0.381	0.462	0.514	0.553
	0.01	0.990	0.995	0.997	0.998		0.01	0.487	0.555	0.600	0.633
3	0.05	0.878	0.930	0.950	0.961	26	0.05	0.374	0.454	0.506	0.545
	0.01	0.59	0.976	0.982	0.987		0.01	0.478	0.546	0.590	0.624
4	0.05	0.811	0.881	0.912	0.930	27	0.05	0.367	0.446	0.498	0.536
	0.01	0.917	0.949	0.962	0.970		0.01	0.470	0.538	0.582	0.615
5	0.05	0.754	0.863	0.874	0.898	28	0.05	0.361	0.439	0.490	0.529
	0.01	0.874	0.917	0.937	0.949		0.01	0.463	0.530	0.573	0.606
6	0.05	0.707	0.795	0.839	0.867	29	0.05	0.355	0.432	0.482	0.521
	0.01	0.834	0.886	0.911	0.927		0.01	0.456	0.522	0.565	0.598
7	0.05	0.666	0.758	0.807	0.838	30	0.05	0.349	0.426	0.476	0.514
	0.01	0.798	0.855	0.885	0.904		0.01	0.449	0.514	0.558	0.519
8	0.05	0.632	0.726	0.777	0.811	35	0.05	0.325	0.397	0.445	0.482
	0.01	0.765	0.827	0.860	0.882		0.01	0.418	0.481	0.523	0.556
9	0.05	0.602	0.697	0.750	0.786	40	0.05	0.304	0.373	0.419	0.455
	0.01	0.735	0.800	0.836	0.861		0.01	0.393	0.454	0.494	0.526
10	0.05	0.576	0.671	0.726	0.763	45	0.05	0.288	0.353	0.397	0.432
	0.01	0.708	0.776	0.814	0.840		0.01	0.372	0.430	0.470	0.501
11	0.05	0.553	0.648	0.703	0.741	50	0.05	0.273	0.336	0.379	0.412
	0.01	0.684	0.753	0.793	0.821		0.01	0.354	0.410	0.449	0.479
12	0.05	0.532	0.627	0.683	0.722	60	0.05	0.250	0.308	0.348	0.380
	0.01	0.661	0.732	0.773	0.802		0.01	0.325	0.377	0.414	0.442
13	0.05	0.514	0.608	0.664	0.703	70	0.05	0.232	0.286	0.324	0.354
	0.01	0.641	0.712	0.755	0.785		0.01	0.302	0.351	0.386	0.413
14	0.05	0.497	0.590	0.646	0.686	80	0.05	0.217	0.269	0.304	0.332
	0.01	0.623	0.694	0.737	0.768		0.01	0.283	0.330	0.362	0.389
15	0.05	0.482	0.574	0.630	0.670	90	0.05	0.205	0.254	0.288	0.315
	0.01	0.606	0.677	0.721	0.752		0.01	0.267	0.312	0.343	0.368
16	0.05	0.468	0.559	0.615	0.655	100	0.05	0.195	0.241	0.274	0.300
	0.01	0.590	0.662	0.706	0.738		0.01	0.254	0.297	0.327	0.351
17	0.05	0.456	0.545	0.601	0.641	125	0.05	0.174	0.216	0.246	0.269
	0.01	0.575	0.647	0.691	0.724		0.01	0.228	0.266	0.294	0.316
18	0.05	0.444	0.532	0.587	0.628	150	0.05	0.159	0.198	0.225	0.247
	0.01	0.561	0.633	0.678	0.710		0.01	0.208	0.244	0.270	0.290
19	0.05	0.433	0.520	0.575	0.615	200	0.05	0.138	0.172	0.196	0.215
	0.01	0.549	0.620	0.665	0.698		0.01	0.181	0.212	0.234	0.253
20	0.05	0.423	0.509	0.563	0.604	300	0.05	0.113	0.141	0.160	0.176
	0.01	0.537	0.608	0.652	0.685		0.01	0.148	0.174	0.192	0.208
21	0.05	0.413	0.498	0.522	0.592	400	0.05	0.098	0.122	0.139	0.153
	0.01	0.526	0.596	0.641	0.674		0.01	0.128	0.151	0.167	0.180
22	0.05	0.404	0.488	0.542	0.582	500	0.05	0.088	0.109	0.124	0.137
	0.01	0.515	0.585	0.630	0.663		0.01	0.115	0.135	0.150	0.162
23	0.05	0.396	0.479	0.532	0.572	1 000	0.05	0.062	0.077	0.088	0.097
	0.01	0.505	0.574	0.619	0.652		0.01	0.081	0.096	0.106	0.115

附表9　符号检验用 m 临界值表

N	$p(1):0.10$	0.05	0.025	0.01	0.005
	$p(2):0.20$	0.10	0.05	0.02	0.01
4	0				
5	0	0			
6	0	0	0		
7	1	0	0	0	
8	1	1	0	0	0
9	2	1	1	0	0
10	2	1	1	0	0
11	2	2	1	1	0
12	3	2	2	1	1
13	3	3	2	1	1
14	4	3	2	2	1
15	4	3	3	2	2

附表10 符号秩和检验用 T 临界值表

N	$p(2)$	0.10	0.05	0.02	0.01
	$p(1)$	0.05	0.025	0.01	0.005
5		0			
6		2	0		
7		3	2	0	
8		5	3	1	0
9		8	5	3	1
10		10	8	5	3
11		13	10	7	5
12		17	13	9	7
13		21	17	12	9
14		25	21	15	12
15		30	25	19	15
16		35	29	23	19
17		41	34	27	23
18		47	40	32	27
19		53	46	37	32
20		60	52	43	37
21		67	58	49	42
22		75	65	55	48
23		83	73	62	54
24		91	81	69	61
25		100	89	76	68

附表11 秩和检验用T临界值表

	p(1)	p(2)
每组1行	0.05	0.1
2行	0.025	0.05
3行	0.01	0.02
4行	0.005	0.01

n_1（较小者）	\multicolumn{11}{c}{n_2-n_1}										
	0	1	2	3	4	5	6	7	8	9	10
2				3~8	3~15	3~17	4~18	4~20	4~22	4~24	5~25
							3~19	8~21	3~23	3~25	4~26
3	6~15	6~18	7~20	8~22	8~25	9~27	10~29	10~32	11~34	11~37	12~39
		6~21	7~23	7~26	8~28	8~31	9~33	9~36	10~38	10~41	
					6~27	6~30	7~32	7~35	7~38	8~40	8~42
							6~33	6~36	6~39	7~41	7~44
4	11~25	12~28	13~31	14~34	15~37	16~40	17~43	18~46	19~49	20~52	21~55
	10~26	11~29	12~32	13~35	14~38	14~42	15~45	16~46	17~51	18~54	19~57
		10~30	11~33	11~37	12~40	13~43	13~47	14~50	15~53	15~57	16~60
			10~34	10~38	11~41	11~45	12~48	12~52	13~55	13~59	14~62
5	19~36	20~40	21~44	23~47	24~51	26~54	27~58	28~62	30~65	31~69	33~72
	17~38	18~42	20~45	21~49	22~53	23~57	24~61	26~64	27~68	28~72	29~76
	16~39	17~43	18~47	19~51	20~56	21~59	22~67	23~67	24~71	25~75	26~79
	15~40	16~44	16~49	17~53	18~57	19~61	20~55	21~69	23~73	22~78	23~82
6	28~50	29~55	31~59	33~63	35~67	37~71	38~76	40~80	42~84	44~88	46~92
	26~52	27~57	29~61	31~65	32~70	34~71	35~79	37~83	38~88	40~92	42~69
	24~54	25~59	27~63	28~68	29~73	30~78	32~82	33~87	34~92	36~96	39~101
	23~55	24~60	25~65	26~70	27~75	28~80	30~84	31~89	32~94	33~99	34~104
7	39~66	41~71	43~76	45~81	47~86	49~91	52~95	54~100	56~105	58~110	61~114
	36~69	38~74	40~79	42~84	44~89	46~94	48~99	50~104	52~109	54~114	56~119
	34~71	35~77	37~82	39~37	40~93	42~98	41~103	45~109	47~114	49~119	51~124
	32~73	34~78	35~84	37~89	38~95	40~100	41~106	43~111	44~117	46~122	47~128
8	51~85	54~90	56~96	59~101	62~106	64~112	67~117	69~123	72~128	75~133	71~139
	49~87	51~93	53~99	55~105	58~110	60~116	62~122	65~127	67~133	70~138	72~144
	45~91	47~97	49~103	51~109	53~115	56~120	58~126	60~132	62~138	64~144	66~150
	43~93	45~99	47~105	49~111	51~117	53~123	54~130	56~136	58~142	60~148	62~154
9	66~105	65~111	72~117	75~123	78~129	81~135	84~141	87~147	90~153	93~159	96~165
	62~109	65~115	68~121	71~127	73~134	76~140	79~146	82~152	84~159	87~165	90~171
	59~112	61~119	63~126	66~132	68~139	71~145	73~152	76~158	78~165	81~171	82~178
	56~115	58~122	61~128	63~135	65~142	67~149	69~156	72~162	74~169	76~176	78~183
10	82~128	80~134	89~141	92~148	96~154	99~161	103~167	106~174	110~180	113~187	117~193
	78~132	81~139	84~146	88~152	91~159	94~166	97~173	100~180	103~187	107~193	110~120
	94~136	77~148	79~151	82~158	85~165	88~172	91~179	93~187	96~194	99~201	102~208
	71~139	73~147	76~154	79~161	81~169	84~176	86~184	89~191	92~198	94~206	97~213

附表12 秩和检验用 H 临界值表

N	n_1	n_2	n_3	p	
				0.05	0.01
7	3	2	2	4.71	
	3	3	1	5.14	
8	3	3	2	5.36	
	4	2	2	5.33	
	4	3	1	5.21	
	5	2	1	5.00	
9	3	3	3	5.60	7.20
	4	3	2	5.44	6.44
	4	4	1	4.97	6.07
	5	2	2	5.16	6.53
	5	3	1	4.96	
10	4	3	3	5.73	6.75
	4	4	2	5.45	7.04
	5	3	2	5.25	6.82
	5	4	1	4.99	6.95
11	4	4	3	5.60	7.14
	5	3	3	5.65	7.08
	5	4	2	5.27	7.12
	5	5	1	5.13	7.31
12	4	4	4	5.69	7.65
	5	4	3	5.63	7.44
	5	5	2	5.34	7.27
13	5	4	4	5.62	7.76
	5	5	3	5.71	7.54
14	5	5	4	5.64	7.79
15	5	5	5	5.78	7.98

附表13 随机数字表（Ⅰ）

03 47 44 73 86　36 96 47 36 61　46 98 63 71 62　33 26 16 80 45　60 11 14 10 95
97 74 24 67 62　42 81 14 57 20　42 53 32 37 32　27 07 36 07 51　24 51 79 89 73
16 76 62 27 66　56 50 26 71 07　32 90 79 78 53　13 55 38 58 59　88 97 54 14 10
12 56 85 99 26　96 96 68 27 31　05 03 72 93 15　57 12 10 14 21　88 26 49 81 76
55 59 56 35 64　38 54 82 46 22　31 62 43 09 90　06 18 44 32 53　23 83 01 50 30

16 22 77 94 39　49 54 43 54 82　17 37 93 23 78　87 35 20 96 43　84 26 34 91 64
84 42 17 53 31　57 24 55 06 88　77 04 74 47 67　21 76 33 50 25　83 92 12 06 76
63 01 63 78 59　16 95 55 67 19　98 10 50 71 75　12 86 73 58 07　44 39 52 38 79
33 21 12 34 29　78 64 56 07 82　52 42 07 44 38　15 51 00 13 42　99 66 02 79 54
57 60 86 32 44　09 47 27 96 54　49 17 46 09 62　90 52 84 77 27　08 02 73 43 28

18 18 07 92 46　44 17 16 58 09　79 83 86 19 62　06 76 50 03 10　55 23 64 05 05
26 62 38 97 75　84 16 07 44 99　83 11 46 32 24　20 14 85 88 45　10 93 72 88 71
23 43 40 64 74　82 97 77 77 81　07 45 32 14 08　32 98 94 07 72　93 83 79 10 75
52 36 28 19 95　50 92 26 11 97　00 56 76 31 38　80 22 02 53 53　86 60 42 04 53
37 85 94 35 12　43 39 50 08 30　42 34 07 96 88　54 42 06 87 98　35 85 29 48 39

70 29 17 12 13　40 33 20 38 26　13 89 51 03 74　17 76 37 13 04　07 74 21 19 30
56 62 18 37 35　96 83 50 87 75　97 12 25 93 47　70 33 24 03 54　97 77 46 44 80
99 49 57 22 77　88 42 95 45 72　16 64 36 16 00　04 43 18 66 79　94 77 24 21 90
16 08 15 04 72　33 27 14 34 09　45 59 34 68 49　12 72 07 34 45　99 27 72 95 14
31 16 93 32 43　50 27 89 87 19　20 15 37 00 49　52 85 66 60 44　38 68 88 11 30

68 34 30 13 70　55 74 30 77 40　44 22 78 84 26　04 33 46 09 52　68 07 97 06 57
74 57 25 65 76　59 29 97 68 60　71 91 38 67 54　03 58 18 24 76　15 54 55 95 52
27 42 37 86 53　48 55 90 65 72　96 57 69 36 30　96 46 92 42 45　97 60 49 04 91
00 39 68 29 61　66 37 32 20 30　77 84 57 03 29　10 45 65 04 26　11 04 96 67 24
29 94 98 94 24　68 49 69 10 82　53 75 91 93 30　34 25 20 57 27　40 48 73 51 92

16 90 82 66 59　83 62 64 11 12　69 19 00 71 74　60 47 21 28 68　02 02 37 03 31
11 27 94 75 06　06 09 19 74 66　02 94 37 34 02　76 70 90 30 86　38 45 94 30 38
35 24 10 16 20　33 32 51 26 38　79 78 45 04 91　16 92 53 56 16　02 75 50 95 98
38 23 16 86 38　42 38 97 01 50　87 75 66 81 41　40 01 74 91 62　48 51 84 08 32
31 96 25 91 47　96 44 33 49 13　34 86 82 53 91　00 52 43 48 85　27 55 26 89 62

66 67 40 67 14　64 05 71 95 86　11 05 65 09 68　76 83 20 37 90　57 16 00 11 66
14 90 84 45 11　75 73 88 05 90　52 27 41 14 86　22 98 12 22 08　07 52 74 95 80
68 05 51 58 00　33 96 02 75 19　07 60 62 93 55　59 33 82 43 90　49 37 38 44 59
20 46 78 73 90　97 51 40 14 02　04 02 33 31 08　39 54 16 49 36　47 95 93 13 30
64 19 58 97 79　15 06 15 93 20　01 90 10 75 06　40 78 78 89 62　02 67 74 17 33

05 26 93 70 60　22 35 85 15 13　92 03 51 59 77　59 56 78 06 83　52 91 05 70 74
07 97 10 88 23　09 98 42 99 64　61 71 63 99 15　06 51 29 16 93　58 05 77 09 51
68 71 86 85 85　54 87 66 47 54　73 32 08 11 12　44 95 92 63 16　29 56 24 29 48
26 99 61 65 53　58 37 78 80 70　42 10 50 67 42　32 17 55 85 74　94 44 67 16 94
14 65 52 68 75　87 59 36 22 41　26 78 63 06 55　13 08 27 01 50　15 29 39 39 43

17 53 77 58 71　71 41 61 50 72　12 41 94 96 26　44 95 27 36 99　02 96 74 30 82
90 26 59 21 19　23 52 23 33 12　96 93 02 18 39　07 02 18 36 07　25 99 32 70 23
41 23 52 55 99　31 04 49 69 96　10 47 48 45 88　13 41 43 89 20　97 17 14 49 17
90 20 50 81 69　31 99 73 68 68　35 81 33 03 76　24 30 12 48 60　18 99 10 72 34
91 25 38 05 90　94 58 28 41 36　45 37 59 03 09　90 35 57 29 12　82 62 54 65 60

34 50 57 74 37　98 80 33 00 91　09 77 93 19 82　79 94 80 04 04　45 07 31 66 49
85 22 04 39 43　73 81 53 94 79　33 62 46 86 28　08 31 54 46 31　53 94 13 38 47
09 79 13 77 48　73 82 97 22 21　05 03 27 24 83　72 89 44 05 60　35 80 39 94 88
88 75 80 18 14　22 95 75 42 49　39 32 82 22 49　02 48 07 70 37　16 04 61 67 87
60 96 23 70 00　39 00 03 06 90　55 85 78 38 36　94 37 30 69 32　90 89 00 76 33

随机数字表（Ⅱ）

```
53 74 23 99 67   61 02 28 69 84   94 62 67 86 24   98 33 41 19 95   47 53 53 38 09
63 38 06 86 54   90 00 65 26 94   02 32 90 23 07   79 62 67 80 60   75 91 12 81 19
35 30 58 21 46   06 72 17 10 94   25 21 31 75 96   49 28 24 00 49   55 65 79 78 07
63 45 36 82 69   65 51 18 37 88   31 38 44 12 45   32 82 85 88 65   54 34 81 85 35
98 25 37 55 28   01 91 82 61 46   74 71 12 94 97   24 02 71 37 07   03 92 18 66 75

02 63 21 17 69   71 50 80 89 56   38 15 70 11 48   43 40 45 86 98   00 83 26 21 03
64 55 22 21 82   48 22 28 06 00   01 54 13 43 91   82 78 12 23 29   06 66 24 12 27
85 07 26 13 89   01 10 07 82 04   09 63 69 36 03   69 11 15 53 80   13 29 45 19 28
58 54 16 24 15   51 54 44 82 00   82 61 65 04 69   38 18 65 18 97   85 72 13 49 21
32 85 27 84 87   61 48 64 56 26   90 18 48 13 26   37 70 15 42 57   65 65 80 39 07

03 92 18 27 46   57 99 16 96 56   00 33 72 85 22   84 64 38 56 98   99 01 30 98 64
62 95 30 27 59   57 75 41 66 48   86 97 80 61 45   23 53 04 01 63   45 76 08 64 27
08 45 93 15 22   60 21 75 46 91   98 77 27 85 42   28 88 61 08 84   69 62 03 42 73
07 08 55 18 40   45 44 75 13 90   24 94 96 61 02   57 55 66 83 15   73 42 37 11 61
01 85 89 95 66   51 10 19 34 88   15 84 97 19 75   12 76 39 43 78   64 63 91 08 25

72 84 71 14 35   19 11 58 49 26   50 11 17 17 76   86 31 57 20 18   95 60 78 46 78
88 78 28 16 84   13 52 53 94 53   75 45 69 30 96   73 89 65 70 31   99 17 43 48 70
45 17 75 65 57   28 40 19 72 12   25 12 73 75 67   90 40 60 81 19   24 62 01 61 16
96 76 28 12 54   22 01 11 94 25   71 96 16 16 88   68 64 36 74 45   19 59 50 88 92
43 31 67 72 30   24 02 94 08 63   38 32 36 66 02   69 36 38 25 39   48 03 45 15 22

50 44 66 44 21   66 06 58 05 62   68 15 54 38 02   42 35 48 96 32   14 52 41 52 48
22 66 22 15 86   26 63 75 41 99   58 42 36 72 24   53 37 52 18 51   03 37 18 39 11
96 24 40 14 51   23 22 30 88 57   95 67 47 29 83   94 69 30 06 07   18 16 38 78 85
31 73 91 61 91   60 20 72 93 48   98 57 07 23 69   65 95 39 69 58   56 80 30 19 44
78 60 73 99 84   43 89 94 36 45   56 69 47 07 41   90 22 91 07 12   78 35 34 08 72

84 37 90 61 56   70 10 23 98 05   85 11 34 76 60   76 48 45 34 60   01 64 18 30 96
36 67 10 08 23   98 93 35 08 86   99 29 76 29 81   33 34 91 58 93   63 14 44 99 81
07 28 59 07 48   89 64 58 89 75   83 85 62 27 89   30 14 78 56 27   86 63 59 80 02
10 15 83 87 66   79 24 31 66 56   21 48 24 06 93   91 98 94 05 49   01 47 59 38 00
55 19 68 97 65   03 73 52 16 56   00 53 55 90 87   33 42 29 38 87   22 15 88 83 34

53 81 29 13 39   35 01 20 71 34   62 35 74 82 14   55 73 19 09 03   56 54 29 56 93
51 86 32 68 92   33 98 74 66 99   40 14 71 94 58   45 94 49 38 81   14 44 99 81 07
35 91 70 29 13   80 03 54 07 27   96 94 78 32 66   50 95 52 74 33   13 80 55 62 54
37 71 67 95 13   20 02 44 95 94   64 85 04 05 72   01 32 90 76 14   53 89 74 60 41
93 66 13 83 27   92 79 64 64 77   28 54 96 53 84   48 14 52 98 94   56 07 93 89 30

02 96 08 45 65   13 05 00 41 84   93 07 34 72 59   21 45 57 09 77   19 48 56 27 44
49 33 43 48 35   82 88 33 69 96   72 36 04 19 76   47 45 15 18 60   82 11 08 95 97
84 60 71 62 46   40 80 81 30 37   34 39 23 05 38   25 15 35 71 30   88 12 57 21 77
18 17 30 88 71   44 91 14 88 47   89 23 30 63 15   56 54 20 47 89   99 82 93 24 98
79 69 10 61 78   71 32 76 95 62   87 00 22 58 40   92 54 01 75 25   43 11 71 99 31

75 93 36 87 83   56 20 14 82 11   74 21 97 90 65   96 12 68 63 86   74 54 13 26 94
38 30 92 29 03   06 28 81 39 38   62 25 06 84 63   61 29 08 93 67   04 32 92 08 09
51 29 50 10 34   31 57 75 95 80   51 97 02 74 77   76 15 48 49 44   18 55 63 77 09
21 61 38 86 24   37 79 81 53 74   73 24 16 10 33   52 83 90 94 76   70 47 14 54 36
29 01 23 87 88   58 02 39 37 67   42 10 14 20 92   16 55 23 42 45   54 96 09 11 06

95 33 95 22 00   18 74 72 00 18   38 79 58 69 32   81 76 80 26 92   82 80 84 25 39
90 84 60 79 80   24 36 59 87 38   82 07 53 89 35   96 35 23 79 18   05 98 90 07 35
46 40 62 98 82   54 97 20 56 95   15 74 80 08 32   10 46 70 50 80   67 72 16 42 79
20 31 89 03 43   38 46 82 68 72   32 12 82 59 70   80 60 47 18 97   63 49 30 21 38
71 59 73 03 50   08 22 23 71 77   01 01 93 20 49   82 96 59 26 94   60 39 67 98 68
```

主要参考文献

1.张勤.生物统计学[M].2版.北京:中国农业大学出版社,2008.

2.明道绪,刘永建.生物统计附试验设计,第六版[M].北京:中国农业出版社,2019.

3.李春喜,邵云,姜丽娜.生物统计学[M].4版.北京:科学出版社,2008.

4.徐辰武,章元明.生物统计与试验设计[M].北京:高等教育出版社,2015.

5.崔秀珍,黄中文,薛香.试验统计分析[M].北京:中国农业科学技术出版社,2013.

6.章元明.生物统计学[M].北京:中国农业出版社,2017.

7.宋代军,罗宗刚.生物统计附试验设计实训[M].重庆:西南师范大学出版社,2021

8.俞渭江.畜牧试验与生物统计[M].北京:科学出版社,1977.

9.刘永建.高级生物统计学[M].北京:科学出版社,2022.

10.杜双奎.试验优化设计与统计分析[M].2版.北京:科学出版社.2020.